普通高等教育农业农村部“十三五”规划教材
全国高等农林院校“十三五”规划教材

高等数学 下册

GAODENG SHUXUE

第三版

尹海东　主编

中国农业出版社
北　京

内容提要

本教材是根据国家《高等数学课程教学基本要求》编写的工科高等数学教材，共分上下两册．上册的主要内容包括极限与连续、导数与微分、中值定理与导数的应用、不定积分、定积分及其应用、常微分方程；下册的主要内容包括空间解析几何与向量代数、多元函数微分法及其应用、重积分、曲线积分与曲面积分、无穷级数．为便于读者学习，各章节都配备了相应的习题，并引入了一些延伸阅读，同时在上下册的附录中，都撰写了演示与实验和全书的习题答案与提示．

本教材适合作为普通高等学校工科专业本专科学生的学习教材，也可以作为远程高等教育、成人教育、高等职业教育的教材，或研究生、教师和科技人员的学习参考书．

《高等数学下册（第三版）》
编写人员名单

主　编　尹海东

副主编　葛慧玲　郭雅丽

参　编　张彩琴　王　鹏　邓　红

　　　　曹　阳　姚澜宁　张　洋

《高等数学下册（第一版）》
编写人员名单

主　编　张玉峰

副主编　郝新生　罗胡英

参　编　赵喜梅　杨俊仙　韩忠海

《高等数学下册（第二版）》
编 写 人 员 名 单

主　编　张玉峰

副主编　郝新生　赵喜梅

参　编　韩忠海　张小英　刘海琴

第三版前言

FOREWORD

本教材第一版编写于2007年，于2012年进行了第一次修订，现在是第二次修订．在教材使用的10多年中，通过教学，我们积累了大量的素材，一线的同行教师们也提出了许多宝贵的建议，这是此次修订的动议之一．

社会发展日新月异，互联网与学习生活的关系越来越密切，借此东风，本教材的编者们也组织教师建设了以教材为蓝本的网上慕课，并将教学工作中大量的材料充实到慕课之中，供读者学习使用．鉴于纸质版教材和电子化课程并行的特点，此次修订主要关注以下方面：

1. 对上下册全文进行了统稿，对语言和叙述内涵进行了梳理．

2. 适应教学改革要求，对教材内容进行了一定的增删．

3. 重新编撰了课后习题，将近年来出现的一些优质题目充实到教材中．A组题用于正常教学和课后复习，B组题供钻研型学生加深理论知识的理解而选用．

4. 出于扩展视野的需要，新增了大量扩展和延伸阅读的内容．

本次修订工作分工如下：东北农业大学尹海东负责修订的整体设计，并对全书进行了统稿；葛慧玲编写了全书的习题并提供了演示实验和习题答案与提示；郭雅丽撰写了全部课程的延伸阅读部分；王鹏对教材中图形和实验进行了修订和操作；邓红修订了第四章、第五章；姚澜宁修订了第一章、第六章；张洋修订了第二章、第三章；内蒙古农业大学的张彩琴修订了第十章、第十一章；东北林业大学的曹阳修订了第七章、第八章和第九章．

本教材多年来的使用过程中，得到东北农业大学数学系、山西农业大学数学系全体教师的大力支持，在此表示感谢！感谢中国农业出版社编辑的认真、仔细和负责，并对多年来的合作心存感激！教材中的不当之处在所难免，尚请读者指正为盼．

编　者

2020年于哈尔滨

第一版前言

FOREWORD

高等数学课程是农林类高等院校工科学生的重要基础课程，是工科学生后续学习和从事科研工作的基础．目前国内通行的工科类高等数学教材比较多，但与农林类院校相匹配的，符合农林类院校学生特点和学习方式的教材尚不多见．

本教材的编写是按照国家“高等数学课程教学基本要求”来进行的．编者均为全日制农林类普通高等院校长期从事高等数学和应用数学教学工作的一线教师，具有丰富的教学经验，并对农林类院校高等数学教学内容、教学要求和工科学生的学习特点非常了解．编写时都尽力做到内容选择得当，符合教学要求；章节编排重点突出，难点分散；文字叙述深入浅出，便于阅读；理论分析注意几何和物理的解析，进行必要的抽象概括和严密的逻辑推理．

本教材注意将数学素质的培养融合在教学内容中，突出微积分的基本思想和基本方法．在内容上力求适用、简明、易懂；在例题的选择上力求具有层次性、全面、典型；为了提高学生的科学计算能力，书中的每章之后配备了数学实验；同时，为了便于学习，在书后还配备了所有习题和总复习题的答案．

本教材分为上、下两册，全书内容覆盖了现行农林类院校工科高等数学教学的全部内容．本书适用的教学时数在160～180，教师可根据自己学校的不同情况，对书中的内容进行适当的删减．书中的数学实验是为了配合高等数学教学而设置，所以课后的演示与实验还是比较简单的，只是要求能用Mathematica进行有关高等数学的运算，更深层次的数学实验本书并未涉及，有兴趣的读者也可自己阅读有关书籍。

本教材的编写分工如下：东北农业大学尹海东负责提出全书编写的总体思路，并编写第四章、第五章；王淑艳编写第一章和所有的演示与实验；柏继云编写第二章、第三章；郭亮编写第六章；大兴安岭职业学院田晓筠演算了习题并给出习题解答；河北农业大学海洋学院王丽君编写了关于Mathematica简介；山西农业大学的张玉峰编写了第十章的前六节，并对下册全部内容进行了修改、校对和统稿；郝新生编写了第十一章，同时参与了下册书稿的校对和统稿工作；河北农业大学的罗胡英编写了第七章；赵喜梅编写了第九章，并为第七章和第八章作图；韩忠海编写了第八章的前四节；杨俊仙编写了第八章的其余部分和第十章的第七节.

本教材在编写过程中得到了东北农业大学和山西农业大学数学系全体教师的热心帮助，任课教师对本书提出了很多中肯而又宝贵的意见；本教材在出版的过程中得到了东北农业大学教材科臧宏科长的大力支持，在此一并表示感谢.由于编者水平有限，本书在编写过程中难免有一些缺点与不足，请各位读者批评指正.

编　者

2007年于哈尔滨

第二版前言

FOREWORD

本教材是全国高等农林院校“十一五”规划教材《高等数学》的第二版．原教材经过5年的使用已充分得到了读者的认可，但同时我们也发现并认识到一些需要改进和完善的地方，故此，我们对原教材进行这次修订．

本次修订保持了教材原有的风格，仅对一些细节作出了改动，具体修改内容如下：

(1) 增加了部分章节的内容．

(2) 调整了部分章节间或章节内的顺序．

(3) 修订了部分例题和习题．

(4) 修订了习题答案．

(5) 重点增加了一些工程应用案例．

(6) 对书中部分图形进行了修改．

上册编写修订工作由尹海东具体筹划，汤岩负责第一章、第二章，左鹏负责第三章、第四章，吴秋峰负责第五章、第六章．东北农业大学工程学院范永存编写了工程应用案例，肖波修订了全书习题的答案，李杨对实验部分和附录中的软件简介进行了修订．

下册编写修订工作由张玉峰总体筹划，并负责第十章前六节，郝新生、赵喜梅协助筹划，分别负责第十一章和第九章，韩忠海负责第八章的前四节；张小英负责第七章；刘海琴负责第八章的其余部分和第十章的第七节．

本教材在修订过程中得到了东北农业大学数学系、山西农业大学数学系全体教师的大力支持，在此表示由衷的感谢，同时感谢东北农业大学教材科的王亚明老师对本教材顺利出版做出的努力．

编　者

2012年于哈尔滨

目　录

CONTENTS

第七章

CHAPTER 7

空间解析几何与向量代数

微积分的出现，是科学史乃至人类史上的重要事件，解决了大量应用领域的问题．现实生活中的变量关系，远不像一元函数讨论的那样简单，因而有必要将一元微积分的理论和方法推广到二元乃至多元函数上来．如同平面解析几何在一元微积分的研究中所起的作用一样，空间解析几何与向量代数在多元微积分的讨论中扮演了重要的角色．

本章先建立空间直角坐标系，引进自由向量，并以向量和坐标为基础，使空间的点用有序实数(称为它的坐标)来表示，空间图形用方程来表示，几何问题就转化成代数问题．然后以向量为工具讨论空间的平面及直线，最后简单介绍空间的曲面与曲线，为多元微积分的研究打下基础．

第一节　空间直角坐标系与向量运算

一、空间直角坐标系

在平面解析几何里，为了确定平面上点的位置建立了平面直角坐标系，于是平面上的点与一对有序实数建立了一一对应关系．现在我们用类似的方法建立空间的点与三个有序实数组之间的联系．

在空间取一定点 O，过点 O 作三条相互垂直且具有相同单位长度的数轴，分别叫作 x 轴(横轴)、y 轴(纵轴)、z 轴(竖轴)，并按右手规则确定它们的正方向：即伸出右手，拇指与其余并拢的四指垂直，当右手的四个手指从 x 轴的正向以逆时针方向旋转 $90°$转向 y 轴正向时，大拇指的指向就是 z 轴的正向，这样的三条坐标轴就构成了一个空间直角坐标系，点 O 称为坐标原点．

三条数轴中任意两条确定一个平面，分别为 xOy 面、yOz 面和 zOx 面，统称为坐标面．三个坐标面将空间分成八个部分，称为八个卦限．以 x 轴、y 轴、z 轴正半轴为棱的卦限为第Ⅰ卦限，在 xOy 平面上方按逆时针方向依次为第Ⅱ、Ⅲ、Ⅳ卦限．在 xOy 平面下方与第Ⅰ卦限相对的为第Ⅴ卦限，然后按逆时针方向依次为第Ⅵ、Ⅶ、Ⅷ卦限(图 7-1).

定了空间直角坐标系，就可以建立空间的点与有序数组之间的对应关系．

空间一点 M 的直角坐标是这样规定的：过点 M 作三个平面分别垂直于 x 轴、y 轴、z 轴，它们与各轴的交点依次为 P、Q、R，这三点在 x 轴、y 轴、z 轴上的坐标依次为 x、y、z，由于所作垂直平面的唯一性，于是空间一点 M 就唯一地确定了一个有序数组(x, y, z)；反之，若已知一个有序数组(x, y, z)，依次在 x 轴、y 轴、z 轴上找出坐标是 x、y、z 的三点 P、Q、R，分别过这三点作垂直于三个坐标轴的平面，由初等几何知识，必然相交于空间唯一一

点 M，则有序数组(x, y, z)唯一对应空间一点 M. 由此可见，空间任意一点与有序数组(x, y, z)之间存在着一一对应关系，这组有序数(x, y, z)称为点 M 的坐标，x、y、z 分别称为点 M 的横坐标、纵坐标、竖坐标，坐标为 x、y、z 的点通常记为 $M(x, y, z)$(图 7－2).

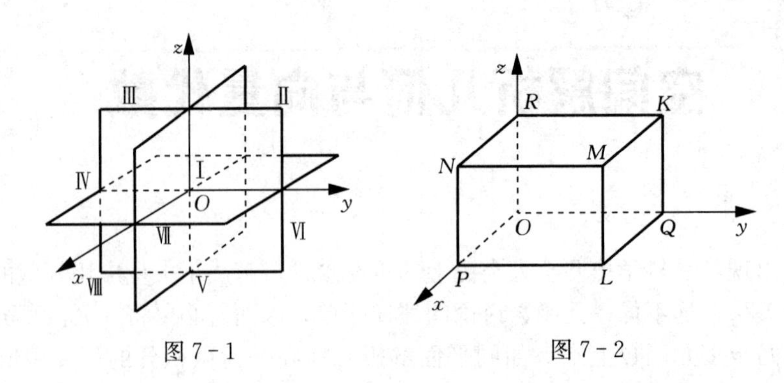

图 7－1　　　　图 7－2

这样，通过空间直角坐标系，建立了空间的点与有序数组 x、y、z 之间的一一对应关系.

坐标面上与坐标轴上的点都有一定的特征．例如，点 M 在 xOy 面上，$z=0$；在 yOz 面上，$x=0$；在 x 轴上，$y=0$，$z=0$；在 y 轴上，$x=0$，$z=0$. 由上述规定可得出图 7－2 中长方体的顶点坐标分别为 $O(0, 0, 0)$、$P(x, 0, 0)$、$L(x, y, 0)$、$Q(0, y, 0)$、$M(x, y, z)$、$N(x, 0, z)$、$K(0, y, z)$和 $R(0, 0, z)$.

二、向量

在研究力学、物理学以及其他应用学科时，通常会遇到一类既有大小、又有方向的量，如力、力矩、速度、位移、加速度等，这类量称为向量(或矢量). 而只有大小没有方向的量，如长度、面积、体积、温度等，这类量称为数量(或标量).

通常一个向量由两个要素决定：大小和方向．在几何上，往往用有向线段来表示向量，有向线段的长度表示向量的大小，有向线段的方向表示向量的方向．如以 A 为起点，B 为终点的向量，记为$\overrightarrow{AB}$(图 7－3). 为了方便，也常用粗体字 $\boldsymbol{a}$、$\boldsymbol{b}$、$\boldsymbol{c}$ 等表示向量．以坐标原点 O 为起点，坐标系中另外一点 M 为终点的向量$\overrightarrow{OM}$称为点 M 对于点 O 的向径，常用粗体字母 $\boldsymbol{r}$ 表示．与起点无关的向量称为自由向量．对于自由向量，我们只考虑它的大小和方向，而不关心它的起点在什么地方．如果不作特别的说明，下面所讨论的向量都是自由向量(简称向量).

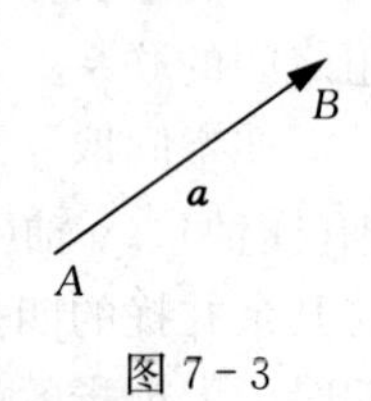

图 7－3

向量的大小称为向量的模或长度，向量 $\boldsymbol{a}$ 的长度记为$|\boldsymbol{a}|$，模等于 1 的向量称为单位向量，与向量 $\boldsymbol{a}$ 同方向的单位向量记为 $\boldsymbol{a}^0$. 模等于 0 的向量称为零向量，记为 $\boldsymbol{0}$，零向量的方向是任意的．与向量 $\boldsymbol{a}$ 的模相等而方向相反的向量称为 $\boldsymbol{a}$ 的负向量，记作 $-\boldsymbol{a}$.

如果向量 $\boldsymbol{a}$ 与 $\boldsymbol{b}$ 大小相等，方向相同，就称 $\boldsymbol{a}$ 与 $\boldsymbol{b}$ 相等(即经过平行移动后能完全重合的向量是相等的)，记作 $\boldsymbol{a}=\boldsymbol{b}$.

三、向量的线性运算

向量的线性运算是指两个向量的加法、减法和向量与数的乘法三种运算．

1. 向量的加法

根据力学实验的结果，我们可以得到求两个力的合力的平行四边形法则，对速度的合成也有相同的结果．与此类似，对一般向量规定加法如下：

设有两个向量 $\boldsymbol{a}$ 与 $\boldsymbol{b}$，以空间某一定点 A 为始点作向量$\overrightarrow{AB}=\boldsymbol{a}$，$\overrightarrow{AD}=\boldsymbol{b}$，再以这两个向量为邻边作平行四边形 $ABCD$，则从定点 A 到这个平行四边形对角顶点 C 所构成的向量$\overrightarrow{AC}$称为 $\boldsymbol{a}$ 与 $\boldsymbol{b}$ 的和，记作 $\boldsymbol{a}+\boldsymbol{b}$，即$\overrightarrow{AC}=\boldsymbol{a}+\boldsymbol{b}$(图 7-4(1))．这种用平行四边形的对角线向量来定义两向量的和的方法，叫作向量加法的平行四边形法则．

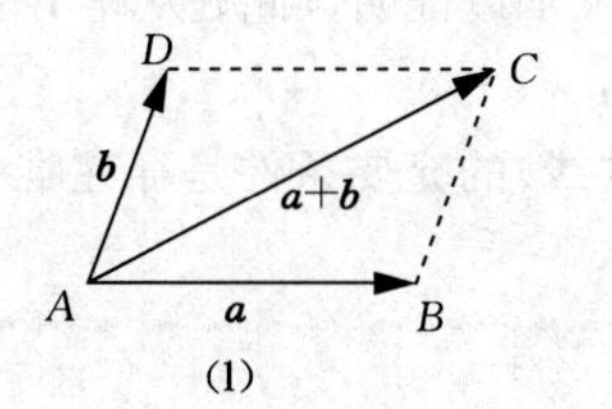

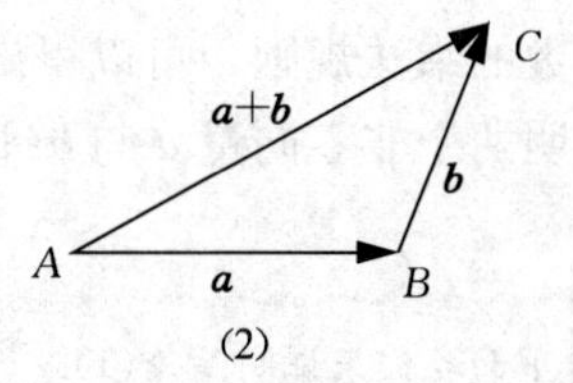

图 7-4

特殊地，如果两向量 $\boldsymbol{a}$ 与 $\boldsymbol{b}$ 在同一直线上，那么规定它们的和为这样一个向量：当 $\boldsymbol{a}$ 与 $\boldsymbol{b}$ 方向相同时，和向量的方向与原来两向量的方向相同，其模等于两向量的模之和；当 $\boldsymbol{a}$ 与 $\boldsymbol{b}$ 方向相反时，和向量的方向与模较大的向量的方向相同，而模等于两向量的模之差的绝对值，若两向量方向相反，模相等，则和为 $\mathbf{0}$.

由于平行四边形对边平行且相等，若将 $\boldsymbol{a}$、$\boldsymbol{b}$ 平移成首尾相接状态，即作$\overrightarrow{AB}=\boldsymbol{a}$，再以 B 为起点作$\overrightarrow{BC}=\boldsymbol{b}$，则相连的有向折线段起点 A 到终点 C 的向量$\overrightarrow{AC}$显然也是 $\boldsymbol{a}$ 与 $\boldsymbol{b}$ 的和 $\boldsymbol{a}+\boldsymbol{b}$，即$\overrightarrow{AC}=\boldsymbol{a}+\boldsymbol{b}$. 此时三个向量构成一个三角形，这种求向量和的方法称为向量加法的三角形法则(图 7-4(2))．

利用向量加法的三角形法则，可将两个向量相加的定义推广到 n 个向量相加：依次使前一向量的终点作为后一向量的起点，相继作向量 $\boldsymbol{a}_1$，$\boldsymbol{a}_2$，…，$\boldsymbol{a}_n$，再以第一个向量的起点为起点，最后一个向量的终点为终点作一个向量 $\boldsymbol{a}$，则这个向量就是 n 个向量 $\boldsymbol{a}_1$，$\boldsymbol{a}_2$，…，$\boldsymbol{a}_n$ 的和，即

$$\boldsymbol{a}=\boldsymbol{a}_1+\boldsymbol{a}_2+\cdots+\boldsymbol{a}_n.$$

向量加法满足以下运算规律：

(1) 交换律：$\boldsymbol{a}+\boldsymbol{b}=\boldsymbol{b}+\boldsymbol{a}$；

(2) 结合律：$(\boldsymbol{a}+\boldsymbol{b})+\boldsymbol{c}=\boldsymbol{a}+(\boldsymbol{b}+\boldsymbol{c})$.

利用向量加法的三角形法则，很容易验证上面两条规律．此处略．

2. 向量的减法

规定两个向量 $\boldsymbol{a}$ 与 $\boldsymbol{b}$ 的差为

$$\boldsymbol{a}-\boldsymbol{b}=\boldsymbol{a}+(-\boldsymbol{b}).$$

它可由三角形法则得到(图 7-5).

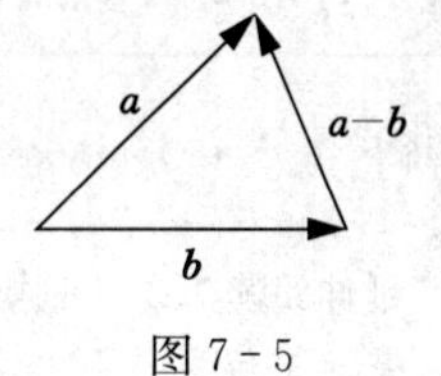

图 7-5

特殊地，$\boldsymbol{a}-\boldsymbol{a}=\boldsymbol{a}+(-\boldsymbol{a})=\mathbf{0}$.

由三角形两边之和大于第三边的原理，有

$$|\boldsymbol{a}+\boldsymbol{b}|\leqslant|\boldsymbol{a}|+|\boldsymbol{b}|，\quad |\boldsymbol{a}-\boldsymbol{b}|\leqslant|\boldsymbol{a}|+|\boldsymbol{b}|.$$

3. 向量与数的乘法

设 λ 是一个常数，向量 $\boldsymbol{a}$ 与 λ 的乘积 $\lambda\boldsymbol{a}$ 是一个向量，定义为

当$\lambda>0$时，$\lambda\boldsymbol{a}$与$\boldsymbol{a}$的方向相同，模$|\lambda\boldsymbol{a}|=\lambda|\boldsymbol{a}|$；

当$\lambda<0$时，$\lambda\boldsymbol{a}$与$\boldsymbol{a}$的方向相反，模$|\lambda\boldsymbol{a}|=|\lambda||\boldsymbol{a}|$；

当$\lambda=0$时，$\lambda\boldsymbol{a}$是零向量．

向量与数的乘积满足以下运算规律：

（1）结合律：$\lambda(\mu\boldsymbol{a})=\mu(\lambda\boldsymbol{a})=(\lambda\mu)\boldsymbol{a}$；

（2）分配律：$(\lambda+\mu)\boldsymbol{a}=\lambda\boldsymbol{a}+\mu\boldsymbol{a}$，$\lambda(\boldsymbol{a}+\boldsymbol{b})=\lambda\boldsymbol{a}+\lambda\boldsymbol{b}$，

其中λ和μ都是常数．

这两个运算规律都可以用向量与数的乘积的定义加以证明，此处从略．

根据向量与数的乘法规则，可以得出以下结论：

（1）不难证明两个非零向量$\boldsymbol{a}$与$\boldsymbol{b}$平行(也称共线)的充要条件是存在唯一的实数$\lambda(\lambda\neq 0)$，使$\boldsymbol{a}=\lambda\boldsymbol{b}$；

延伸阅读 7.1 下面我们来证明结论(1)．

证明：条件的充分性是显然的，下面证明条件的必要性．

设$\boldsymbol{a}//\boldsymbol{b}$，取$|\lambda|=\left|\frac{\boldsymbol{a}}{\boldsymbol{b}}\right|$，当$\boldsymbol{b}$与$\boldsymbol{a}$同向时，$\lambda$取正值，当$\boldsymbol{b}$与$\boldsymbol{a}$反向时，$\lambda$取负值，即有$\boldsymbol{a}=\lambda\boldsymbol{b}$，这是因为$\boldsymbol{a}$与$\lambda\boldsymbol{b}$同向，且

$$|\lambda\boldsymbol{b}|=|\lambda|\cdot|\boldsymbol{b}|=\left|\frac{\boldsymbol{a}}{\boldsymbol{b}}\right||\boldsymbol{b}|=|\boldsymbol{a}|.$$

再证数λ的唯一性．设$\boldsymbol{a}=\lambda\boldsymbol{b}$，$\boldsymbol{a}=\mu\boldsymbol{b}$，两式相减，可得

$$(\lambda-\mu)\boldsymbol{b}=\boldsymbol{0}，即|\lambda-\mu|\cdot|\boldsymbol{b}|=0,$$

因为$|\boldsymbol{b}|\neq 0$，所以$|\lambda-\mu|=0$，即$\lambda=\mu$.

（2）对任意非零向量$\boldsymbol{a}$，有$\boldsymbol{a}^0=\frac{\boldsymbol{a}}{|\boldsymbol{a}|}$．由于$\frac{\boldsymbol{a}}{|\boldsymbol{a}|}$的方向与$\boldsymbol{a}$的方向相同，且$\left|\frac{\boldsymbol{a}}{|\boldsymbol{a}|}\right|=\frac{|\boldsymbol{a}|}{|\boldsymbol{a}|}=1$，因此$\frac{\boldsymbol{a}}{|\boldsymbol{a}|}$是与$\boldsymbol{a}$同方向的单位向量，即$\boldsymbol{a}^0=\frac{\boldsymbol{a}}{|\boldsymbol{a}|}$.

例 1 设$\boldsymbol{e}_1$和$\boldsymbol{e}_2$不共线，试确定λ，使得$\lambda\boldsymbol{e}_1+\boldsymbol{e}_2$与$\boldsymbol{e}_1+\lambda\boldsymbol{e}_2$共线．

解 由于$\boldsymbol{e}_1$和$\boldsymbol{e}_2$不共线，所以$\lambda\boldsymbol{e}_1+\boldsymbol{e}_2$与$\boldsymbol{e}_1+\lambda\boldsymbol{e}_2$都不是零向量，因此，要使$\lambda\boldsymbol{e}_1+\boldsymbol{e}_2$与$\boldsymbol{e}_1+\lambda\boldsymbol{e}_2$共线，则必存在$k\neq 0$，使得

$$\lambda\boldsymbol{e}_1+\boldsymbol{e}_2=k(\boldsymbol{e}_1+\lambda\boldsymbol{e}_2),$$

即

$$(\lambda-k)\boldsymbol{e}_1+(1-\lambda k)\boldsymbol{e}_2=\boldsymbol{0}.$$

由于$\boldsymbol{e}_1$和$\boldsymbol{e}_2$不共线，从而有

$$\lambda-k=0 且 1-\lambda k=0.$$

解得

$$\lambda=\pm 1.$$

延伸阅读 7.2 一般地，能平移到同一个平面内的向量叫共面向量．空间中的任意三个向量不一定是共面向量．

共面向量定理：如果两个向量$\boldsymbol{a}$，$\boldsymbol{b}$不共线，那么向量$\boldsymbol{c}$与向量$\boldsymbol{a}$，$\boldsymbol{b}$共面的充要条件是存在实数λ和μ，使得$\boldsymbol{c}=\lambda\boldsymbol{a}+\mu\boldsymbol{b}$.

这就是说向量$\boldsymbol{c}$可以由不共线的两个向量$\boldsymbol{a}$和$\boldsymbol{b}$线性表示．

例 2　在平行四边形 $ABCD$ 中，设 $\overrightarrow{AB}=\boldsymbol{a}$，$\overrightarrow{AD}=\boldsymbol{b}$，试用 $\boldsymbol{a},\boldsymbol{b}$ 表示向量 $\overrightarrow{MA},\overrightarrow{MB},\overrightarrow{MC}$ 和 $\overrightarrow{MD}$，这里 M 是平行四边形对角线的交点(图 7-6).

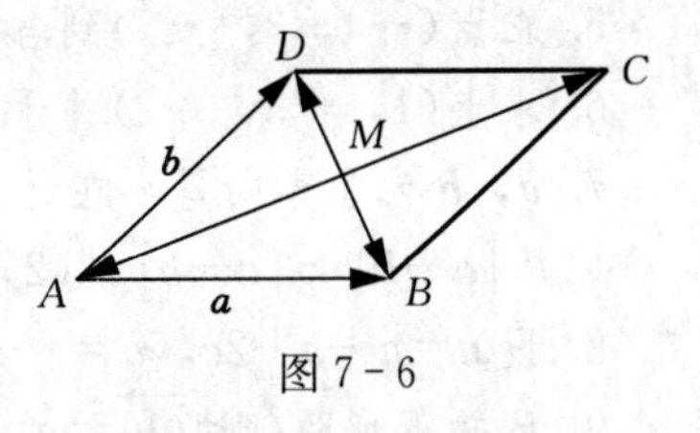

图 7-6

解　由于平行四边形的对角线互相平分，所以 $\boldsymbol{a}+\boldsymbol{b}=\overrightarrow{AC}=2\overrightarrow{AM}$，即 $-(\boldsymbol{a}+\boldsymbol{b})=2\overrightarrow{MA}$，于是 $\overrightarrow{MA}=-\frac{1}{2}(\boldsymbol{a}+\boldsymbol{b})$.

因为 $\overrightarrow{MC}=-\overrightarrow{MA}$，所以 $\overrightarrow{MC}=\frac{1}{2}(\boldsymbol{a}+\boldsymbol{b})$. 又因为 $-\boldsymbol{a}+\boldsymbol{b}=\overrightarrow{BD}=2\overrightarrow{MD}$，所以 $\overrightarrow{MD}=\frac{1}{2}(\boldsymbol{b}-\boldsymbol{a})$.

由于 $\overrightarrow{MB}=-\overrightarrow{MD}$，所以 $\overrightarrow{MB}=\frac{1}{2}(\boldsymbol{a}-\boldsymbol{b})$.

延伸阅读 7.3　几何学是一门古老的学科，恐怕没有哪一门学科像欧几里得几何学那样，在公元前就已经创立成形，历经 2000 多年，至今还活跃在课堂上和数学竞赛试题中．纵观科学史，恐怕也很难找出像欧几里得这样的科学家，从 2000 多年前起一直到现代，人们还经常提到以他的名字命名的"欧几里得空间"和"欧几里得几何"等名词，真可谓"名垂千古而不朽".

欧几里得的巨著《几何原本》，不仅被人们誉为有史以来最成功的教科书，而且在几何学发展的历史中也具有重要意义，它标志着在 2000 多年前，几何学就已经成为一个有严密理论系统和科学方法的学科．

继欧几里得之后，16 世纪法国哲学家、数学家笛卡儿将坐标的概念引入几何，建立了解析几何. 就平面几何而言，引入坐标的概念来表示点、线、圆等图形在平面上的相对位置，可以方便地应用解析的方法来处理几何问题．如此一来，几何问题便成为了代数问题，这种处理方法使几何问题变得简单、容易多了．解析几何的诞生是几何学发展的一个重要的里程碑，它不仅可以处理欧氏几何中的平面问题，还能解决三维空间中的几何问题，以及更高维空间中的几何问题．

牛顿和莱布尼茨创立了微积分后，数学家们自然地用微积分这个强有力的工具来研究几何学．无穷小量跳到几何图形上，被数学家们称为"微分几何".1827 年高斯发表了当时在微分几何上最重要的论文《关于曲面的一般研究》. 在论文中他抓住了当时在微分几何中最重要的概念，建立了曲面的内在几何，奠定了近代形式曲面论的基础，使微分几何成立一门独立的学科．之后，高斯的得意门生黎曼将曲面的概念发展到流形，并将二维曲面几何理论扩展到 n 维的一般情况，建立了黎曼几何．黎曼几何完全不同于之前的欧几里得几何或解析几何那种对整个空间都适用的几何学，它是一种局部化的几何学，这是黎曼在几何学上迈出的革命性的一步．

习　题　7-1

A　组

1. 指出下列各点所在的坐标轴、坐标面或卦限．

(1) $A(2,\ -3,\ -5)$；　　(2) $B(0,\ 4,\ 3)$；

(3) $C(0,\ -3,\ 0)$；　　(4) $D(2,\ 3,\ -5)$.

2. 点 $M(x,\ y,\ z)$ 的三个坐标 x，y，z 中若有一个为 0，这个点在何处？若有两个为 0，这个点在何处？

3. 空间点的坐标在八个卦限中的符号如何？

4. 点 $M(x,\ y,\ z)$ 关于坐标面、坐标轴及原点对称的点的坐标分别是什么？

5. 求点$(-4, 3, -5)$到各坐标面的距离.

6. 求点$(1, -3, -2)$关于点$(-1, 2, 1)$的对称点坐标.

7. $\boldsymbol{a}$，$\boldsymbol{b}$为非零向量，在什么条件下，下列式子成立.

(1) $|\boldsymbol{a}+\boldsymbol{b}|>|\boldsymbol{a}-\boldsymbol{b}|$；(2) $|\boldsymbol{a}+\boldsymbol{b}|=|\boldsymbol{a}-\boldsymbol{b}|$；(3) $|\boldsymbol{a}+\boldsymbol{b}|<|\boldsymbol{a}-\boldsymbol{b}|$.

8. 设$\boldsymbol{u}=\boldsymbol{a}-\boldsymbol{b}+2\boldsymbol{c}$，$\boldsymbol{v}=-\boldsymbol{a}+3\boldsymbol{b}-\boldsymbol{c}$，试用$\boldsymbol{a}$，$\boldsymbol{b}$，$\boldsymbol{c}$表示向量$2\boldsymbol{u}-3\boldsymbol{v}$.

9. 已知菱形两邻边$\overrightarrow{OA}=\boldsymbol{a}$，$\overrightarrow{OB}=\boldsymbol{b}$，对角线的交点为$D$，求$\overrightarrow{OD}$和$\overrightarrow{AD}$.

10. 把$\triangle ABC$的BC边五等分，设分点依次为D_1，D_2，D_3，D_4，再把各分点与点A连接，试以$\overrightarrow{AB}=\boldsymbol{c}$，$\overrightarrow{BC}=\boldsymbol{a}$表示向量$\overrightarrow{D_1A}$和$\overrightarrow{D_3A}$.

11. 如果平面上一个四边形的对角线互相平分，试用向量证明它是平行四边形.

12. 设非零向量$\boldsymbol{a}$，$\boldsymbol{b}$，$\boldsymbol{c}$中的任意两个向量不共线，而$\boldsymbol{a}+\boldsymbol{b}$与$\boldsymbol{c}$共线，$\boldsymbol{b}+\boldsymbol{c}$与$\boldsymbol{a}$共线，证明：$\boldsymbol{a}+\boldsymbol{b}+\boldsymbol{c}=\boldsymbol{0}$.

B　组

1. 设$\triangle ABC$的三边$\overrightarrow{BC}=\boldsymbol{a}$，$\overrightarrow{CA}=\boldsymbol{b}$，$\overrightarrow{AB}=\boldsymbol{c}$，三边中点依次为$D$，$E$，$F$，试证明：$\overrightarrow{AD}+\overrightarrow{BE}+\overrightarrow{CF}=\boldsymbol{0}$.

2. 设P，Q两点的向径分别为$\boldsymbol{r}_1$，$\boldsymbol{r}_2$，点R在线段PQ上，且$\dfrac{|PR|}{|RQ|}=\dfrac{m}{n}$，证明：点$R$的向径为$\boldsymbol{r}=\dfrac{n\boldsymbol{r}_1+m\boldsymbol{r}_2}{m+n}$.

第二节　向量的坐标

一、向量在轴上的投影

首先引出空间向量夹角的概念.

设$\boldsymbol{a}$，$\boldsymbol{b}$为两个非零向量，起点均为S(图7-7)，将其中一向量绕点S在两向量所决定的平面上旋转，使它的正向与另一向量的正向重合，这样得到的旋转角度φ(限定$0\leqslant\varphi\leqslant\pi$)称为向量$\boldsymbol{a}$与$\boldsymbol{b}$的夹角，记为$(\widehat{\boldsymbol{a},\boldsymbol{b}})$.

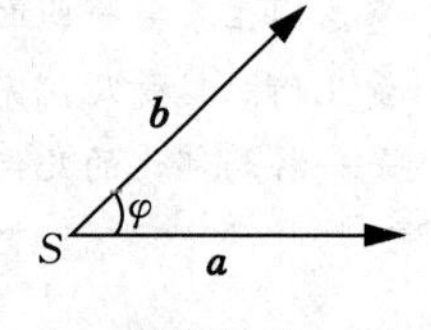

图7-7

当$(\widehat{\boldsymbol{a},\boldsymbol{b}})=0$或者$\pi$(即向量$\boldsymbol{a}$，$\boldsymbol{b}$的方向相同或者相反)时，称向量$\boldsymbol{a}$与$\boldsymbol{b}$平行，记为$\boldsymbol{a}/\!/\boldsymbol{b}$，可以看到，两向量平行就是共线；

当$(\widehat{\boldsymbol{a},\boldsymbol{b}})=\dfrac{\pi}{2}$时，称它们垂直，记为$\boldsymbol{a}\perp\boldsymbol{b}$.

其次，定义有向线段的值.

设有一轴u，$\overrightarrow{AB}$是轴u上的非零有向线段，如果数λ满足：$|\lambda|=|\overrightarrow{AB}|$，且当$\overrightarrow{AB}$与$u$轴同向时，$\lambda$为正；当$\overrightarrow{AB}$与$u$轴反向时，$\lambda$为负，则称数$\lambda$为轴$u$上的有向线段$\overrightarrow{AB}$的值，记为$AB$，即$\lambda=AB$.

设$\boldsymbol{e}$是与u轴同方向的单位向量，因为$|\overrightarrow{AB}|=|\lambda|=|\lambda||\boldsymbol{e}|=|\lambda\boldsymbol{e}|$，又由轴上有向线段值的定义，显然$\overrightarrow{AB}$与$\lambda\boldsymbol{e}$方向相同，所以

$$\overrightarrow{AB}=\lambda\boldsymbol{e}. \qquad (1)$$

(1)式表明，轴上的向量可以表示为该向量在轴上的值和与轴同方向的单位向量的乘积，我们称 λ 为向量$\overrightarrow{AB}$的坐标．

最后，定义向量在轴上的投影．

已知空间一点 A 及一轴 u，过点 A，作轴 u 的垂直平面 Π，则平面 Π 与轴的交点 A' 称为 A 在轴 u 上的投影(图 7-8).

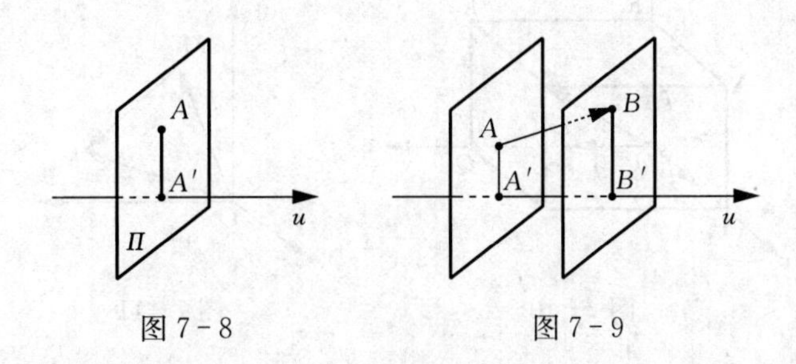

图 7-8　　　　图 7-9

设向量$\overrightarrow{AB}$的始点 A 和终点 B 在轴 u 上的投影分别为点 A'，B'(图 7-9)，则轴 u 上有向线段$\overrightarrow{A'B'}$的值 $A'B'$ 称为向量$\overrightarrow{AB}$在轴 u 上的投影，记作 $\mathrm{Prj}_u\,\overrightarrow{AB}=A'B'$，轴 u 叫作投影轴.

根据向量在轴上的投影，我们很容易得到下面的结论：

向量$\overrightarrow{AB}$在轴 u 上的投影等于向量的模乘以轴与向量夹角 φ 的余弦，即

$$\mathrm{Prj}_u\,\overrightarrow{AB}=|\overrightarrow{AB}|\cos\varphi.$$

二、向量分解与向量坐标

在空间直角坐标系 $Oxyz$ 中，记与 x、y、z 轴正向同方向的单位向量分别为 $\boldsymbol{i}$、$\boldsymbol{j}$、$\boldsymbol{k}$，称它们为基本单位向量．

根据向量的加法原理(图 7-10)及(1)式，点 $M(x,\ y,\ z)$ 对于原点 O 的向径可以表示为

$$\overrightarrow{OM}=\overrightarrow{OP}+\overrightarrow{PL}+\overrightarrow{LM}=\overrightarrow{OP}+\overrightarrow{OQ}+\overrightarrow{OR}=x\boldsymbol{i}+y\boldsymbol{j}+z\boldsymbol{k}, \tag{2}$$

(2)式称为向量$\overrightarrow{OM}$按基本单位向量的分解式，x、y、z 叫作向量$\overrightarrow{OM}$的坐标，简记为

$$\overrightarrow{OM}=\{x,\ y,\ z\}, \tag{3}$$

(3)式称为向径$\overrightarrow{OM}$的坐标表示式．

延伸阅读 7.4　在空间直角坐标系中，若点 M 的坐标为 $(x,\ y,\ z)$，则向量$\overrightarrow{OM}$的坐标为 $\{x,\ y,\ z\}$，由此可见，点 M 和向量$\overrightarrow{OM}$的坐标相同，只是表达形式上略有区别而已．在几何中点与向量是两个不同的概念，不可混淆．当 $\{x,\ y,\ z\}$ 表示向量时，才可进行相应的向量运算，当 $(x,\ y,\ z)$ 表示点的坐标时，就不能进行向量运算．

当向量的起点不是坐标原点时，向量仍可以用坐标表示．设向量$\overrightarrow{M_1M_2}$的起点是 $M_1(x_1,\ y_1,\ z_1)$，终点是 $M_2(x_2,\ y_2,\ z_2)$(图 7-11)，根据向量的减法，有

$$\begin{aligned}\boldsymbol{a}&=\overrightarrow{M_1M_2}=\overrightarrow{OM_2}-\overrightarrow{OM_1}=(x_2\boldsymbol{i}+y_2\boldsymbol{j}+z_2\boldsymbol{k})-(x_1\boldsymbol{i}+y_1\boldsymbol{j}+z_1\boldsymbol{k})\\&=(x_2-x_1)\boldsymbol{i}+(y_2-y_1)\boldsymbol{j}+(z_2-z_1)\boldsymbol{k}.\end{aligned}$$

若记 $a_x=x_2-x_1$，$a_y=y_2-y_1$，$a_z=z_2-z_1$，则

$$\boldsymbol{a}=\overrightarrow{M_1M_2}=a_x\boldsymbol{i}+a_y\boldsymbol{j}+a_z\boldsymbol{k}, \tag{4}$$

向量$\overrightarrow{M_1M_2}$的坐标表示式为

$$\overrightarrow{M_1M_2}=\{x_2-x_1,\ y_2-y_1,\ z_2-z_1\},$$

或

$$\boldsymbol{a}=\{a_x,\ a_y,\ a_z\}. \tag{5}$$

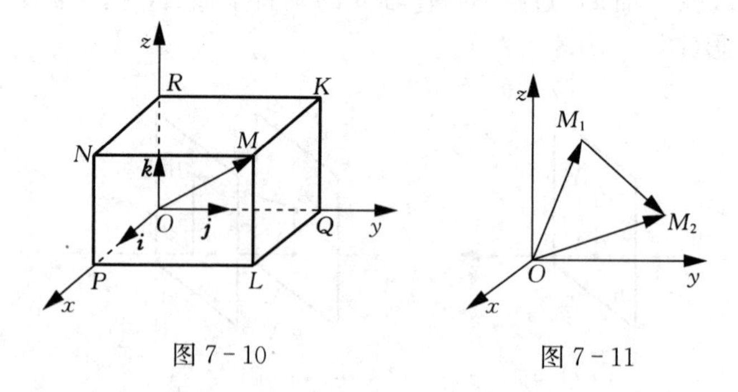

图 7-10　　　　图 7-11

这里要注意，向量在坐标轴上的分向量与向量的坐标有本质的区别．向量$\boldsymbol{a}$的坐标是三个数a_x，a_y，a_z，而向量$\boldsymbol{a}$在坐标轴上的分向量是三个向量$a_x\boldsymbol{i}$，$a_y\boldsymbol{j}$，$a_z\boldsymbol{k}$．

延伸阅读 7.5　向量$\boldsymbol{a}$在空间直角坐标系中的坐标a_x，a_y，a_z就是向量$\boldsymbol{a}$在三条坐标轴上的投影，即

$$a_x=\mathrm{Prj}_x\boldsymbol{a},\ a_y=\mathrm{Prj}_y\boldsymbol{a},\ a_z=\mathrm{Prj}_z\boldsymbol{a}.$$

向量的投影具有与坐标相同的性质：

性质 1　$\mathrm{Prj}_u\boldsymbol{a}=|\boldsymbol{a}|\cos\varphi$，其中$\varphi$为向量$\boldsymbol{a}$与$u$轴的夹角；

性质 2　$\mathrm{Prj}_u(\boldsymbol{a}+\boldsymbol{b})=\mathrm{Prj}_u\boldsymbol{a}+\mathrm{Prj}_u\boldsymbol{b}$；

性质 3　$\mathrm{Prj}_u(\lambda\boldsymbol{a})=\lambda\mathrm{Prj}_u\boldsymbol{a}$，其中$\lambda$为常数．

利用向量的坐标，再根据向量线性运算的规律，可把向量的加法、减法，以及数与向量的乘法运算表示如下：

设
$$\boldsymbol{a}=\{a_x,\ a_y,\ a_z\},\ \boldsymbol{b}=\{b_x,\ b_y,\ b_z\},$$
即
$$\boldsymbol{a}=a_x\boldsymbol{i}+a_y\boldsymbol{j}+a_z\boldsymbol{k},\ \boldsymbol{b}=b_x\boldsymbol{i}+b_y\boldsymbol{j}+b_z\boldsymbol{k},$$
则
$$\boldsymbol{a}\pm\boldsymbol{b}=(a_x\boldsymbol{i}+a_y\boldsymbol{j}+a_z\boldsymbol{k})\pm(b_x\boldsymbol{i}+b_y\boldsymbol{j}+b_z\boldsymbol{k})=(a_x\pm b_x)\boldsymbol{i}+(a_y\pm b_y)\boldsymbol{j}+(a_z\pm b_z)\boldsymbol{k},$$
$$\lambda\boldsymbol{a}=\lambda(a_x\boldsymbol{i}+a_y\boldsymbol{j}+a_z\boldsymbol{k})=\lambda a_x\boldsymbol{i}+\lambda a_y\boldsymbol{j}+\lambda a_z\boldsymbol{k}\ (\text{其中}\ \lambda\ \text{为常数}).$$

上述两式也可表示为

$$\boldsymbol{a}\pm\boldsymbol{b}=\{a_x\pm b_x,\ a_y\pm b_y,\ a_z\pm b_z\},\ \lambda\boldsymbol{a}=\{\lambda a_x,\ \lambda a_y,\ \lambda a_z\}.$$

上式表明，向量的线性运算可归结为其坐标的相应运算，这就给向量的运算带来极大的方便．

利用数与向量的乘法及向量的坐标，可对向量平行这一几何关系给出一种代数刻画．

定理 7.2.1　设$\boldsymbol{a}$，$\boldsymbol{b}$是两个非零向量，则$\boldsymbol{a}$与$\boldsymbol{b}$平行的充要条件为

$$\frac{a_x}{b_x}=\frac{a_y}{b_y}=\frac{a_z}{b_z}.$$

证　因为$\boldsymbol{a}$，$\boldsymbol{b}$是非零向量，故$\boldsymbol{a}$与$\boldsymbol{b}$平行的充要条件是存在实数λ，使得$\boldsymbol{a}=\lambda\boldsymbol{b}$．再利用向量相等及坐标概念，即得$\dfrac{a_x}{b_x}=\dfrac{a_y}{b_y}=\dfrac{a_z}{b_z}$．

注：根据向量平行的特点，可以看到三个相等的式子具有如下特征：若有一个分母为0，则其对应分子为0，另外两个式子相等；若有两个分母为0，则它们对应的分子都是0，第三个分式随意．这个特点在后续的学习中还会遇到．

三、向量的模与方向余弦的坐标表示式

由于向量是由模及方向来确定的，当已知向量的分解式后，怎样求它的模和确定它的方向呢？这就是下面讨论的问题．

向量 $\boldsymbol{a}$ 的模用 $|\boldsymbol{a}|$ 表示．非零向量 $\boldsymbol{a}=\overrightarrow{M_1M_2}$（图 7－12），用 $\boldsymbol{a}$ 与 x 轴、y 轴、z 轴正向的夹角 α，β，$\gamma(0\leqslant\alpha, \beta, \gamma\leqslant\pi)$ 表示向量 $\boldsymbol{a}$ 的方向，称为向量 $\boldsymbol{a}$ 的方向角，$\cos\alpha$，$\cos\beta$，$\cos\gamma$ 叫作向量 $\boldsymbol{a}$ 的方向余弦．

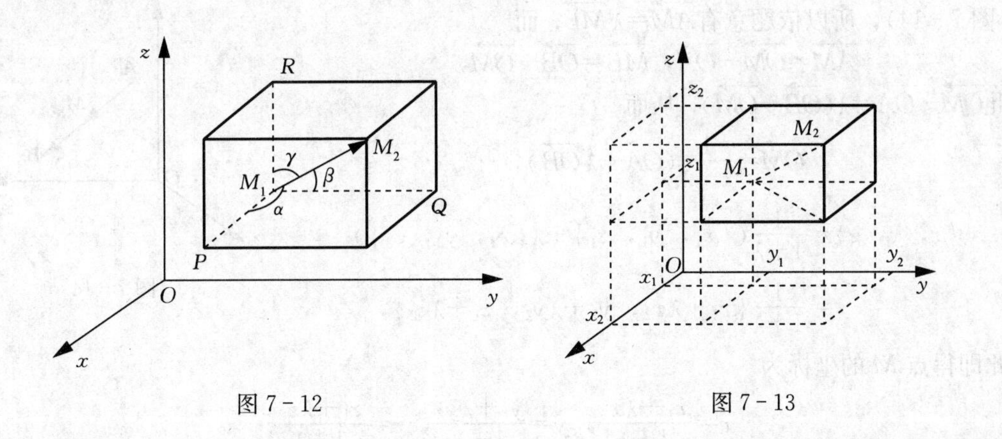

图 7－12　　　　图 7－13

向量的模和方向余弦也可以用向量的坐标表示，为此，首先给出空间两点间的距离公式．

已知空间两点 $M_1(x_1, y_1, z_1)$ 与 $M_2(x_2, y_2, z_2)$（图 7－13），过 M_1 和 M_2 分别作与三个坐标轴垂直的平面，则这六个平面围成一个以 M_1M_2 为对角线的长方体．容易看出，这长方体三条相邻棱长分别是 $|x_2-x_1|$，$|y_2-y_1|$，$|z_2-z_1|$，两次使用勾股定理可得

$$d^2=|M_1M_2|^2=(x_2-x_1)^2+(y_2-y_1)^2+(z_2-z_1)^2,$$

即

$$d=|M_1M_2|=\sqrt{(x_2-x_1)^2+(y_2-y_1)^2+(z_2-z_1)^2}. \tag{6}$$

(6)式就是空间两点间的距离公式．

下面讨论向量的模和方向余弦的坐标表示式．

对于非零向量 $\boldsymbol{a}=\overrightarrow{M_1M_2}=\{x_2-x_1, y_2-y_1, z_2-z_1\}=\{a_x, a_y, a_z\}$，它的模就是 M_1 与 M_2 两点间的距离，即

$$|\boldsymbol{a}|=|\overrightarrow{M_1M_2}|=\sqrt{(x_2-x_1)^2+(y_2-y_1)^2+(z_2-z_1)^2}=\sqrt{a_x^2+a_y^2+a_z^2}. \tag{7}$$

由图 7－12 可以看出，$\triangle M_1PM_2$，$\triangle M_1QM_2$，$\triangle M_1RM_2$ 都是直角三角形，所以

$$\begin{cases}\cos\alpha=\dfrac{a_x}{|\boldsymbol{a}|}=\dfrac{a_x}{\sqrt{a_x^2+a_y^2+a_z^2}},\\[2ex] \cos\beta=\dfrac{a_y}{|\boldsymbol{a}|}=\dfrac{a_y}{\sqrt{a_x^2+a_y^2+a_z^2}},\\[2ex] \cos\gamma=\dfrac{a_z}{|\boldsymbol{a}|}=\dfrac{a_z}{\sqrt{a_x^2+a_y^2+a_z^2}}.\end{cases} \tag{8}$$

(7)式和(8)式即为向量的模和方向余弦的坐标表示式．

由(8)式可以推出 $\cos^2\alpha+\cos^2\beta+\cos^2\gamma=1$，因此，与非零向量 $\boldsymbol{a}$ 同方向的单位向量为

$$\boldsymbol{a}^0=\frac{\boldsymbol{a}}{|\boldsymbol{a}|}=\{\cos\alpha,\ \cos\beta,\ \cos\gamma\}.$$

例 1　设 $A(x_1,\ y_1,\ z_1)$ 和 $B(x_2,\ y_2,\ z_2)$ 为两个已知点，而在直线 AB 上的点 M 分有向线段 $\overrightarrow{AB}$ 为两个有向线段 $\overrightarrow{AM}$ 与 $\overrightarrow{MB}$，使它们的值的比等于常数 $\lambda(\lambda\neq-1)$，即

$$\frac{|AM|}{|MB|}=\lambda,$$

求分点 M 的坐标．

解　设点 M 的坐标为 $(x,\ y,\ z)$，因为 $\overrightarrow{AM}$ 与 $\overrightarrow{MB}$ 在一条直线上(图 7－14)，所以依题意有 $\overrightarrow{AM}=\lambda\overrightarrow{MB}$. 而

$$\overrightarrow{AM}=\overrightarrow{OM}-\overrightarrow{OA},\ \overrightarrow{MB}=\overrightarrow{OB}-\overrightarrow{OM},$$

因此 $\overrightarrow{OM}-\overrightarrow{OA}=\lambda(\overrightarrow{OB}-\overrightarrow{OM})$. 从而

$$\overrightarrow{OM}=\frac{1}{1+\lambda}(\overrightarrow{OA}+\lambda\overrightarrow{OB}),$$

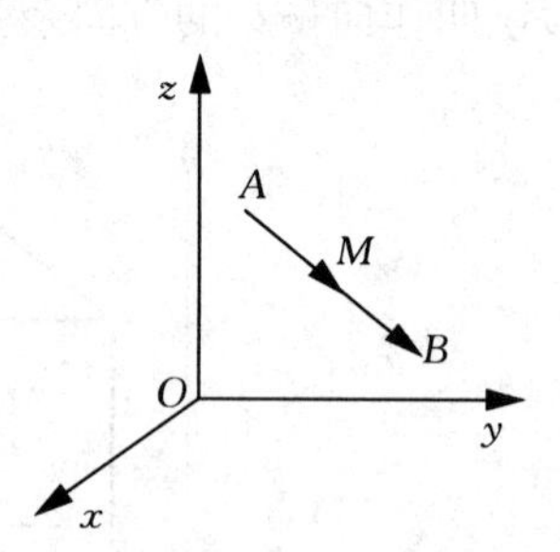

图 7－14

即

$$\{x,\ y,\ z\}=\frac{1}{1+\lambda}(\{x_1,\ y_1,\ z_1\}+\lambda\{x_2,\ y_2,\ z_2\})$$

$$=\frac{1}{1+\lambda}\{x_1+\lambda x_2,\ y_1+\lambda y_2,\ z_1+\lambda z_2\},$$

由此即得点 M 的坐标为

$$x=\frac{x_1+\lambda x_2}{1+\lambda},\ y=\frac{y_1+\lambda y_2}{1+\lambda},\ z=\frac{z_1+\lambda z_2}{1+\lambda}.$$

点 M 叫作有向线段 $\overrightarrow{AB}$ 的定比分点．当 $\lambda=1$ 时，点 M 叫作有向线段 $\overrightarrow{AB}$ 的中点，其坐标为

$$x=\frac{x_1+x_2}{2},\ y=\frac{y_1+y_2}{2},\ z=\frac{z_1+z_2}{2}.$$

例 2　设向量 $\boldsymbol{a}$ 平行于 $\boldsymbol{b}=\{7,\ -4,\ -4\}$，$\boldsymbol{c}=\{-2,\ -1,\ 2\}$ 夹角的平分线，且 $|\boldsymbol{a}|=5\sqrt{6}$，求 $\boldsymbol{a}$.

解　根据题意得 $|\boldsymbol{b}|=9$，$|\boldsymbol{c}|=3$，$\boldsymbol{b}^0=\left\{\frac{7}{9},\ \frac{-4}{9},\ \frac{-4}{9}\right\}$，$\boldsymbol{c}^0=\left\{-\frac{2}{3},\ -\frac{1}{3},\ \frac{2}{3}\right\}$，

从而 $$\boldsymbol{b}^0+\boldsymbol{c}^0=\left\{\frac{1}{9},\ -\frac{7}{9},\ \frac{2}{9}\right\}/\!/\boldsymbol{a},\ (\boldsymbol{b}^0+\boldsymbol{c}^0)^0=\left\{\frac{1}{3\sqrt{6}},\ -\frac{7}{3\sqrt{6}},\ \frac{2}{3\sqrt{6}}\right\}=\boldsymbol{a}^0.$$

于是 $$\boldsymbol{a}=|\boldsymbol{a}|\boldsymbol{a}^0=\pm5\sqrt{6}\left\{\frac{1}{3\sqrt{6}},\ -\frac{7}{3\sqrt{6}},\ \frac{2}{3\sqrt{6}}\right\}=\pm\left\{\frac{5}{3},\ -\frac{35}{3},\ \frac{10}{3}\right\}.$$

例 3　在直角坐标系中，已知一点 $P(6,\ 5,\ 4)$，求：

(1) 点 P 到三坐标面的距离；

(2) 点 P 到三坐标轴的距离．

解　(1) 自点 P 向 xOy 面引垂线，垂足 P' 的坐标为 $(6,\ 5,\ 0)$，于是点 P 到 xOy 面的距离

$$|P'P|=\sqrt{(6-6)^2+(5-5)^2+(4-0)^2}=4.$$

同理，可求出点 P 到其他坐标面的距离分别是 5 和 6.

(2) 点 P 到 x 轴的距离为

$$d_1=\sqrt{(6-6)^2+(5-0)^2+(4-0)^2}=\sqrt{41}.$$

同理，点 P 到 y 轴、z 轴的距离分别为

$$d_2=\sqrt{52},\ d_3=\sqrt{61}.$$

例 4　已知两点 $M_1(2,1,1)$ 和 $M_2(1,3,0)$，计算向量 $\overrightarrow{M_1M_2}$ 的模、方向余弦及与 $\overrightarrow{M_1M_2}$ 同方向的单位向量 $\boldsymbol{a}^0$.

解　因为 $\overrightarrow{M_1M_2}=\{1-2,3-1,0-1\}=\{-1,2,-1\}$，所以

$$|\overrightarrow{M_1M_2}|=\sqrt{(-1)^2+2^2+(-1)^2}=\sqrt{6},$$

$$\cos\alpha=-\frac{1}{\sqrt{6}},\ \cos\beta=\frac{2}{\sqrt{6}},\ \cos\gamma=-\frac{1}{\sqrt{6}},$$

同方向的单位向量就是方向余弦，故

$$\boldsymbol{a}^0=\{\cos\alpha,\cos\beta,\cos\gamma\}=-\frac{1}{\sqrt{6}}\{1,-2,1\}.$$

例 5　设点 A 位于第Ⅰ卦限，向径 $\overrightarrow{OA}$ 与 x 轴、y 轴的夹角依次为 $\frac{\pi}{3}$ 和 $\frac{\pi}{4}$，且 $|\overrightarrow{OA}|=6$，求点 A 的坐标.

解　设 $\boldsymbol{e}_{\overrightarrow{OA}}$ 为与 $\overrightarrow{OA}$ 平行的单位向量，且由题意知 $\alpha=\frac{\pi}{3},\beta=\frac{\pi}{4}$，并根据关系式 $\cos^2\alpha+\cos^2\beta+\cos^2\gamma=1$，得

$$\cos^2\gamma=1-\left(\frac{1}{2}\right)^2-\left(\frac{\sqrt{2}}{2}\right)^2=\frac{1}{4}.$$

又因为 A 位于第Ⅰ卦限 $\cos\gamma>0$，故 $\cos\gamma=\frac{1}{2}$. 于是

$$\overrightarrow{OA}=|\overrightarrow{OA}|e_{\overrightarrow{OA}}=6\left\{\frac{1}{2},\frac{\sqrt{2}}{2},\frac{1}{2}\right\}=\{3,3\sqrt{2},3\},$$

这就是点 A 的坐标.

习　题　7-2

A　组

1. 已知 $\overrightarrow{OA}=\{4,-1,5\}$，$\overrightarrow{OB}=\{-1,8,0\}$，求 $\overrightarrow{AB}$ 的坐标，$|\overrightarrow{AB}|$，$\overrightarrow{OA}+\overrightarrow{OB}$ 的坐标.

2. 一向量的终点为 $B(2,-1,7)$，它在坐标轴上的投影分别为 4，-4，7，求这向量的起点坐标.

3. 已知向量 $\boldsymbol{a}$ 的模为 3 且其方向角 $\alpha=\gamma=60°$，$\beta=45°$，求向量 $\boldsymbol{a}$.

4. 设向量 $\boldsymbol{a}$ 的方向余弦分别满足(1) $\cos\alpha=0$；(2) $\cos\beta=1$；(3) $\cos\alpha=\cos\beta=0$，问这些向量与坐标轴或坐标面的关系如何?

5. 已知 $\boldsymbol{a}=\{3,5,4\}$，$\boldsymbol{b}=\{-6,1,2\}$，$\boldsymbol{c}=\{0,-3,-4\}$，求 $2\boldsymbol{a}-3\boldsymbol{b}+4\boldsymbol{c}$ 及与其平行的单位向量.

6. 已知 $A(7, 4, -1)$，$B(-2, 2, 4)$，将线段 AB 三等分，求各分点的坐标．

7. 求与向量 $\boldsymbol{a}=\{16, -15, 12\}$ 平行，方向相反且长度为 75 的向量 $\boldsymbol{b}$.

8. 从点 $A(2, -1, 7)$ 沿向量 $\boldsymbol{a}=\{8, 9, -12\}$ 的方向取线段 $|AB|=34$，求点 B 的坐标.

9. 在 z 轴上，求与 $A(-4, 1, 7)$ 和 $B(3, 5, -2)$ 两点等距离的点．

10. 在 yOz 面上，求与三点 $A(3, 1, 2)$、$B(4, -2, -2)$ 和 $C(0, 5, 1)$ 等距离的点．

11. 试证明以三点 $A(4, 1, 9)$、$B(10, -1, 6)$ 和 $C(2, 4, 3)$ 为顶点的三角形为等腰直角三角形．

12. 已知三点 A，B，C 的向径分别为 $\boldsymbol{r}_1=2\boldsymbol{i}+4\boldsymbol{j}+\boldsymbol{k}$，$\boldsymbol{r}_2=3\boldsymbol{i}+7\boldsymbol{j}+5\boldsymbol{k}$ 和 $\boldsymbol{r}_3=4\boldsymbol{i}+10\boldsymbol{j}+9\boldsymbol{k}$，证明：$A$，$B$，$C$ 三点共线．

B　组

1. 以向量 $\boldsymbol{a}$ 与 $\boldsymbol{b}$ 为相邻边作平行四边形，试用 $\boldsymbol{a}$ 和 $\boldsymbol{b}$ 表示与 $\boldsymbol{a}$ 和 $\boldsymbol{b}$ 夹角的平分线方向相同的单位向量．

2. 一向量与 x 轴、y 轴的夹角相等，而与 z 轴的夹角是前者的两倍，求该向量的方向角.

3. 求 $\sqrt{x^2+y^2-2x-4y+9}+\sqrt{x^2+y^2-6x+2y+11}$ 的最小值．

第三节　数量积　向量积

一、数量积

1. 数量积的定义

由物理学知道，物体在常力 $\boldsymbol{F}$ 的作用下，沿直线从点 M_1 移动到点 M_2，用 $\boldsymbol{s}$ 表示位移 $\overrightarrow{M_1M_2}$，则力 $\boldsymbol{F}$ 所做的功为

$$W=|\boldsymbol{F}||\boldsymbol{s}|\cos(\widehat{\boldsymbol{F},\boldsymbol{s}}),$$

其中$(\widehat{\boldsymbol{F},\boldsymbol{s}})$表示 $\boldsymbol{F}$ 与 $\boldsymbol{s}$ 的夹角．向量间的这种运算关系在其他实际问题中也会遇到，并且我们还注意到两个向量通过这种运算后的结果是一个数，于是我们把这方面的问题加以抽象后得到向量的数量积的概念．

定义 7.3.1　设 $\boldsymbol{a}$，$\boldsymbol{b}$ 为两个向量，模 $|\boldsymbol{a}|$、$|\boldsymbol{b}|$ 及两向量的夹角余弦的乘积称为向量 $\boldsymbol{a}$ 与 $\boldsymbol{b}$ 的数量积(也称点积或内积)，记作 $\boldsymbol{a}\cdot\boldsymbol{b}$，即

$$\boldsymbol{a}\cdot\boldsymbol{b}=|\boldsymbol{a}||\boldsymbol{b}|\cos(\widehat{\boldsymbol{a},\boldsymbol{b}}),\ 0\leqslant(\widehat{\boldsymbol{a},\boldsymbol{b}})\leqslant\pi.$$

根据这个定义，上面问题中力所做的功 W 就是力 $\boldsymbol{F}$ 与位移 $\boldsymbol{s}$ 的数量积，即

$$W=\boldsymbol{F}\cdot\boldsymbol{s}.$$

由于 $|\boldsymbol{b}|\cos(\widehat{\boldsymbol{a},\boldsymbol{b}})$ 是向量 $\boldsymbol{b}$ 在向量 $\boldsymbol{a}$ 的方向上的投影，用 $\mathrm{Prj}_{\boldsymbol{a}}\boldsymbol{b}$ 表示，于是当 $\boldsymbol{a}\neq\boldsymbol{0}$ 时，$\boldsymbol{a}\cdot\boldsymbol{b}=|\boldsymbol{a}|\mathrm{Prj}_{\boldsymbol{a}}\boldsymbol{b}$，当 $\boldsymbol{b}\neq\boldsymbol{0}$ 时，$\boldsymbol{a}\cdot\boldsymbol{b}=|\boldsymbol{b}|\mathrm{Prj}_{\boldsymbol{b}}\boldsymbol{a}$.

因此，两向量的数量积等于其中一个向量的模与另一个向量在这个向量的方向上的投影的乘积．并且由数量积定义还可以推出：

(1) $\boldsymbol{a}\cdot\boldsymbol{a}=|\boldsymbol{a}|^2$；

(2) 向量 $\boldsymbol{a}\perp\boldsymbol{b}$ 的充要条件是 $\boldsymbol{a}\cdot\boldsymbol{b}=0$.

我们只证明结论(2).

对于非零向量 $\boldsymbol{a}$ 与 $\boldsymbol{b}$，如果 $\boldsymbol{a}\cdot\boldsymbol{b}=0$，由于 $|\boldsymbol{a}|\neq 0$，$|\boldsymbol{b}|\neq 0$，所以有 $\cos(\widehat{\boldsymbol{a},\boldsymbol{b}})=0$，从而 $(\widehat{\boldsymbol{a},\boldsymbol{b}})=\frac{\pi}{2}$，即 $\boldsymbol{a}\perp\boldsymbol{b}$；反之，如果 $\boldsymbol{a}\perp\boldsymbol{b}$，那么 $(\widehat{\boldsymbol{a},\boldsymbol{b}})=\frac{\pi}{2}$，于是有 $\boldsymbol{a}\cdot\boldsymbol{b}=|\boldsymbol{a}||\boldsymbol{b}|\cos\frac{\pi}{2}=0$.

若向量 $\boldsymbol{a}$ 与 $\boldsymbol{b}$ 中有一个是零向量，因为零向量的方向可以看成是任意的，故可以认为零向量与任意向量都垂直．因此，结论(2)成立．

由以上(1)、(2)可知，对于基本单位向量 $\boldsymbol{i}$，$\boldsymbol{j}$，$\boldsymbol{k}$，有

$$\boldsymbol{i}\cdot\boldsymbol{i}=\boldsymbol{j}\cdot\boldsymbol{j}=\boldsymbol{k}\cdot\boldsymbol{k}=1,\ \boldsymbol{i}\cdot\boldsymbol{j}=\boldsymbol{j}\cdot\boldsymbol{k}=\boldsymbol{k}\cdot\boldsymbol{i}=0.$$

另外，由数量积的定义不难推得，数量积满足以下运算规律：

(1) 交换律：$\boldsymbol{a}\cdot\boldsymbol{b}=\boldsymbol{b}\cdot\boldsymbol{a}$；

(2) 分配律：$\boldsymbol{a}\cdot(\boldsymbol{b}+\boldsymbol{c})=\boldsymbol{a}\cdot\boldsymbol{b}+\boldsymbol{a}\cdot\boldsymbol{c}$；

(3) 结合律：$\lambda(\boldsymbol{a}\cdot\boldsymbol{b})=(\lambda\boldsymbol{a})\cdot\boldsymbol{b}=\boldsymbol{a}\cdot(\lambda\boldsymbol{b})$，$\lambda$ 为常数．

例 1　利用数量积推导三角形的余弦定理．

解　如图 7-15 所示，对图中的向量 $\boldsymbol{a}$，$\boldsymbol{b}$，设 $|\boldsymbol{a}-\boldsymbol{b}|=c$，则

$$\begin{aligned}c^2&=|\boldsymbol{a}-\boldsymbol{b}|^2=(\boldsymbol{a}-\boldsymbol{b})\cdot(\boldsymbol{a}-\boldsymbol{b})=\boldsymbol{a}\cdot\boldsymbol{a}+\boldsymbol{b}\cdot\boldsymbol{b}-2\boldsymbol{a}\cdot\boldsymbol{b}\\&=|\boldsymbol{a}|^2+|\boldsymbol{b}|^2-2|\boldsymbol{a}||\boldsymbol{b}|\cos(\widehat{\boldsymbol{a},\boldsymbol{b}}).\end{aligned}$$

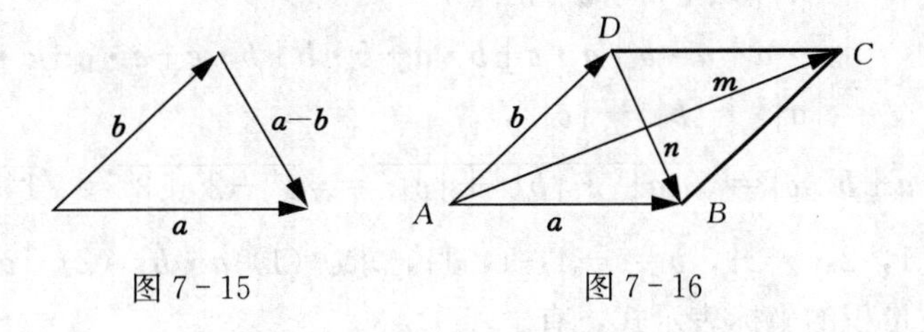

图 7-15　　　　图 7-16

例 2　用向量法证明：平行四边形对角线的平方和等于各边的平方和．

解　平行四边形如图 7-16 所示，设 $\overrightarrow{AB}=\boldsymbol{a}$，$\overrightarrow{AD}=\boldsymbol{b}$，$|\boldsymbol{a}|=a$，$|\boldsymbol{b}|=b$，则对角线向量为 $\overrightarrow{AC}=\boldsymbol{a}+\boldsymbol{b}=\boldsymbol{m}$，$\overrightarrow{DB}=\boldsymbol{a}-\boldsymbol{b}=\boldsymbol{n}$，记 $|\boldsymbol{m}|=m$，$|\boldsymbol{n}|=n$，从而对角线的平方和

$$\begin{aligned}m^2+n^2&=|\boldsymbol{m}|^2+|\boldsymbol{n}|^2\\&=(\boldsymbol{a}+\boldsymbol{b})\cdot(\boldsymbol{a}+\boldsymbol{b})+(\boldsymbol{a}-\boldsymbol{b})\cdot(\boldsymbol{a}-\boldsymbol{b})\\&=2\boldsymbol{a}\cdot\boldsymbol{a}+2\boldsymbol{b}\cdot\boldsymbol{b}=2|\boldsymbol{a}|^2+2|\boldsymbol{b}|^2=2(a^2+b^2).\end{aligned}$$

例 3　以向量 $\boldsymbol{a}$ 与 $\boldsymbol{b}$ 为边作平行四边形，试用 $\boldsymbol{a}$ 与 $\boldsymbol{b}$ 表示边 $\boldsymbol{a}$ 上的高向量．

解　平行四边形如图 7-17 所示．若取 $\boldsymbol{h}$ 的方向为 $\overrightarrow{ND}$，$\boldsymbol{a}_1$ 为 $\overrightarrow{AN}$，则高

$$\begin{aligned}\boldsymbol{h}&=\boldsymbol{b}-\boldsymbol{a}_1=\boldsymbol{b}-(|\boldsymbol{b}|\cos\theta)\boldsymbol{a}^0\\&=\boldsymbol{b}-\left(\frac{\boldsymbol{a}\cdot\boldsymbol{b}}{|\boldsymbol{a}|}\right)\left(\frac{\boldsymbol{a}}{|\boldsymbol{a}|}\right)=\boldsymbol{b}-\frac{\boldsymbol{a}\cdot\boldsymbol{b}}{|\boldsymbol{a}|^2}\boldsymbol{a}.\end{aligned}$$

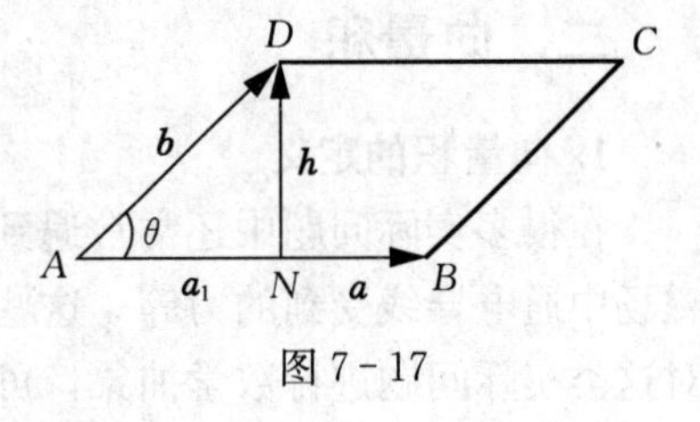

图 7-17

因为 $\boldsymbol{h}$ 的方向也可以取 $\overrightarrow{DN}$，于是高向量 $\boldsymbol{h}=\pm\left(\boldsymbol{b}-\frac{\boldsymbol{a}\cdot\boldsymbol{b}}{|\boldsymbol{a}|^2}\boldsymbol{a}\right)$.

2. 数量积的坐标表示式

设 $\boldsymbol{a}=\{a_x,\ a_y,\ a_z\}$，$\boldsymbol{b}=\{b_x,\ b_y,\ b_z\}$，即 $\boldsymbol{a}=a_x\boldsymbol{i}+a_y\boldsymbol{j}+a_z\boldsymbol{k}$，$\boldsymbol{b}=b_x\boldsymbol{i}+b_y\boldsymbol{j}+b_z\boldsymbol{k}$，由数

量积的运算规律可得

$$\begin{aligned}\boldsymbol{a}\cdot\boldsymbol{b}&=(a_x\boldsymbol{i}+a_y\boldsymbol{j}+a_z\boldsymbol{k})\cdot(b_x\boldsymbol{i}+b_y\boldsymbol{j}+b_z\boldsymbol{k})\\&=a_xb_x\boldsymbol{i}\cdot\boldsymbol{i}+a_yb_x\boldsymbol{j}\cdot\boldsymbol{i}+a_zb_x\boldsymbol{k}\cdot\boldsymbol{i}+a_xb_y\boldsymbol{i}\cdot\boldsymbol{j}+a_yb_y\boldsymbol{j}\cdot\boldsymbol{j}+a_zb_y\boldsymbol{k}\cdot\boldsymbol{j}+\\&\quad a_xb_z\boldsymbol{i}\cdot\boldsymbol{k}+a_yb_z\boldsymbol{j}\cdot\boldsymbol{k}+a_zb_z\boldsymbol{k}\cdot\boldsymbol{k}=a_xb_x+a_yb_y+a_zb_z,\end{aligned}$$

于是数量积的坐标表示式为

$$\boldsymbol{a}\cdot\boldsymbol{b}=a_xb_x+a_yb_y+a_zb_z, \tag{1}$$

由此得出

$$\boldsymbol{a}\perp\boldsymbol{b}\Leftrightarrow a_xb_x+a_yb_y+a_zb_z=0.$$

若 $\boldsymbol{a}$，$\boldsymbol{b}\neq\boldsymbol{0}$，则由数量积的定义有

$$\cos(\widehat{\boldsymbol{a},\boldsymbol{b}})=\frac{\boldsymbol{a}\cdot\boldsymbol{b}}{|\boldsymbol{a}||\boldsymbol{b}|},$$

将公式(1)及向量模的坐标表示式代入上式可得

$$\cos(\widehat{\boldsymbol{a},\boldsymbol{b}})=\frac{a_xb_x+a_yb_y+a_zb_z}{\sqrt{a_x^2+a_y^2+a_z^2}\sqrt{b_x^2+b_y^2+b_z^2}}. \tag{2}$$

(2)式就是两向量夹角余弦的坐标表示式，常用来计算向量间的夹角．

例 4 设向量 $\boldsymbol{a}$，$\boldsymbol{b}$ 与 $\boldsymbol{c}$ 两两垂直，且 $|\boldsymbol{a}|=1$，$|\boldsymbol{b}|=2$，$|\boldsymbol{c}|=3$，求 $|\boldsymbol{a}+\boldsymbol{b}+\boldsymbol{c}|$.

解 因 $\boldsymbol{a}\cdot\boldsymbol{b}=\boldsymbol{b}\cdot\boldsymbol{c}=\boldsymbol{a}\cdot\boldsymbol{c}=0$，所以

$$\begin{aligned}|\boldsymbol{a}+\boldsymbol{b}+\boldsymbol{c}|^2&=(\boldsymbol{a}+\boldsymbol{b}+\boldsymbol{c})\cdot(\boldsymbol{a}+\boldsymbol{b}+\boldsymbol{c})\\&=\boldsymbol{a}\cdot\boldsymbol{a}+\boldsymbol{a}\cdot\boldsymbol{b}+\boldsymbol{a}\cdot\boldsymbol{c}+\boldsymbol{b}\cdot\boldsymbol{a}+\boldsymbol{b}\cdot\boldsymbol{b}+\boldsymbol{b}\cdot\boldsymbol{c}+\boldsymbol{c}\cdot\boldsymbol{a}+\boldsymbol{c}\cdot\boldsymbol{b}+\boldsymbol{c}\cdot\boldsymbol{c},\\&=|\boldsymbol{a}|^2+|\boldsymbol{b}|^2+|\boldsymbol{c}|^2,\end{aligned}$$

从而

$$|\boldsymbol{a}+\boldsymbol{b}+\boldsymbol{c}|=\sqrt{|\boldsymbol{a}|^2+|\boldsymbol{b}|^2+|\boldsymbol{c}|^2}=\sqrt{1^2+2^2+3^2}=\sqrt{14}.$$

例 5 设 $\boldsymbol{a}=\{1,\ 2,\ -2\}$，$\boldsymbol{b}=\{-4,\ 1,\ 1\}$，求：(1) $\boldsymbol{a}\cdot\boldsymbol{b}$；(2) $|\boldsymbol{a}|$，$|\boldsymbol{b}|$ 及 $(\widehat{\boldsymbol{a},\boldsymbol{b}})$.

解 (1) 由数量积的坐标表示式，有

$$\boldsymbol{a}\cdot\boldsymbol{b}=1\times(-4)+2\times1+(-2)\times1=-4.$$

(2) $|\boldsymbol{a}|=\sqrt{1^2+2^2+(-2)^2}=3$，$|\boldsymbol{b}|=\sqrt{(-4)^2+1^2+1^2}=3\sqrt{2}$.

由 $\cos(\widehat{\boldsymbol{a},\boldsymbol{b}})=\dfrac{\boldsymbol{a}\cdot\boldsymbol{b}}{|\boldsymbol{a}||\boldsymbol{b}|}=\dfrac{-4}{3\times3\sqrt{2}}=\dfrac{-2\sqrt{2}}{9}$，得

$$(\widehat{\boldsymbol{a},\boldsymbol{b}})=\arccos\frac{-2\sqrt{2}}{9}\approx108.32^\circ.$$

二、向量积

1. 向量积的定义

在很多实际问题中还常常遇到两个向量的另一种运算，如物体受力作用而产生的力矩，磁场中通电导线受到的力等．这些问题的共同特点是两个向量运算的结果是一个新的向量，对这类实际问题进行数学抽象，可得出两个向量的向量积的概念．

定义 7.3.2 设有向量 $\boldsymbol{a}$，$\boldsymbol{b}$，若向量 $\boldsymbol{c}$ 满足：

(1) $\boldsymbol{c}$ 的模为 $|\boldsymbol{c}|=|\boldsymbol{a}||\boldsymbol{b}|\sin(\widehat{\boldsymbol{a},\boldsymbol{b}})$；

(2) $\boldsymbol{c}$ 的方向垂直于 $\boldsymbol{a}$ 与 $\boldsymbol{b}$ 所确定的平面，$\boldsymbol{c}$ 的指向按右手法则确定，即伸出右手，拇指与其余并拢的四指垂直，当右手的四个手指从 $\boldsymbol{a}$ 的正向沿二者夹角方向转向 $\boldsymbol{b}$ 的正向时，

拇指的指向就是 $\boldsymbol{c}$ 的方向，

则向量 $\boldsymbol{c}$ 称为 $\boldsymbol{a}$ 与 $\boldsymbol{b}$ 的向量积(也称叉积或外积)，记作 $\boldsymbol{c}=\boldsymbol{a}\times\boldsymbol{b}$.

由向量积的定义可以推得

(1) $\boldsymbol{a}\times\boldsymbol{b}$ 是一个向量，它的模 $|\boldsymbol{a}\times\boldsymbol{b}|=|\boldsymbol{a}||\boldsymbol{b}|\sin(\widehat{\boldsymbol{a},\boldsymbol{b}})$ 是以 $\boldsymbol{a}$ 和 $\boldsymbol{b}$ 为邻边的平行四边形的面积，这就是 $|\boldsymbol{a}\times\boldsymbol{b}|$ 的几何意义.

(2) $\boldsymbol{a}\times\boldsymbol{a}=\boldsymbol{0}$，这是因为其夹角为零，所以 $|\boldsymbol{a}\times\boldsymbol{a}|=|\boldsymbol{a}|^2\sin 0=0$，故 $\boldsymbol{a}\times\boldsymbol{a}=\boldsymbol{0}$.

(3) 两个非零向量 $\boldsymbol{a}$ 与 $\boldsymbol{b}$ 平行的充要条件是 $\boldsymbol{a}\times\boldsymbol{b}=\boldsymbol{0}$.

事实上，因为 $\boldsymbol{a}\times\boldsymbol{b}=\boldsymbol{0}$，故 $|\boldsymbol{a}\times\boldsymbol{b}|=0$，亦即 $|\boldsymbol{a}||\boldsymbol{b}|\sin(\widehat{\boldsymbol{a},\boldsymbol{b}})=0$. 又 $|\boldsymbol{a}|\neq 0$，$|\boldsymbol{b}|\neq 0$，从而 $\sin(\widehat{\boldsymbol{a},\boldsymbol{b}})=0$，于是 $(\widehat{\boldsymbol{a},\boldsymbol{b}})=0$ 或 π，即 $\boldsymbol{a}/\!/\boldsymbol{b}$.

反之，若 $\boldsymbol{a}/\!/\boldsymbol{b}$，则 $(\widehat{\boldsymbol{a},\boldsymbol{b}})=0$ 或 π，于是 $\sin(\widehat{\boldsymbol{a},\boldsymbol{b}})=0$，从而 $|\boldsymbol{a}\times\boldsymbol{b}|=0$，即

$$\boldsymbol{a}\times\boldsymbol{b}=\boldsymbol{0}.$$

向量积满足下列运算规律：

(1) $\boldsymbol{a}\times\boldsymbol{b}=-\boldsymbol{b}\times\boldsymbol{a}$.

这是因为 $|\boldsymbol{a}\times\boldsymbol{b}|=|\boldsymbol{b}\times\boldsymbol{a}|=|\boldsymbol{a}||\boldsymbol{b}|\sin(\widehat{\boldsymbol{a},\boldsymbol{b}})$，而按右手法则，从 $\boldsymbol{a}$ 转到 $\boldsymbol{b}$ 的方向与从 $\boldsymbol{b}$ 转到 $\boldsymbol{a}$ 的方向恰好相反.

(2) 结合律：$\lambda(\boldsymbol{a}\times\boldsymbol{b})=(\lambda\boldsymbol{a})\times\boldsymbol{b}=\boldsymbol{a}\times(\lambda\boldsymbol{b})$ (λ 为常数).

(3) 分配律：$(\boldsymbol{a}+\boldsymbol{b})\times\boldsymbol{c}=\boldsymbol{a}\times\boldsymbol{c}+\boldsymbol{b}\times\boldsymbol{c}$.

这两个性质的证明从略.

显然，对于基本单位向量 $\boldsymbol{i}$，$\boldsymbol{j}$，$\boldsymbol{k}$ 有如下关系：

$$\boldsymbol{i}\times\boldsymbol{i}=\boldsymbol{j}\times\boldsymbol{j}=\boldsymbol{k}\times\boldsymbol{k}=\boldsymbol{0},\ \boldsymbol{i}\times\boldsymbol{j}=\boldsymbol{k},\ \boldsymbol{j}\times\boldsymbol{k}=\boldsymbol{i},\ \boldsymbol{k}\times\boldsymbol{i}=\boldsymbol{j},$$
$$\boldsymbol{j}\times\boldsymbol{i}=-\boldsymbol{k},\ \boldsymbol{k}\times\boldsymbol{j}=-\boldsymbol{i},\ \boldsymbol{i}\times\boldsymbol{k}=-\boldsymbol{j}. \tag{3}$$

2. 向量积的坐标表示式

设 $\boldsymbol{a}=a_x\boldsymbol{i}+a_y\boldsymbol{j}+a_z\boldsymbol{k}$，$\boldsymbol{b}=b_x\boldsymbol{i}+b_y\boldsymbol{j}+b_z\boldsymbol{k}$，则由向量积的运算法则，得

$$\begin{aligned}\boldsymbol{a}\times\boldsymbol{b}&=(a_x\boldsymbol{i}+a_y\boldsymbol{j}+a_z\boldsymbol{k})\times(b_x\boldsymbol{i}+b_y\boldsymbol{j}+b_z\boldsymbol{k})\\&=a_xb_x(\boldsymbol{i}\times\boldsymbol{i})+a_xb_y(\boldsymbol{i}\times\boldsymbol{j})+a_xb_z(\boldsymbol{i}\times\boldsymbol{k})+\\&\quad a_yb_x(\boldsymbol{j}\times\boldsymbol{i})+a_yb_y(\boldsymbol{j}\times\boldsymbol{j})+a_yb_z(\boldsymbol{j}\times\boldsymbol{k})+\\&\quad a_zb_x(\boldsymbol{k}\times\boldsymbol{i})+a_zb_y(\boldsymbol{k}\times\boldsymbol{j})+a_zb_z(\boldsymbol{k}\times\boldsymbol{k}),\end{aligned}$$

利用等式(3)，便有

$$\boldsymbol{a}\times\boldsymbol{b}=(a_yb_z-a_zb_y)\boldsymbol{i}+(a_zb_x-a_xb_z)\boldsymbol{j}+(a_xb_y-a_yb_x)\boldsymbol{k}. \tag{4}$$

为便于记忆，(4)式可用行列式来表示：

$$\boldsymbol{a}\times\boldsymbol{b}=\begin{vmatrix}\boldsymbol{i}&\boldsymbol{j}&\boldsymbol{k}\\a_x&a_y&a_z\\b_x&b_y&b_z\end{vmatrix}=\begin{vmatrix}a_y&a_z\\b_y&b_z\end{vmatrix}\boldsymbol{i}-\begin{vmatrix}a_x&a_z\\b_x&b_z\end{vmatrix}\boldsymbol{j}+\begin{vmatrix}a_x&a_y\\b_x&b_y\end{vmatrix}\boldsymbol{k}, \tag{5}$$

其中，定义

$$\begin{vmatrix}a_{11}&a_{12}&a_{13}\\a_{21}&a_{22}&a_{23}\\a_{31}&a_{32}&a_{33}\end{vmatrix}=a_{11}a_{22}a_{33}+a_{12}a_{23}a_{31}+a_{13}a_{21}a_{32}-a_{13}a_{22}a_{31}-a_{12}a_{21}a_{33}-a_{11}a_{23}a_{32}$$

为三阶行列式，而定义

$$\begin{vmatrix} a_{11} & a_{12} \\ a_{21} & a_{22} \end{vmatrix} = a_{11}a_{22} - a_{12}a_{21}$$

为二阶行列式，关于行列式的学习，详见线性代数．

例 6 设 $\boldsymbol{a}=\{2, 1-1\}$，$\boldsymbol{b}=\{1, -1, 2\}$，求 $\boldsymbol{a}\times\boldsymbol{b}$.

解 由(5)式，$\boldsymbol{a}\times\boldsymbol{b}=\begin{vmatrix} \boldsymbol{i} & \boldsymbol{j} & \boldsymbol{k} \\ 2 & 1 & -1 \\ 1 & -1 & 2 \end{vmatrix}=\boldsymbol{i}-5\boldsymbol{j}-3\boldsymbol{k}$.

例 7 设 $\boldsymbol{a}=3\boldsymbol{i}+6\boldsymbol{j}+8\boldsymbol{k}$，求同时垂直于 x 轴与 $\boldsymbol{a}$ 的单位向量．

解 所求向量垂直于 x 轴，即垂直于 $\boldsymbol{i}$，由向量积的定义，可知 $\pm(\boldsymbol{a}\times\boldsymbol{i})$ 都同时垂直于 $\boldsymbol{a}$ 与 $\boldsymbol{i}$，记 $\boldsymbol{b}=\pm(\boldsymbol{a}\times\boldsymbol{i})$，则

$$\begin{aligned} \boldsymbol{b} &= \pm(3\boldsymbol{i}+6\boldsymbol{j}+8\boldsymbol{k})\times\boldsymbol{i}=\pm(3\boldsymbol{i}\times\boldsymbol{i}+6\boldsymbol{j}\times\boldsymbol{i}+8\boldsymbol{k}\times\boldsymbol{i}) \\ &= \pm(\boldsymbol{0}-6\boldsymbol{k}+8\boldsymbol{j})=\pm(8\boldsymbol{j}-6\boldsymbol{k}). \end{aligned}$$

再把向量 $\boldsymbol{b}$ 单位化，得

$$\boldsymbol{b}^0=\pm\frac{8\boldsymbol{j}-6\boldsymbol{k}}{\sqrt{8^2+(-6)^2}}=\pm\frac{1}{5}(4\boldsymbol{j}-3\boldsymbol{k}).$$

例 8 设向量 $\boldsymbol{m}$，$\boldsymbol{n}$，$\boldsymbol{p}$ 两两垂直，符合右手规则，且 $|\boldsymbol{m}|=4$，$|\boldsymbol{n}|=2$，$|\boldsymbol{p}|=3$，求 $(\boldsymbol{m}\times\boldsymbol{n})\cdot\boldsymbol{p}$.

解 由 $|\boldsymbol{m}\times\boldsymbol{n}|=|\boldsymbol{m}||\boldsymbol{n}|\sin(\widehat{\boldsymbol{m},\boldsymbol{n}})=4\times2\times1=8$，且 $(\boldsymbol{m}\times\boldsymbol{n})$ 与 $\boldsymbol{p}$ 同向，故 $\theta=(\widehat{\boldsymbol{m}\times\boldsymbol{n},\boldsymbol{p}})=0$，因此 $(\boldsymbol{m}\times\boldsymbol{n})\cdot\boldsymbol{p}=|\boldsymbol{m}\times\boldsymbol{n}||\boldsymbol{p}|\cos\theta=8\times3=24$.

例 9 设 $\overrightarrow{OA}=\boldsymbol{a}$，$\overrightarrow{OB}=\boldsymbol{b}$，$\overrightarrow{OC}=\boldsymbol{c}$，试证明：$A$，$B$，$C$ 三点共线的充要条件是 $\boldsymbol{a}\times\boldsymbol{b}+\boldsymbol{b}\times\boldsymbol{c}+\boldsymbol{c}\times\boldsymbol{a}=\boldsymbol{0}$.

证 A，B，C 三点共线的充要条件是 $\overrightarrow{AB}//\overrightarrow{BC}$，即 $\overrightarrow{AB}\times\overrightarrow{BC}=\boldsymbol{0}$.

而 $\overrightarrow{AB}=\boldsymbol{b}-\boldsymbol{a}$，$\overrightarrow{BC}=\boldsymbol{c}-\boldsymbol{b}$，从而这个条件是

$$(\boldsymbol{b}-\boldsymbol{a})\times(\boldsymbol{c}-\boldsymbol{b})=\boldsymbol{b}\times\boldsymbol{c}-\boldsymbol{a}\times\boldsymbol{c}-\boldsymbol{b}\times\boldsymbol{b}+\boldsymbol{a}\times\boldsymbol{b}=\boldsymbol{0},$$

化简，即得所要的等式．

延伸阅读 7.6 下面给出三个向量混合积的定义．

定义 向量 $\boldsymbol{a}$ 与 $\boldsymbol{b}$ 的向量积 $\boldsymbol{a}\times\boldsymbol{b}$ 和向量 $\boldsymbol{c}$ 作数量积 $(\boldsymbol{a}\times\boldsymbol{b})\cdot\boldsymbol{c}$ 所得的数，叫作三个向量 $\boldsymbol{a}$，$\boldsymbol{b}$，$\boldsymbol{c}$ 的混合积，记作 $(\boldsymbol{a}, \boldsymbol{b}, \boldsymbol{c})$，即 $(\boldsymbol{a}, \boldsymbol{b}, \boldsymbol{c})=(\boldsymbol{a}\times\boldsymbol{b})\cdot\boldsymbol{c}$.

混合积 $(\boldsymbol{a}, \boldsymbol{b}, \boldsymbol{c})$ 是一个数量，它有下述几何意义：它的绝对值表示以向量 $\boldsymbol{a}$，$\boldsymbol{b}$，$\boldsymbol{c}$ 为三条棱的平行六面体的体积．事实上，这个平行六面体的底面是以向量 $\boldsymbol{a}$，$\boldsymbol{b}$ 为邻边的平行四边形，其面积 S 为 $|\boldsymbol{a}\times\boldsymbol{b}|$，高 h 等于向量 $\boldsymbol{c}$ 在向量 $\boldsymbol{a}\times\boldsymbol{b}$ 上投影的绝对值，即 $h=|\mathrm{Prj}_{\boldsymbol{a}\times\boldsymbol{b}}\boldsymbol{c}|=|\boldsymbol{c}|\cdot|\cos\alpha|$，其中 α 为向量 $\boldsymbol{a}\times\boldsymbol{b}$ 和 $\boldsymbol{c}$ 的夹角，所以平行六面体的体积 $V=S\cdot h=|\boldsymbol{a}\times\boldsymbol{b}||\boldsymbol{c}|\cdot|\cos\alpha|=|(\boldsymbol{a}\times\boldsymbol{b})\cdot\boldsymbol{c}|$，即 $V=|(\boldsymbol{a}, \boldsymbol{b}, \boldsymbol{c})|$.

由三个向量混合积的几何意义可知，若混合积 $(\boldsymbol{a}\times\boldsymbol{b})\cdot\boldsymbol{c}\neq0$，则能以这三个向量为棱构成平行六面体，从而 $\boldsymbol{a}$，$\boldsymbol{b}$，$\boldsymbol{c}$ 三个向量不共面；反之，若 $\boldsymbol{a}$，$\boldsymbol{b}$，$\boldsymbol{c}$ 三个向量不共面，则必能以 $\boldsymbol{a}$，$\boldsymbol{b}$，$\boldsymbol{c}$ 三个向量为棱构成平行六面体，从而 $(\boldsymbol{a}\times\boldsymbol{b})\cdot\boldsymbol{c}\neq0$. 于是有下述结论成立：

三个向量 $\boldsymbol{a}$，$\boldsymbol{b}$，$\boldsymbol{c}$ 共面的充分必要条件是混合积 $(\boldsymbol{a}\times\boldsymbol{b})\cdot\boldsymbol{c}=0$. 下面给出混合积的坐标表示式.

设三个向量 $\boldsymbol{a}$，$\boldsymbol{b}$，$\boldsymbol{c}$ 的坐标为 $\boldsymbol{a}=\{a_x,\ a_y,\ a_z\}$，$\boldsymbol{b}=\{b_x,\ b_y,\ b_z\}$，$\boldsymbol{c}=\{c_x,\ c_y,\ c_z\}$，则

$$(\boldsymbol{a}\times\boldsymbol{b})\cdot\boldsymbol{c}=\begin{vmatrix} a_x & a_y & a_z \\ b_x & b_y & b_z \\ c_x & c_y & c_z \end{vmatrix}.$$

根据行列式的性质可知

$$(\boldsymbol{a},\ \boldsymbol{b},\ \boldsymbol{c})=(\boldsymbol{b},\ \boldsymbol{c},\ \boldsymbol{a})=(\boldsymbol{c},\ \boldsymbol{a},\ \boldsymbol{b}).$$

习　题　7-3

A　组

1. 判断下列命题是否正确，并说明理由.

(1) 若 $\boldsymbol{a}\cdot\boldsymbol{c}=\boldsymbol{b}\cdot\boldsymbol{c}(\boldsymbol{c}\neq\boldsymbol{0})$，则 $\boldsymbol{a}=\boldsymbol{b}$；

(2) 若 $\boldsymbol{a}\times\boldsymbol{c}=\boldsymbol{b}\times\boldsymbol{c}(\boldsymbol{c}\neq\boldsymbol{0})$，则 $\boldsymbol{a}=\boldsymbol{b}$；

(3) 若 $\boldsymbol{a}(\boldsymbol{a}\neq\boldsymbol{0})$，如果 $\boldsymbol{a}\times\boldsymbol{b}=\boldsymbol{a}\times\boldsymbol{c}$，$\boldsymbol{a}\cdot\boldsymbol{b}=\boldsymbol{a}\cdot\boldsymbol{c}$，则 $\boldsymbol{b}=\boldsymbol{c}$.

2. 设 $\boldsymbol{a}=\{2,\ -3,\ 1\}$，$\boldsymbol{b}=\{1,\ -1,\ 3\}$，$\boldsymbol{c}=\{1,\ -2,\ 0\}$，求：

(1) $(\boldsymbol{a}\times\boldsymbol{b})\cdot\boldsymbol{c}$；(2) $(\boldsymbol{a}\times\boldsymbol{b})\times\boldsymbol{c}$；(3) $\boldsymbol{a}\times(\boldsymbol{b}\times\boldsymbol{c})$；(4) $(\boldsymbol{a}\cdot\boldsymbol{b})\boldsymbol{c}-(\boldsymbol{a}\cdot\boldsymbol{c})\boldsymbol{b}$.

3. 设力 $\boldsymbol{f}=2\boldsymbol{i}-3\boldsymbol{j}+5\boldsymbol{k}$ 作用在一质点上，质点由 $M_1(1,\ 1,\ 2)$ 沿直线移动到 $M_2(3,\ 4,\ 5)$，求此力所做的功(设力的单位为 N，位移的单位为 m).

4. 求与向量 $\boldsymbol{a}=\{2,\ -1,\ 2\}$ 共线且满足方程 $\boldsymbol{a}\cdot\boldsymbol{x}=-18$ 的向量 $\boldsymbol{x}$.

5. 设 $\boldsymbol{a}=\{3,\ 5,\ -2\}$，$\boldsymbol{b}=\{2,\ 1,\ 4\}$，问 λ 与 μ 满足何种关系才能使 $\lambda\boldsymbol{a}+\mu\boldsymbol{b}$ 与 z 轴垂直.

6. 设 $|\boldsymbol{a}|=\sqrt{3}$，$|\boldsymbol{b}|=1$，$(\widehat{\boldsymbol{a},\boldsymbol{b}})=\frac{\pi}{6}$，计算 $\boldsymbol{a}+\boldsymbol{b}$ 与 $\boldsymbol{a}-\boldsymbol{b}$ 之间的夹角.

7. 试用向量证明直径所对的圆周角是直角.

8. 已知 $\boldsymbol{a}+\boldsymbol{b}+\boldsymbol{c}=\boldsymbol{0}$，$|\boldsymbol{a}|=3$，$|\boldsymbol{b}|=1$，$|\boldsymbol{c}|=4$，求 $\boldsymbol{a}\cdot\boldsymbol{b}+\boldsymbol{b}\cdot\boldsymbol{c}+\boldsymbol{c}\cdot\boldsymbol{a}$.

9. 已知 $|\boldsymbol{a}|=3$，$|\boldsymbol{b}|=36$，$|\boldsymbol{a}\times\boldsymbol{b}|=72$，求 $\boldsymbol{a}\cdot\boldsymbol{b}$.

10. 已知 $M_1(1,\ -1,\ 2)$，$M_2(3,\ 3,\ 1)$ 和 $M_3(3,\ 1,\ 3)$，求同时与 $\overrightarrow{M_1M_2}$，$\overrightarrow{M_2M_3}$ 垂直的单位向量.

11. 设 $\boldsymbol{m}=2\boldsymbol{a}+\boldsymbol{b}$，$\boldsymbol{n}=k\boldsymbol{a}+\boldsymbol{b}$，其中 $|\boldsymbol{a}|=1$，$|\boldsymbol{b}|=2$，且 $\boldsymbol{a}\perp\boldsymbol{b}$，问 k 为何值时，以 $\boldsymbol{m}$ 与 $\boldsymbol{n}$ 为邻边的平行四边形的面积为 6.

12. 已知点 $A(-1,\ 0,\ 0)$ 和 $B(0,\ 3,\ 2)$，试在 z 轴上求一点 C，使 $\triangle ABC$ 的面积最小.

13. 试用向量证明不等式：$\sqrt{a_1^2+a_2^2+a_3^2}\cdot\sqrt{b_1^2+b_2^2+b_3^2}\geqslant|a_1b_1+a_2b_2+a_3b_3|$，其中 a_1，a_2，a_3，b_1，b_2，b_3 为任意实数，并指出等号成立的条件.

B　组

1. 已知向量 $\boldsymbol{a}$，$\boldsymbol{b}$ 非零且不共线，作 $\boldsymbol{c}=\lambda\boldsymbol{a}+\boldsymbol{b}$，$\lambda$ 是实数，证明：使 $|\boldsymbol{c}|$ 最小的向量 $\boldsymbol{c}$ 垂

直于 $\boldsymbol{a}$，并求当 $\boldsymbol{a}=\{1, 2, -2\}$，$\boldsymbol{b}=\{1, -1, 1\}$时，使$|\boldsymbol{c}|$最小的向量 $\boldsymbol{c}$.

2. 单位圆上有相异的两点 P 和 Q，向量$\overrightarrow{OP}$与$\overrightarrow{OQ}$的夹角为$\theta(0\leqslant\theta\leqslant\pi)$，设 a，b 为正常数，求极限$\lim\limits_{\theta\to 0}\frac{1}{\theta^2}(|a\overrightarrow{OP}|+|b\overrightarrow{OQ}|-|a\overrightarrow{OP}+b\overrightarrow{OQ}|)$.

第四节　平面及其方程

本节将以向量为工具建立空间直角坐标系下的平面方程，并讨论与平面有关的一些问题.

一、平面的点法式方程

如果一非零向量垂直于平面 Π，称此向量为该平面 Π 的**法向量**. 容易知道，平面 Π 上任意一向量都与该平面的法向量垂直.

我们知道，过空间一点可以作而且只能作一个平面垂直于一已知直线，所以当已知平面 Π 上一点 $M_0(x_0, y_0, z_0)$和它的法向量 $\boldsymbol{n}=\{A, B, C\}$时，平面 Π 的位置完全确定，现在建立它的方程.

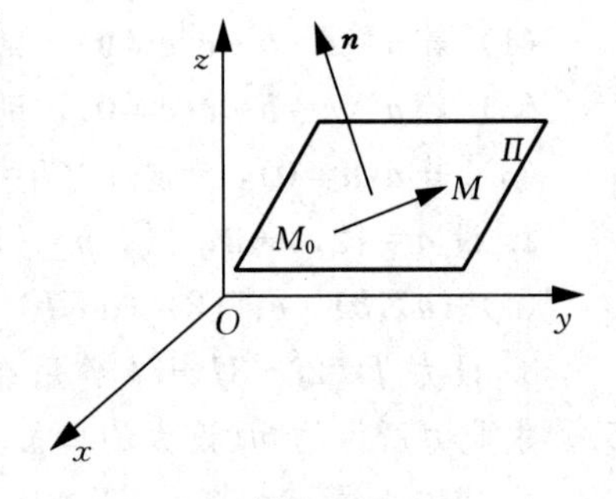

图 7-18

设 $M(x, y, z)$为平面 Π 上任意一点，则向量$\overrightarrow{M_0M}$必与法向量 $\boldsymbol{n}$ 垂直，从而有 $\boldsymbol{n}\cdot\overrightarrow{M_0M}=0$，如图 7-18 所示. 而

$$\boldsymbol{n}=\{A, B, C\},$$

$$\overrightarrow{M_0M}=\{x-x_0, y-y_0, z-z_0\},$$

故

$$A(x-x_0)+B(y-y_0)+C(z-z_0)=0. \tag{1}$$

方程(1)叫作**平面的点法式方程**.

例 1　已知某平面通过点 $M(1, 2, 3)$，且与已知平面 $4x-3y+z=7$ 平行，求此平面方程.

解　由所给平面方程知，其法向量为$(4, -3, 1)$，故所求平面的法向量亦为该向量. 由此，所求平面为 $4(x-1)-3(y-2)+(z-3)=0$，即 $4x-3y+z=1$.

例 2　设平面 Π 过点 $M(1, 1, 1)$与 $N(0, 1, -1)$且垂直于平面 $x+y+z=0$，求平面 Π 的方程.

解　由平面的点法式方程可知，平面 $x+y+z=0$ 的法向量 $\boldsymbol{n}_1=\{1, 1, 1\}$，而平面 Π 的法向量 $\boldsymbol{n}$ 应同时垂直于 $\boldsymbol{n}_1$ 与$\overrightarrow{MN}$，故可取

$$\boldsymbol{n}=\boldsymbol{n}_1\times\overrightarrow{MN}=\begin{vmatrix}\boldsymbol{i} & \boldsymbol{j} & \boldsymbol{k}\\ 1 & 1 & 1\\ -1 & 0 & -2\end{vmatrix}=-2\boldsymbol{i}+\boldsymbol{j}+\boldsymbol{k}.$$

由点法式方程可知，平面 Π 的方程为

$$-2(x-1)+(y-1)+(z-1)=0,$$

即

$$2x-y-z=0.$$

例 3　求过三点 $A(a, 0, 0)$，$B(0, b, 0)$，$C(0, 0, c)$的平面方程(其中 a，b，c 均不

为零).

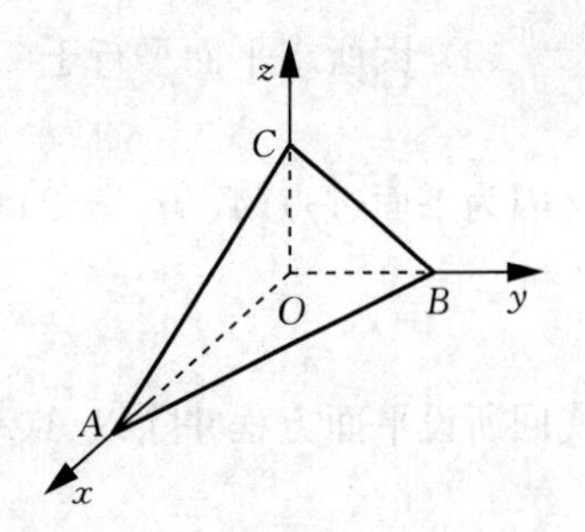

图 7-19

解　因为$\overrightarrow{AB}=\{-a, b, 0\}$，$\overrightarrow{AC}=\{-a, 0, c\}$，故可取 $\boldsymbol{n}=\overrightarrow{AB}\times\overrightarrow{AC}=\{bc, ac, ab\}$，于是所求平面方程为

$$bc(x-a)+ac(y-0)+ab(z-0)=0,$$

即

$$\frac{x}{a}+\frac{y}{b}+\frac{z}{c}=1. \tag{2}$$

方程(2)称为平面的截距式方程，a，b，c 分别称为这个平面在三个坐标轴上的截距(图 7-19).

二、平面的一般式方程

平面的点法式方程 $A(x-x_0)+B(y-y_0)+C(z-z_0)=0$ 也可以写成

$$Ax+By+Cz+D=0, \tag{3}$$

其中 $D=-(Ax_0+By_0+Cz_0)$，方程(3)称为平面的一般式方程.

在平面的一般式方程(3)中，应该熟悉以下特点：

(1) 当 $D=0$ 时，方程为 $Ax+By+Cz=0$，它表示一个通过原点的平面.

(2) 当 $A=0$ 时，方程为 $By+Cz+D=0$，它表示一个平行于 x 轴的平面.

同样，方程 $Ax+Cz+D=0$ 和 $Ax+By+D=0$ 分别表示一个平行于 y 轴和 z 轴的平面.

(3) 当 $A=B=0$ 时，方程为 $Cz+D=0$ 或 $z=-\dfrac{D}{C}$，它表示一个平行于 xOy 面的平面.

同样，方程 $Ax+D=0$ 和 $By+D=0$ 分别表示平行于 yOz 面和 zOx 面的平面.

特别地，方程 $z=0$，$x=0$，$y=0$ 分别表示三个坐标面，即 xOy 面、yOz 面及 zOx 面.

可以看出，以上特殊平面的方程特点是：方程中缺少哪个变量，则此平面就平行于哪个坐标轴；如果方程中缺少两个变量，则此平面就平行于那两个变量所确定的坐标面.

例 4　求满足下列条件的平面方程：

(1) 平行于 yOz 平面且经过点(2，−5，3)；

(2) 通过 y 轴和点(−3，1，−3)；

(3) 平行于 z 轴且过两点(4，0，−2)和(5，1，7).

解　(1) 由题意，可设平面方程为 $Ax+D=0$，将点(2，−5，3)代入所设方程，得

$$2A+D=0,\ D=-2A,$$

代回所设方程并除以 $A(A\neq 0)$，得所求方程为

$$x-2=0;$$

(2) 因所求平面过 y 轴，故可设其方程为

$$Ax+Cz=0,$$

又因为平面过点(−3，1，−3)，所以有

$$-3A-3C=0,\ C=-A,$$

代回所设方程并除以 $A(A\neq 0)$，得所求平面方程为

$$x-z=0;$$

(3) 因所求平面平行于 z 轴，所以设方程为

$$Ax+By+D=0,$$

又因为平面过点(4, 0, −2)和(5, 1, 7)，所以有

$$\begin{cases}4A+D=0,\\5A+B+D=0,\end{cases}\text{即}\begin{cases}B=-A,\\D=-4A,\end{cases}$$

代回所设平面方程并除以 $A(A\neq 0)$，即得所求平面方程为

$$x-y-4=0.$$

延伸阅读 7.7 若点 P, Q, R 都在一条直线上，则称它们是共线的，否则称之为不共线．

已知不共线的三点为 $P_1(x_1, y_1, z_1)$，$P_2(x_2, y_2, z_2)$ 和 $P_3(x_3, y_3, z_3)$，写出通过它们的平面方程．

设点 $P(x, y, z)$ 为平面上的任意一点，则三个向量

$$\overrightarrow{P_1P}=\{x-x_1, y-y_1, z-z_1\},$$

$$\overrightarrow{P_1P_2}=\{x_2-x_1, y_2-y_1, z_2-z_1\},$$

$$\overrightarrow{P_1P_3}=\{x_3-x_1, y_3-y_1, z_3-z_1\}$$

共面．向量共面的充分必要条件是这三个向量的混合积为零，即

$$\begin{vmatrix}x-x_1 & y-y_1 & z-z_1\\x_2-x_1 & y_2-y_1 & z_2-z_1\\x_3-x_1 & y_3-y_1 & z_3-z_1\end{vmatrix}=0,$$

上式称为平面的三点式方程．

三、两平面的夹角

两平面法向量的夹角(通常指锐角)称为**两平面的夹角**．

设平面 Π_1，Π_2 的法向量依次为 $\boldsymbol{n}_1=\{A_1, B_1, C_1\}$ 和 $\boldsymbol{n}_2=\{A_2, B_2, C_2\}$，那么两个平面的夹角 θ 为 $(\widehat{\boldsymbol{n}_1,\boldsymbol{n}_2})$ 和 $(\widehat{-\boldsymbol{n}_1,\boldsymbol{n}_2})=\pi-(\widehat{\boldsymbol{n}_1,\boldsymbol{n}_2})$ 两者中的锐角，因此 $\cos\theta=|\cos(\widehat{\boldsymbol{n}_1,\boldsymbol{n}_2})|$，按两向量夹角余弦的坐标表示式，平面 Π_1，Π_2 的夹角 θ 可由公式

$$\cos\theta=\frac{|A_1A_2+B_1B_2+C_1C_2|}{\sqrt{A_1^2+B_1^2+C_1^2}\sqrt{A_2^2+B_2^2+C_2^2}}\tag{4}$$

来确定．

由两向量垂直、平行的充分必要条件可得如下结论：

平面 Π_1，Π_2 互相垂直等价于 $A_1A_2+B_1B_2+C_1C_2=0$；

平面 Π_1，Π_2 互相平行或重合等价于 $\dfrac{A_1}{A_2}=\dfrac{B_1}{B_2}=\dfrac{C_1}{C_2}$.

例 5 求平面 $2x-2y+z+5=0$ 与各坐标面间夹角的余弦．

解 两平面法向量的夹角就是这两平面的夹角．平面 $2x-2y+z+5=0$ 的法向量 $\boldsymbol{n}=\{2, -2, 1\}$，而 xOy 面，即 $z=0$ 的法向量 $\boldsymbol{k}=\{0, 0, 1\}$，故所给平面与 xOy 面夹角的余弦(取锐角，故夹角余弦取绝对值)为

$$\cos(\widehat{\boldsymbol{n},\boldsymbol{k}})=\frac{|2\times 0+(-2)\times 0+1\times 1|}{\sqrt{2^2+(-2)^2+1^2}\sqrt{0^2+0^2+1^2}}=\frac{1}{3},$$

同理，平面 $2x-2y+z+5=0$ 与 yOz 面及 zOx 面间夹角的余弦分别为

$$\cos(\widehat{\boldsymbol{n},\boldsymbol{i}})=\frac{|2\times1+(-2)\times0+1\times0|}{\sqrt{2^2+(-2)^2+1^2}\sqrt{1^2+0^2+0^2}}=\frac{2}{3},$$

$$\cos(\widehat{\boldsymbol{n},\boldsymbol{j}})=\frac{|2\times0+(-2)\times1+1\times0|}{\sqrt{2^2+(-2)^2+1^2}\sqrt{0^2+1^2+0^2}}=\frac{2}{3}.$$

四、点到平面的距离

设 $P_0(x_0,\ y_0,\ z_0)$ 是平面 $Ax+By+Cz+D=0$ 外一点，求点 P_0 到这个平面的距离．为此，在平面上任取一点 $P_1(x_1,\ y_1,\ z_1)$，并作平面的一个法向量 $\boldsymbol{n}$，则点 P_0 到这个平面的距离为

$$d=|\mathrm{Prj}_{\boldsymbol{n}}\overrightarrow{P_1P_0}|.$$

设 $\boldsymbol{n}^0$ 为与向量 $\boldsymbol{n}$ 方向一致的单位向量，那么有

$$\mathrm{Prj}_{\boldsymbol{n}}\overrightarrow{P_1P_0}=\overrightarrow{P_1P_0}\cdot\boldsymbol{n}^0,$$

而

$$\boldsymbol{n}^0=\left\{\frac{A}{\sqrt{A^2+B^2+C^2}},\ \frac{B}{\sqrt{A^2+B^2+C^2}},\ \frac{C}{\sqrt{A^2+B^2+C^2}}\right\},$$

$$\overrightarrow{P_1P_0}=\{x_0-x_1,\ y_0-y_1,\ z_0-z_1\},$$

所以

$$\mathrm{Prj}_{\boldsymbol{n}}\overrightarrow{P_1P_0}=\frac{A(x_0-x_1)}{\sqrt{A^2+B^2+C^2}}+\frac{B(y_0-y_1)}{\sqrt{A^2+B^2+C^2}}+\frac{C(z_0-z_1)}{\sqrt{A^2+B^2+C^2}}$$

$$=\frac{Ax_0+By_0+Cz_0-(Ax_1+By_1+Cz_1)}{\sqrt{A^2+B^2+C^2}}.$$

由于

$$Ax_1+By_1+Cz_1+D=0,$$

由此得，点 $P_0(x_0,\ y_0,\ z_0)$ 到平面 $Ax+By+Cz+D=0$ 的距离公式

$$d=\frac{|Ax_0+By_0+Cz_0+D|}{\sqrt{A^2+B^2+C^2}}.$$

习 题 7-4

A　组

1. 指出下列各平面的特殊位置．

(1) $x=3$；(2) $2x+3y-5z=0$；(3) $2x-3y-3=0$；(4) $2x-3y=0$.

2. 求过点(3，1，−2)且与平面 $2x+y-7z+10=0$ 平行的平面方程．

3. 求过点(4，−3，−1)和 x 轴的平面方程．

4. 求过三点 $A(2,\ 0,\ 0)$、$B(0,\ -3,\ 0)$ 和 $C(0,\ 0,\ 5)$ 的平面方程．

5. 求过三点 $A(1,\ 1,\ -1)$、$B(-2,\ -2,\ 2)$ 和 $C(1,\ -1,\ 2)$ 的平面方程．

6. 一平面过点(1，0，−1)且平行于向量 $\boldsymbol{a}=\{2,\ 1,\ 1\}$ 和 $\boldsymbol{b}=\{1,\ -1,\ 0\}$，求此平面方程．

7. 平面过原点且垂直于平面 $x+2y+3z-2=0$ 和 $6x-y+5z+2=0$，求此平面方程．

8. 求过点(2，0，1)和点(5，1，3)且平行于 z 轴的平面方程．

9. 确定 k 的值，使平面 $x+ky-2z=9$ 满足下列条件之一：

(1) 经过点(5, −4, −6); (2) 与 $2x+4y+3z=3$ 垂直;

(3) 与 $3x-7y-6z-1=0$ 平行; (4) 与 $2x-3y+z=0$ 成$\frac{\pi}{4}$角;

(5) 与原点的距离等于3; (6) 在 y 轴上的截距为−3.

10. 求平面 $x+y+2z+1=0$ 与平面 $2x-y+z+3=0$ 的夹角.

11. 求点(2, 1, 0)到平面 $3x+4y+5z=0$ 的距离.

12. 设原点到平面$\frac{x}{a}+\frac{y}{b}+\frac{z}{c}=1$的距离为 d,试证明:$\frac{1}{d^2}=\frac{1}{a^2}+\frac{1}{b^2}+\frac{1}{c^2}$.

13. 求平行于平面 $2x-y+2z=1$ 且与点 $P(3, 0, 1)$的距离等于 2 的平面.

14. 求平行于平面 $x+y+z=100$ 且与球面 $x^2+y^2+z^2=4$ 相切的平面方程.

B 组

1. 已知 $A(-5, -11, 3)$, $B(7, 10, -6)$和 $C(1, -3, -2)$,求平行于$\triangle ABC$ 所在的平面且与它的距离等于 2 的平面方程.

2. 求与已知平面 $2x+y+2z+5=0$ 平行且与三坐标面构成的四面体体积为 1 的平面方程.

3. 求经过两个平面 $x+y+1=0$ 和 $x+2y+2z=0$ 的交线且与平面 $2x-y-z=0$ 垂直的平面方程.

第五节 空间直线

一、空间直线的一般式方程

空间直线 L 可以看作是两个平面 Π_1 和 Π_2 的交线(图 7-20). 如果这两个相交平面 Π_1 和 Π_2 的方程分别为 $A_1x+B_1y+C_1z+D_1=0$ 和 $A_2x+B_2y+C_2z+D_2=0$,那么直线 L 上的任一点的坐标应同时满足这两个平面的方程,即应满足方程组

$$\begin{cases}A_1x+B_1y+C_1z+D_1=0,\\A_2x+B_2y+C_2z+D_2=0.\end{cases}\tag{1}$$

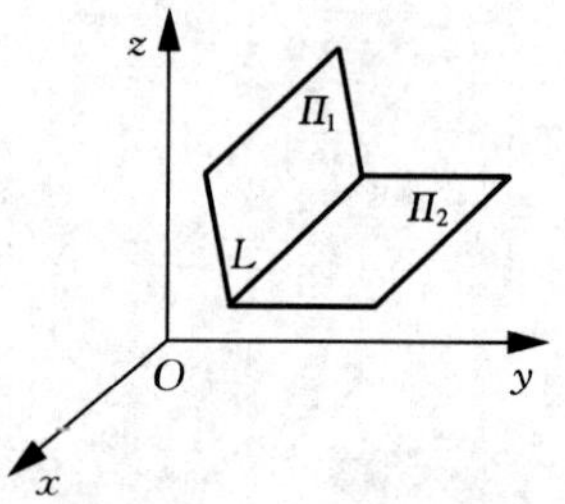

图 7-20

反之,如果点 M 不在直线 L 上,那么它就不能同时在平面 Π_1 和 Π_2 上,因而它的坐标就不满足方程组(1),因此,直线 L 可以用方程组(1)来表示,方程组(1)叫作**空间直线的一般式方程**.

通过空间一直线 L 的平面有无限多个,只要在这无限多个平面中任意选取两个,把它们的方程联立起来,所得的方程组就表示空间直线 L,因此空间直线的方程不是唯一的.

例如,平面 $2x+6y-z-1=0$ 和平面 $x=0$ 的交线就是 yOz 平面上的 $6y-z-1=0$. 因此在空间直角坐标系中这条直线的方程为

$$\begin{cases}2x+6y-z-1=0,\\x=0.\end{cases}$$

二、空间直线的点向式(对称式)方程

如果一个非零向量平行于一条已知直线，这个向量就叫作这条直线的**方向向量**．已知直线 L 过一点 $M_0(x_0, y_0, z_0)$，且直线 L 的一个方向向量 $\boldsymbol{s}=\{m, n, p\}$，下面我们来建立这条直线的方程．

设点 $M(x, y, z)$ 是 L 上的任一点(图 7-21)．显然，向量 $\overrightarrow{M_0M}$ 与 $\boldsymbol{s}$ 平行，由向量平行的充要条件得

$$\frac{x-x_0}{m}=\frac{y-y_0}{n}=\frac{z-z_0}{p}. \tag{2}$$

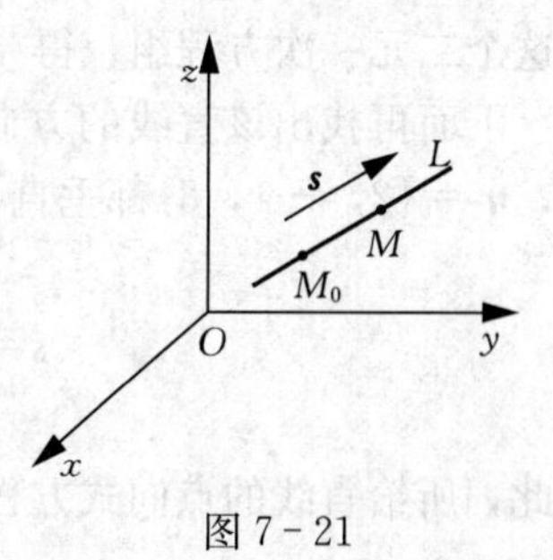

图 7-21

反之，如果点 M 不在直线 L 上，那么向量 $\overrightarrow{M_0M}$ 与 $\boldsymbol{s}$ 不平行，这两个向量的坐标就不成比例，因此，方程组(2)就是直线 L 的方程，称为直线的**点向式方程**或**对称式方程**．直线的任一方向向量 $\boldsymbol{s}$ 的坐标 m，n，p，叫作直线 L 的一组**方向数**.

如前文所述，如果方程组(2)中的 m，n，p 有一个或两个为 0，这时应理解为相应的分子也等于 0. 如 $m=0$，n、$l\neq 0$ 时，方程组应理解为

$$\begin{cases} x-x_0=0, \\ \dfrac{y-y_0}{n}=\dfrac{z-z_0}{p}. \end{cases}$$

由直线的点向式方程，可导出直线的参数方程．令(2)式的比值为 t，即

$$\frac{x-x_0}{m}=\frac{y-y_0}{n}=\frac{z-z_0}{p}=t,$$

于是

$$\begin{cases} x=x_0+mt, \\ y=y_0+nt, \\ z=z_0+pt, \end{cases} \tag{3}$$

称方程(3)为直线的**参数方程**.

延伸阅读 7.8　从图 7-21 中可以看到向量 $\overrightarrow{M_0M}$ 与 $\boldsymbol{s}$ 平行，可得 $\overrightarrow{M_0M}=\lambda\boldsymbol{s}$，即 $\overrightarrow{OM}-\overrightarrow{OM_0}=\lambda\boldsymbol{s}$，其中，$\lambda$ 为参数，λ 的每个值相应地确定了动点 M 的一个位置．可将上式写成 $\overrightarrow{OM}=\overrightarrow{OM_0}+\lambda\boldsymbol{s}$，即

$$\boldsymbol{r}=\boldsymbol{r}_0+\lambda\boldsymbol{s},$$

上式称为直线的**向量方程**，其中 $\boldsymbol{r}$，$\boldsymbol{r}_0$ 分别表示动点 M 及定点 M_0 的向径．

另一方面，从几何直观上知道，相异的两点唯一地确定一条直线，下面我们来求由点 $M_1(x_1, y_1, z_1)$ 和 $M_2(x_2, y_2, z_2)$ 确定的直线方程．考虑写出直线方程的点向式方程，可取直线的方向向量为 $\overrightarrow{M_1M_2}=\{x_2-x_1, y_2-y_1, z_2-z_1\}$，于是所求的直线方程为

$$\frac{x-x_1}{x_2-x_1}=\frac{y-y_1}{y_2-y_1}=\frac{z-z_1}{z_2-z_1}.$$

这是利用两点坐标写出来的，称为直线的**两点式方程**．

例 1　将直线的一般式方程$\begin{cases}x+y+z+1=0,\\2x-y+3z+4=0\end{cases}$化为点向式方程及参数方程.

解　先找出直线上的一点(x_0, y_0, z_0). 例如，可取$x_0=1$，代入方程组，得

$$\begin{cases}y+z=-2,\\y-3z=6,\end{cases}$$

解这个二元一次方程组，得$y_0=0$，$z_0=-2$，即$(1, 0, -2)$为这直线上的一点.

下面再找出该直线的方向向量$\boldsymbol{s}$. 由于两平面的交线与这两平面的法向量$\boldsymbol{n}_1=\{1, 1, 1\}$，$\boldsymbol{n}_2=\{2, -1, 3\}$都垂直，所以可取

$$\boldsymbol{s}=\boldsymbol{n}_1\times\boldsymbol{n}_2=\begin{vmatrix}\boldsymbol{i} & \boldsymbol{j} & \boldsymbol{k}\\1 & 1 & 1\\2 & -1 & 3\end{vmatrix}=4\boldsymbol{i}-\boldsymbol{j}-3\boldsymbol{k},$$

因此，所给直线的点向式方程为

$$\frac{x-1}{4}=\frac{y}{-1}=\frac{z+2}{-3}.$$

令
$$\frac{x-1}{4}=\frac{y}{-1}=\frac{z+2}{-3}=t,$$

得直线的参数方程为

$$\begin{cases}x=1+4t,\\y=-t,\\z=-2-3t.\end{cases}$$

例 2　一直线通过点$M(1, 3, -2)$，且直线的方向向量与坐标轴Ox, Oy, Oz的夹角依次为$\alpha=\frac{2\pi}{3}$，$\beta=\frac{\pi}{3}$，$\gamma=\frac{\pi}{4}$，试建立直线的点向式方程与参数方程.

解　依题意，与直线同方向的单位向量

$$\{\cos\alpha, \cos\beta, \cos\gamma\}=\left\{-\frac{1}{2}, \frac{1}{2}, \frac{\sqrt{2}}{2}\right\},$$

因此直线的点向式方程为

$$\frac{x-1}{-\frac{1}{2}}=\frac{y-3}{\frac{1}{2}}=\frac{z+2}{\frac{\sqrt{2}}{2}}，即\frac{x-1}{-1}=\frac{y-3}{1}=\frac{z+2}{\sqrt{2}}.$$

令$\frac{x-1}{-1}=\frac{y-3}{1}=\frac{z+2}{\sqrt{2}}=t$，得直线的参数方程为

$$\begin{cases}x=-t+1,\\y=t+3,\\z=\sqrt{2}t-2.\end{cases}$$

例 3　求直线$\frac{x-1}{3}=\frac{y-3}{-2}=\frac{z+2}{1}$与平面$5x-3y+z-16=0$的交点.

解　将直线方程改写成参数方程的形式：$x=1+3t$，$y=3-2t$，$z=-2+t$，代入平面方程得$5(1+3t)-3(3-2t)+(-2+t)-16=0$，解得$t=1$，把$t=1$代入直线的参数方程中，可得所求的交点坐标为$(4, 1, -1)$.

延伸阅读 7.9　通过一条直线的所有平面所组成的平面族称为平面束．下面介绍它的方程．

设有空间的一条直线 L，其一般方程为

$$L:\begin{cases}A_1x+B_1y+C_1z+D_1=0,\\A_2x+B_2y+C_2z+D_2=0,\end{cases}\quad\text{(Ⅰ)}$$

这是两个相交平面的交线(系数 A_1，B_1，C_1 与 A_2，B_2，C_2 不成比例)，对于任意不同时为零的一组常数 λ，μ，考虑方程

$$\lambda(A_1x+B_1y+C_1z+D_1)+\mu(A_2x+B_2y+C_2z+D_2)=0,\quad\text{(Ⅱ)}$$

(Ⅱ)式是 x，y，z 的一次方程，因此表示一个平面，此外，凡是满足方程(Ⅰ)的 x，y，z 一定满足方程(Ⅱ)，因此直线 L 在平面(Ⅱ)上．同时由不同数组 λ，μ，用(Ⅱ)式一般性地给出不同的平面，但这些平面都通过直线 L，因此(Ⅱ)式表示的是过直线 L 的一个平面束，称为**平面束的方程**．

一般地，为了简便计算，若 $\lambda\neq0$，令 $k=\dfrac{\mu}{\lambda}$，则(Ⅱ)式化为

$$A_1x+B_1y+C_1z+D_1+k(A_2x+B_2y+C_2z+D_2)=0,\quad\text{(Ⅲ)}$$

但要注意(Ⅲ)式不包括平面 π_2：$A_2x+B_2y+C_2z+D_2=0$，它表示过直线 L 除平面 π_2 外的平面束方程．同理，过直线 L 除平面 π_1：$A_1x+B_1y+C_1z+D_1=0$ 外的平面束方程为

$$k'(A_1x+B_1y+C_1z+D_1)+A_2x+B_2y+C_2z+D_2=0(k'=\lambda/\mu).$$

例 4　两直线的方向向量之间的夹角(通常指锐角)称为这两直线间的夹角，求两直线 L_1：$\dfrac{x-x_1}{m_1}=\dfrac{y-y_1}{n_1}=\dfrac{z-z_1}{p_1}$ 与 L_2：$\dfrac{x-x_2}{m_2}=\dfrac{y-y_2}{n_2}=\dfrac{z-z_2}{p_2}$ 之间的夹角 θ.

解　直线 L_1，L_2 的方向向量分别为 $\boldsymbol{s}_1=\{m_1,\ n_1,\ p_1\}$，$\boldsymbol{s}_2=\{m_2,\ n_2,\ p_2\}$，由两向量间的夹角余弦公式得

$$\cos\theta=\frac{|m_1m_2+n_1n_2+p_1p_2|}{\sqrt{m_1^2+n_1^2+p_1^2}\sqrt{m_2^2+n_2^2+p_2^2}},$$

即

$$\theta=\arccos\frac{|m_1m_2+n_1n_2+p_1p_2|}{\sqrt{m_1^2+n_1^2+p_1^2}\sqrt{m_2^2+n_2^2+p_2^2}}.$$

延伸阅读 7.10　当两条直线既不平行也不相交时，几何中称之为异面直线．给定的两条直线，向量方程为 L_1：$\boldsymbol{r}=\boldsymbol{r}_1+\lambda\boldsymbol{s}_1$，$L_2$：$\boldsymbol{r}=\boldsymbol{r}_2+\mu\boldsymbol{s}_2$．设 L_1 和 L_2 是异面直线，若点 P 位于 L_1 上，点 Q 位于 L_2 上，当 $\overrightarrow{PQ}$ 和 L_1，L_2 都垂直时，线段 PQ 的长度 h 即为 L_1 和 L_2 间的最短距离．图 7－22 中，PQ 的长度应为向量 $\overrightarrow{M_1M_2}$ 在 $\boldsymbol{s}_1\times\boldsymbol{s}_2$ 上投影的绝对值，所以

$$h=\frac{|(\boldsymbol{r}_2-\boldsymbol{r}_1)\cdot(\boldsymbol{s}_1\times\boldsymbol{s}_2)|}{|\boldsymbol{s}_1\times\boldsymbol{s}_2|}.$$

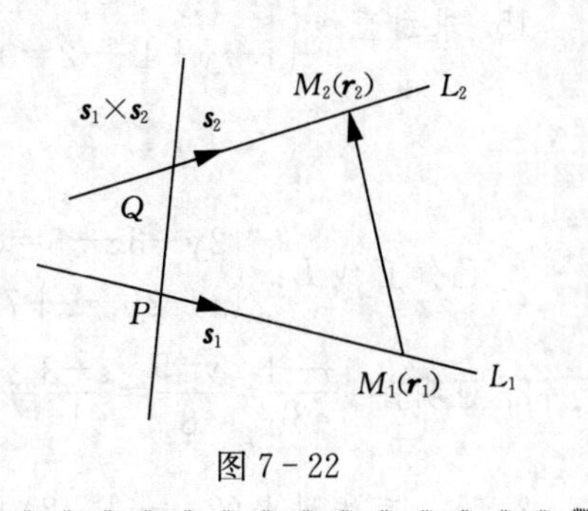

图 7－22

习　题　7－5

A　组

1. 求过原点且垂直于平面 $3x+8y-6z=1$ 的直线方程．

2. 求过点 $P(0, -3, 2)$ 且与 $M(3, 4, -7)$ 和 $N(2, 7, -6)$ 的连线平行的直线方程.

3. 已知直线 $2x=3y=z-1$ 平行于平面 $4x+\lambda y+z=0$，试确定 λ 的值.

4. 已知直线 L：$\begin{cases} x+3y+2z+1=0, \\ 2x-y-10z+3=0 \end{cases}$ 及平面 π：$4x-2y+z-2=0$，试判断直线 L 和平面 π 的位置关系.

5. 求直线 $\dfrac{x-2}{1}=\dfrac{y}{-4}=\dfrac{z+3}{2}$ 与直线 $\dfrac{x+1}{3}=\dfrac{y-5}{1}=\dfrac{z}{2}$ 之间的夹角.

6. 将直线的一般式方程 $\begin{cases} 3x+2y+4z-11=0, \\ 2x+y-3z-1=0 \end{cases}$ 化为点向式方程及参数方程.

7. 求直线 $\begin{cases} 2x+y-9=0, \\ 9x-z-43=0 \end{cases}$ 与平面 $3x-4y+7z-33=0$ 的交点.

8. 求点 $(-1, 2, 0)$ 在平面 $x+2y-z+1=0$ 上的投影点.

9. 求点 $(1, -2, 3)$ 关于平面 $x+4y+z-14=0$ 的对称点坐标.

10. 求过直线 $\begin{cases} 3x+2y-6=0, \\ 4y-3z-3=0 \end{cases}$ 与 $\dfrac{x-3}{-2}=\dfrac{y}{3}=\dfrac{z+2}{4}$ 的平面方程.

11. 已知直线的方程分别为 L_1：$\dfrac{x-1}{1}=\dfrac{y-2}{0}=\dfrac{z-3}{-1}$，$L_2$：$\dfrac{x+2}{2}=\dfrac{y-1}{1}=\dfrac{z}{1}$，求过 L_1 且平行于 L_2 的平面方程.

12. 求过点 $(0, 1, 2)$ 且与直线 $\dfrac{x-1}{1}=\dfrac{y-1}{-1}=\dfrac{z}{2}$ 垂直相交的直线方程.

13. 求过点 $(-1, 0, 4)$ 且平行于平面 $3x-4y+z-10=0$，又与直线 $x+1=y-3=\dfrac{z}{2}$ 相交的直线方程.

14. 在平面 $2x+y-3z+2=0$ 和平面 $5x+5y-4z+3=0$ 所确定的平面束内，求两个互相垂直的平面，其中一个平面经过点 $A(4, -3, 1)$.

15. 求过直线 $\begin{cases} 2x-y-2z+1=0, \\ x+y+4z-2=0, \end{cases}$ 且在 y 轴和 z 轴有相同的非零截距的平面方程.

B　组

1. 已知直线 L：$\begin{cases} 2y+3z-5=0, \\ x-2y-z+7=0, \end{cases}$ 求该直线在平面 $x-y+3z+8=0$ 上的投影方程.

2. 证明直线 $\dfrac{x-1}{3}=\dfrac{y-9}{8}=\dfrac{z-3}{1}$ 与直线 $\dfrac{x+3}{4}=\dfrac{y-2}{7}=\dfrac{z}{3}$ 相交，并求两直线交角的平分线方程.

3. 设一直线过点 $(2, -1, 2)$ 且与直线 L_1：$\dfrac{x-1}{1}=\dfrac{y-1}{0}=\dfrac{z-1}{1}$，$L_2$：$\dfrac{x-2}{1}=\dfrac{y-1}{1}=\dfrac{z+3}{-1}$ 同时相交，求此直线的方程.

4. 证明：L_1：$\dfrac{x}{1}=\dfrac{y}{2}=\dfrac{z}{3}$，$L_2$：$\dfrac{x-1}{1}=\dfrac{y+1}{1}=\dfrac{z-2}{1}$ 是异面直线，并求公垂线方程及公垂线的长.

第六节　曲面及其方程

前面我们讨论了一种特殊的曲面——平面．本节将介绍空间一般的曲面及其方程，并在此基础上介绍一些特殊的二次曲面．

一、曲面及其方程

在平面解析几何中，我们把平面曲线看作平面上动点的轨迹，同样在空间解析几何中，任何曲面也可以看作空间中动点的轨迹．

定义 7.6.1　在空间直角坐标系中，如果曲面 S 与三元方程 $F(x,\ y,\ z)=0$ 有如下关系：

(1) 曲面 S 上任一点的坐标都满足方程 $F(x,\ y,\ z)=0$；

(2) 满足方程 $F(x,\ y,\ z)=0$ 的点 $(x,\ y,\ z)$ 都在曲面 S 上，

则称方程 $F(x,\ y,\ z)=0$ 为曲面 S 的方程，而曲面 S 称为方程 $F(x,\ y,\ z)=0$ 的图形(图 7-23).

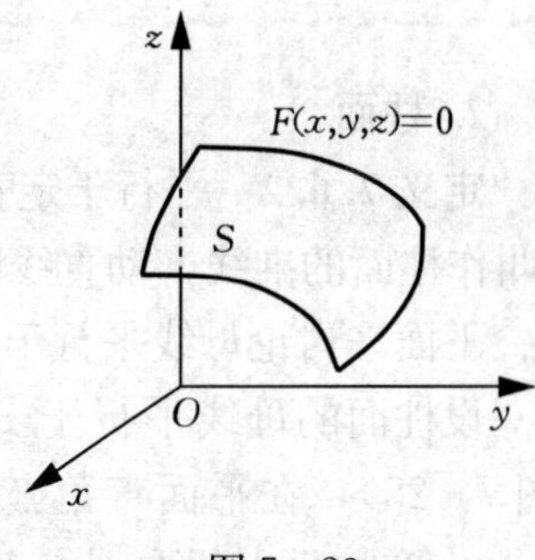

图 7-23

两个基本问题：

(1) 已知曲面作为空间点的轨迹，建立曲面的方程(即找出动点坐标满足的关系式)；

(2) 已知曲面方程，研究这个方程所表示的曲面图形．

下面介绍几种常见的曲面．

1. 球面

建立球心在点 $M_0(x_0,\ y_0,\ z_0)$，半径为 R 的球面的方程．

设 $M(x,\ y,\ z)$ 是球面上任一点，则由 $|M_0M|=R$，得

$$\sqrt{(x-x_0)^2+(y-y_0)^2+(z-z_0)^2}=R,$$

即

$$(x-x_0)^2+(y-y_0)^2+(z-z_0)^2=R^2. \tag{1}$$

这就是所求的球面方程．

将上述方程展开可以看出，球面方程是 x，y，z 的三元二次方程

$$x^2+y^2+z^2+Ax+By+Cz+D=0.$$

这个方程的特点是平方项系数相同，且不含 xy，yz，zx 等交叉项．

另外，如果球心位于坐标原点，那么 $x_0=y_0=z_0=0$，从而球面方程为

$$x^2+y^2+z^2=R^2.$$

延伸阅读 7.11　若曲面 S 利用参数方程 $\begin{cases}x=f(u,\ v),\\ y=g(u,\ v),\\ z=h(u,\ v),\end{cases}$ $(u,\ v)\in D$ 来表示，方程满足：

(1) 对于上式中 D 内的每一对参数组 $(u,\ v)$，由上式所确定的点 $P(f(u,\ v),\ g(u,\ v),\ h(u,\ v))$ 都在曲面 S 上；

(2) 曲面 S 上的任意一点 $M(x,\ y,\ z)$，其坐标都可以由参数 $(u,\ v)$ 的某一对值代入上式得到，则上式称为曲面 S 的参数方程，u，v 称为参数，D 为参数的变化范围．

下面给出球面的参数方程．

图 7-24 中，设球心在坐标原点，球面半径为 R，球面上动点 $M(x, y, z)$ 的向径 $\overrightarrow{OM}$ 与 z 轴正向的夹角为 φ，点 M 在 xOy 面的投影设为 N，点 N 在 xOy 面的极角为 θ，那么点 M 的位置完全由角 φ 和 θ 确定，因此，球面 S 的参数方程为

$$\begin{cases} x=R\sin\varphi\cos\theta, \\ y=R\sin\varphi\sin\theta, (0\leqslant\varphi\leqslant\pi,\ 0\leqslant\theta\leqslant 2\pi). \\ z=R\cos\varphi \end{cases}$$

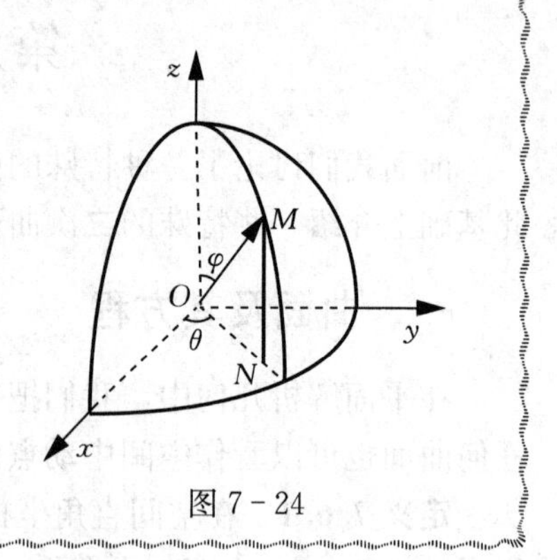

图 7-24

2. 柱面

定义 7.6.2　平行于定直线且沿定曲线 C 移动的直线 L 所形成的曲面叫作柱面，定曲线 C 叫作柱面的准线，动直线叫作柱面的母线．

下面来讨论母线平行于坐标轴的柱面方程．

设柱面的母线平行于 z 轴，准线是 xOy 面上的曲线 C（图 7-25），在平面直角坐标系 xOy 中，C 的方程为 $F(x, y)=0$. 在柱面上任取一点 $M(x, y, z)$，过 M 作平行于 z 轴的直线，此直线交 xOy 面于点 M_1，则 M_1 的坐标为 $M_1(x, y, 0)$，而点 M_1 在准线 C 上，即满足方程 $F(x, y)=0$，所以 $M(x, y, z)$ 满足方程 $F(x, y)=0$. 反之，任一满足方程 $F(x, y)=0$ 的点 $M(x, y, z)$，一定在过点 $M_1(x, y, 0)$ 且平行于 z 轴的直线上，即 $M(x, y, z)$ 在柱面上．因此，方程 $F(x, y)=0$ 就是所求的母线平行于 z 轴的柱面方程．

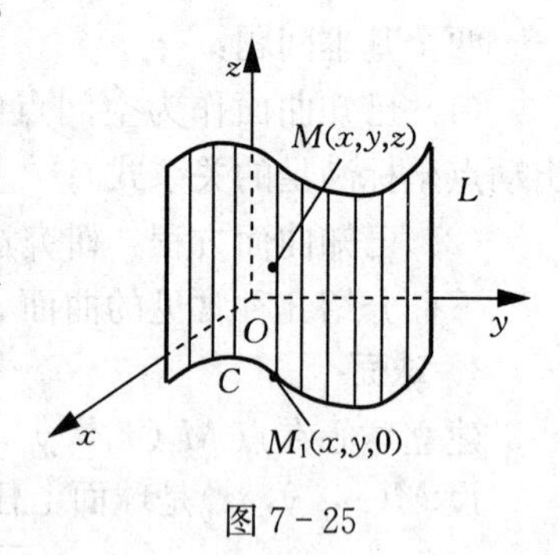

图 7-25

类似地，在空间直角坐标系中，只含 y、z，不含 x 的方程 $H(y, z)=0$ 表示母线平行于 x 轴的柱面，它的准线是 yOz 面上的曲线 $H(y, z)=0$；$G(x, z)=0$ 表示母线平行于 y 轴的柱面，它的准线是 xOz 面上的曲线 $G(x, z)=0$.

例 1　空间直角坐标系中方程 $x^2=2y$ 表示抛物柱面，其母线平行于 z 轴，准线是 xOy 平面上的抛物线 $x^2=2y$（图 7-26）.

例 2　方程 $x-z=0$ 表示母线平行于 y 轴的柱面，其准线是 zOx 面上的直线 $x-z=0$（图 7-27）.

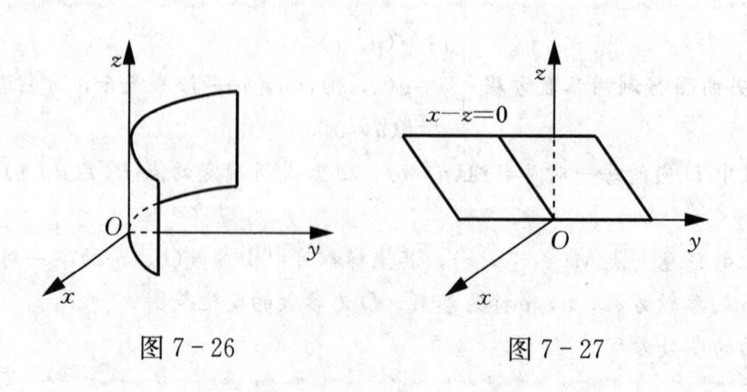

图 7-26　　图 7-27

3. 旋转曲面

定义 7.6.3　设有一条平面曲线 C，绕同一平面的一条直线 L 旋转一周所形成的曲面称为旋转曲面，曲线 C 称为旋转曲面的母线，直线 L 称为旋转曲面的轴．

设在 yOz 坐标面上有一已知曲线 C，其方程为 $f(y, z)=0$，把曲线 C 绕 z 轴旋转一周，就得到一个以 z 轴为轴的旋转曲面(图 7－28)，下面来建立这个旋转曲面的方程．

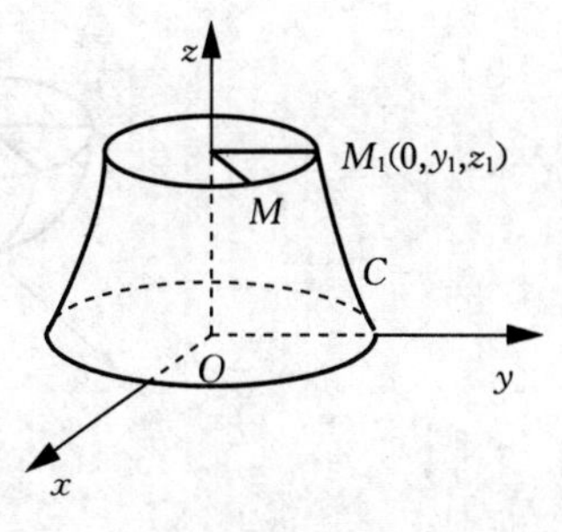

图 7－28

在旋转曲面上任取一点 $M(x, y, z)$，过点 M 作垂直于 z 轴的平面，则此平面与旋转曲面的交线为一个圆，与曲线 C 的交点为 M_1，其坐标为 $M_1(0, y_1, z_1)$，显然有 $f(y_1, z_1)=0$，又因为点 M_1 和 M 在垂直于 z 轴的平面的同一个圆上，故有

$$\begin{cases} z_1=z, \\ y_1=\pm\sqrt{x^2+y^2}, \end{cases}$$

所以，点 M 的坐标满足 $f(\pm\sqrt{x^2+y^2}, z)=0$，即为所求旋转曲面的方程．

同样可得，曲线 C 绕 y 轴旋转的旋转曲面方程为 $f(y, \pm\sqrt{x^2+z^2})=0$.

类似地，xOz 面上已知曲线 $f(x, z)=0$ 绕 x 轴及 z 轴旋转的曲面方程分别为 $f(x, \pm\sqrt{y^2+z^2})=0$ 及 $f(\pm\sqrt{x^2+y^2}, z)=0$；$xOy$ 面上已知曲线 $f(x, y)=0$ 绕 x 轴及 y 轴旋转的曲面方程分别为 $f(x, \pm\sqrt{y^2+z^2})=0$ 及 $f(\pm\sqrt{x^2+z^2}, y)=0$.

延伸阅读 7.12　上文中指出，若在平面 yOz 内有一条已知曲线 C，其直角坐标方程为 $f(y, z)=0$，则其绕 z 轴旋转一周所形成的旋转曲面为 $f(\pm\sqrt{x^2+y^2}, z)=0$. 按照这个方法，该曲面也可以看作是 xOz 面内已知曲线 $f(x, z)=0$ 绕 z 轴旋转一周所形成的．由此可以看出，对于给定的旋转曲面，观察其方程，在方程中必有两个变量的平方项系数完全相同，此时，第三个变量就是旋转曲面的旋转轴，而在非旋转轴的两个变量中，令其中任何一个等于零，所得到的就是该旋转曲面的母线方程.

例 3　求椭圆 $\dfrac{x^2}{a^2}+\dfrac{y^2}{b^2}=1$ 绕 y 轴旋转所得旋转曲面的方程．

解　在椭圆方程中把 x 换成 $\pm\sqrt{x^2+z^2}$，得

$$\frac{x^2+z^2}{a^2}+\frac{y^2}{b^2}=1,$$

即为所求旋转曲面的方程，这种曲面称为旋转椭球面．

例 4　求抛物线 $y^2=2pz(p>0)$ 绕 z 轴旋转所得旋转曲面的方程．

解　在 $y^2=2pz(p>0)$ 中将 y 换成 $\pm\sqrt{x^2+y^2}$，得

$$x^2+y^2=2pz(p>0),$$

即为所求旋转曲面的方程，此曲面称为旋转抛物面(图 7－29).

例 5　求直线 $z=ky$ 绕 z 轴旋转所得的圆锥面的方程．

解　将 y 换成 $\pm\sqrt{x^2+y^2}$，可得此圆锥面方程为

$$z=\pm k\sqrt{x^2+y^2},$$

即 $z^2=k^2(x^2+y^2)$(图 7-30).

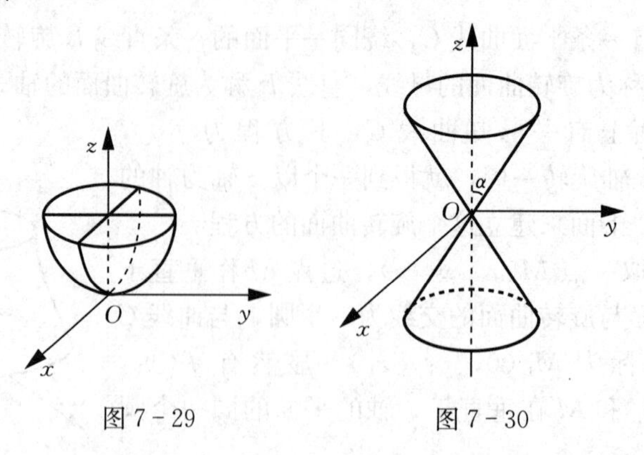

图 7-29　　图 7-30

延伸阅读 7.13　锥面在日常生活中是可以经常看到的,例如,做实验用的漏斗、雨伞的表面等,下面给出锥面的定义.

定义　一条动直线通过一定点且沿空间中一条固定曲线移动所产生的曲面,称为锥面.动直线称为锥面的母线,定点称为锥面的顶点,固定曲线称为锥面的准线(图 7-31).

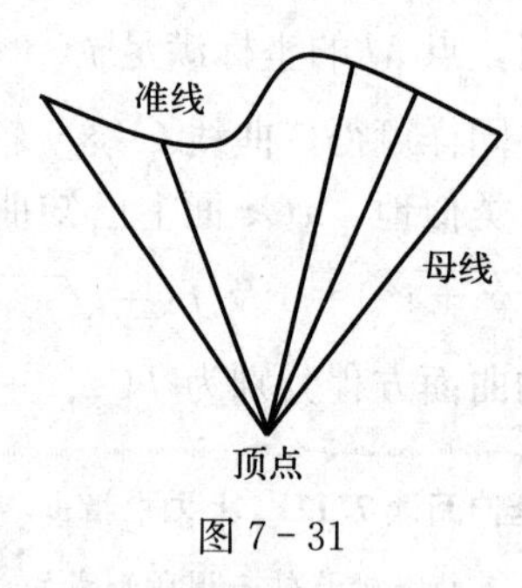

图 7-31

柱面和锥面都有母线和准线,所不同的是柱面的母线彼此平行,锥面的母线都经过一个定点.

定义　在函数 $f(x, y, z)$中,如果以 tx, ty, tz 代替 x, y, z 时,有 $f(tx, ty, tz)=t^n f(x, y, z)$,则 $f(x, y, z)$叫作 x, y, z 的 n 次齐次函数,这里 t 是任意一个实数,这时 $f(x, y, z)=0$ 称为齐次方程.

例如,$f(x, y, z)=x^2+y^2+z^2-2xy$ 是 x, y, z 的二次齐次函数.关于锥面方程,有

定理　齐次方程 $f(x, y, z)=0$ 表示以原点为顶点的一个锥面,曲线 C: $\begin{cases} f(x, y, z)=0, \\ z=k\neq 0 \end{cases}$ 是它的准线.

根据上面的定理,二次齐次方程$\frac{x^2}{a^2}+\frac{y^2}{b^2}-\frac{z^2}{c^2}=0$表示锥面,称为二次锥面.

二、二次曲面

在空间解析几何中,由三元二次方程所表示的曲面,称为二次曲面.如前面讨论过的球面和旋转曲面都是二次曲面.了解二次曲面的几何形状的方法之一是用坐标面和一系列与坐标面平行的平面来截割曲面,得到平面与曲面的一系列交线称为截线,它们都是平面曲线.考察这些截线的形状,然后加以综合,从而了解曲面的全貌,这种方法叫作截痕法.

下面我们给出几个特殊的二次曲面.

1. 椭球面

由方程$\frac{x^2}{a^2}+\frac{y^2}{b^2}+\frac{z^2}{c^2}=1$所表示的曲面叫作椭球面,其中 a, b, c 称为椭球面的半轴.该椭球面包含在以原点为中心,六个平面(其方程分别为 $x=\pm a$, $y=\pm b$, $z=\pm c$)所围成的长方体内.

下面我们用截痕法研究它的形状．

用 xOy 面(即 $z=0$ 平面)截割此曲面，其交线为

$$\begin{cases}\dfrac{x^2}{a^2}+\dfrac{y^2}{b^2}=1,\\ z=0.\end{cases}$$

这是 xOy 面上的椭圆，它的两个半轴分别是 a、b. 同样曲面与 yOz 面和 zOx 面的交线也是椭圆，方程分别为

$$\begin{cases}\dfrac{y^2}{b^2}+\dfrac{z^2}{c^2}=1,\\ x=0\end{cases} \text{与} \begin{cases}\dfrac{x^2}{a^2}+\dfrac{z^2}{c^2}=1,\\ y=0.\end{cases}$$

我们再用平面 $z=h(|h|<c)$ 来截此曲面，交线为

$$\begin{cases}\dfrac{x^2}{a^2}+\dfrac{y^2}{b^2}+\dfrac{z^2}{c^2}=1,\\ z=h\end{cases} \text{或} \begin{cases}\dfrac{x^2}{a^2}+\dfrac{y^2}{b^2}=1-\dfrac{h^2}{c^2},\\ z=h,\end{cases}$$

即

$$\begin{cases}\dfrac{x^2}{a^2\left(1-\dfrac{h^2}{c^2}\right)}+\dfrac{y^2}{b^2\left(1-\dfrac{h^2}{c^2}\right)}=1,\\ z=h.\end{cases}$$

这是平面 $z=h$ 上的椭圆，它的两个半轴分别是 $a_1=a\sqrt{1-\dfrac{h^2}{c^2}}$ 和 $b_1=b\sqrt{1-\dfrac{h^2}{c^2}}$.

可以看出，当 $|h|$ 逐渐增大到 c 时，两个半轴 a_1 与 b_1 逐渐减小到 0，即椭圆逐渐缩小到一点．

若用平面 $y=h(|h|<b)$，$x=h(|h|<a)$ 去截椭球面，可得到与上述类似的结果．

综合以上讨论可知，椭球面的形状如图 7－32 所示．

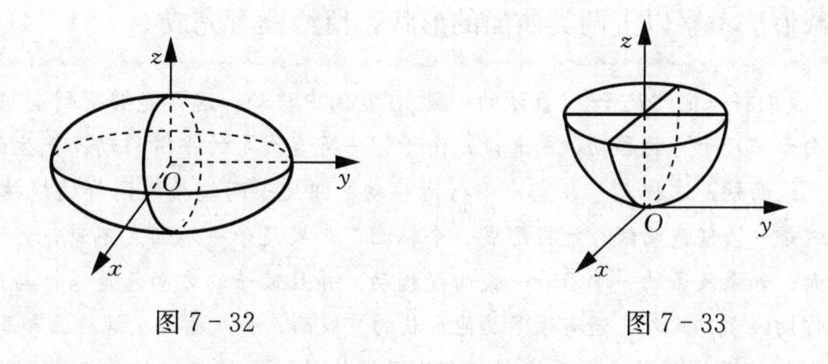

图 7－32　　　　图 7－33

若 $a=b=c$，则方程变为 $x^2+y^2+z^2=a^2$，此时方程表示一个球心在原点、半径为 a 的球面，因此球面可以看作是椭球面的一种特殊情形．

2. 抛物面

由方程 $\dfrac{x^2}{2p}+\dfrac{y^2}{2q}=z$($p$ 与 q 同号)所表示的曲面叫作椭圆抛物面．设 $p>0$，$q>0$(图 7－33)，用平行于 xOy 面的平面 $z=z_1$ ($z_1>0$)截曲面，其截痕都是椭圆；分别用平行于 xOz、yOz 坐标平面的平面 $y=y_1$、$x=x_1$ 截曲面，其截痕都是抛物线．

若 $p=q$，则方程变为$\frac{x^2}{2p}+\frac{y^2}{2p}=z(p>0)$. 此时方程表示 xOz 平面上的抛物线 $x^2=2pz$ 绕 z 轴旋转而成的旋转抛物面.

由方程$\frac{x^2}{2p}+\frac{y^2}{2q}=z$($p$ 与 q 异号)所表示的曲面叫作双曲抛物面. 在原点附近，双曲抛物面的形状像马鞍，因此也称为马鞍面($p<0$，$q>0$ 时的形状如图 7-34 所示).

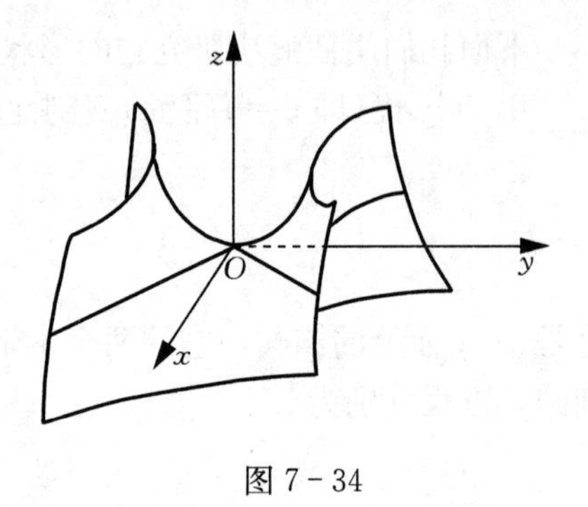

图 7-34

3. 双曲面

由方程$\frac{x^2}{a^2}+\frac{y^2}{b^2}-\frac{z^2}{c^2}=1$ 所表示的曲面叫作单叶双曲面(图 7-35).

由方程$\frac{x^2}{a^2}+\frac{y^2}{b^2}-\frac{z^2}{c^2}=-1$ 所表示的曲面叫作双叶双曲面(图 7-36).

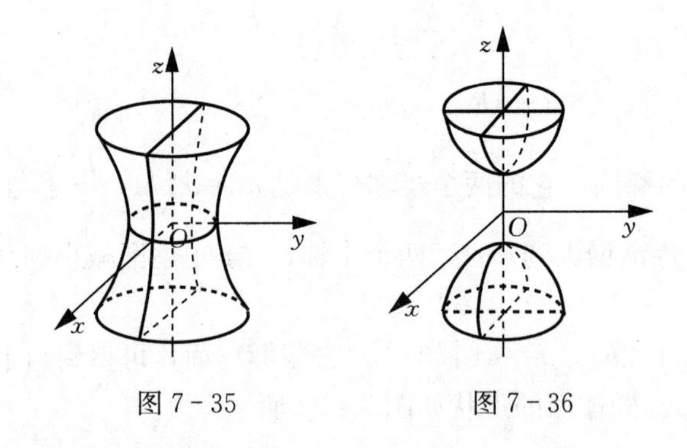

图 7-35　　图 7-36

同样可以用截痕法考察以上两类曲面的形状，留给读者完成.

延伸阅读 7.14　我们将一把“尺子”(直线的一段)在空间中移动，这样能够得到空间中的一个曲面. 数学家们将这种由于“尺子”的移动，或者说，由于“一条直线”的平滑移动而产生的曲面，叫作直纹面. 最简单的直纹面就是这把尺子在空中平行地移动，即尺子两端按照同样的规律移动. 比如说，当尺子移动的轨迹是一条任意曲线，就将形成一个柱面；如果尺子一端固定不动，另一端移动，这时则会形成一个锥面；如果尺子的一端沿着一条曲线移动，并且尺子的方向总是保持与此曲线相切，如此而成的曲面叫作切线面. 此外，还有很多其他形状的直纹面，如双曲面、螺旋面和马鞍面等.

柱面、锥面和切线面这三种直纹面具有一个共同的特性：它们可以被展开成一个平面. 将一个圆柱形的纸筒沿轴向剪开，或者将一个锥形剪开到顶点，都可以将剪开后得到的图形平摊在桌面上而没有任何的褶皱，这样的曲面叫作可展曲面. 切线面也是一种可展曲面，但是，双曲面、螺旋面和马鞍面等都不是可展曲面.

数学上可以证明，可展曲面只有刚才提到的三种直纹面，也就是说，可展曲面都是直纹面，但直纹面却不一定是可展曲面，比如，双曲面、螺旋面和马鞍面等就是不可展曲面.

球面不是直纹面，也不是可展曲面. 比如，一顶近似于半个球面的帽子，无论你如何裁剪它，都无法将它摊成一个平面，这是我们日常生活中熟知的常识.

习题 7-6

A　组

1. 方程 $x^2+y^2+z^2-2x+4y-4z-7=0$ 表示什么曲面？

2. 建立以点 $M(1,3,-2)$ 为球心且通过坐标原点的球面方程．

3. 指出下列方程在空间中所表示的几何图形．

(1) $x^2+y^2=3z$；　(2) $4(x^2+z^2)=y$；　(3) $4(x^2+z^2)=y^2$；

(4) $x^2+y^2=4$；　(5) $\frac{x^2}{4}+y^2=1$；　(6) $\frac{x^2}{4}-y^2=1$；

(7) $y^2=2z$；　(8) $x^2-y^2=0$；　(9) $y^2-5y+6=0$；

(10) $x^2+y^2=0$.

4. 求由下列坐标平面上的曲线绕指定轴旋转所形成的旋转面方程，并指出其名称．

(1) $z^2=5x$，绕 x 轴；　(2) $x^2+z^2=16$，绕 x 轴；

(3) $\frac{x^2}{a^2}+\frac{y^2}{b^2}=1$，绕 x 轴；　(4) $y=2x$，绕 y 轴．

5. 说明下列旋转曲面是怎样形成的．

(1) $x^2-\frac{y^2}{4}+z^2=1$；　(2) $x^2+y^2+z=1$；　(3) $\frac{x^2}{4}+\frac{y^2}{9}+\frac{z^2}{9}=1$.

6. 求与 xOz 和 yOz 两坐标面的距离相等的点的轨迹．

7. 已知动点 $M(x,y,z)$ 到 xOy 平面的距离与点 M 到点 $(3,-2,2)$ 的距离相等，求点 M 的轨迹方程．

8. 求与坐标原点 O 及点 $(2,3,4)$ 的距离之比为 $1:2$ 的点的全体所组成的曲面方程，它表示怎样的曲面？

9. 设一球体与平面 $x+y+z=3$，$x+y+z-9=0$ 相切且中心在直线 $2x-y=0$，$3x-z=0$ 上，求该球面的方程．

10. 求直线 L：$\frac{x-1}{1}=\frac{y}{2}=\frac{z-1}{1}$ 绕 z 轴旋转所得旋转曲面的方程．

11. 求直线 L：$\frac{x-1}{1}=y=\frac{z-1}{-1}$ 在平面 $x-y+2z-1=0$ 上的投影直线 L_0 的方程，并求 L_0 绕 y 轴旋转一周所形成的曲面方程．

B　组

1. 求顶点在原点，准线为 $\begin{cases}\frac{x^2}{4}+\frac{y^2}{8}+\frac{z^2}{3}=1,\\ y=2\end{cases}$ 的锥面方程．

2. 求母线平行于直线 $x=y=z$，准线为 Γ：$\begin{cases}x^2+y^2+z^2=1,\\ x+y+z=0\end{cases}$ 的柱面方程．

3. 求直线 L：$\frac{x}{a}=\frac{y-b}{0}=z$ 绕 z 轴旋转所成曲面的方程，并讨论这是什么曲面．

第七节　空间曲线及其方程

一、空间曲线的一般式方程

空间直线可看作两个平面的交线，同样，我们可以把空间曲线看作两个曲面的交线．设两个曲面 S_1 与 S_2 的方程分别为 $F(x, y, z)=0$ 和 $G(x, y, z)=0$，则 S_1 与 S_2 的交线 C 的方程可用方程组

$$\begin{cases} F(x, y, z)=0, \\ G(x, y, z)=0 \end{cases} \tag{1}$$

来表示，称为空间曲线的一般式方程．

例 1　方程组$\begin{cases} z=\sqrt{4-x^2-y^2}, \\ (x-1)^2+y^2=1 \end{cases}$表示怎样的曲线？

解　方程组中第一个方程表示球心在坐标原点 O，半径为 2 的上半球面；第二个方程表示一个圆柱面，方程组即表示上述半球面与圆柱面的交线(图 7－37)．

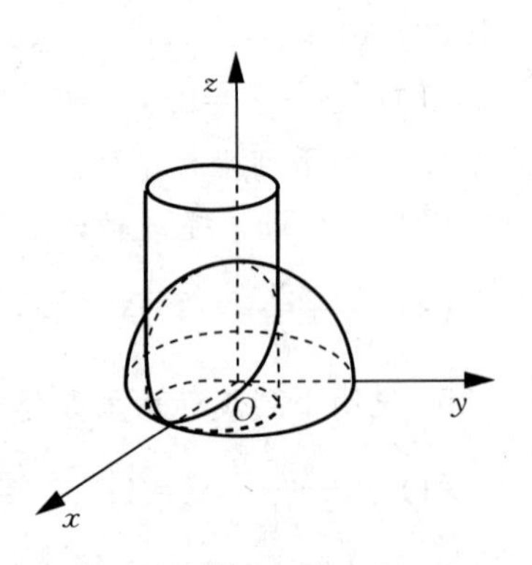

图 7－37

例 2　方程组$\begin{cases} x^2+y^2+z^2=9, \\ z=2 \end{cases}$表示怎样的曲线？

解　方程组中的第一个方程表示中心在原点，半径为 3 的球面，第二个方程表示平行于 xOy，且在 z 轴上的截距为 2 的平面，因此，此空间曲线就是用平面 $z=2$ 去截球面 $x^2+y^2+z^2=9$ 所得的交线，它表示在平面 $z=2$ 上，中心在点(0，0，2)，半径为$\sqrt{5}$的圆(图 7－38)．

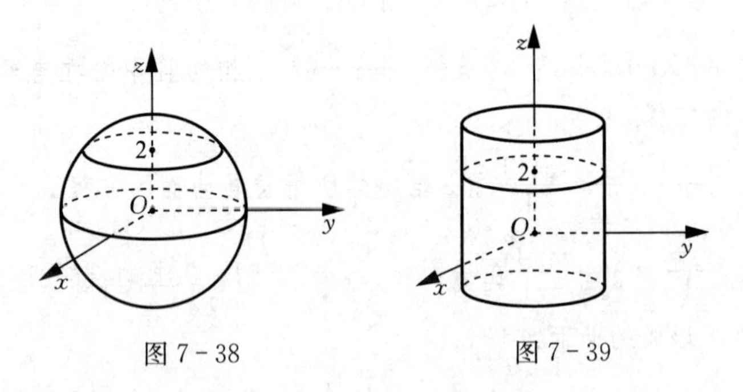

图 7－38　　图 7－39

注意：曲线看作曲面的交线时，用以表示交线的曲面组不是唯一的．例如，例 2 中的圆还可以表示为$\begin{cases} x^2+y^2=5, \\ z=2, \end{cases}$它表示母线平行于 z 轴，在 xOy 面上准线为 $x^2+y^2=5$ 的圆柱面，被平面 $z=2$ 所截得到的圆(图 7－39)．

二、空间曲线的参数方程

空间曲线 C 的方程除了一般式方程之外，也可以用参数形式表示，只要将 C 上动点的坐标 x，y，z 表示为参数 t 的函数

$$\begin{cases} x=x(t), \\ y=y(t), \\ z=z(t), \end{cases} \tag{2}$$

对于给定的 t 值，就得到相应的一组 x，y，z 值，即对应于曲线 C 上的一个点．当 t 在某个范围内变化时，就得到曲线 C 上的全部点．方程组(2)就叫作空间曲线的参数方程．

例如，$\begin{cases} x=4\cos t, \\ y=3\sin t, \\ z=2\sin t \end{cases}$ 就是曲线 $\begin{cases} x^2+4z^2=16, \\ 9x^2+16y^2=144 \end{cases}$ 的参数方程．

例 3　如果空间一点 M 在圆柱面 $x^2+y^2=a^2$ 上以角速度 ω 绕 z 轴旋转，同时又以线速度 v 沿平行于 z 轴的正方向上升(其中 ω，v 都是常数)，那么点 M 构成的图形叫作螺旋线(图 7－40)，试建立其参数方程．

解　设时间 t 为参数，螺旋线上的动点为 $M(x, y, z)$，记 M_1 为 M 在 xOy 面上的投影，M_1 的坐标为$(x, y, 0)$．当 $t=0$ 时，动点 M 位于 x 轴上的点 $A(a, 0, 0)$处，经过时间 t，动点 M 转过的角度为 ωt，上升的高度为 vt，从而

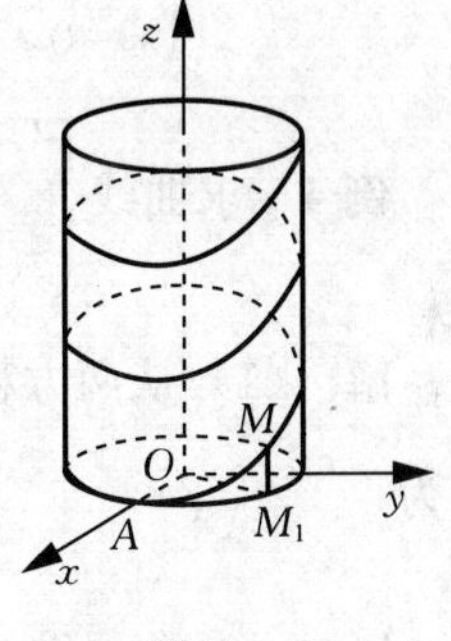

图 7－40

$$x=|OM_1|\cos\angle AOM_1=a\cos\omega t,$$
$$y=|OM_1|\sin\angle AOM_1=a\sin\omega t,$$
$$z=vt,$$

因此螺旋线的参数方程为

$$\begin{cases} x=a\cos\omega t, \\ y=a\sin\omega t, \\ z=vt. \end{cases}$$

另外，也可以用其他变量作参数，例如，令 $\theta=\omega t$，则螺旋线的参数方程可写为

$$\begin{cases} x=a\cos\theta, \\ y=a\sin\theta, \\ z=b\theta, \end{cases}$$

其中 $b=\dfrac{v}{\omega}$，而参数为 θ.

螺旋线是实践中常用的曲线．例如，平头螺丝钉的外缘曲线就是螺旋线．当我们拧紧平头螺丝钉时，它的外缘曲线上的任一点 M，一方面绕螺丝钉的轴旋转，另一方面又沿平行于轴线的方向前进，点 M 就走出一段螺旋线．

螺旋线有一个重要的性质，即点 M 沿螺旋线上升的高度 $h=vt$ 与其转过的角度 $\theta=\omega t$ 成正比，比值 $b=\dfrac{v}{\omega}$. 当点 M 转过一周，即 $\theta=2\pi$ 时，M 点就上升固定的高度 $h=2\pi b$，这个高度在工程技术上叫作螺距．

三、空间曲线在坐标面上的投影

设在空间直角坐标系中有一条曲线 C'，过 C' 作母线平行于 z 轴的柱面，该柱面与 xOy 平面的交线 C 称为曲线 C' 在 xOy 面上的投影曲线(图 7－41)．设 C' 的方程为

$$\begin{cases} F_1(x,\ y,\ z)=0, \\ F_2(x,\ y,\ z)=0, \end{cases} \tag{3}$$

从(3)式中消去 z 后，得方程 $H(x,\ y)=0$，这样，曲线 C' 在 xOy 面上的投影曲线 C 的方程为

$$\begin{cases} H(x,\ y)=0, \\ z=0. \end{cases}$$

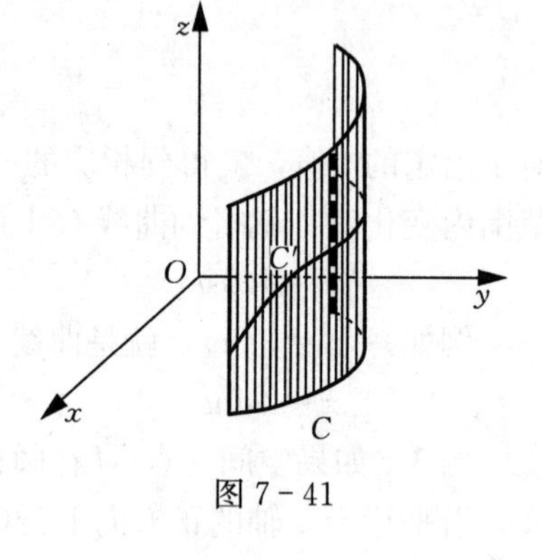

图 7-41

同理，从(3)式中消去 x 或 y，分别得 $G(y,\ z)=0$ 或 $R(x,\ z)=0$，再分别与 $x=0$ 或 $y=0$ 联立，即可得曲线 C' 在 yOz 面或 zOx 面上的投影曲线方程分别为

$$\begin{cases} G(y,\ z)=0, \\ x=0 \end{cases} \text{和} \begin{cases} R(x,\ z)=0, \\ y=0. \end{cases}$$

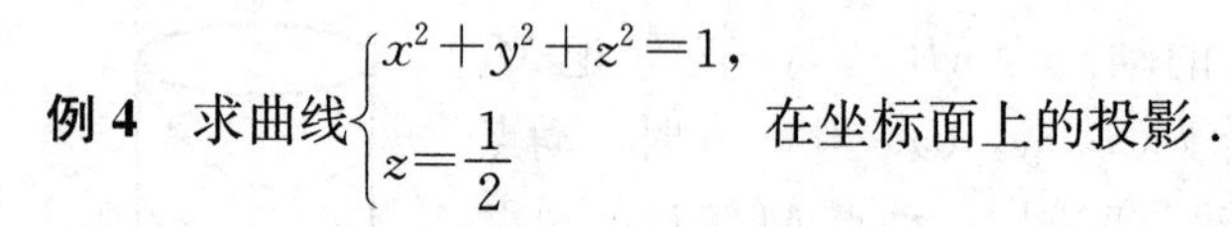

例 4 求曲线 $\begin{cases} x^2+y^2+z^2=1, \\ z=\dfrac{1}{2} \end{cases}$ 在坐标面上的投影．

解 (1) 从两方程中消去 z，得投影柱面 $x^2+y^2=\dfrac{3}{4}$，于是曲线在 xOy 面上的投影方程为

$$\begin{cases} x^2+y^2=\dfrac{3}{4}, \\ z=0; \end{cases}$$

(2) 因为曲线在平面 $z=\dfrac{1}{2}$ 上，所以在 xOz 面上的投影为一线段 $\begin{cases} z=\dfrac{1}{2}, \\ y=0, \end{cases} |x|\leqslant\dfrac{\sqrt{3}}{2}$；

(3) 同理，曲线在 yOz 面上的投影为一线段 $\begin{cases} z=\dfrac{1}{2}, \\ x=0, \end{cases} |y|\leqslant\dfrac{\sqrt{3}}{2}$.

例 5 设一个立体由上半球面 $z=\sqrt{4-x^2-y^2}$ 和锥面 $z=\sqrt{3(x^2+y^2)}$ 所围成，求它在 xOy 面上的投影．

解 半球面和锥面的交线 C 为 $\begin{cases} z=\sqrt{4-x^2-y^2}, \\ z=\sqrt{3(x^2+y^2)}, \end{cases}$ 从两方程中消去 z，得投影柱面 $x^2+y^2=1$，于是交线 C 在 xOy 面上的投影方程为 $\begin{cases} x^2+y^2=1, \\ z=0, \end{cases}$ 所求立体在 xOy 面上的投影为 $x^2+y^2\leqslant1$.

习 题 7-7

A 组

1. 指出下列方程表示的曲线．

(1) $\begin{cases} (x-1)^2+(y+4)^2+z^2=25, \\ y+1=0; \end{cases}$　　(2) $\begin{cases} x^2+4y^2+9z^2=36, \\ y-1=0; \end{cases}$

(3) $\begin{cases} \dfrac{y^2}{9}-\dfrac{z^2}{4}=1, \\ x=2; \end{cases}$　　　(4) $\begin{cases} y^2+z^2-4x+8=0, \\ y-4=0. \end{cases}$

2. 求准线为$\begin{cases} x^2+y^2+4z^2=1, \\ x^2=y^2+z^2, \end{cases}$母线平行于 z 轴的柱面方程．

3. 分别求母线平行于 x 轴及 y 轴且过曲线$\begin{cases} 2x^2+y^2+z^2=16, \\ x^2+z^2-y^2=0 \end{cases}$的柱面方程．

4. 求单叶双曲面$\dfrac{x^2}{16}+\dfrac{y^2}{4}-\dfrac{z^2}{5}=1$与平面 $x-2z+3=0$ 的交线在 xOy 面上的投影曲线．

5. 求曲线$\begin{cases} y=z^2, \\ x^2+z^2=4 \end{cases}$在三个坐标面上的投影曲线．

6. 求旋转抛物面 $z=x^2+y^2(0\leqslant z\leqslant 4)$ 在三坐标面上的投影．

7. 求椭圆抛物面 $2y^2+x^2=z$ 与抛物柱面 $2-x^2=z$ 的交线关于 xOy 面的投影柱面和在 xOy 面上的投影曲线方程．

8. 将曲线的一般方程$\begin{cases} (x-1)^2+y^2+(z+1)^2=4, \\ z=0 \end{cases}$化为参数方程．

9. 将曲线的一般方程$\begin{cases} x^2+y^2+z^2=9, \\ x=y \end{cases}$化为参数方程．

10. 将曲线的参数方程$\begin{cases} x=a\cos t, \\ y=a\sin t, \\ z=a\sin t \end{cases}$化为一般方程，并说明该曲线是怎样的曲线．

11. 假定直线 L 在 yOz 平面上的投影方程为$\begin{cases} 2y-3z=1, \\ x=0, \end{cases}$而在 xOz 平面上的投影方程为$\begin{cases} x+z=2, \\ y=0, \end{cases}$求直线 L 在 xOy 平面上的投影方程．

B　组

求螺旋线$\begin{cases} x=a\cos\theta, \\ y=a\sin\theta, \\ z=b\theta \end{cases}$在三个坐标面上的投影曲线的直角坐标方程．

第八章

CHAPTER 8

多元函数微分法及其应用

上册关于微积分的学习中，所讨论的函数都是一个自变量的函数，即一元函数．但是在很多问题中所遇到的是一个因变量依赖于多个自变量的情形．这种由两个或两个以上自变量所确定的函数统称为多元函数．多元函数是一元函数的推广，因此它保留着一元函数的许多性质．但也由于自变量增加到多个，产生了某些新的内涵，这就使得多元函数的微积分既有与一元函数微积分相似之处，又有诸多不同．

本章将首先建立多元函数的概念，并对多元函数的极限和连续性加以讨论．在此基础上，重点研究多元函数的微分法及其应用．我们将重点研究二元函数，并在掌握了二元函数的有关理论与研究方法之后，把它推广到二元以上的多元函数中去．

第一节　多元函数的极限与连续

一、区域

在讨论一元函数时，经常用到邻域和区间的概念．多元函数同样需要相应的概念，我们首先将邻域和区间的概念加以推广，得出在平面和空间上邻域和区域的概念．

1. 邻域

设 $P_0(x_0, y_0)$ 是 xOy 平面上的一点，δ 是一个正数，与点 $P_0(x_0, y_0)$ 距离小于 δ 的点 $P(x, y)$ 的全体，称为点 P_0 的 δ **邻域**，记作 $U(P_0, \delta)$，即

$$U(P_0, \delta)=\{(x, y) \mid \sqrt{(x-x_0)^2+(y-y_0)^2}<\delta\}.$$

显然邻域 $U(P_0, \delta)$ 是一个平面上以 P_0 为中心，δ 为半径的圆内部的点构成的集合．当去掉邻域中的点 P_0 时，称集合 $\{(x, y) \mid 0<\sqrt{(x-x_0)^2+(y-y_0)^2}<\delta\}$ 为 P_0 的 δ **空心邻域**，记作 $\mathring{U}(P_0, \delta)$.

若不需要强调邻域的半径 δ，则可用 $U(P_0)$ 来表示 P_0 的邻域．相应的空心邻域记为 $\mathring{U}(P_0)$.

延伸阅读 8.1　设 $P_0(x_0, y_0)$ 是 xOy 平面上的一点，δ 是一个正数，平面点集

$$\{(x, y) \mid \sqrt{(x-x_0)^2+(y-y_0)^2}<\delta\}$$

通常称为点 P_0 的 δ **圆邻域**．平面点集 $\{(x, y) \mid |x-x_0|<\delta, |y-y_0|<\delta\}$ 通常称为点 P_0 的 δ **方邻域**.

以上这两种邻域具有如下性质：点 P_0 的任意一个圆邻域内可以包含点 P_0 的某一个方邻域，反过来，点 P_0 的任意一个方邻域内可以包含点 P_0 的某一个圆邻域．今后如不特别声明，将不加区别地用点 P_0 的 δ 邻域泛指这两种邻域．

2. 区域

设 D 是平面上的一个点集，P 是平面上的一个点，如果存在点 P 的某一邻域 $U(P)$，使得 $U(P)\subset D$，则称 P 为 D 的**内点**(图 8-1)，显然 D 的内点必属于 D.

若点集 D 中的所有点都是内点，则称 D 为**开集**. 若点 P 的任意一个邻域中既包含 D 中的点，也包含不属于 D 的点(P 可以是 D 中的点，也可以不是 D 中的点)，则称 P 为 D 的**边界点**(图 8-2). D 的边界点的全体称为 D 的**边界**.

设 D 为开集，若对 D 中任意两点，都可以在 D 内用折线相连，则称开集 D 是**连通的**.

连通的开集称为**开区域**，开区域连同它的边界一起称为**闭区域**. 开区域和闭区域统称为**区域**.

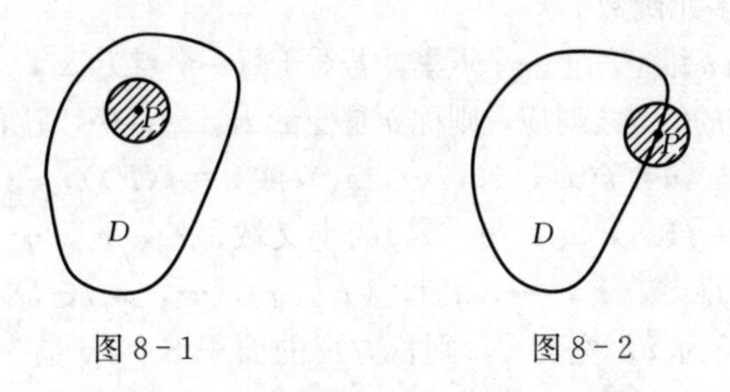

图 8-1　　　　图 8-2

对于点集 D，如果存在 $K>0$，使得对于任意的点 $P\in D$ 和某一定点 A 之间的距离都不超过 K(即 $|AP|\leqslant K$)，则称 D 为**有界点集**，否则称 D 为**无界点集**. 例如，$\{(x, y)\,|\,1\leqslant x^2+y^2\leqslant 4\}$ 是一个有界闭区域，$\{(x, y)\,|\,x+y>0\}$ 是一个无界开区域.

延伸阅读 8.2　在平面上，任意一点 P 与一个点集 D 之间除了常见的内点、外点和边界点的关系之外，还有另外一种关系，这就是下面定义的聚点.

定义　如果对于任意给定的 $\delta>0$，点 P 的任意去心邻域内总有 D 中的点，则称 P 是 D 的**聚点**.

由聚点的定义可知，点集 D 的聚点 P，可以属于 D，也可以不属于 D.

例如，设平面点集 $D=\{(x, y)\,|\,1<x^2+y^2\leqslant 2\}$，满足 $1<x^2+y^2<2$ 的一切点 (x, y) 都是 D 的内点；满足 $x^2+y^2=1$ 的一切点 (x, y) 都是 D 的边界点，它们都不属于 D；满足 $x^2+y^2=2$ 的一切点 (x, y) 也是 D 的边界点，它们都属于 D；点集 D 和其所有的边界点都是 D 的聚点.

聚点定理　平面中任一有界的无限点集至少有一个聚点.

3. n 维空间

数轴上的点与实数之间存在一一对应关系，故全体实数可以表示数轴上的所有点的集合，即一维直线. 在平面直角坐标系中，平面上的点与二元有序数组 (x, y) 一一对应，故二元有序数组 (x, y) 的全体表示平面上所有点的集合，即二维平面. 在空间直角坐标系中，空间中的点与三元有序数组 (x, y, z) 一一对应，故三元有序数组 (x, y, z) 的全体表示空间内所有点的集合，即三维空间. 一般地，设 n 为一个确定的自然数，则称 n 元有序数组 $(x_1, x_2, \cdots, x_n)$ 的全体为 **n 维空间**，记作 $\mathbf{R}^n$. 每个 n 元有序数组 $(x_1, x_2, \cdots, x_n)$ 称为 n 维空间中的一个点，数 x_i 称为该点的**第 i 个坐标**.

n 维空间中两点 $P(x_1, x_2, \cdots, x_n)$ 与 $Q(y_1, y_2, \cdots, y_n)$ 之间的距离规定为

$$|PQ|=\sqrt{(y_1-x_1)^2+(y_2-x_2)^2+\cdots+(y_n-x_n)^2}.$$

据此我们可以将邻域、区域等概念推广到 n 维空间中．设 $P_0\in\mathbf{R}^n$，$\delta>0$，则 n 维空间内的点集 $U(P_0,\delta)=\{P\,|\,|PP_0|<\delta,\ P\in\mathbf{R}^n\}$ 定义为 P_0 的 δ 邻域．其他概念类似可以定义．

二、多元函数的概念

定义 8.1.1 设 D 是平面上一个点集，若对于每个点 $P(x,y)\in D$，变量 z 按照一定的法则总有确定的值与之对应，则称 z 是变量 x、y 的二元函数，记为

$$z=f(x,y)(\text{或 } z=f(P)),$$

其中点集 D 称为函数 $z=f(x,y)$ 的定义域，x、y 称为自变量，z 称为因变量，数集 $\{z\,|\,z=f(x,y),\ (x,y)\in D\}$ 称为该函数的值域．

类似地，可以定义多元函数．

定义 8.1.2 设 D 是 n 维空间上一个点集，若对于每一个点 $P(x_1,x_2,\cdots,x_n)\in D$，变量 u 按照一定的法则总有确定的值与之对应，则称 u 是变量 x_1，x_2，…，x_n 的 n 元函数，记为

$$u=f(x_1,x_2,\cdots,x_n)(\text{或 } u=f(P)),$$

其中点集 D 称为函数 $u=f(x_1,x_2,\cdots,x_n)$ 的定义域，x_1，x_2，…，x_n 称为自变量，u 称为因变量，数集 $\{u\,|\,u=f(x_1,x_2,\cdots,x_n),\ (x_1,x_2,\cdots,x_n)\in D\}$ 称为该函数的值域．

例 1 设长方形的长为 x，宽为 y，则长方形的面积 $S=xy$ 是一个以 x、y 为自变量的二元函数．

例 2 设每公顷小麦的平均穗数为 x，每穗的平均粒数为 y，每粒小麦的平均重量为 z（单位：g），则小麦的平均每公顷产量 $u=xyz$ 是一个以 x、y、z 为自变量的三元函数．

和一元函数类似，如果不考虑函数的实际背景，多元函数的定义域也是使得多元函数有意义的点的集合．

例 3 求函数 $z=\ln(x^2+y^2-1)+\sqrt{4-x^2-y^2}$ 的定义域．

解 函数的定义域为满足 $\begin{cases}x^2+y^2-1>0,\\4-x^2-y^2\geqslant 0\end{cases}$ 的点的集合，即

$$D=\{(x,y)\,|\,1<x^2+y^2\leqslant 4\}.$$

设函数 $z=f(x,y)$ 的定义域为 D，在区域 D 内任取一点 $P(x,y)$，函数就有确定的值 z 与之对应，这样在空间就有一点 $M(x,y,z)$ 与 $P(x,y)$ 对应，当 $P(x,y)$ 在区域 D 内变化时，点 M 也在空间内变化，点 M 的轨迹称为二元函数 $z=f(x,y)$ 的图形．一般来说，它是空间中的一块曲面．

例如，函数 $z=\sqrt{R^2-x^2-y^2}$ 的图形是一个以原点为球心的球面的上半部分(图 8－3)；函数 $z=\sqrt{x^2+y^2}$ 的图形是一个过原点的圆锥面(图 8－4)．

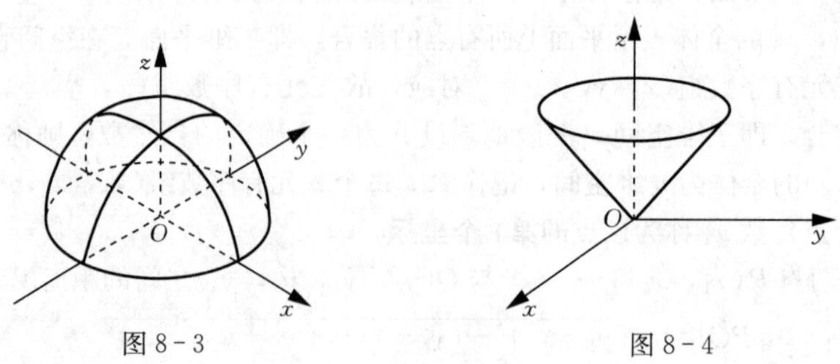

图 8－3　　图 8－4

三、多元函数的极限

与一元函数的极限概念类似，若点 $P(x,\ y)\to P_0(x_0,\ y_0)$ 的过程中，对应的函数值 $f(x,\ y)$ 无限地接近某一个确定的常数 A，则称当 $P(x,\ y)\to P_0(x_0,\ y_0)$ 时，函数 $z=f(x,\ y)$ 的极限存在且为 A（这里 $P\to P_0$ 表示点 P 以任何方式趋于 P_0）．下面用"$\varepsilon-\delta$"语言描述二元函数的极限．

定义 8.1.3　设函数 $f(x,\ y)$ 在点集 D 内有定义，若 $P_0(x_0,\ y_0)$ 的任意邻域内都有 D 的无穷多个点，且对于任意给定的正数 ε，总存在正数 δ，使得对于适合不等式

$$0<|PP_0|=\sqrt{(x-x_0)^2+(y-y_0)^2}<\delta$$

的一切点 $P(x,\ y)\in D$，都有

$$|f(x,\ y)-A|<\varepsilon$$

成立，则称当 $P(x,\ y)\to P_0(x_0,\ y_0)$ 时，函数 $f(x,\ y)$ 的极限为 A，记作

$$\lim_{\substack{x\to x_0\\ y\to y_0}} f(x,\ y)=A,$$

或

$$f(x,\ y)\to A(\rho\to 0),$$

这里 $\rho=|PP_0|$．

当自变量趋于无穷大时，也可以类似地定义二元函数的极限．

我们把二元函数的极限称为二重极限．

例 4　证明 $\lim\limits_{\substack{x\to 0\\ y\to 0}}(x^2+y^2)\sin\dfrac{1}{x^2+y^2}=0.$

证　由于

$$\left|(x^2+y^2)\sin\frac{1}{x^2+y^2}-0\right|=|x^2+y^2|\cdot\left|\sin\frac{1}{x^2+y^2}\right|\leqslant x^2+y^2,$$

因此，对于任意给定的 $\varepsilon>0$，取 $\delta=\sqrt{\varepsilon}$，则当 $0<\sqrt{(x-0)^2+(y-0)^2}<\delta$ 时，总有

$$\left|(x^2+y^2)\sin\frac{1}{x^2+y^2}-0\right|<\varepsilon$$

成立，所以

$$\lim_{\substack{x\to 0\\ y\to 0}}(x^2+y^2)\sin\frac{1}{x^2+y^2}=0.$$

二元函数的极限，是指当 P 以任何方式趋于 P_0 时，函数都无限接近于 A. 但平面上趋近于一个定点有无数个方向和无数条路线，这就意味着研究二元函数的极限要比一元函数的极限复杂得多．这种复杂性体现在：一方面，我们可以尝试利用求解一元函数极限的方法求解一些二元函数的极限；另一方面，我们也可以通过 P 以不同方式趋于 P_0 时，函数变化趋势的不同来判断该函数极限的不存在，甚至如果当 P 以某种方式趋于 P_0 时极限不存在，就可以直接判定函数极限不存在．

例 5　计算 $\lim\limits_{\substack{x\to 0\\ y\to 0}}\dfrac{1-\cos(x^2+y^2)}{(x^2+y^2)^2}.$

解　令 $u=x^2+y^2$，则

$$\lim_{\substack{x\to 0\\ y\to 0}}\frac{1-\cos(x^2+y^2)}{(x^2+y^2)^2}=\lim_{u\to 0}\frac{1-\cos u}{u^2}=\lim_{u\to 0}\frac{\sin u}{2u}=\frac{1}{2}.$$

例 6　证明：当 $(x,\ y)\to(0,\ 0)$ 时，函数 $f(x,\ y)=\dfrac{x^2y}{x^4+y^2}$ 的极限不存在．

证　当点(x, y)沿 $y=kx^2$ 趋于$(0, 0)$时，

$$\lim_{(x,y)\to(0,0)} f(x, y)=\lim_{(x,y)\to(0,0)}\frac{x^2y}{x^4+y^2}=\lim_{x\to0}\frac{x^2kx^2}{x^4+k^2x^4}=\frac{k}{1+k^2},$$

k 取不同值时，极限不同，所以该函数极限不存在．

例 7　计算 $\lim\limits_{\substack{x\to+\infty\\ y\to+\infty}}\left(\frac{xy}{x^2+y^2}\right)^x$．

解　因为 $x^2+y^2\geqslant2|x||y|$，从而当 $x>0$，$y>0$ 时，

$$0\leqslant\frac{xy}{x^2+y^2}\leqslant\frac{1}{2},$$

即

$$0\leqslant\left(\frac{xy}{x^2+y^2}\right)^x\leqslant\left(\frac{1}{2}\right)^x (x>0,\ y>0).$$

而 $\lim\limits_{x\to+\infty}\left(\frac{1}{2}\right)^x=0$，由两边夹定理，得

$$\lim_{\substack{x\to+\infty\\ y\to+\infty}}\left(\frac{xy}{x^2+y^2}\right)^x=0.$$

二元函数极限的概念可以相应地推广到 $n(n\geqslant3)$元函数上去．

延伸阅读 8.3　二元函数除了上下中所考虑的二重极限，还有一种极限，叫作**“累次极限”**（或称为**“二次极限”**），即 $\lim\limits_{y\to y_0}\lim\limits_{x\to x_0}f(x, y)$和 $\lim\limits_{x\to x_0}\lim\limits_{y\to y_0}f(x, y)$．第一个极限的意思是，先固定 y，计算 $x\to x_0$ 时 $f(x, y)$的极限，也就是计算一元函数 $f(*, y)$（这里“$*$”号为变量，而视 y 为常数）在 x_0 的极限，这个极限是 $\varphi(y)=\lim\limits_{x\to x_0}f(x, y)$，再计算当 $y\to y_0$ 时 $\varphi(y)$的极限，也就是计算函数 $\varphi(y)$在 y_0 的极限 $\lim\limits_{y\to y_0}\varphi(y)=\lim\limits_{y\to y_0}\lim\limits_{x\to x_0}f(x, y)$．用同样的方法可理解第二个累次极限．

必须注意，二重极限和累次极限是不同的概念．二重极限和两个累次极限，三者之中一个或两个存在都不能保证其余极限也存在．例如，函数 $f(x, y)=\frac{x^2y}{x^4+y^2}$ 在点$(0, 0)$的二重极限不存在，但两个累次极限都存在且相等．事实上，$\lim\limits_{y\to0}\lim\limits_{x\to0}\frac{x^2y}{x^4+y^2}=\lim\limits_{x\to0}\lim\limits_{y\to0}\frac{x^2y}{x^4+y^2}=0$．函数 $f(x, y)=y\sin\frac{1}{x}$ 在原点$(0, 0)$的二重极限存在且为零，考虑两个累次极限，其中 $\lim\limits_{x\to0}\lim\limits_{y\to0}y\sin\frac{1}{x}=0$，但是另一个累次极限显然不存在．

在什么条件下二重极限与累次极限能相等是人们所关心的问题，理由是，累次极限是接连两次求一元函数的极限，而一元函数的极限相对来说容易求，因此，人们总希望将计算二重极限化成计算累次极限．

定理　若二元函数 $f(x, y)$在点(x_0, y_0)的二重极限 $\lim\limits_{\substack{x\to x_0\\ y\to y_0}}f(x, y)$与累次极限 $\lim\limits_{x\to x_0}\lim\limits_{y\to y_0}f(x, y)$都存在，则它们必相等．

由此定理可得以下两个推论：

推论 1　若 $\lim\limits_{\substack{x\to x_0\\ y\to y_0}}f(x, y)$，$\lim\limits_{x\to x_0}\lim\limits_{y\to y_0}f(x, y)$及 $\lim\limits_{y\to y_0}\lim\limits_{x\to x_0}f(x, y)$都存在，则三者都相等．

推论 2　若 $\lim\limits_{x\to x_0}\lim\limits_{y\to y_0}f(x, y)$及 $\lim\limits_{y\to y_0}\lim\limits_{x\to x_0}f(x, y)$存在但不相等，则 $\lim\limits_{\substack{x\to x_0\\ y\to y_0}}f(x, y)$必不存在．

推论 1 给出了累次极限可以交换次序的充分条件，推论 2 则往往用来否定二重极限的存在．

四、多元函数的连续性

定义 8.1.4　设函数 $f(x, y)$ 在点集 D 内有定义，$P_0(x_0, y_0)\in D$，如果

$$\lim_{\substack{x\to x_0\\y\to y_0}} f(x, y)=f(x_0, y_0),$$

则称函数 $f(x, y)$ 在点 $P_0(x_0, y_0)$ 连续．

若函数 $f(x, y)$ 在区域 D 内的每一点都连续，则称函数 $f(x, y)$ 在区域 D 内连续，或称函数 $f(x, y)$ 是区域 D 内的连续函数．

若 $P_0(x_0, y_0)$ 的任意邻域内都有 D 的无穷多个点，且函数 $f(x, y)$ 在点 $P_0(x_0, y_0)$ 不连续，则称 $P_0(x_0, y_0)$ 为函数 $f(x, y)$ 的间断点．一般来说，二元函数的间断点是 xOy 平面内的曲线或孤立点．

例如，函数 $f(x, y)=\begin{cases}\dfrac{x^2y}{x^4+y^2}, & x^4+y^2\neq 0,\\ 0, & x^4+y^2=0,\end{cases}$ 由于当 $(x, y)\to(0, 0)$ 时，函数 $\dfrac{x^2y}{x^4+y^2}$ 的极限不存在，所以函数 $f(x, y)$ 在点 $(0, 0)$ 不连续，即点 $(0, 0)$ 是 $f(x, y)$ 的间断点．又如，函数 $f(x, y)=\dfrac{1-xy}{y^2-2x}$ 在曲线 $y^2=2x$ 上没有定义，所以该曲线上所有的点都是间断点．

一元连续函数的运算性质，对于多元函数来说仍然适用，即多元连续函数的和、差、积、商(分母不为零处)均为连续函数．多元连续函数的复合函数也连续．

在多元函数中也有多元初等函数的概念，多元初等函数是可以由一个式子表示的多元函数，而这个式子是由常数及(多元)基本初等函数经过有限次的四则运算和复合运算所构成的．例如，$\ln(x+y^2)$ 是由基本初等函数 $\ln u$ 与多项式 $x+y^2$ 复合而成的，它就是一个多元初等函数．

根据多元连续函数的四则运算和复合运算以及基本初等函数的连续性，可以推出一切多元初等函数在其定义区域内连续．这里所说的定义区域是指包含在定义域内的区域．利用多元初等函数的连续性，可以求多元函数的极限．即若多元函数 $f(P)$ 在点 P_0 连续，则

$$\lim_{P\to P_0} f(P)=f(P_0).$$

例 8　计算 $\displaystyle\lim_{(x,y)\to(0,1)}\frac{2-xy}{x^2+y^2}$.

解　显然函数 $f(x, y)=\dfrac{2-xy}{x^2+y^2}$ 是一个初等函数，且它在点 $(0, 1)$ 处连续，所以

$$\lim_{(x,y)\to(0,1)}\frac{2-xy}{x^2+y^2}=f(0, 1)=2.$$

例 9　计算 $\displaystyle\lim_{(x,y)\to(0,0)}\frac{2-\sqrt{xy+4}}{xy}$.

解
$$\begin{aligned}\lim_{(x,y)\to(0,0)}\frac{2-\sqrt{xy+4}}{xy}&=\lim_{(x,y)\to(0,0)}\frac{(2-\sqrt{xy+4})(2+\sqrt{xy+4})}{xy(2+\sqrt{xy+4})}\\&=\lim_{(x,y)\to(0,0)}\frac{-xy}{(2+\sqrt{xy+4})xy}\end{aligned}$$

$$=\lim_{(x,y)\to(0,0)}\frac{-1}{2+\sqrt{xy+4}}=-\frac{1}{4}.$$

在有界闭区域上多元连续函数有下列性质．

性质1(有界性和最大最小值定理) 设多元函数 $f(P)$在有界闭区域D上连续，则$f(P)$在D上有界，且一定能取到最大值M和最小值m.

对于二元函数，这个性质说明，若函数$z=f(x, y)$在有界闭区域D上连续，则在D上至少存在两点$P_1(x_1, y_1)$和$P_2(x_2, y_2)$，使得对于任意的$(x, y)\in D$，有

$$m=f(x_1, y_1)\leqslant f(x, y)\leqslant f(x_2, y_2)=M.$$

性质2(介值定理) 设多元函数$f(P)$在有界闭区域D上连续，若P_1、P_2是D上两点，且$f(P_1)<f(P_2)$，则对于任意满足不等式$f(P_1)\leqslant\mu\leqslant f(P_2)$的实数$\mu$，至少存在一点$Q\in D$，使得$f(Q)=\mu$.

特别地，有界闭区域D上的多元连续函数$f(P)$，在D上可以取到其最大值M和最小值m之间的任意值至少一次．

习 题 8-1

A 组

1. 判定下列平面点集是否是开集和有界集．

(1) $\{(x, y)\mid x\neq0, y\neq0\}$；　(2) $\{(x, y)\mid 1<x^2+y^2\leqslant4\}$；

(3) $\{(x, y)\mid y>x^2\}$.

2. 求下列函数的函数值．

(1) $f(x, y)=e^{x+2y}$，求$f(1, 2)$；

(2) $f(x, y)=\dfrac{2xy}{x^2+y^2}$，求$f\left(1, \dfrac{y}{x}\right)$；

(3) $f(u, v, w)=u^w+w^{u+v}$，求$f(x+y, x-y, xy)$.

3. 求下列函数的定义域，并画出定义域的图形．

(1) $z=\ln(xy)$；　(2) $z=\sqrt{4x^2+y^2-1}$；

(3) $z=\sqrt{x-\sqrt{y}}$；　(4) $z=\dfrac{\sqrt{4x-y^2}}{\ln(1-x^2-y^2)}$；

(5) $z=\ln(1-|x|-|y|)$；　(6) $u=\arccos\dfrac{z}{\sqrt{x^2+y^2}}$.

4. 设$f(x, y)=\ln x\cdot\ln y$，证明：若$u>0$，$v>0$，则

$$f(xy, uv)=f(x, u)+f(x, v)+f(y, u)+f(y, v).$$

5. 利用定义证明：$\lim\limits_{\substack{x\to0\\y\to0}}\dfrac{xy}{\sqrt{x^2+y^2}}=0$.

6. 求下列函数的极限．

(1) $\lim\limits_{(x,y)\to(1,0)}\dfrac{\ln(x+e^y)}{\sqrt{x^2+y^2}}$；　(2) $\lim\limits_{(x,y)\to(2,0)}\dfrac{\sin xy}{y}$；

(3) $\lim\limits_{(x,y)\to(0,0)}\dfrac{\sin(x^3+y^3)}{x^2+y^2}$；　　(4) $\lim\limits_{(x,y)\to(0,0)}\left(x\sin\dfrac{1}{y}+y\sin\dfrac{1}{x}\right)$；

(5) $\lim\limits_{(x,y)\to(0,0)}\dfrac{1-\cos(x^2+y^2)}{(x^2+y^2)e^{x^2y^2}}$.

7. 已知函数 $f(x,y)=\dfrac{x+y}{x-y}$，证明 $\lim\limits_{(x,y)\to(0,0)}f(x,y)$不存在．

8. 设函数 $f(x,y)=\begin{cases}\dfrac{x^2y^2}{x^4+y^4}, & x^2+y^2\neq 0,\\ 0, & x^2+y^2=0,\end{cases}$ 讨论 $\lim\limits_{(x,y)\to(0,0)}f(x,y)$是否存在．

9. 确定下列函数的间断点．

(1) $z=\dfrac{y^2+2x}{y^2-2x}$；　　(2) $z=\dfrac{1}{\cos(x^2+y^2)}$；

(3) $z=\dfrac{1}{\sin x\cos y}$.

B　　组

1. 求下列函数的极限．

(1) $\lim\limits_{\substack{x\to+\infty\\ y\to+\infty}}(x^2+y^2)e^{-(x+y)}$；　　(2) $\lim\limits_{\substack{x\to\infty\\ y\to\infty}}\dfrac{x+y}{x^2-xy+y^2}$；

(3) $\lim\limits_{\substack{x\to0\\ y\to0}}\dfrac{\sqrt{x^2+y^2}-\sin\sqrt{x^2+y^2}}{\sqrt{(x^2+y^2)^3}}$.

2. 证明极限$\lim\limits_{\substack{x\to0\\ y\to0}}(1+xy)^{\frac{1}{x+y}}$不存在．

3. 设 $f(x,y)=\begin{cases}\dfrac{ye^{\frac{1}{x^2}}}{y^2e^{\frac{2}{x^2}}+1}, & x\neq 0，y\text{ 为任意实数},\\ 0, & x=0，y\text{ 为任意实数},\end{cases}$ 讨论 $f(x,y)$在$(0,0)$处是否连续.

第二节　偏导数与全微分

一、偏导数的定义及其计算

在一元函数中，为了研究函数的瞬时变化率引入了导数的概念，对于多元函数同样需要讨论其瞬时变化率．由于多元函数的自变量有多个，这些自变量同时变化引起的因变量变化是不容易看到其变化原因的，因此通常采用保留一个自变量变化，而控制其他自变量不变的办法，逐一研究因变量对每一个自变量的瞬时变化率，这就是我们要讨论的偏导数概念．下面我们仅讨论二元函数的偏导数及其计算，多元函数的结论类似可以推出．

定义 8.2.1　设函数 $z=f(x,y)$在点 $P_0(x_0,y_0)$的某一邻域内有定义，若 x 在 x_0 处有增量 Δx，而 y 在点 y_0 保持不变，则相应的函数 $z=f(x,y)$在 $P_0(x_0,y_0)$处的增量 $f(x_0+\Delta x,y_0)-f(x_0,y_0)$，称为函数在该点对于自变量 x 的**偏增量**，记作

$$\Delta_x z=f(x_0+\Delta x,y_0)-f(x_0,y_0).\tag{1}$$

类似地，可以定义函数 $z=f(x, y)$ 在点 $P_0(x_0, y_0)$ 处对于自变量 y 的偏增量

$$\Delta_y z=f(x_0, y_0+\Delta y)-f(x_0, y_0).$$

定义 8.2.2　设函数 $z=f(x, y)$ 在点 $P_0(x_0, y_0)$ 的某一邻域内有定义，若极限

$$\lim_{\Delta x\to 0}\frac{\Delta_x z}{\Delta x}=\lim_{\Delta x\to 0}\frac{f(x_0+\Delta x, y_0)-f(x_0, y_0)}{\Delta x}$$

存在，则称此极限为函数 $z=f(x, y)$ 在点 $P_0(x_0, y_0)$ 处对于自变量 x 的**偏导数**，记作

$$z_x\Big|_{\substack{x=x_0\\y=y_0}},\ \frac{\partial z}{\partial x}\Big|_{\substack{x=x_0\\y=y_0}},\ \frac{\partial f}{\partial x}\Big|_{\substack{x=x_0\\y=y_0}} \text{或 } f_x(x_0, y_0),$$

即

$$f_x(x_0, y_0)=\lim_{\Delta x\to 0}\frac{f(x_0+\Delta x, y_0)-f(x_0, y_0)}{\Delta x}.$$

类似地，如果极限

$$\lim_{\Delta y\to 0}\frac{\Delta_y z}{\Delta y}=\lim_{\Delta y\to 0}\frac{f(x_0, y_0+\Delta y)-f(x_0, y_0)}{\Delta y}$$

存在，则称此极限为函数 $z=f(x, y)$ 在点 $P_0(x_0, y_0)$ 处对自变量 y 的偏导数，记作

$$z_y\Big|_{\substack{x=x_0\\y=y_0}},\ \frac{\partial z}{\partial y}\Big|_{\substack{x=x_0\\y=y_0}},\ \frac{\partial f}{\partial y}\Big|_{\substack{x=x_0\\y=y_0}} \text{或 } f_y(x_0, y_0),$$

即

$$f_y(x_0, y_0)=\lim_{\Delta y\to 0}\frac{f(x_0, y_0+\Delta y)-f(x_0, y_0)}{\Delta y}.$$

例 1　求函数 $f(x, y)=\begin{cases}\dfrac{x^3+y^3}{x^2+y^2}, & x^2+y^2\neq 0,\\ 0, & x^2+y^2=0\end{cases}$ 在点 $(0, 0)$ 的偏导数．

解　因为

$$\lim_{\Delta x\to 0}\frac{f(0+\Delta x, 0)-f(0, 0)}{\Delta x}=\lim_{\Delta x\to 0}\frac{\Delta x}{\Delta x}=1,$$

所以 $f_x(0, 0)=1$.

同理可求得

$$f_y(0, 0)=\lim_{\Delta y\to 0}\frac{f(0, 0+\Delta y)-f(0, 0)}{\Delta y}=\lim_{\Delta y\to 0}\frac{\Delta y}{\Delta y}=1.$$

如果函数 $z=f(x, y)$ 在平面区域 D 内任意一点 (x, y) 处关于自变量 x（或 y）的偏导数都存在，则偏导数是 x、y 的函数，称为函数 $f(x, y)$ 对自变量 x（或 y）的偏导函数，分别记作

$$\frac{\partial z}{\partial x},\ \frac{\partial f}{\partial x},\ z_x \text{或 } f_x(x, y),$$

$$\frac{\partial z}{\partial y},\ \frac{\partial f}{\partial y},\ z_y \text{或 } f_y(x, y).$$

显然，函数 $z=f(x, y)$ 在点 (x_0, y_0) 处对 x（或 y）的偏导数 $f_x(x_0, y_0)$（或 $f_y(x_0, y_0)$）就是偏导函数 $f_x(x, y)$（或 $f_y(x, y)$）在点 (x_0, y_0) 处的函数值．偏导函数简称为**偏导数**.

由偏导数的定义可知，求二元函数对一个自变量的偏导数时，只要将另外一个自变量看作常数，然后利用一元函数的求导法则求偏导数即可．

延伸阅读8.4　由于在偏导数的定义中，$\frac{\partial f}{\partial x}=\lim\limits_{\Delta x\to 0}\frac{f(x+\Delta x,\ y)-f(x,\ y)}{\Delta x}$，其中的非求导变元 y 并没有参与极限运算，因此，在计算极限前将 y 以常量代入和计算极限后以常量代入，其结果是一致的．这说明在计算某点的偏导数时，可以将非求导变元的数值先代入原函数，将原函数转化为一元函数再求导是可以的．例如，函数 $z=4x^2y^3-\sin xy^2$，求$\frac{\partial z}{\partial x}$在点(3，0)的值，如果计算有$\frac{\partial z}{\partial x}=8xy^3-y^2\cos xy^2$，可得$\left.\frac{\partial z}{\partial x}\right|_{(3,0)}=0$. 但如果先代入 y 的值再计算，则可以直接得到结果，对于复杂的问题，往往能够更加便捷．

例 2　求函数 $f(x,\ y)=x^y\,(x>0)$的偏导数．

解　把自变量 y 看作常数，得

$$\frac{\partial f}{\partial x}=yx^{y-1}.$$

把自变量 x 看作常数，得

$$\frac{\partial f}{\partial y}=x^y\ln x.$$

例 3　求 $z=x^3y-xy^3$ 在点(1，2)的偏导数．

解　$\frac{\partial z}{\partial x}=3yx^2-y^3$，$\frac{\partial z}{\partial y}=x^3-3y^2x$，

将(1，2)代入上面的结果得

$$\left.\frac{\partial z}{\partial x}\right|_{\substack{x=1\\y=2}}=3\times2\times1^2-2^3=-2,$$

$$\left.\frac{\partial z}{\partial y}\right|_{\substack{x=1\\y=2}}=1^3-3\times2^2\times1=-11.$$

例 4　求函数 $u=\sin(x+y^2-\mathrm{e}^z)$的偏导数．

解　把自变量 y 与 z 看作常数，得

$$\frac{\partial u}{\partial x}=\cos(x+y^2-\mathrm{e}^z).$$

类似可得

$$\frac{\partial u}{\partial y}=2y\cos(x+y^2-\mathrm{e}^z),$$

$$\frac{\partial u}{\partial z}=-\mathrm{e}^z\cos(x+y^2-\mathrm{e}^z).$$

二元函数在某一点的偏导数有如下几何意义：

设 $M_0(x_0,\ y_0,\ f(x_0,\ y_0))$为曲面 $z=f(x,\ y)$上的一点，且函数 $z=f(x,\ y)$在点$(x_0,\ y_0)$处偏导数都存在．过点 M_0 作平面 $y=y_0$，它与曲面 $z=f(x,\ y)$相交于一条曲线，此曲线在平面 $y=y_0$ 上的方程为 $z=f(x,\ y_0)$，则$\left.\frac{\mathrm{d}}{\mathrm{d}x}f(x,\ y_0)\right|_{x=x_0}$就是点$(x_0,\ y_0)$处关于 x 的偏导数 $f_x(x_0,\ y_0)$. 这说明 $f_x(x_0,\ y_0)$就是曲面 $z=f(x,\ y)$被平面 $y=y_0$ 所截得的曲线 $z=f(x,\ y_0)$在 M_0 处的切线 l_x 对于 x 轴的斜率．类似地，$f_y(x_0,\ y_0)$就是曲面 $z=f(x,\ y)$被平面$x=x_0$ 所截得的曲线 $z=f(x_0,\ y)$在 M_0 处的切线 l_y 对于 y 轴的斜率(图 8-5).

对于一元函数，可导必连续．但是对二元函数来说，在某一点的两个偏导数都存在也不能保证函数在该点连续，这是因为对各个自变量的偏导数都存在只能保证点(x, y)沿平行于x轴(或y轴)方向趋于点(x_0, y_0)时，函数$f(x, y)$趋于$f(x_0, y_0)$，而不能保证动点(x, y)沿其他方向趋于(x_0, y_0)时，函数$f(x, y)$也趋于$f(x_0, y_0)$.

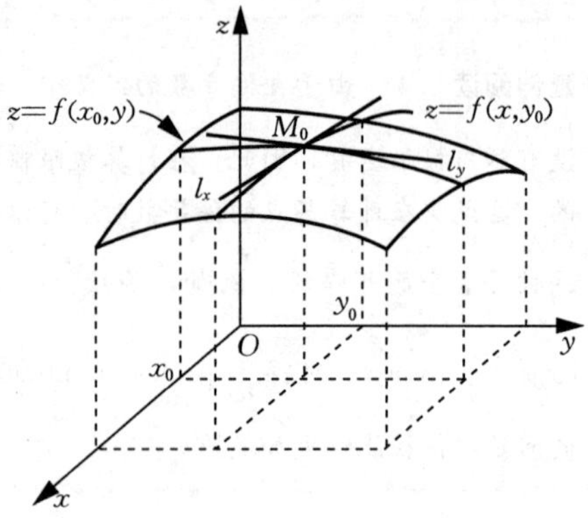

图 8-5

例 5 求 $f(x, y)=\begin{cases}\dfrac{x^2 y}{x^4+y^2}, & x^4+y^2\neq 0, \\ 0, & x^4+y^2=0\end{cases}$ 在点$(0, 0)$的偏导数，并讨论函数在该点的连续性．

解 在点$(0, 0)$处函数$f(x, y)$对于自变量x的偏导数为

$$f_x(0, 0)=\lim_{\Delta x\to 0}\frac{f(0+\Delta x, 0)-f(0, 0)}{\Delta x}=\lim_{\Delta x\to 0}0=0.$$

同理

$$f_y(0, 0)=\lim_{\Delta y\to 0}\frac{f(0, 0+\Delta y)-f(0, 0)}{\Delta y}=\lim_{\Delta y\to 0}0=0.$$

所以，函数在点$(0, 0)$处的偏导数都存在，但由本章第一节的例 6 知，函数$\dfrac{x^2 y}{x^4+y^2}$在点$(0, 0)$处极限不存在，所以函数$f(x, y)$在点$(0, 0)$不连续．可见偏导数的存在并不能保证函数在该点连续．

二、高阶偏导数

设函数$z=f(x, y)$在区域D内存在偏导数$\dfrac{\partial z}{\partial x}=f_x(x, y)$，$\dfrac{\partial z}{\partial y}=f_y(x, y)$，显然$f_x(x, y)$和$f_y(x, y)$仍然是自变量$x$，$y$的函数，如果这两个函数在区域$D$内仍存在偏导数，则称它们为函数$z=f(x, y)$的二阶偏导数．由于对于自变量$x$，$y$所求偏导数的顺序不同，因此二元函数$z=f(x, y)$在区域$D$内的二阶偏导数有下列四个：

$$\frac{\partial}{\partial x}\left(\frac{\partial z}{\partial x}\right)=\frac{\partial^2 z}{\partial x^2}=f_{xx}(x, y),\quad \frac{\partial}{\partial y}\left(\frac{\partial z}{\partial y}\right)=\frac{\partial^2 z}{\partial y^2}=f_{yy}(x, y),$$

$$\frac{\partial}{\partial y}\left(\frac{\partial z}{\partial x}\right)=\frac{\partial^2 z}{\partial x\,\partial y}=f_{xy}(x, y),\quad \frac{\partial}{\partial x}\left(\frac{\partial z}{\partial y}\right)=\frac{\partial^2 z}{\partial y\,\partial x}=f_{yx}(x, y),$$

其中记号$\dfrac{\partial^2 z}{\partial x\,\partial y}$表示先对自变量$x$求偏导数，再对自变量$y$求偏导数；$\dfrac{\partial^2 z}{\partial y\,\partial x}$表示先对自变量$y$求偏导数，再对自变量$x$求偏导数，两者统称为混合偏导数．

类似可得三阶、四阶以及n阶偏导数．二阶及二阶以上的偏导数统称为**高阶偏导数**．

例 6 设函数$z=x^3y^2+y^3x^2$，求$\dfrac{\partial^2 z}{\partial x\,\partial y}$，$\dfrac{\partial^2 z}{\partial y\,\partial x}$，$\dfrac{\partial^3 z}{\partial x^2\,\partial y}$，$\dfrac{\partial^3 z}{\partial y^3}$.

解 由

$$\frac{\partial z}{\partial x}=3x^2y^2+2xy^3,\quad \frac{\partial z}{\partial y}=3y^2x^2+2yx^3,$$

$$\frac{\partial^2 z}{\partial x^2}=6xy^2+2y^3,\quad \frac{\partial^2 z}{\partial y^2}=6yx^2+2x^3,$$

故
$$\frac{\partial^2 z}{\partial x\,\partial y}=6x^2y+6xy^2,\ \frac{\partial^2 z}{\partial y\,\partial x}=6x^2y+6xy^2,$$
$$\frac{\partial^3 z}{\partial x^2\,\partial y}=12xy+6y^2,\ \frac{\partial^3 z}{\partial y^3}=6x^2.$$

我们注意到，例 6 中两个二阶混合偏导数相等．那么是否所有函数的两个二阶混合偏导数都相等呢？答案是否定的．

满足什么条件时，二元函数的两个二阶混合偏导数相等？对此有如下定理：

定理 8.2.1　若在区域 D 内函数 $z=f(x, y)$ 的两个二阶混合偏导数 $\frac{\partial^2 z}{\partial x\,\partial y}$ 及 $\frac{\partial^2 z}{\partial y\,\partial x}$ 连续，那么在该区域内这两个二阶混合偏导数相等，即 $\frac{\partial^2 z}{\partial x\,\partial y}=\frac{\partial^2 z}{\partial y\,\partial x}$.

证明从略．

定理 8.2.1 说明，在二阶混合偏导数 $\frac{\partial^2 z}{\partial x\,\partial y}$，$\frac{\partial^2 z}{\partial y\,\partial x}$ 连续的情况下，与求导次序无关．对于 $n(n\geqslant 3)$ 元函数，也有类似的结论．

三、全微分

在一元函数 $y=f(x)$ 中，函数的微分 dy 是自变量增量 Δx 的线性函数，且当 $\Delta x\to 0$ 时，dy 与函数改变量 Δy 的差是 Δx 的高阶无穷小量．类似地，可以给出二元函数全微分的定义．

定义 8.2.3　设函数 $z=f(x, y)$ 在点 (x_0, y_0) 的某一邻域内有定义，若在该邻域内，自变量 x、y 在点 (x_0, y_0) 处分别有增量 Δx、Δy，则相应的函数的增量 $f(x_0+\Delta x, y_0+\Delta y)-f(x_0, y_0)$，称为函数在该点对应于自变量的增量 Δx、Δy 的**全增量**，记作
$$\Delta z=f(x_0+\Delta x, y_0+\Delta y)-f(x_0, y_0). \tag{2}$$

定义 8.2.4　若函数 $z=f(x, y)$ 在点 (x_0, y_0) 的全增量可以表示为
$$\Delta z=A\Delta x+B\Delta y+o(\rho), \tag{3}$$
其中 A、B 仅与 (x_0, y_0) 有关而不依赖于 Δx、Δy，$\rho=\sqrt{(\Delta x)^2+(\Delta y)^2}$，则称函数 $z=f(x, y)$ 在点 (x_0, y_0) 处可微，并且称 $A\Delta x+B\Delta y$ 为函数 $z=f(x, y)$ 在点 (x_0, y_0) 处的**全微分**，记作 dz，即
$$dz=A\Delta x+B\Delta y.$$

若函数在区域 D 内每一点都可微，则称该函数在区域 D 内可微．

对于多元函数来说，在某点存在各个偏导数并不能保证函数在该点连续．但如果一个函数 $z=f(x, y)$ 在点 (x_0, y_0) 可微，那么函数在该点必连续．事实上，
$$\Delta z=f(x_0+\Delta x, y_0+\Delta y)-f(x_0, y_0)=A\Delta x+B\Delta y+o(\rho),$$
显然 $\lim\limits_{\substack{\Delta x\to 0\\ \Delta y\to 0}}\Delta z=0$，从而
$$\lim_{\substack{\Delta x\to 0\\ \Delta y\to 0}}f(x_0+\Delta x, y_0+\Delta y)=\lim_{\rho\to 0}[f(x_0, y_0)+\Delta z]=f(x_0, y_0),$$
因此函数 $z=f(x, y)$ 在点 (x_0, y_0) 连续．

由全微分的定义，我们只知道 A 和 B 是仅与 x_0、y_0 有关的量，而不知道它们的具体形式．下面讨论二元函数可微的条件，并给出 A 和 B 的具体形式．

定理 8.2.2（必要条件）　如果二元函数 $z=f(x, y)$ 在点 (x, y) 处可微，则函数在该点

的偏导数$\frac{\partial z}{\partial x}$，$\frac{\partial z}{\partial y}$必存在，且函数$z=f(x, y)$在点$(x, y)$处的全微分为

$$\mathrm{d}z=\frac{\partial z}{\partial x}\Delta x+\frac{\partial z}{\partial y}\Delta y.$$

证　设函数$z=f(x, y)$在点(x, y)处可微，于是

$$\Delta z=A\Delta x+B\Delta y+o(\rho),$$

则

$$\lim_{\Delta x\to 0}\frac{\Delta z}{\Delta x}=\lim_{\Delta x\to 0}\frac{f(x+\Delta x, y+\Delta y)-f(x, y)}{\Delta x}=\lim_{\Delta x\to 0}\left[A+B\frac{\Delta y}{\Delta x}+\frac{o(\rho)}{\Delta x}\right],$$

由于Δx、Δy是任意的增量，则当$\Delta y=0$时，上式也成立，另外$\lim\limits_{\Delta x\to 0}\frac{o(\rho)}{\Delta x}=0(\rho=\pm\Delta x)$，所以

$$\lim_{\Delta x\to 0}\frac{f(x+\Delta x, y)-f(x, y)}{\Delta x}=A,$$

即$\frac{\partial z}{\partial x}=A$. 同理可证$\frac{\partial z}{\partial y}=B$，从而

$$\mathrm{d}z=\frac{\partial z}{\partial x}\Delta x+\frac{\partial z}{\partial y}\Delta y.$$

由定理 8.2.2 知，偏导数存在是可微的必要条件，即当函数在某点可微时，在该点函数的偏导数存在．但当二元函数在某点的偏导数存在时，并不能保证函数在该点可微．

例 7　考察函数$f(x, y)=\begin{cases}\frac{xy}{\sqrt{x^2+y^2}}, & x^2+y^2\neq 0,\\ 0, & x^2+y^2=0\end{cases}$在点$(0, 0)$处的可微性．

解　根据偏导数的定义

$$f_x(0, 0)=\lim_{\Delta x\to 0}\frac{f(\Delta x, 0)-f(0, 0)}{\Delta x}=\lim_{\Delta x\to 0}\frac{0-0}{\Delta x}=0,$$

同理可得$f_y(0, 0)=0$，可见函数$f(x, y)$在点$(0, 0)$处的偏导数存在．

但

$$\Delta z-\mathrm{d}z=\Delta z-f_x(0, 0)\Delta x-f_y(0, 0)\Delta y=\frac{\Delta x\Delta y}{\sqrt{(\Delta x)^2+(\Delta y)^2}},$$

而

$$\lim_{\rho\to 0}\frac{\Delta z-\mathrm{d}z}{\rho}=\lim_{\rho\to 0}\frac{\Delta x\Delta y}{\rho\sqrt{(\Delta x)^2+(\Delta y)^2}}=\lim_{\rho\to 0}\frac{\Delta x\Delta y}{(\Delta x)^2+(\Delta y)^2},$$

当$(\Delta x, \Delta y)$沿$\Delta y=k\Delta x$趋于$(0, 0)$时，

$$\lim_{\rho\to 0}\frac{\Delta x\Delta y}{(\Delta x)^2+(\Delta y)^2}=\lim_{\Delta x\to 0}\frac{k(\Delta x)^2}{(\Delta x)^2+k^2(\Delta x)^2}=\frac{k}{1+k^2},$$

当k取不同值时，其极限不同，所以其极限不存在．这说明尽管函数在点$(0, 0)$的两个偏导数都存在，但$\Delta z-f_x(0, 0)\Delta x-f_y(0, 0)\Delta y$却不是$\rho$的高阶无穷小，这就意味着函数不可微，因此可导只是可微的必要条件，而不是充分条件．

定理 8.2.3（充分条件）　如果函数$z=f(x, y)$在点(x, y)处偏导数连续，则函数在该点可微．

证　由于全增量

$$\begin{aligned}\Delta z&=f(x+\Delta x, y+\Delta y)-f(x, y)\\&=[f(x+\Delta x, y+\Delta y)-f(x, y+\Delta y)]+[f(x, y+\Delta y)-f(x, y)],\end{aligned}$$

由拉格朗日中值定理，得

$$\Delta z=f_x(x+\theta_1\Delta x,\ y+\Delta y)\Delta x+f_y(x,\ y+\theta_2\Delta y)\Delta y(0<\theta_1,\ \theta_2<1),$$

因为 f_x，f_y 在点$(x,\ y)$连续，根据极限的性质有

$$f_x(x+\theta_1\Delta x,\ y+\Delta y)=f_x(x,\ y)+\alpha,$$
$$f_y(x,\ y+\theta_2\Delta y)=f_y(x,\ y)+\beta,$$

其中，当$(\Delta x,\ \Delta y)\to(0,\ 0)$时，$\alpha\to 0$，$\beta\to 0$，则

$$\begin{aligned}\Delta z&=f_x(x,\ y)\Delta x+\alpha\Delta x+f_y(x,\ y)\Delta y+\beta\Delta y\\&=f_x(x,\ y)\Delta x+f_y(x,\ y)\Delta y+\alpha\Delta x+\beta\Delta y.\end{aligned}\tag{4}$$

又因为
$$\frac{|\alpha\Delta x+\beta\Delta y|}{\rho}\leqslant|\alpha|\cdot\left|\frac{\Delta x}{\rho}\right|+|\beta|\cdot\left|\frac{\Delta y}{\rho}\right|\leqslant|\alpha|+|\beta|,$$

而
$$\lim_{\rho\to 0}|\alpha|=0,\ \lim_{\rho\to 0}|\beta|=0,$$

所以
$$\lim_{\rho\to 0}\frac{|\alpha\Delta x+\beta\Delta y|}{\rho}=0,$$

即当 $\rho\to 0$ 时，$\alpha\Delta x+\beta\Delta y$ 是 ρ 的高阶无穷小量，由全微分的定义知，函数 $z=f(x,\ y)$在点$(x,\ y)$处可微．

和一元函数类似，我们将 Δx、Δy 分别记为 $\mathrm{d}x$、$\mathrm{d}y$，因此，全微分可表示为

$$\mathrm{d}z=\frac{\partial z}{\partial x}\mathrm{d}x+\frac{\partial z}{\partial y}\mathrm{d}y.\tag{5}$$

上述定理不仅给出了二元函数可微的必要和充分条件，而且还给出了全微分的计算方法．只要求出函数的偏导数，代入(5)式即得函数的全微分．

延伸阅读 8.5　由二元函数全微分的定义及关于全微分存在的充分条件可知，当二元函数 $z=f(x,\ y)$在点 $P(x,\ y)$的两个偏导数 $f_x(x,\ y)$，$f_y(x,\ y)$连续，并且$|\Delta x|$，$|\Delta y|$都比较小时，就有近似等式 $\Delta z\approx f_x(x,\ y)\Delta x+f_y(x,\ y)\Delta y$，该式也可以写成

$$f(x+\Delta x,\ y+\Delta y)\approx f(x,\ y)+f_x(x,\ y)\Delta x+f_y(x,\ y)\Delta y.$$

与一元函数的情形类似，我们可以利用上式对二元函数作近似计算．

例 8　求函数 $z=\dfrac{x}{\sqrt{x^2+y^2}}$在点(3，4)处的全微分．

解　因为
$$\frac{\partial z}{\partial x}=\frac{y^2}{\sqrt{(x^2+y^2)^3}},\ \frac{\partial z}{\partial y}=\frac{-xy}{\sqrt{(x^2+y^2)^3}},$$
$$\left.\frac{\partial z}{\partial x}\right|_{\substack{x=3\\y=4}}=\frac{16}{125},\ \left.\frac{\partial z}{\partial y}\right|_{\substack{x=3\\y=4}}=-\frac{12}{125},$$

所以，函数在点(3，4)处的全微分为

$$\mathrm{d}z=\frac{16}{125}\mathrm{d}x-\frac{12}{125}\mathrm{d}y.$$

例 9　求函数 $z=y\sin(x+y)$的全微分．

解　因为
$$\frac{\partial z}{\partial x}=y\cos(x+y),\ \frac{\partial z}{\partial y}=\sin(x+y)+y\cos(x+y),$$

所以
$$\mathrm{d}z=y\cos(x+y)\mathrm{d}x+[\sin(x+y)+y\cos(x+y)]\mathrm{d}y.$$

以上关于二元函数全微分的定义以及定理都可以推广到二元以上的多元函数中去．例

如，若三元函数 $u=f(x, y, z)$ 可微，则其全微分为

$$du=\frac{\partial u}{\partial x}dx+\frac{\partial u}{\partial y}dy+\frac{\partial u}{\partial z}dz. \tag{6}$$

例 10 求函数 $u=xe^{yz}+e^{-z}+xy$ 的全微分.

解 因为 $\frac{\partial u}{\partial x}=e^{yz}+y$，$\frac{\partial u}{\partial y}=xze^{yz}+x$，$\frac{\partial u}{\partial z}=xye^{yz}-e^{-z}$，

所以 $$du=(e^{yz}+y)dx+(xze^{yz}+x)dy+(xye^{yz}-e^{-z})dz.$$

延伸阅读 8.6 多元函数连续、可偏导、可微之间的关系如图 8-6 所示，其中箭头"→"表示可推得，"↛"表示不可推得.

多元函数的可偏导性与连续性之间不存在必然的关系，这是多元函数与一元函数的一个重要差别！我们知道，对一元函数来说，由可导性可推出连续性. 对多元函数来说，情况就不一样了.

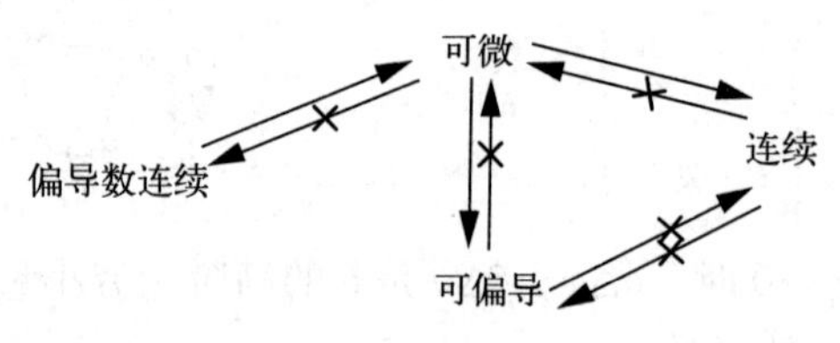

图 8-6

设二元函数 $z=f(x, y)$ 在 (x_0, y_0) 处可偏导，从偏导数的几何意义来看，这只说明由 $z=f(x, y)$ 所确定的曲面 S 上点 $P_0(x_0, y_0)$ 在两个特定方向 Ox，Oy 上截出的曲线 C_x，C_y 在点 P_0 有切线，而对 (x_0, y_0) 附近其他方向各点的函数值并未提出任何要求，即可偏导是指函数在两个特定方向上的一元可导性，只能推出按特定方向的连续性，也就是说，函数关于哪一个自变量可偏导，则它具有关于该自变量的连续性. 比如，函数 $z=f(x, y)$ 在 (x_0, y_0) 处关于 x 可偏导，则 $f(x, y)$ 在 (x_0, y_0) 处具有关于 x 的连续性，即 $\lim\limits_{\Delta x\to 0}f(x_0+\Delta x, y_0)=f(x_0, y_0)$. 而 $z=f(x, y)$ 在 (x_0, y_0) 连续性的几何意义则是指曲面 S 在点 (x_0, y_0) 附近任何点的高度近似于点 P_0 的高度，这是一个全方位的性质. 因此，存在这种差别不足为奇.

另一方面，一元函数的可导与可微是等价的，而对二元函数来说，可偏导只是可微的一个必要条件，由此也不难想象它们之间的差别.

习 题 8-2

A 组

1. 求下列函数的偏导数.

(1) $z=x^2-2xy+y^3$；　(2) $z=x^{\sin y}$；

(3) $z=\arctan\frac{y}{x}$；　(4) $z=\sqrt{\ln(xy)}$；

(5) $z=\ln\tan\frac{x}{y}$；　(6) $s=\frac{u+v}{u-v}$；

(7) $u=x^{\frac{y}{z}}$；　(8) $u=\sin\frac{x}{y}\cos\frac{y}{x}+z$.

2. 是否存在一个函数 $f(x, y)$，使得 $f_x(x, y)=x+4y$，$f_y(x, y)=3x-y$?

3. 求下列函数的二阶偏导数.

(1) $z=x^4+y^4-4x^2y^2$；　　(2) $z=y^x$；

(3) $z=\sin(xy)$；　　(4) $z=x^2ye^y$；

(5) $z=\arctan\frac{y}{x}$；　　(6) $z=e^x(\cos y+x\sin y)$.

4. 设 $f(x, y, z)=xy^2+yz^2+zx^2$，求 $f''_{xx}(0, 0, 1)$和 $f''_{yz}(0, -1, 0)$.

5. 设 $z=y\ln(xy)$，求$\frac{\partial^3 z}{\partial x^2\partial y}$和$\frac{\partial^3 z}{\partial x\partial y^2}$.

6. 求函数 $z=\frac{y}{x}$在 $x=2$，$y=1$，$\Delta x=0.1$，$\Delta y=-0.2$ 时的全增量 Δz 和全微分 dz.

7. 求下列函数的全微分.

(1) $z=3x^2y+\frac{x}{y}$；　　(2) $z=\sin(x\cos y)$；

(3) $z=e^{\frac{y}{x}}$；　　(4) $z=\frac{y}{\sqrt{x^2+y^2}}$；

(5) $u=x^{yz}$.

8. 设 $f(x, y, z)=\sqrt[z]{\frac{x}{y}}$，求 $df(1, 1, 1)$.

9. 设 $f(x, y)=\begin{cases}(x^2+y)\sin\frac{1}{\sqrt{x^2+y^2}}, & x^2+y^2\neq 0,\\ 0, & x^2+y^2=0,\end{cases}$ 求 $f'_x(0, 0)$和 $f'_y(0, 0)$.

10. 设 $z=e^{-\left(\frac{1}{x}+\frac{1}{y}\right)}$，证明：$x^2\frac{\partial z}{\partial x}+y^2\frac{\partial z}{\partial y}=2z$.

11. 设 $u=\sqrt{x^2+y^2+z^2}$，证明：$\frac{\partial^2 u}{\partial x^2}+\frac{\partial^2 u}{\partial y^2}+\frac{\partial^2 u}{\partial z^2}=\frac{2}{u}$.

12. 设函数 $f(x, y)=\int_0^{xy}e^{xt^2}dt$，计算$\left.\frac{\partial^2 f}{\partial x\partial y}\right|_{(1,1)}$.

13. 设函数 $f(x, y)$在点$(0, 0)$处可微，$f(0, 0)=0$，$\boldsymbol{n}=\left.\left\{\frac{\partial f}{\partial x}, \frac{\partial f}{\partial y}, -1\right\}\right|_{(0,0)}$，试计算 $\lim\limits_{(x,y)\to(0,0)}\frac{|\boldsymbol{n}\cdot(x, y, f(x, y))|}{\sqrt{x^2+y^2}}$.

B　组

1. 如果函数 $f(x, y)$在$(0, 0)$处连续，若极限 $\lim\limits_{(x,y)\to(0,0)}\frac{f(x, y)}{x^2+y^2}$存在，试判别 $f(x, y)$在$(0, 0)$处的可微性.

2. 已知$(ax\sin y+bx^2y)dx+(x^3+x^2\cos y)dy$ 为某函数 $u(x, y)$的全微分，试确定 a 和 b 的值.

3. 设 $z=z(x, y)$由方程 $z=\int_{xy}^{z}f(t)dt$ 确定，其中 f 连续，求 dz.

4. 设函数 $f(x, y)$具有一阶连续偏导数，且 $df(x, y)=ye^y dx+x(1+y)e^y dy$，$f(0, 0)=0$，求 $f(x, y)$.

第三节　多元复合函数求导法则

一、依赖于一个自变量的多元复合函数

设 $z=f(u, v)$是变量 u，v 的函数，而 u，v 又是变量 t 的函数，且 $u=\varphi(t)$，$v=\psi(t)$，则 $z=f[\varphi(t), \psi(t)]$是变量 t 的复合函数．

定理 8.3.1　如果函数 $u=\varphi(t)$，$v=\psi(t)$在点 t 可导，函数 $z=f(u, v)$在 t 的对应点(u, v)具有连续偏导数，则复合函数 $z=f[\varphi(t), \psi(t)]$在点 t 可导，且

$$\frac{\mathrm{d}z}{\mathrm{d}t}=\frac{\partial z}{\partial u}\cdot\frac{\mathrm{d}u}{\mathrm{d}t}+\frac{\partial z}{\partial v}\cdot\frac{\mathrm{d}v}{\mathrm{d}t}. \tag{1}$$

证　设变量 t 有增量 Δt，函数 $u=\varphi(t)$，$v=\psi(t)$的对应增量分别为 Δu，Δv，则函数 $z=f(u, v)$相应地也有增量 Δz.

由于函数 $z=f(u, v)$在点(u, v)处具有连续偏导数，根据上节的公式(4)，有

$$\Delta z=f_u(u, v)\Delta u+f_v(u, v)\Delta v+\alpha\Delta u+\beta\Delta v,$$

其中当 $\Delta u\to 0$，$\Delta v\to 0$ 时，α 与 β 是无穷小量．将上式两端分别除以 Δt，得

$$\frac{\Delta z}{\Delta t}=f_u(u, v)\frac{\Delta u}{\Delta t}+f_v(u, v)\frac{\Delta v}{\Delta t}+\alpha\frac{\Delta u}{\Delta t}+\beta\frac{\Delta v}{\Delta t},$$

当 $\Delta t\to 0$ 时，两边取极限，得

$$\lim_{\Delta t\to 0}\frac{\Delta z}{\Delta t}=f_u(u, v)\frac{\mathrm{d}u}{\mathrm{d}t}+f_v(u, v)\frac{\mathrm{d}v}{\mathrm{d}t},$$

即

$$\frac{\mathrm{d}z}{\mathrm{d}t}=\frac{\partial z}{\partial u}\cdot\frac{\mathrm{d}u}{\mathrm{d}t}+\frac{\partial z}{\partial v}\cdot\frac{\mathrm{d}v}{\mathrm{d}t}.$$

延伸阅读 8.7　多元复合函数的求导法则同一元复合函数的求导法则一样，也被称为链式法则．为便于记忆这些公式，可采取如下的链式图(图 8－7)：将因变量、中间变量和自变量分示于三列，对直接相关的变量用线段连接．那么，因变量对某一自变量的偏导数，应为所有起自因变量，而终点是该自变量的连线段有关变量(偏)导数乘积之和．

从图中可以看到，自变量 t 分别通过 u，v 两条路径(链)到达因变量 z. 求因变量对自变量的导数时，在每一条链上，类似于一元函数的链式法则，取因变量对中间变量的偏导数和中间变量对自变量导数的乘积，再把每个链之间的导数乘积相加即可，可以简记为“链上乘法，链间加法”，所以

$$\frac{\mathrm{d}z}{\mathrm{d}t}=\frac{\partial z}{\partial u}\cdot\frac{\mathrm{d}u}{\mathrm{d}t}+\frac{\partial z}{\partial v}\cdot\frac{\mathrm{d}v}{\mathrm{d}t}.$$

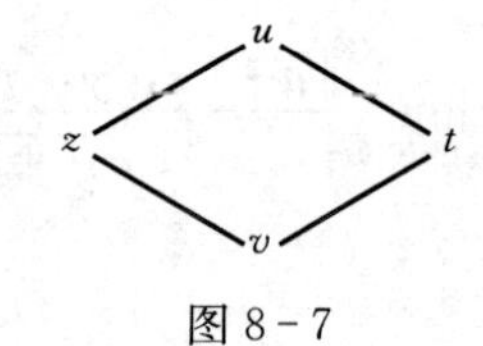

图 8－7

根据链式图可以简便地写出各种形式的多元复合函数的求导法则．

利用上述方法，我们可以将定理 8.3.1 推广到中间变量多于两个的情形．如设 $z=f(u, v, w)$，若函数 $u=\varphi(t)$，$v=\psi(t)$，$w=\omega(t)$在点 t 可导，函数 $z=f(u, v, w)$在对应的点(u, v, w)具有连续偏导数，则复合函数 $z=f[\varphi(t), \psi(t), \omega(t)]$在点 t 可导，且

$$\frac{\mathrm{d}z}{\mathrm{d}t}=\frac{\partial z}{\partial u}\cdot\frac{\mathrm{d}u}{\mathrm{d}t}+\frac{\partial z}{\partial v}\cdot\frac{\mathrm{d}v}{\mathrm{d}t}+\frac{\partial z}{\partial w}\cdot\frac{\mathrm{d}w}{\mathrm{d}t}. \tag{2}$$

通常我们称(1)、(2)式中的导数$\frac{\mathrm{d}z}{\mathrm{d}t}$为**全导数**．

例 1　设 $z=e^{2u-3v}$，其中 $u=\cos x$，$v=\sin x$，求全导数$\frac{dz}{dx}$.

解　$\frac{\partial z}{\partial u}=2e^{2u-3v}$，$\frac{\partial z}{\partial v}=-3e^{2u-3v}$，$\frac{du}{dx}=-\sin x$，$\frac{dv}{dx}=\cos x$，代入公式(1)得

$$\begin{aligned}\frac{dz}{dx}&=2e^{2u-3v}(-\sin x)-3e^{2u-3v}(\cos x)\\&=-e^{2\cos x-3\sin x}(2\sin x+3\cos x).\end{aligned}$$

例 2　设 $z=\arctan(xy)$，而 $y=e^x$，求全导数$\frac{dz}{dx}$.

解　可将 y 和 x 看作中间变量，即 $y=e^x$，$x=x$，则

$$\frac{\partial z}{\partial x}=\frac{y}{1+x^2y^2},\ \frac{\partial z}{\partial y}=\frac{x}{1+x^2y^2},\ \frac{dx}{dx}=1,\ \frac{dy}{dx}=e^x,$$

代入公式(1)得

$$\frac{dz}{dx}=\frac{y}{1+x^2y^2}+\frac{x}{1+x^2y^2}e^x=\frac{e^x(1+x)}{1+x^2e^{2x}}.$$

例 3　设 $z=uv+\ln w$，其中 $u=e^x$，$v=\sin x$，$w=x^2$，求全导数$\frac{dz}{dx}$.

解　$\frac{\partial z}{\partial u}=v$，$\frac{\partial z}{\partial v}=u$，$\frac{\partial z}{\partial w}=\frac{1}{w}$，$\frac{du}{dx}=e^x$，$\frac{dv}{dx}=\cos x$，$\frac{dw}{dx}=2x$，代入公式(2)得

$$\frac{dz}{dx}=ve^x+u\cos x+\frac{2x}{w}=e^x(\sin x+\cos x)+\frac{2}{x}.$$

二、依赖于多个自变量的多元复合函数

设函数 $z=f(u,v)$，且 $u=\varphi(x,y)$，$v=\psi(x,y)$，则函数

$$z=F(x,y)=f[\varphi(x,y),\psi(x,y)]$$

是 x，y 的复合函数，其中 u，v 是中间变量，x，y 为自变量．

定理 8.3.2　若函数 $u=\varphi(x,y)$，$v=\psi(x,y)$在点(x,y)对 x 及 y 的偏导数存在，函数 $z=f(u,v)$在对应点(u,v)具有连续偏导数，则函数 $z=F(x,y)=f[\varphi(x,y),\psi(x,y)]$在点$(x,y)$的两个偏导数存在，且

$$\frac{\partial z}{\partial x}=\frac{\partial z}{\partial u}\cdot\frac{\partial u}{\partial x}+\frac{\partial z}{\partial v}\cdot\frac{\partial v}{\partial x},\tag{3}$$

$$\frac{\partial z}{\partial y}=\frac{\partial z}{\partial u}\cdot\frac{\partial u}{\partial y}+\frac{\partial z}{\partial v}\cdot\frac{\partial v}{\partial y}.\tag{4}$$

证明从略．

类似地，设函数 $u=\varphi(x,y)$，$v=\psi(x,y)$，$w=\omega(x,y)$在点(x,y)偏导数都存在，函数 $z=f(u,v,w)$在对应点(u,v,w)具有连续偏导数，则复合函数 $z=f[\varphi(x,y),\psi(x,y),\omega(x,y)]$在点$(x,y)$处的两个偏导数都存在，且

$$\frac{\partial z}{\partial x}=\frac{\partial z}{\partial u}\cdot\frac{\partial u}{\partial x}+\frac{\partial z}{\partial v}\cdot\frac{\partial v}{\partial x}+\frac{\partial z}{\partial w}\cdot\frac{\partial w}{\partial x},\tag{5}$$

$$\frac{\partial z}{\partial y}=\frac{\partial z}{\partial u}\cdot\frac{\partial u}{\partial y}+\frac{\partial z}{\partial v}\cdot\frac{\partial v}{\partial y}+\frac{\partial z}{\partial w}\cdot\frac{\partial w}{\partial y}.\tag{6}$$

例 4　设 $z=u^v$，其中 $u=x+y$，$v=x-y$，求$\frac{\partial z}{\partial x}$，$\frac{\partial z}{\partial y}$.

解 因为$\frac{\partial z}{\partial u}=vu^{v-1}$，$\frac{\partial z}{\partial v}=u^v\ln u$，$\frac{\partial u}{\partial x}=1$，$\frac{\partial u}{\partial y}=1$，$\frac{\partial v}{\partial x}=1$，$\frac{\partial v}{\partial y}=-1$，代入公式(3)和(4)得

$$\frac{\partial z}{\partial x}=\frac{\partial z}{\partial u}\cdot\frac{\partial u}{\partial x}+\frac{\partial z}{\partial v}\cdot\frac{\partial v}{\partial x}=(x-y)(x+y)^{x-y-1}+(x+y)^{x-y}\ln(x+y),$$

$$\frac{\partial z}{\partial y}=\frac{\partial z}{\partial u}\cdot\frac{\partial u}{\partial y}+\frac{\partial z}{\partial v}\cdot\frac{\partial v}{\partial y}=(x-y)(x+y)^{x-y-1}-(x+y)^{x-y}\ln(x+y).$$

例 5 设 $z=u^2+v^2+w^2$，其中 $u=x+y$，$v=x-y$，$w=xy$，求$\frac{\partial z}{\partial x}$，$\frac{\partial z}{\partial y}$.

解 $\frac{\partial z}{\partial u}=2u$，$\frac{\partial z}{\partial v}=2v$，$\frac{\partial z}{\partial w}=2w$，

$\frac{\partial u}{\partial x}=1$，$\frac{\partial v}{\partial x}=1$，$\frac{\partial w}{\partial x}=y$，$\frac{\partial u}{\partial y}=1$，$\frac{\partial v}{\partial y}=-1$，$\frac{\partial w}{\partial y}=x$，

代入公式(5)和(6)得

$$\frac{\partial z}{\partial x}=\frac{\partial z}{\partial u}\cdot\frac{\partial u}{\partial x}+\frac{\partial z}{\partial v}\cdot\frac{\partial v}{\partial x}+\frac{\partial z}{\partial w}\cdot\frac{\partial w}{\partial x}=2u+2v+2wy=4x+2xy^2,$$

$$\frac{\partial z}{\partial y}=\frac{\partial z}{\partial u}\cdot\frac{\partial u}{\partial y}+\frac{\partial z}{\partial v}\cdot\frac{\partial v}{\partial y}+\frac{\partial z}{\partial w}\cdot\frac{\partial w}{\partial y}=2u-2v+2wx=4y+2yx^2.$$

如果函数 $z=f(u,x,y)$具有连续偏导数，且 $u=\varphi(x,y)$具有偏导数，则复合函数

$$z=f[\varphi(x,y),x,y]$$

可看作由 $z=f(u,v,w)$与 $u=\varphi(x,y)$，$v=x$，$w=y$ 复合而成，从而有

$$\frac{\partial z}{\partial x}=\frac{\partial f}{\partial u}\cdot\frac{\partial u}{\partial x}+\frac{\partial f}{\partial x},$$

$$\frac{\partial z}{\partial y}=\frac{\partial f}{\partial u}\cdot\frac{\partial u}{\partial y}+\frac{\partial f}{\partial y}.$$

这里应该注意，$\frac{\partial z}{\partial x}$与$\frac{\partial f}{\partial x}$是不相同的，$\frac{\partial z}{\partial x}$是将函数 $z=f[\varphi(x,y),x,y]$中 y 看作常数，对自变量 x 求偏导数；而$\frac{\partial f}{\partial x}$是将函数 $z=f(u,x,y)$中 u、y 看作常数，对 x 求偏导数. 同理，$\frac{\partial z}{\partial y}$与$\frac{\partial f}{\partial y}$也有类似的区别.

例 6 设 $z=f(u,x,y)=x+y+u$，且 $u=xy$，求$\frac{\partial z}{\partial x}$，$\frac{\partial z}{\partial y}$.

解 $\frac{\partial z}{\partial x}=\frac{\partial f}{\partial u}\cdot\frac{\partial u}{\partial x}+\frac{\partial f}{\partial x}=1\cdot y+1=y+1$，

$\frac{\partial z}{\partial y}=\frac{\partial f}{\partial u}\cdot\frac{\partial u}{\partial y}+\frac{\partial f}{\partial y}=1\cdot x+1=x+1.$

对于中间变量和自变量都是两个以上的复合函数，也可以得出相似的结论，这里不再赘述.

我们经常会遇到抽象复合函数的偏导数问题. 下面通过例子来说明其求法.

例 7 设函数 $z=f(x^2-y^2,\mathrm{e}^{xy})$(其中 f 具有二阶连续偏导数)，求$\frac{\partial z}{\partial x}$，$\frac{\partial z}{\partial y}$，$\frac{\partial^2 z}{\partial x\partial y}$，$\frac{\partial^2 z}{\partial x^2}$.

解　设 $u=x^2-y^2$，$v=e^{xy}$，则 $z=f(u, v)$. 为表达简便，引入以下记号

$$\frac{\partial z}{\partial u}=f_1,\ \frac{\partial^2 z}{\partial u\,\partial v}=f_{12}.$$

这里下标 1 表示函数对第一个中间变量求偏导数，下标 2 表示函数对第二个中间变量求偏导数．利用复合函数的求导法则，有

$$\frac{\partial z}{\partial x}=\frac{\partial z}{\partial u}\frac{\partial u}{\partial x}+\frac{\partial z}{\partial v}\frac{\partial v}{\partial x}=2xf_1+ye^{xy}f_2,$$

$$\frac{\partial z}{\partial y}=\frac{\partial z}{\partial u}\frac{\partial u}{\partial y}+\frac{\partial z}{\partial v}\frac{\partial v}{\partial y}=-2yf_1+xe^{xy}f_2,$$

$$\begin{aligned}\frac{\partial^2 z}{\partial x\,\partial y}&=\frac{\partial}{\partial y}(2xf_1+ye^{xy}f_2)\\&=2x(xe^{xy}f_{12}-2yf_{11})+(xye^{xy}+e^{xy})f_2+ye^{xy}(xe^{xy}f_{22}-2yf_{21})\\&=2x^2e^{xy}f_{12}-4xyf_{11}+(xye^{xy}+e^{xy})f_2-2y^2e^{xy}f_{21}+xye^{2xy}f_{22}\\&=2e^{xy}(x^2-y^2)f_{12}-4xyf_{11}+(xye^{xy}+e^{xy})f_2+xye^{2xy}f_{22},\end{aligned}$$

$$\begin{aligned}\frac{\partial^2 z}{\partial x^2}&=\frac{\partial}{\partial x}(2xf_1+ye^{xy}f_2)\\&=2x(ye^{xy}f_{12}+2xf_{11})+2f_1+y^2e^{xy}f_2+ye^{xy}(ye^{xy}f_{22}+2xf_{21})\\&=4x^2f_{11}+2f_1+y^2e^{xy}f_2+y^2e^{2xy}f_{22}+4xye^{xy}f_{21}.\end{aligned}$$

求复合函数的高阶偏导数时，要分清其复合结构，注意 f_1，f_2 等依然为 u，v 的函数，从而是 x，y 的复合函数．同时要注意混合偏导数是否连续，从而决定是否合并同类项．

三、复合函数的全微分

若 $u=\varphi(x, y)$，$v=\psi(x, y)$ 在点 (x, y) 具有连续偏导数，函数 $z=f(u, v)$ 在对应点 (u, v) 也具有连续偏导数，则复合函数 $z=f[\varphi(x, y), \psi(x, y)]$ 在点 (x, y) 处可微，且函数 $z=f(u, v)$ 的全微分为

$$dz=\frac{\partial z}{\partial u}du+\frac{\partial z}{\partial v}dv, \tag{7}$$

复合函数 $z=f[\varphi(x, y), \psi(x, y)]$ 的全微分为

$$dz=\frac{\partial z}{\partial x}dx+\frac{\partial z}{\partial y}dy.$$

由多元复合函数的求导法则，有

$$\frac{\partial z}{\partial x}=\frac{\partial z}{\partial u}\cdot\frac{\partial u}{\partial x}+\frac{\partial z}{\partial v}\cdot\frac{\partial v}{\partial x},\ \frac{\partial z}{\partial y}=\frac{\partial z}{\partial u}\cdot\frac{\partial u}{\partial y}+\frac{\partial z}{\partial v}\cdot\frac{\partial v}{\partial y},$$

从而

$$\begin{aligned}dz&=\left(\frac{\partial z}{\partial u}\cdot\frac{\partial u}{\partial x}+\frac{\partial z}{\partial v}\cdot\frac{\partial v}{\partial x}\right)dx+\left(\frac{\partial z}{\partial u}\cdot\frac{\partial u}{\partial y}+\frac{\partial z}{\partial v}\cdot\frac{\partial v}{\partial y}\right)dy\\&=\frac{\partial z}{\partial u}\left(\frac{\partial u}{\partial x}dx+\frac{\partial u}{\partial y}dy\right)+\frac{\partial z}{\partial v}\left(\frac{\partial v}{\partial x}dx+\frac{\partial v}{\partial y}dy\right).\end{aligned}$$

又因为

$$du=\frac{\partial u}{\partial x}dx+\frac{\partial u}{\partial y}dy,\ dv=\frac{\partial v}{\partial x}dx+\frac{\partial v}{\partial y}dy,$$

所以

$$dz=\frac{\partial z}{\partial u}du+\frac{\partial z}{\partial v}dv.$$

上式和(7)式恰好相同．也就是说，无论 u，v 是 z 的中间变量还是自变量，它们的全微

分形式是一样的，这种性质称为全微分形式的不变性．

例 8　利用复合函数全微分形式的不变性，求函数 $z=e^{xy}\sin(x+y)$ 的全微分，并由此求出 $\frac{\partial z}{\partial x}$ 与 $\frac{\partial z}{\partial y}$ 的表达式．

解　令 $z=e^u\sin v$，$u=xy$，$v=x+y$，由于

$$dz=\frac{\partial z}{\partial u}du+\frac{\partial z}{\partial v}dv=e^u\sin v du+e^u\cos v dv,$$

$$du=\frac{\partial u}{\partial x}dx+\frac{\partial u}{\partial y}dy=ydx+xdy,$$

$$dv=\frac{\partial v}{\partial x}dx+\frac{\partial v}{\partial y}dy=dx+dy,$$

因此

$$\begin{aligned}dz&=e^u\sin v(ydx+xdy)+e^u\cos v(dx+dy)\\&=e^{xy}[y\sin(x+y)+\cos(x+y)]dx+e^{xy}[x\sin(x+y)+\cos(x+y)]dy,\end{aligned}$$

从而

$$\frac{\partial z}{\partial x}=e^{xy}[y\sin(x+y)+\cos(x+y)],\quad \frac{\partial z}{\partial y}=e^{xy}[x\sin(x+y)+\cos(x+y)].$$

延伸阅读 8.8　当函数 $z=f(x,y)$ 在点 (x,y) 可微时，其一阶全微分是

$$dz=f_x(x,y)dx+f_y(x,y)dy,$$

其中 dx，dy 与点 (x,y) 无关，而 $f_x(x,y)$，$f_y(x,y)$ 还是 x，y 的函数，因此，全微分 dz 仍是 x，y 的函数．如果 dz 可微，它的全微分 $d(dz)$ 称为函数 $z=f(x,y)$ 的二阶全微分，记作 d^2z．类似地，可由二阶全微分 d^2z 定义三阶全微分 d^3z．一般地，若函数 $z=f(x,y)$ 在点 (x,y) 有 n 阶连续偏导数，则它的 n 阶全微分存在，且 $d^nz=d(d^{n-1}z)$．

高于一阶的全微分称为高阶全微分．求高阶全微分就是逐阶地求，但要注意，在计算过程中 dx，dy 总看作常量．下面来计算二阶全微分：

$$\begin{aligned}d^2z&=d(dz)=d(f_x(x,y)dx+f_y(x,y)dy)\\&=d(f_x(x,y))dx+d(f_y(x,y))dy\\&=(f_{xx}(x,y)dx+f_{xy}(x,y)dy)dx+(f_{yx}(x,y)dx+f_{yy}(x,y)dy)dy,\end{aligned}$$

所以

$$d^2z=f_{xx}(x,y)dx^2+2f_{xy}(x,y)dxdy+f_{yy}(x,y)dy^2.$$

随着阶数的增高，结果会越来越复杂，但不难发现它有规律可循，这个式子类似于二项展开式，所以，可以证明

$$d^nz=\sum_{k=0}^{n}C_n^k\frac{\partial^n z}{\partial x^k\partial y^{n-k}}dx^kdy^{n-k}.$$

与一阶全微分不同的是，高阶全微分不再具有全微分形式的不变性．

习　题　8-3

A　组

1. 设 $z=e^{x-2y}$，而 $x=\sin t$，$y=t^3$，求 $\frac{dz}{dt}$．

2. 设 $z=\frac{v}{u}$，而 $u=\ln x$，$v=e^x$，求 $\frac{dz}{dx}$．

3. 设 $z=\tan(x+y)$，而 $y=e^x$，求 $\frac{dz}{dx}$.

4. 设 $z=xy+yt$，而 $y=2^x$，$t=\sin x$，求 $\frac{dz}{dx}$.

5. 求下列复合函数的偏导数 $\frac{\partial z}{\partial x}$，$\frac{\partial z}{\partial y}$.

(1) $z=u^2+v^2$，而 $u=x+y$，$v=x-y$；

(2) $z=u^2\ln v$，而 $u=\frac{x}{y}$，$v=3x-2y$；

(3) $z=ue^{\frac{u}{v}}$，而 $u=x^2+y^2$，$v=xy$；

(4) $z=(x^2+y^2)^{xy}$.

6. 设 $z=uvw$，其中 $u=x+y$，$v=x-y$，$w=xy$，求 $\frac{\partial z}{\partial x}$，$\frac{\partial z}{\partial y}$.

7. 设 $u=e^{x^2+y^2+z^2}$，而 $z=x^2\sin y$，求 $\frac{\partial u}{\partial x}$，$\frac{\partial u}{\partial y}$.

8. 求下列复合函数的偏导数.

(1) $u=f(x+y, xy)$，求 $\frac{\partial u}{\partial x}$，$\frac{\partial u}{\partial y}$；

(2) $u=f\left(\frac{x}{y}, \frac{y}{z}\right)$，求 $\frac{\partial u}{\partial x}$，$\frac{\partial u}{\partial y}$，$\frac{\partial u}{\partial z}$；

(3) $z=f(x^y, y^x)$，求 $\frac{\partial z}{\partial x}$；

(4) $z=f(x, xy)$，求 $\frac{\partial^2 z}{\partial x\partial y}$；

(5) $g(x, y)=f\left(\frac{y}{x}\right)+yf\left(\frac{x}{y}\right)$，求 $\frac{\partial^2 g}{\partial y^2}$.

9. 设函数 $f(u, v)$ 具有二阶连续偏导数，$y=f(e^x, \cos x)$，求 $\left.\frac{dy}{dx}\right|_{x=0}$，$\left.\frac{d^2 y}{dx^2}\right|_{x=0}$.

10. 设函数 $f(u)$ 可导，$z=f(\sin y-\sin x)+xy$，证明：

$$\frac{1}{\cos x}\cdot\frac{\partial z}{\partial x}+\frac{1}{\cos y}\cdot\frac{\partial z}{\partial y}=\frac{y}{\cos x}+\frac{x}{\cos y}.$$

11. 设函数 $f(u)$ 可导，$z=yf\left(\frac{y^2}{x}\right)$，证明：$2x\cdot\frac{\partial z}{\partial x}+y\cdot\frac{\partial z}{\partial y}=yf\left(\frac{y^2}{x}\right)$.

12. 设 $z=\ln(uv)$，其中 $u=x+y$，$v=x-y$，利用全微分形式不变性求 $\frac{\partial z}{\partial x}$，$\frac{\partial z}{\partial y}$.

13. 设 $z=f(x+y, x-y, xy)$，其中 f 具有二阶连续偏导数，求 dz 与 $\frac{\partial^2 z}{\partial x\partial y}$.

B　组

1. 设 $u=f(x, y, z)$，$\varphi(x^2, e^y, z)=0$，$y=\sin x$，其中 f，φ 都具有一阶连续偏导数，且 $\frac{\partial\varphi}{\partial z}\neq 0$，求 $\frac{du}{dx}$.

2. 设函数 $f(u)$具有连续导数，且 $z=f(e^x\cos y)$满足

$$\cos y\frac{\partial z}{\partial x}-\sin y\frac{\partial z}{\partial y}=(4z+e^x\cos y)e^x,$$

若 $f(0)=0$，求 $f(u)$的表达式．

3. 已知函数 $u(x, y)$满足 $2\frac{\partial^2 u}{\partial x^2}-2\frac{\partial^2 u}{\partial y^2}+3\frac{\partial u}{\partial y}=0$，求 a 和 b 的值，使得在变换 $u(x, y)=v(x, y)e^{ax+by}$之下，上述等式可化为函数 $v(x, y)$的不含一阶偏导数的等式．

4. 设 $u(x, t)=\frac{1}{2}[\varphi(x+at)+\varphi(x-at)]+\frac{1}{2a}\int_{x-at}^{x+at}\psi(\xi)d\xi$，其中 φ，ψ 分别具有二阶连续偏导数，求 $\frac{\partial^2 u}{\partial t^2}-a^2\frac{\partial^2 u}{\partial x^2}$.

第四节　隐函数求导法则

一、一个方程的情形

在一元函数的微分学中，我们给出了直接由方程 $F(x, y)=0$ 求隐函数的导数 $\frac{dy}{dx}$ 的方法．现在我们根据多元复合函数的求导法来导出隐函数的导数公式．

设方程 $F(x, y)=0$ 所确定的函数为 $y=f(x)$，则有恒等式

$$F[x, f(x)]\equiv 0. \tag{1}$$

根据多元复合函数的求导法则，对该恒等式两边分别求导，得

$$\frac{\partial F}{\partial x}+\frac{\partial F}{\partial y}\frac{dy}{dx}=0.$$

当 $\frac{\partial F}{\partial y}\neq 0$ 时，有

$$\frac{dy}{dx}=-\frac{F_x}{F_y}. \tag{2}$$

无论是一元微分学的求导方法，还是上述从多元函数视角的求导方法，都要求隐函数的存在性及所隐含函数的可导性．为此我们不加证明地引入如下定理．

定理 8.4.1（隐函数存在定理 1）　设函数 $F(x, y)$在点 $P(x_0, y_0)$的某一邻域内具有连续的偏导数，且 $F(x_0, y_0)=0$，$F_y(x_0, y_0)\neq 0$，则方程 $F(x, y)=0$ 在点 $P(x_0, y_0)$的某一邻域内恒能唯一确定一个满足条件 $y_0=f(x_0)$的单值连续且具有连续导数的函数 $y=f(x)$，并有

$$\frac{dy}{dx}=-\frac{F_x}{F_y}.$$

例 1　设函数 $\frac{x^2}{a^2}+\frac{y^2}{b^2}=1$，求 $\frac{dy}{dx}$.

解　令 $F(x, y)=\frac{x^2}{a^2}+\frac{y^2}{b^2}-1$，则

$$\frac{\partial F}{\partial x}=\frac{2x}{a^2},\ \frac{\partial F}{\partial y}=\frac{2y}{b^2},$$

所以
$$\frac{\mathrm{d}y}{\mathrm{d}x}=-\frac{F_x}{F_y}=-\frac{xb^2}{ya^2}.$$

隐函数的存在定理可以推广到多元函数．方程 $F(x, y)=0$ 可以确定一个一元函数 $y=f(x)$，那么方程 $F(x, y, z)=0$ 就可以确定一个二元函数 $z=f(x, y)$.

设方程 $F(x, y, z)=0$ 确定的函数为 $z=f(x, y)$，则
$$F[x, y, f(x, y)]\equiv 0, \tag{3}$$
恒等式两边分别对 x 和 y 求偏导数，得
$$\begin{cases}\dfrac{\partial F}{\partial x}+\dfrac{\partial F}{\partial z}\dfrac{\partial z}{\partial x}=0,\\ \dfrac{\partial F}{\partial y}+\dfrac{\partial F}{\partial z}\dfrac{\partial z}{\partial y}=0,\end{cases} \tag{4}$$
当 $F_z(x, y)\neq 0$ 时，有
$$\frac{\partial z}{\partial x}=-\frac{F_x}{F_z},\ \frac{\partial z}{\partial y}=-\frac{F_y}{F_z}. \tag{5}$$

同样，有

定理 8.4.2（**隐函数存在定理 2**）　设函数 $F(x, y, z)$在点 $P(x_0, y_0, z_0)$的某一邻域内具有连续的偏导数，且 $F(x_0, y_0, z_0)=0$，$F_z(x_0, y_0, z_0)\neq 0$，则方程 $F(x, y, z)=0$ 在点 $P(x_0, y_0, z_0)$的某一邻域内恒能唯一确定一个满足条件 $z_0=f(x_0, y_0)$的单值连续且具有连续偏导数的函数 $z=f(x, y)$，并有
$$\frac{\partial z}{\partial x}=-\frac{F_x}{F_z},\ \frac{\partial z}{\partial y}=-\frac{F_y}{F_z}.$$

例 2　设 $xyz^3+x^2+y^2-z=0$，求$\dfrac{\partial z}{\partial x}$，$\dfrac{\partial z}{\partial y}$.

解　设函数 $F(x, y, z)=xyz^3+x^2+y^2-z$，则
$$\frac{\partial F}{\partial x}=yz^3+2x,\ \frac{\partial F}{\partial y}=xz^3+2y,\ \frac{\partial F}{\partial z}=3xyz^2-1,$$
所以
$$\frac{\partial z}{\partial x}=\frac{yz^3+2x}{1-3xyz^2},\ \frac{\partial z}{\partial y}=\frac{xz^3+2y}{1-3xyz^2}.$$

例 3　设 $F(x+y+z, x^2+y^2+z^2)=0$，求$\dfrac{\partial y}{\partial x}$，$\dfrac{\partial y}{\partial z}$.

解　因为　$F_x=F_1+2xF_2$，$F_z=F_1+2zF_2$，$F_y=F_1+2yF_2$，
由公式(5)得
$$\frac{\partial y}{\partial x}=-\frac{F_1+2xF_2}{F_1+2yF_2},\ \frac{\partial y}{\partial z}=-\frac{F_1+2zF_2}{F_1+2yF_2}.$$

延伸阅读 8.9　隐函数存在定理在微积分中占据着重要的地位，下面对隐函数存在定理 1 作几点说明.

(1) 该定理的几何意义：条件函数 $F(x, y)$在 $P(x_0, y_0)$的某邻域内具有连续的偏导数，说明在空间直角坐标系内曲面 S：$z=F(x, y)$在点$(x_0, y_0, 0)$的附近是光滑的；条件 $F(x_0, y_0)=0$ 表明曲面 S 与坐标面 $z=0$ 有一个交点；条件 $F_y(x_0, y_0)\neq 0$，不妨设 $F_y(x_0, y_0)>0$，表明在点$(x_0, y_0, 0)$的附近，对固定的 x，沿 y 的正向，曲面的走向是上升的．而定理的结论说明，在点$(x_0, y_0, 0)$的附近曲面有唯一一条光滑交线，即该交线有连续变动的切线．

(2) 定理的条件 $F_y(x_0, y_0)\neq 0$ 若改为 $F_x(x_0, y_0)\neq 0$，这时结论则是存在唯一连续可微的函数 $x=g(y)$.

(3) 定理的结论是局部性的，即在 $P(x_0, y_0)$ 的某邻域内，可以唯一确定一个连续可微的函数，这一邻域可能很小，如果超出一定限度，结论不一定成立，更不是指在整个平面都能够唯一确定一个连续可微的函数．例如，设函数 $F(x, y)=x^2+y^2-1$，选取点 $P(x_0, y_0)$ 为 $\left(\frac{1}{2}, \frac{\sqrt{3}}{2}\right)$，计算可得偏导数 $F_y\left(\frac{1}{2}, \frac{\sqrt{3}}{2}\right)=\sqrt{3}\neq 0$，可以验证定理的条件全满足，因此存在一个函数 $y=f(x)=\sqrt{1-x^2}$，但这只是在点 $\left(\frac{1}{2}, \frac{\sqrt{3}}{2}\right)$ 的某个邻域内才成立．如果把这个邻域的范围扩大，例如，把点 $\left(\frac{1}{2}, -\frac{\sqrt{3}}{2}\right)$ 也包含在内时，上述结论就不成立了．

(4) 定理中的条件仅仅是充分的，而非必要的．例如，函数 $F(x, y)=y^3-x^3$ 在点 $(0, 0)$ 有 $F_y(0, 0)=0$，不满足定理的条件，但它仍然能确定唯一的连续可微函数 $y=x$.

二、方程组的情形

下面我们将隐函数定理推广到方程组情形．设

$$\begin{cases} F(x, y, u, v)=0, \\ G(x, y, u, v)=0, \end{cases} \tag{6}$$

设方程组(6)所确定的函数为 $u=\varphi(x, y)$，$v=\psi(x, y)$. 将 $u=\varphi(x, y)$，$v=\psi(x, y)$ 代入方程组(6)得

$$\begin{cases} F[x, y, \varphi(x, y), \psi(x, y)]=0, \\ G[x, y, \varphi(x, y), \psi(x, y)]=0, \end{cases} \tag{7}$$

(7)式两边对 x 求偏导，得

$$\begin{cases} F_x+F_u\dfrac{\partial u}{\partial x}+F_v\dfrac{\partial v}{\partial x}=0, \\ G_x+G_u\dfrac{\partial u}{\partial x}+G_v\dfrac{\partial v}{\partial x}=0, \end{cases}$$

解方程组，得

$$\begin{cases} \dfrac{\partial u}{\partial x}=\dfrac{F_vG_x-F_xG_v}{F_uG_v-F_vG_u}, \\ \dfrac{\partial v}{\partial x}=\dfrac{F_xG_u-F_uG_x}{F_uG_v-F_vG_u}. \end{cases} \tag{8}$$

同理，可得

$$\begin{cases} \dfrac{\partial u}{\partial y}=\dfrac{F_vG_y-F_yG_v}{F_uG_v-F_vG_u}, \\ \dfrac{\partial v}{\partial y}=\dfrac{F_yG_u-F_uG_y}{F_uG_v-F_vG_u}. \end{cases} \tag{9}$$

(8)式和(9)式是在假定 $u=\varphi(x, y)$，$v=\psi(x, y)$ 存在的情况下推出来的，关于方程组(6)所确定的两个二元函数的存在性及其偏导数有如下定理．

定理 8.4.3（**隐函数存在定理 3**）　设函数 $F(x, y, u, v)$，$G(x, y, u, v)$ 在点 $P(x_0, y_0, u_0, v_0)$ 的某一邻域内具有对各个变量的连续偏导数，且满足

（1）$F(x_0, y_0, u_0, v_0)=0$，$G(x_0, y_0, u_0, v_0)=0$；

（2）雅可比（Jacobi）行列式 $J=\dfrac{\partial(F, G)}{\partial(u, v)}=\begin{vmatrix} F_u & F_v \\ G_u & G_v \end{vmatrix}$ 在点 $P(x_0, y_0, u_0, v_0)$ 不等于零，则方程组

$$\begin{cases} F(x, y, u, v)=0, \\ G(x, y, u, v)=0 \end{cases}$$

在点 $P(x_0, y_0, u_0, v_0)$ 的某一邻域内恒能唯一确定一组单值连续，且具有连续偏导数的函数 $u=\varphi(x, y)$，$v=\psi(x, y)$，它们满足条件 $u_0=\varphi(x_0, y_0)$，$v_0=\psi(x_0, y_0)$，并有

$$\frac{\partial u}{\partial x}=-\frac{1}{J}\frac{\partial(F, G)}{\partial(x, v)}=-\frac{1}{J}\begin{vmatrix} F_x & F_v \\ G_x & G_v \end{vmatrix}=-\frac{F_xG_v-F_vG_x}{F_uG_v-F_vG_u},$$

$$\frac{\partial v}{\partial x}=-\frac{1}{J}\frac{\partial(F, G)}{\partial(u, x)}=-\frac{1}{J}\begin{vmatrix} F_u & F_x \\ G_u & G_x \end{vmatrix}=-\frac{F_uG_x-F_xG_u}{F_uG_v-F_vG_u},$$

$$\frac{\partial u}{\partial y}=-\frac{1}{J}\frac{\partial(F, G)}{\partial(y, v)}=-\frac{1}{J}\begin{vmatrix} F_y & F_v \\ G_y & G_v \end{vmatrix}=-\frac{F_yG_v-F_vG_y}{F_uG_v-F_vG_u},$$

$$\frac{\partial v}{\partial y}=-\frac{1}{J}\frac{\partial(F, G)}{\partial(u, y)}=-\frac{1}{J}\begin{vmatrix} F_u & F_y \\ G_u & G_y \end{vmatrix}=-\frac{F_uG_y-F_yG_u}{F_uG_v-F_vG_u}.$$

例 4　设 $\begin{cases} x-u^2-yv=0, \\ y-v^2-xu=0, \end{cases}$ 求 $\dfrac{\partial u}{\partial x}$，$\dfrac{\partial u}{\partial y}$，$\dfrac{\partial v}{\partial x}$，$\dfrac{\partial v}{\partial y}$.

解　设

$$\begin{cases} F(x, y, u, v)=x-u^2-yv, \\ G(x, y, u, v)=y-v^2-xu, \end{cases}$$

$$\frac{\partial F}{\partial x}=1,\ \frac{\partial F}{\partial y}=-v,\ \frac{\partial F}{\partial u}=-2u,\ \frac{\partial F}{\partial v}=-y,$$

$$\frac{\partial G}{\partial x}=-u,\ \frac{\partial G}{\partial y}=1,\ \frac{\partial G}{\partial u}=-x,\ \frac{\partial G}{\partial v}=-2v,$$

代入(8)式、(9)式得

$$\begin{cases} \dfrac{\partial u}{\partial x}=\dfrac{uy+2v}{4uv-xy},\ \dfrac{\partial u}{\partial y}=\dfrac{-y-2v^2}{4uv-xy}, \\ \dfrac{\partial v}{\partial x}=\dfrac{-x-2u^2}{4uv-xy},\ \dfrac{\partial v}{\partial y}=\dfrac{2u+vx}{4uv-xy}. \end{cases}$$

定理 8.4.3 给出了两个方程确定两个二元函数的情形．类似地，可以推出多个方程确定多个函数的情形，在这里不再详细叙述．

另外，在求多元隐函数的偏导数时，不一定要用公式，可直接在方程的两端对自变量求导，然后解出所求的偏导数即可．

例 5　设 $\begin{cases} x^2+u^2=v, \\ x^2+2u^2+3v^2=20, \end{cases}$ 求 $\dfrac{\mathrm{d}u}{\mathrm{d}x}$，$\dfrac{\mathrm{d}v}{\mathrm{d}x}$.

解　方程组两端对 x 求导，得

$$\begin{cases}2u\dfrac{\mathrm{d}u}{\mathrm{d}x}-\dfrac{\mathrm{d}v}{\mathrm{d}x}=-2x,\\4u\dfrac{\mathrm{d}u}{\mathrm{d}x}+6v\dfrac{\mathrm{d}v}{\mathrm{d}x}=-2x,\end{cases}$$

解方程组，得

$$\frac{\mathrm{d}u}{\mathrm{d}x}=-\frac{x(6v+1)}{2u(3v+1)},\ \frac{\mathrm{d}v}{\mathrm{d}x}=\frac{x}{3v+1}.$$

在求高阶偏导数时，仍要注意函数之间的结构以及变量之间的关系.

例6　设 $z^3-3xyz=a^3$，求 $\dfrac{\partial z}{\partial x}$，$\dfrac{\partial^2 z}{\partial x\partial y}$.

解　将方程两端对 x 求偏导，有

$$3z^2\frac{\partial z}{\partial x}-3y\left(z+x\frac{\partial z}{\partial x}\right)=0,$$

解得

$$\frac{\partial z}{\partial x}=\frac{yz}{z^2-xy},$$

将方程两端对 y 求偏导，有

$$3z^2\frac{\partial z}{\partial y}-3x\left(z+y\frac{\partial z}{\partial y}\right)=0,$$

解得

$$\frac{\partial z}{\partial y}=\frac{xz}{z^2-xy},$$

则

$$\frac{\partial^2 z}{\partial x\partial y}=\frac{\partial}{\partial y}\left(\frac{yz}{z^2-xy}\right)=\frac{\left(z+y\dfrac{\partial z}{\partial y}\right)(z^2-xy)-\left(2z\dfrac{\partial z}{\partial y}-x\right)yz}{(z^2-xy)^2},$$

将 $\dfrac{\partial z}{\partial y}=\dfrac{xz}{z^2-xy}$ 代入上式，化简整理，得

$$\frac{\partial^2 z}{\partial x\partial y}=\frac{z(z^4-2xyz^2-x^2y^2)}{(z^2-xy)^3}.$$

延伸阅读 8.10　卡尔·雅可比是德国数学家，也是数学史上最勤奋的学者之一. 狄利克雷称他为拉格朗日以来德国科学院成员中最卓越的数学家.

雅可比几乎与阿贝尔同时各自独立地发现了椭圆函数，是椭圆函数理论的奠基人之一. 椭圆函数理论在19世纪数学领域中占有十分重要的地位，它为发现和改进复变函数理论中的一般性定理创造了有利条件. 同时，雅可比还将椭圆函数理论应用于数论的研究.

雅可比在行列式方面有一篇著名的论文：《论行列式的形成与性质》. 文中对函数行列式进行了深入的研究. 雅可比在分析力学、动力学和数学物理方面也有贡献. 另外，他在发散级数理论、变分法、线性代数和天文学等方面都有创见. 他的工作还包括代数学、复变函数论和微分方程以及数学史的研究. 将不同的数学分支连通起来是他的研究特色.

现代数学许多定理、函数恒等式、方程、积分、曲线、矩阵、行列式以及许多数学符号都冠以雅可比的名字，可见雅可比的成就对后人的影响之深，下面介绍的雅可比行列式就是其中之一.

一般地，n 元函数组 $\begin{cases}y_1=f_1(x_1,x_2,\cdots,x_n),\\y_2=f_2(x_1,x_2,\cdots,x_n),\\\cdots\cdots\cdots\cdots\\y_n=f_n(x_1,x_2,\cdots,x_n),\end{cases}$ $(x_1,x_2,\cdots,x_n)\in D\subset\mathbf{R}^n$ 的雅可比行列式为

$$\frac{\partial(f_1, f_2, \cdots, f_n)}{\partial(x_1, x_2, \cdots, x_n)}=\begin{vmatrix} \frac{\partial f_1}{\partial x_1} & \frac{\partial f_1}{\partial x_2} & \cdots & \frac{\partial f_1}{\partial x_n} \\ \frac{\partial f_2}{\partial x_1} & \frac{\partial f_2}{\partial x_2} & \cdots & \frac{\partial f_2}{\partial x_n} \\ \vdots & \vdots & & \vdots \\ \frac{\partial f_n}{\partial x_1} & \frac{\partial f_n}{\partial x_2} & \cdots & \frac{\partial f_n}{\partial x_n} \end{vmatrix}.$$

设$u=u(x, y)$，$v=v(x, y)$是x，y的连续函数，并且对x，y有连续偏导数，若

(1) x，y是变量s，t的连续函数，即$x=x(s, t)$，$y=y(s, t)$，且有对s，t的连续偏导数，则有

$$\frac{\partial(u, v)}{\partial(s, t)}=\frac{\partial(u, v)}{\partial(x, y)}\cdot\frac{\partial(x, y)}{\partial(s, t)};$$

(2) $x=x(u, v)$，$y=y(u, v)$作为它们的反函数组，连续且有连续的偏导数，则有

$$\frac{\partial(u, v)}{\partial(x, y)}\cdot\frac{\partial(x, y)}{\partial(u, v)}=1.$$

同时，雅可比行列式在多重积分的变量替换中具有决定性的作用，其实际意义就是坐标系变换后单位微元的比例或倍数．

习　题　8-4

A　组

1. 求下列方程所确定函数的导数$\frac{\mathrm{d}y}{\mathrm{d}x}$.

(1) $xy-\ln y=\mathrm{e}$;　　(2) $x^2y+3x^4y^3=6$;

(3) $\ln\sqrt{x^2+y^2}=\arctan\frac{y}{x}$.

2. 求下列方程所确定函数的偏导数$\frac{\partial z}{\partial x}$，$\frac{\partial z}{\partial y}$.

(1) $x+2y+z-2\sqrt{xyz}=0$;　　(2) $\frac{x}{z}=\ln\frac{z}{y}$;

(3) $\sin(xy)+\cos(xz)+\tan(yz)=0$.

3. 求下列方程所确定函数的二阶偏导数$\frac{\partial^2 z}{\partial x^2}$，$\frac{\partial^2 z}{\partial y^2}$.

(1) $z^3-2xz+y=0$;　　(2) $\frac{x}{z}=\ln\frac{z}{y}$.

4. 设$x^2+y^2+z^2=yf\left(\frac{z}{y}\right)$，其中$f$可导，求$\frac{\partial z}{\partial x}$.

5. 求下列方程组所确定的函数的导数．

(1) $\begin{cases} x+y+z=0, \\ x^2+y^2+z^2=1, \end{cases}$ 求$\frac{\mathrm{d}x}{\mathrm{d}z}$，$\frac{\mathrm{d}y}{\mathrm{d}z}$;

(2) $\begin{cases} x+y+z+z^2=0, \\ x+y^2+z+z^3=0, \end{cases}$ 求$\frac{\mathrm{d}z}{\mathrm{d}x}$，$\frac{\mathrm{d}y}{\mathrm{d}x}$.

6. 求下列方程组所确定的函数的偏导数$\frac{\partial u}{\partial x}$，$\frac{\partial u}{\partial y}$，$\frac{\partial v}{\partial x}$，$\frac{\partial v}{\partial y}$.

(1) $\begin{cases}xu-yv=0,\\ yu+xv=1;\end{cases}$ (2) $\begin{cases}x+y+u+v=0,\\ x+y^2+u+v^2=0.\end{cases}$

7. 设$\begin{cases}x=u-uv,\\ y=uv+v,\end{cases}$求$\frac{\partial u}{\partial x}$，$\frac{\partial v}{\partial x}$，$\frac{\partial u}{\partial y}$，$\frac{\partial v}{\partial y}$.

8. 设 $x=x(y, z)$，$y=y(x, z)$，$z=z(x, y)$都是由方程 $F(x, y, z)=0$ 所确定的具有连续偏导数的函数，证明：$\frac{\partial x}{\partial y}\cdot\frac{\partial y}{\partial z}\cdot\frac{\partial z}{\partial x}=-1$.

9. 设函数 $z=z(x, y)$由方程$(z+y)^x=xy$ 所确定，求$\left.\frac{\partial z}{\partial x}\right|_{(1,2)}$.

10. 设$\Phi(u, v)$具有连续偏导数，证明：由方程$\Phi(cx-az, cy-bz)=0$ 所确定的函数 $z=f(x, y)$满足 $a\frac{\partial z}{\partial x}+b\frac{\partial z}{\partial y}=c$.

B 组

1. 设函数 $z=z(x, y)$由方程 $F\left(\frac{y}{x}, \frac{z}{x}\right)=0$ 确定，其中 F 为可微函数，且 $F'_2\neq0$，求 $x\frac{\partial z}{\partial x}+y\frac{\partial z}{\partial y}$.

2. 设函数 $u(x)$由方程组$\begin{cases}u=f(x, y),\\ g(x, y, z)=0,\\ h(x, z)=0\end{cases}$确定，且$\frac{\partial g}{\partial y}\neq0$，$\frac{\partial h}{\partial z}\neq0$，试求$\frac{\mathrm{d}u}{\mathrm{d}x}$.

3. 设变换$\begin{cases}u=x-2y,\\ v=x+ay\end{cases}$可把方程 $6\frac{\partial^2 z}{\partial x^2}+\frac{\partial^2 z}{\partial x\partial y}-\frac{\partial^2 z}{\partial y^2}=0$ 简化为$\frac{\partial^2 z}{\partial u\partial v}=0$，求常数 a.

第五节 微分法在几何上的应用

一、空间曲线的切线与法平面

设空间曲线Γ的参数方程为

$$\begin{cases}x=\varphi(t),\\ y=\psi(t),(\alpha\leqslant t\leqslant\beta),\\ z=\omega(t)\end{cases}$$

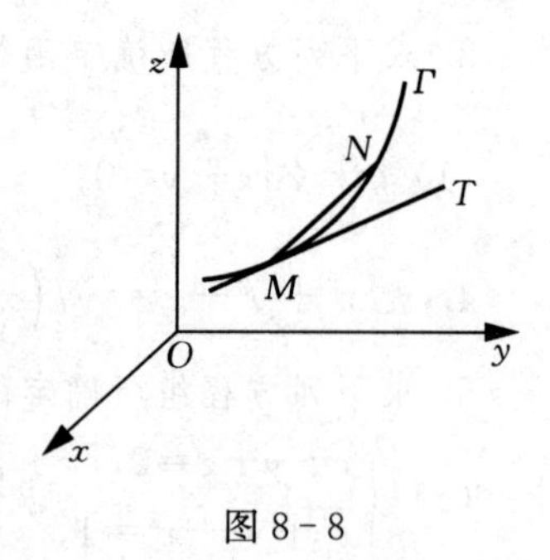

图 8-8

并且假定上面三个函数都可导．仿照平面曲线的思想，建立其切线方程．设$M(x_0, y_0, z_0)$为曲线Γ上对应于$t=t_0$ 的一点，$N(x_0+\Delta x, y_0+\Delta y, z_0+\Delta z)$是对应于 $t=t_0+\Delta t$ 的邻近一点，作割线 MN. 当点 N 沿着曲线Γ 趋于点M 时，如果割线 MN 绕点M 旋转而趋于极限位置MT，则称直线 MT 为曲线Γ在点 M 处的切线(图 8-8).

由空间解析几何的相关知识，得到曲线的割线 MN 的方程

$$\frac{x-x_0}{\Delta x}=\frac{y-y_0}{\Delta y}=\frac{z-z_0}{\Delta z},$$

用 Δt 同除上式各分母，得

$$\frac{x-x_0}{\frac{\Delta x}{\Delta t}}=\frac{y-y_0}{\frac{\Delta y}{\Delta t}}=\frac{z-z_0}{\frac{\Delta z}{\Delta t}},$$

当 $N\to M$(即 $\Delta t\to 0$)时，对上式各项取极限，即得曲线在点 M 处的切线方程为

$$\frac{x-x_0}{\varphi'(t_0)}=\frac{y-y_0}{\psi'(t_0)}=\frac{z-z_0}{\omega'(t_0)} \tag{1}$$

这里假定 $\varphi'(t_0)$，$\psi'(t_0)$ 及 $\omega'(t_0)$ 不全为零．如果个别为零，则按照空间解析几何中有关直线的对称式方程的说明来理解．

我们称曲线的切线的方向向量为**曲线的切向量**．因此，向量

$$\boldsymbol{T}=\{\varphi'(t_0), \psi'(t_0), \omega'(t_0)\} \tag{2}$$

就是曲线 Γ 在点 $M(\varphi(t_0), \psi(t_0), \omega(t_0))$ 处的一个切向量，其方向与参数 t 增大时曲线上点的移动方向一致．

通过点 M 并且与切线 MT 垂直的平面称为曲线 Γ 在点 M 处的**法平面**，它是通过点 $M(x_0, y_0, z_0)$ 而以 $\boldsymbol{T}$ 为法向量的平面，因此法平面方程为

$$\varphi'(t_0)(x-x_0)+\psi'(t_0)(y-y_0)+\omega'(t_0)(z-z_0)=0. \tag{3}$$

例 1　求曲线 $x=\cos t$，$y=\sin t$，$z=\tan\frac{t}{2}$ 在点 $(0, 1, 1)$ 处的切线方程和法平面方程．

解　由于 $x_t'=-\sin t$，$y_t'=\cos t$，$z_t'=\frac{1}{2}\sec^2\frac{t}{2}$，所以在点 $(0, 1, 1)$ 处，即 $t=\frac{\pi}{2}$ 时，曲线的切向量为

$$\boldsymbol{T}=\{-1, 0, 1\},$$

所以，曲线在点 $(0, 1, 1)$ 处的切线方程为

$$\frac{x}{-1}=\frac{y-1}{0}=\frac{z-1}{1},$$

其参数方程为

$$\begin{cases} x=-t, \\ y=1, \\ z=t+1. \end{cases}$$

法平面方程为

$$-1\cdot(x-0)+0\cdot(y-1)+1\cdot(z-1)=0,$$

即

$$-x+z-1=0.$$

现在我们讨论空间曲线 Γ 的方程以另外两种形式给出的情形．

如果空间曲线 Γ 的方程为

$$\begin{cases} y=\varphi(x), \\ z=\psi(x), \end{cases}$$

可取 x 为参数，得到参数方程

$$\begin{cases} x=x, \\ y=\varphi(x), \\ z=\psi(x), \end{cases}$$

如果$\varphi(x)$，$\psi(x)$在$x=x_0$处都可导，则向量$\boldsymbol{T}=\{1, \varphi'(x_0), \psi'(x_0)\}$就是曲线$\Gamma$在点$M(x_0, y_0, z_0)$处的切向量，从而曲线$\Gamma$在点$M(x_0, y_0, z_0)$处的切线方程为

$$\frac{x-x_0}{1}=\frac{y-y_0}{\varphi'(x_0)}=\frac{z-z_0}{\psi'(x_0)}.$$

在点$M(x_0, y_0, z_0)$处的法平面方程为

$$(x-x_0)+\varphi'(x_0)(y-y_0)+\psi'(x_0)(z-z_0)=0.$$

如果空间曲线Γ由方程组$\begin{cases} F(x, y, z)=0, \\ G(x, y, z)=0 \end{cases}$给出，$M(x_0, y_0, z_0)$是曲线$\Gamma$上的一点．当$F$、$G$都具有连续偏导数，且

$$\left.\frac{\partial(F, G)}{\partial(y, z)}\right|_{(x_0, y_0, z_0)}=\begin{vmatrix} F_y & F_z \\ G_y & G_z \end{vmatrix}_{(x_0, y_0, z_0)}\neq 0,$$

则根据隐函数存在定理，方程组在点$M(x_0, y_0, z_0)$的某邻域内就唯一确定了一对有连续导数的隐函数$y=\varphi(x)$，$z=\psi(x)$，且

$$\varphi'(x)=\frac{\begin{vmatrix} F_z & F_x \\ G_z & G_x \end{vmatrix}}{\begin{vmatrix} F_y & F_z \\ G_y & G_z \end{vmatrix}}, \quad \psi'(x)=\frac{\begin{vmatrix} F_x & F_y \\ G_x & G_y \end{vmatrix}}{\begin{vmatrix} F_y & F_z \\ G_y & G_z \end{vmatrix}},$$

于是$\boldsymbol{T}=\{1, \varphi'(x_0), \psi'(x_0)\}$是曲线$\Gamma$在点$M$处的一个切向量，这里

$$\varphi'(x_0)=\frac{\begin{vmatrix} F_z & F_x \\ G_z & G_x \end{vmatrix}_M}{\begin{vmatrix} F_y & F_z \\ G_y & G_z \end{vmatrix}_M}, \quad \psi'(x_0)=\frac{\begin{vmatrix} F_x & F_y \\ G_x & G_y \end{vmatrix}_M}{\begin{vmatrix} F_y & F_z \\ G_y & G_z \end{vmatrix}_M},$$

其中带下标M的行列式表示行列式在点$M(x_0, y_0, z_0)$处的值．

用切向量$\boldsymbol{T}$乘以$\begin{vmatrix} F_y & F_z \\ G_y & G_z \end{vmatrix}_M$，可得到曲线$\Gamma$在点$M$处的另一个切向量

$$\boldsymbol{T}_1=\left\{\begin{vmatrix} F_y & F_z \\ G_y & G_z \end{vmatrix}_M, \begin{vmatrix} F_z & F_x \\ G_z & G_x \end{vmatrix}_M, \begin{vmatrix} F_x & F_y \\ G_x & G_y \end{vmatrix}_M\right\}, \tag{4}$$

因此，曲线Γ在点$M(x_0, y_0, z_0)$处的切线方程为

$$\frac{x-x_0}{\begin{vmatrix} F_y & F_z \\ G_y & G_z \end{vmatrix}_M}=\frac{y-y_0}{\begin{vmatrix} F_z & F_x \\ G_z & G_x \end{vmatrix}_M}=\frac{z-z_0}{\begin{vmatrix} F_x & F_y \\ G_x & G_y \end{vmatrix}_M}. \tag{5}$$

曲线Γ在点$M(x_0, y_0, z_0)$处的法平面方程为

$$\begin{vmatrix} F_y & F_z \\ G_y & G_z \end{vmatrix}_M(x-x_0)+\begin{vmatrix} F_z & F_x \\ G_z & G_x \end{vmatrix}_M(y-y_0)+\begin{vmatrix} F_x & F_y \\ G_x & G_y \end{vmatrix}_M(z-z_0)=0. \tag{6}$$

如果$\begin{vmatrix} F_y & F_z \\ G_y & G_z \end{vmatrix}_M=0$，而$\begin{vmatrix} F_z & F_x \\ G_z & G_x \end{vmatrix}_M$，$\begin{vmatrix} F_x & F_y \\ G_x & G_y \end{vmatrix}_M$中至少有一个不等于零，可进行类似的

讨论.

例 2　求两柱面的交线$\begin{cases}x^2+y^2=R^2,\\ x^2+z^2=R^2\end{cases}$上点 $P_0\left(\dfrac{R}{\sqrt{2}}, \dfrac{R}{\sqrt{2}}, \dfrac{R}{\sqrt{2}}\right)$处的切线方程和法平面方程.

解　把曲线方程改写成

$$\begin{cases}F(x, y, z)=x^2+y^2-R^2=0,\\ G(x, y, z)=x^2+z^2-R^2=0,\end{cases}$$

由此解得

$$\begin{vmatrix}F_y & F_z\\ G_y & G_z\end{vmatrix}=4yz, \quad \begin{vmatrix}F_z & F_x\\ G_z & G_x\end{vmatrix}=-4xz, \quad \begin{vmatrix}F_x & F_y\\ G_x & G_y\end{vmatrix}=-4xy,$$

于是，曲线在 $P_0\left(\dfrac{R}{\sqrt{2}}, \dfrac{R}{\sqrt{2}}, \dfrac{R}{\sqrt{2}}\right)$处的切线方程为

$$\frac{x-\frac{R}{\sqrt{2}}}{2R^2}=\frac{y-\frac{R}{\sqrt{2}}}{-2R^2}=\frac{z-\frac{R}{\sqrt{2}}}{-2R^2},$$

即
$$\sqrt{2}x-R=-(\sqrt{2}y-R)=-(\sqrt{2}z-R).$$

法平面方程为

$$2R^2\left(x-\frac{R}{\sqrt{2}}\right)-2R^2\left(y-\frac{R}{\sqrt{2}}\right)-2R^2\left(z-\frac{R}{\sqrt{2}}\right)=0,$$

即
$$x-y-z+\frac{R}{\sqrt{2}}=0.$$

二、曲面的切平面与法线

设曲面 Σ 的方程是 $F(x, y, z)=0$，$P(x_0, y_0, z_0)$为曲面上一点(图 8-9)，并设函数 $F(x, y, z)$在该点具有连续的偏导数，且不同时为零．设曲线 Γ 是曲面上过点 P 的任意一条曲线，其参数方程为

$$x=\varphi(t), \ y=\psi(t), \ z=\omega(t) \ (\alpha\leqslant t\leqslant\beta), \qquad (7)$$

$t=t_0$ 时对应于点 $P(x_0, y_0, z_0)$，并且有 $\varphi'(t_0)$，$\psi'(t_0)$，$\omega'(t_0)$不全为零，则由(1)式可得这条曲线在点 P 的切线方程为

$$\frac{x-x_0}{\varphi'(t_0)}=\frac{y-y_0}{\psi'(t_0)}=\frac{z-z_0}{\omega'(t_0)}.$$

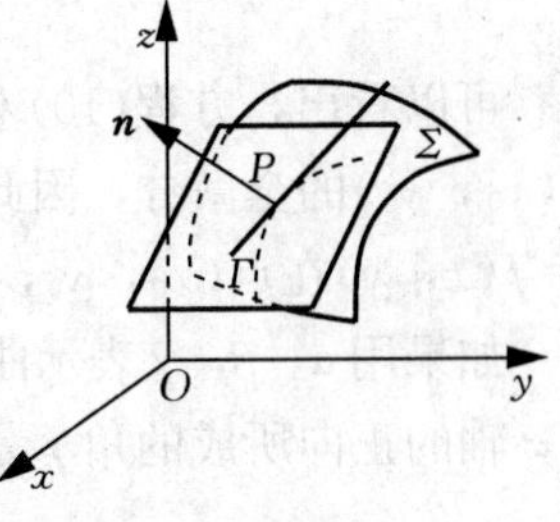

图 8-9

下面证明在曲面 Σ 上，通过点 P 且在点 P 处有切线的任一曲线在该点的切线都在同一个平面上．事实上，由于曲线 Γ 在曲面 Σ 上，所以有恒等式

$$F[\varphi(t), \psi(t), \omega(t)]\equiv 0,$$

由于函数 $F(x, y, z)$在该点具有连续的偏导数，且不全为零，对恒等式两边关于 t 求全导数，得

$$\frac{\mathrm{d}}{\mathrm{d}t}F[\varphi(t), \psi(t), \omega(t)]\big|_{t=t_0}=0,$$

即有　$F_x(x_0, y_0, z_0)\varphi'(t_0)+F_y(x_0, y_0, z_0)\psi'(t_0)+F_z(x_0, y_0, z_0)\omega'(t_0)=0.$

若令 $\boldsymbol{n}=\{F_x(x_0, y_0, z_0), F_y(x_0, y_0, z_0), F_z(x_0, y_0, z_0)\}$，则上式表示曲线 Γ 在点 P 处的切向量 $\boldsymbol{T}=\{\varphi'(t_0), \psi'(t_0), \omega'(t_0)\}$ 与向量 $\boldsymbol{n}$ 垂直．而曲线 Γ 是曲面上通过点 P 的任意一条曲线，它们在点 P 的切线都与同一个向量 $\boldsymbol{n}$ 垂直，所以曲面上通过点 P 的所有曲线在该点的切线都在同一个平面上．我们称该平面为曲面 Σ 在点 P 的**切平面**，其方程为

$$F_x(x_0, y_0, z_0)(x-x_0)+F_y(x_0, y_0, z_0)(y-y_0)+F_z(x_0, y_0, z_0)(z-z_0)=0. \quad (8)$$

垂直于曲面上切平面的向量称为曲面的**法向量**，于是曲面 Σ 在点 P 处的一个法向量为

$$\boldsymbol{n}=\{F_x(x_0, y_0, z_0), F_y(x_0, y_0, z_0), F_z(x_0, y_0, z_0)\},$$

通过点 $P(x_0, y_0, z_0)$ 且垂直于切平面(8)的直线称为曲面在该点的**法线**，法线方程为

$$\frac{x-x_0}{F_x(x_0, y_0, z_0)}=\frac{y-y_0}{F_y(x_0, y_0, z_0)}=\frac{z-z_0}{F_z(x_0, y_0, z_0)}.$$

下面考虑曲面方程为 $z=f(x, y)$ 的情形．

令
$$F(x, y, z)=f(x, y)-z, \quad (9)$$

明显有 $F_x(x, y, z)=f_x(x, y)$，$F_y(x, y, z)=f_y(x, y)$，$F_z(x, y, z)=-1$，于是，当函数 $f(x, y)$ 的偏导数 $f_x(x, y)$，$f_y(x, y)$ 在点 (x_0, y_0) 连续时，曲面(9)在点 $P(x_0, y_0, z_0)$ 处的法向量为

$$\boldsymbol{n}=\{f_x(x_0, y_0), f_y(x_0, y_0), -1\},$$

切平面方程为

$$f_x(x_0, y_0)(x-x_0)+f_y(x_0, y_0)(y-y_0)-(z-z_0)=0,$$

或

$$z-z_0=f_x(x_0, y_0)(x-x_0)+f_y(x_0, y_0)(y-y_0), \quad (10)$$

而法线方程为

$$\frac{x-x_0}{f_x(x_0, y_0)}=\frac{y-y_0}{f_y(x_0, y_0)}=\frac{z-z_0}{-1}.$$

可以看出，方程(10)左端是切平面上点的竖坐标的增量，而右端是函数 $z=f(x, y)$ 在点 (x_0, y_0) 的全微分，因此，函数 $z=f(x, y)$ 在点 (x_0, y_0) 的全微分，在几何上表示曲面 $z=f(x, y)$ 在点 (x_0, y_0, z_0) 处的切平面上点的竖坐标的增量．

如果用 α，β，γ 表示曲面的法向量的方向角，并假设法向量的方向是向上的，即使得它与 z 轴的正向所成的角 γ 是一个锐角，则法向量的方向余弦为

$$\cos\alpha=\frac{-f_x}{\sqrt{1+f_x^2+f_y^2}}, \cos\beta=\frac{-f_y}{\sqrt{1+f_x^2+f_y^2}}, \cos\gamma=\frac{1}{\sqrt{1+f_x^2+f_y^2}},$$

这里，把 $f_x(x_0, y_0)$，$f_y(x_0, y_0)$ 分别简记为 f_x，f_y.

例 3　求球面 $x^2+y^2+z^2=14$ 在点 $(1, 2, 3)$ 处的切平面方程及法线方程．

解　设 $F(x, y, z)=x^2+y^2+z^2-14$，则

$$F_x(x, y, z)=2x, F_y(x, y, z)=2y, F_z(x, y, z)=2z,$$

故在点 $(1, 2, 3)$ 处的法向量为 $\{2, 4, 6\}$.

所以在点 $(1, 2, 3)$ 处的切平面方程为

$$2(x-1)+4(y-2)+6(z-3)=0,$$

即 $$x+2y+3z=14.$$

法线方程为

$$\frac{x-1}{2}=\frac{y-2}{4}=\frac{z-3}{6}.$$

例 4　求曲面 $3xyz-z^3=a^3$ 上点 $(0, a, -a)$ 处的切平面方程及法线方程.

解　设 $F(x, y, z)=3xyz-z^3-a^3=0$，有

$$F_x\big|_{(0,a,-a)}=3yz\big|_{(0,a,-a)}=-3a^2,$$
$$F_y\big|_{(0,a,-a)}=3xz\big|_{(0,a,-a)}=0,$$
$$F_z\big|_{(0,a,-a)}=(3xy-3z^2)\big|_{(0,a,-a)}=-3a^2,$$

所求切平面的法向量为

$$\boldsymbol{n}=\{-3a^2, 0, -3a^2\},$$

切平面方程为

$$x+z+a=0.$$

法线方程为

$$\begin{cases}x=z+a,\\ y=a.\end{cases}$$

习题 8-5

A 组

1. 求曲线 $x=t$，$y=t^2$，$z=t^3$ 在对应于 $t=1$ 的点处的切线方程和法平面方程.

2. 求曲线 $x=t-\cos t$，$y=3+\sin 2t$，$z=1+\cos 3t$ 在对应于 $t=\frac{\pi}{2}$ 的点处的切线方程和法平面方程.

3. 在曲线 $x=t$，$y=-t^2$，$z=t^3$ 的所有切线中，与平面 $x+2y+z=4$ 平行的切线有几条?

4. 求曲线 $\begin{cases}x^2+y^2+z^2=4,\\ x^2+y^2=2x\end{cases}$ 在点 $(1, 1, \sqrt{2})$ 处的切线方程和法平面方程.

5. 求曲线 $\begin{cases}x^2+y^2+z^2-2x-2=0,\\ 2x-3y+4z-11=0\end{cases}$ 在点 $(2, -1, 1)$ 处的切线方程和法平面方程.

6. 设曲线 $\begin{cases}x^2+y^2=10,\\ y^2+z^2=25\end{cases}$ 在点 $(1, 3, 4)$ 处的法平面为 π，求原点到 π 的距离.

7. 求曲面 $x^2+2y^2+3z^2=21$ 在点 $(1, -2, 2)$ 处的法线方程.

8. 求曲面 $x^2+\cos(xy)+yz+x=0$ 在点 $(0, 1, -1)$ 处的切平面方程.

9. 求曲面 $z=x^2(1-\sin y)+y^2(1-\sin x)$ 在点 $(1, 0, 1)$ 处的切平面方程.

10. 求曲面 $z=x^2+y^2$ 与平面 $2x+4y-z=0$ 平行的切平面方程.

11. 求过点 $(1, 0, 0)$，$(0, 1, 0)$ 且与曲面 $z=x^2+y^2$ 相切的平面方程.

12. 设平面 $3x+\lambda y-3z-16=0$ 与椭球面 $3x^2+y^2+z^2=16$ 相切，试求 λ 的值.

13. 求曲面 $x^2+y^2+z^2=x$ 的切平面，使它垂直于平面 $x-y-z=0$ 和 $x-y-\frac{z}{2}=2$.

14. 试证：曲面$\sqrt{x}+\sqrt{y}+\sqrt{z}=\sqrt{a}(a>0)$上任何点处的切平面在各坐标轴上的截距之和等于$a$.

B 组

1. 已知曲面Σ: $2x^2+4y^2+z^2=4$，平面π: $2x+2y+z+5=0$，试求：

(1) 曲面Σ平行于平面π的切平面；(2) 曲面Σ与平面π间的最短距离.

2. 设可微函数$f(x, y)$对任意实数$t(t>0)$满足条件$f(tx, ty)=tf(x, y)$，若$P_0(1, -2, 2)$是曲面$z=f(x, y)$上的一点且$f_y(1, -2)=4$，求该曲面在点P_0处的切平面方程.

3. 设函数$f(x, y, z)$，$g(x, y)$均具有一阶连续偏导数，且$f_z g_y\big|_{(x_0,y_0,z_0)}\neq 0$，而$f(x_0, y_0, z_0)=0$，$g(x_0, y_0)=0$，求曲线$\begin{cases}f(x, y, z)=0,\\ g(x, y)=0\end{cases}$在点$(x_0, y_0, z_0)$处的切线方程.

第六节 方向导数与梯度

一、方向导数

我们知道，二元函数$z=f(x, y)$在点(x_0, y_0)处的两个偏导数$f_x(x_0, y_0)$和$f_y(x_0, y_0)$分别刻画了该函数在该点处沿x轴和y轴方向的变化率．而在许多问题中还需要讨论函数在一点处沿任一方向的变化率．比如，讨论热量在空间流动的问题时，就需要确定温度在各个方向上的变化率，这就是方向导数．

设函数$z=f(x, y)$在点$P_0(x_0, y_0)$的某个邻域$U(P_0)$内有定义，$\boldsymbol{l}$是xOy平面上以$P_0(x_0, y_0)$为起始点的一条射线(图 8-10)，设$\boldsymbol{e}_l=\{\cos\alpha, \cos\beta\}$是与$\boldsymbol{l}$同方向的单位向量，由此得到射线$\boldsymbol{l}$的参数方程为

$$\begin{cases}x=x_0+\rho\cos\alpha,\\ y=y_0+\rho\cos\beta\end{cases}(\rho=|PP_0|\geqslant 0),$$

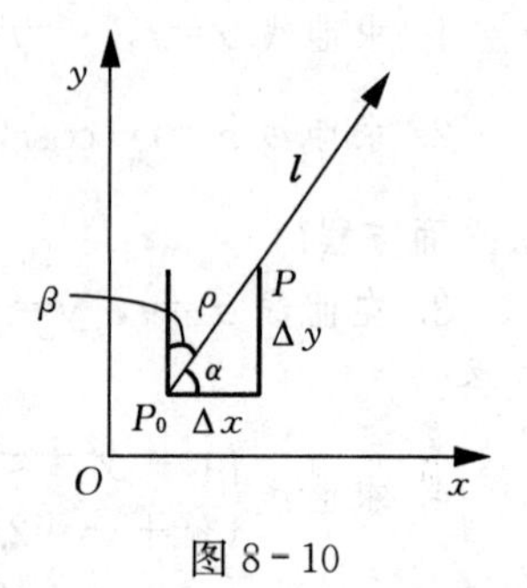

图 8-10

其中$P(x_0+\rho\cos\alpha, y_0+\rho\cos\beta)$为$\boldsymbol{l}$上的某一点，且$P\in U(P_0)$．于是得到对应函数增量为

$$\Delta z=f(P)-f(P_0)=f(x_0+\rho\cos\alpha, y_0+\rho\cos\beta)-f(x_0, y_0),$$

若当P沿着$\boldsymbol{l}$趋于P_0时，即$\rho\to 0^+$时，极限

$$\lim_{\substack{P\to P_0\\(P\in l)}}\frac{\Delta z}{|PP_0|}=\lim_{\rho\to 0^+}\frac{f(x_0+\rho\cos\alpha, y_0+\rho\cos\beta)-f(x_0, y_0)}{\rho}$$

存在，则称此极限为函数$z=f(x, y)$在点P_0处沿方向$\boldsymbol{l}$的**方向导数**，记作$\left.\frac{\partial f}{\partial \boldsymbol{l}}\right|_{(x_0,y_0)}$，即

$$\left.\frac{\partial f}{\partial \boldsymbol{l}}\right|_{(x_0,y_0)}=\lim_{\rho\to 0^+}\frac{f(x_0+\rho\cos\alpha, y_0+\rho\cos\beta)-f(x_0, y_0)}{\rho}.$$

从上面方向导数的定义可知，方向导数$\left.\frac{\partial f}{\partial \boldsymbol{l}}\right|_{(x_0,y_0)}$就是函数$f(x, y)$在点$P_0(x_0, y_0)$处沿方向$\boldsymbol{l}$的变化率．若函数$f(x, y)$在点$P_0(x_0, y_0)$的偏导数存在，取$\boldsymbol{e}_l=\boldsymbol{i}=\{1, 0\}$，则

$$\left.\frac{\partial f}{\partial \boldsymbol{l}}\right|_{(x_0,y_0)}=\lim_{\rho\to 0^+}\frac{f(x_0+\rho,\ y_0)-f(x_0,\ y_0)}{\rho}=f_x(x_0,\ y_0),$$

如果 $\boldsymbol{e}_l=\boldsymbol{j}=\{0,\ 1\}$，则

$$\left.\frac{\partial f}{\partial \boldsymbol{l}}\right|_{(x_0,y_0)}=\lim_{\rho\to 0^+}\frac{f(x_0,\ y_0+\rho)-f(x_0,\ y_0)}{\rho}=f_y(x_0,\ y_0).$$

但反过来，若函数在 $P_0(x_0,\ y_0)$ 沿方向 $\boldsymbol{e}_l=\boldsymbol{i}$ 和 $\boldsymbol{e}_l=\boldsymbol{j}$ 的方向导数都存在，函数在该点的偏导数却未必存在．例如，函数 $z=\sqrt{x^2+y^2}$ 在点(0，0)就是这样，请读者自行讨论．

关于方向导数的存在性及计算，我们有下面的定理．

定理 8.6.1　如果函数 $f(x,\ y)$ 在点 $P_0(x_0,\ y_0)$ 可微，则函数在该点沿任一方向 $\boldsymbol{l}$ 的方向导数存在，且有

$$\left.\frac{\partial f}{\partial \boldsymbol{l}}\right|_{(x_0,y_0)}=f_x(x_0,\ y_0)\cos\alpha+f_y(x_0,\ y_0)\cos\beta,$$

其中 $\cos\alpha$，$\cos\beta$ 是方向 $\boldsymbol{l}$ 的方向余弦．

证　由假设 $f(x,\ y)$ 在点 $P_0(x_0,\ y_0)$ 可微，故有

$$f(x_0+\Delta x,\ y_0+\Delta y)-f(x_0,\ y_0)=f_x(x_0,\ y_0)\Delta x+f_y(x_0,\ y_0)\Delta y+o(\sqrt{(\Delta x)^2+(\Delta y)^2}).$$

令点 $(x_0+\Delta x,\ y_0+\Delta y)$ 在以 $(x_0,\ y_0)$ 为始点的射线 $\boldsymbol{l}$ 上，所以有 $\Delta x=\rho\cos\alpha$，$\Delta y=\rho\cos\beta$，$\rho=\sqrt{(\Delta x)^2+(\Delta y)^2}$，从而

$$\begin{aligned}&\lim_{\rho\to 0^+}\frac{f(x_0+\rho\cos\alpha,\ y_0+\rho\cos\beta)-f(x_0,\ y_0)}{\rho}\\&=\lim_{\rho\to 0^+}\frac{f_x(x_0,\ y_0)\rho\cos\alpha+f_y(x_0,\ y_0)\rho\cos\beta+o(\rho)}{\rho}\\&=f_x(x_0,\ y_0)\cos\alpha+f_y(x_0,\ y_0)\cos\beta.\end{aligned}$$

这就证明了方向导数存在，且其值为

$$\left.\frac{\partial f}{\partial \boldsymbol{l}}\right|_{(x_0,y_0)}=f_x(x_0,\ y_0)\cos\alpha+f_y(x_0,\ y_0)\cos\beta. \tag{1}$$

由于 $\beta=\frac{\pi}{2}-\alpha$，所以 $\cos\beta=\sin\alpha$，这样得到公式(1)的另一种形式：

$$\left.\frac{\partial f}{\partial \boldsymbol{l}}\right|_{(x_0,y_0)}=f_x(x_0,\ y_0)\cos\alpha+f_y(x_0,\ y_0)\sin\alpha, \tag{2}$$

其中 α 是 x 轴到方向 $\boldsymbol{l}$ 的转角，公式(2)更便于计算，只需知道 α 即可．

此外，方向导数的计算本质上仍然是一元函数导数的计算，因为，若令

$$\varphi(\rho)=f(x_0+\rho\cos\alpha,\ y_0+\rho\cos\beta),$$

那么
$$\lim_{\rho\to 0^+}\frac{f(x_0+\rho\cos\alpha,\ y_0+\rho\cos\beta)-f(x_0,\ y_0)}{\rho}=\lim_{\rho\to 0^+}\frac{\varphi(\rho)-\varphi(0)}{\rho},$$

则有 $\left.\frac{\partial f}{\partial \boldsymbol{l}}\right|_{(x_0,y_0)}=\varphi'_+(0)$．

例 1　求函数 $z=x\mathrm{e}^{2y}$ 在点(0，0)沿从点 $O(0,\ 0)$ 到点 $P(1,\ 2)$ 的方向的方向导数．

解　解法一：$\boldsymbol{l}=\overrightarrow{OP}=\{1,\ 2\}$，因此

$$\cos\alpha=\frac{1}{\sqrt{1^2+2^2}}=\frac{1}{\sqrt{5}},\ \cos\beta=\frac{2}{\sqrt{1^2+2^2}}=\frac{2}{\sqrt{5}},$$

即 $\boldsymbol{e}_l=\left\{\frac{1}{\sqrt{5}},\ \frac{2}{\sqrt{5}}\right\}$. 由于函数可微，且

$$\left.\frac{\partial z}{\partial x}\right|_{(0,0)}=\mathrm{e}^{2y}\,|_{(0,0)}=1,\ \left.\frac{\partial z}{\partial y}\right|_{(0,0)}=2x\mathrm{e}^{2y}\,|_{(0,0)}=0,$$

所以，所求方向导数为

$$\left.\frac{\partial z}{\partial \boldsymbol{l}}\right|_{(0,0)}=\left.\frac{\partial z}{\partial x}\right|_{(0,0)}\frac{1}{\sqrt{5}}+\left.\frac{\partial z}{\partial y}\right|_{(0,0)}\frac{2}{\sqrt{5}}=1\times\frac{1}{\sqrt{5}}+0\times\frac{2}{\sqrt{5}}=\frac{1}{\sqrt{5}}.$$

解法二：若设 $$\varphi(\rho)=f\left(0+\frac{1}{\sqrt{5}}\rho,\ 0+\frac{2}{\sqrt{5}}\rho\right)=\frac{1}{\sqrt{5}}\rho\mathrm{e}^{\frac{4}{\sqrt{5}}\rho},$$

同样可得 $$\left.\frac{\partial f}{\partial \boldsymbol{l}}\right|_{(0,0)}=\varphi'_{+}(0)=\frac{1}{\sqrt{5}}.$$

对于三元函数 $u=f(x,\ y,\ z)$，可类似定义它在点 $P_0(x_0,\ y_0,\ z_0)$ 处沿方向 $\boldsymbol{l}$ 的方向导数 $\left.\frac{\partial u}{\partial \boldsymbol{l}}\right|_{(x_0,y_0,z_0)}$，并且当 $u=f(x,\ y,\ z)$ 在点 $P_0(x_0,\ y_0,\ z_0)$ 可微时，有计算公式：

$$\left.\frac{\partial u}{\partial \boldsymbol{l}}\right|_{(x_0,y_0,z_0)}=f_x(x_0,\ y_0,\ z_0)\cos\alpha+f_y(x_0,\ y_0,\ z_0)\cos\beta+f_z(x_0,\ y_0,\ z_0)\cos\gamma,\quad(3)$$

其中 $\cos\alpha$，$\cos\beta$，$\cos\gamma$ 是 $\boldsymbol{l}$ 的方向余弦．

例 2　求函数 $f(x,\ y,\ z)=xy+yz+zx$ 在点 $M_0(0,\ -1,\ 2)$ 处沿方向 $\boldsymbol{l}=\{3,\ -1,\ -1\}$ 的方向导数．

解　$f_x=y+z$，$f_y=x+z$，$f_z=x+y$. 在点 $M_0(0,\ -1,\ 2)$ 处，

$$f_x=1,\ f_y=2,\ f_z=-1.$$

又因为 $|\boldsymbol{l}|=\sqrt{11}$，故

$$\boldsymbol{e}_l=\left\{\frac{3}{\sqrt{11}},\ \frac{-1}{\sqrt{11}},\ \frac{-1}{\sqrt{11}}\right\},$$

即 $$\cos\alpha=\frac{3}{\sqrt{11}},\ \cos\beta=\frac{-1}{\sqrt{11}},\ \cos\gamma=\frac{-1}{\sqrt{11}},$$

于是由公式(3)，得

$$\left.\frac{\partial f}{\partial \boldsymbol{l}}\right|_{(0,-1,2)}=\frac{2}{\sqrt{11}}.$$

延伸阅读 8.11　对于定理 8.6.1，需要注意以下几点：

(1) 从定理可知，若函数 $f(x,\ y)$ 在点 P_0 可微，则在点 P_0 沿任意方向的方向导数都可用偏导数表示出来．由此可见，尽管偏导数非常特殊，但是在可微的条件下它又能够表示一般．

(2) 如果用 $\boldsymbol{l}^{-}$ 表示点 P_0 与射线 $\boldsymbol{l}$ 反向的射线，则 $\boldsymbol{l}^{-}$ 的方向余弦与 $\boldsymbol{l}$ 的方向余弦相差一个符号．因此，若函数 $f(x,\ y)$ 在点 P_0 可微，则有

$$\left.\frac{\partial f}{\partial \boldsymbol{l}^{-}}\right|_{(x_0,y_0)}=-\left.\frac{\partial f}{\partial \boldsymbol{l}}\right|_{(x_0,y_0)}.$$

(3) 定理的条件只是结论成立的充分条件，即如果函数 $f(x, y)$在点 P_0 不可微，那么函数 $f(x, y)$在点 P_0 沿任意射线的方向导数都可能存在．例如，二元函数 $f(x, y)=\sqrt{x^2+y^2}$ 在点$(0, 0)$两个偏导数都不存在，当然不可微．但是函数 $f(x, y)=\sqrt{x^2+y^2}$ 在点$(0, 0)$沿任意射线的方向导数都存在．事实上，设函数 $f(x, y)=\sqrt{x^2+y^2}$ 在点$(0, 0)$沿任意射线的方向余弦是$\{\cos\alpha, \cos\beta\}$，根据定义，其方向导数为

$$\left.\frac{\partial f}{\partial \boldsymbol{l}}\right|_{(0,0)}=\lim_{\rho\to 0^+}\frac{f(\rho\cos\alpha, \rho\cos\beta)-f(0, 0)}{\rho}=\lim_{\rho\to 0^+}\frac{\rho}{\rho}=1.$$

二、梯度

函数在一点处沿某方向 $\boldsymbol{l}$ 的方向导数刻画了函数在该点处沿方向 $\boldsymbol{l}$ 的变化率，当它为正数时，表示沿此方向函数值增加；当它为负数时，表示沿此方向函数值减少．然而在许多实际问题中，往往还需要进一步知道函数在该点究竟沿哪一个方向增加最快，也就是沿哪一个方向变化率最大，并且需要知道最大变化率是多少．这就是下面我们要定义的梯度概念．

定义 8.6.1　设函数 $z=f(x, y)$在点 $P_0(x_0, y_0)$处具有连续的偏导数，称向量

$$f_x(x_0, y_0)\boldsymbol{i}+f_y(x_0, y_0)\boldsymbol{j}$$

为函数 $z=f(x, y)$在点 $P_0(x_0, y_0)$处的**梯度**，记作 $\mathbf{grad}f(x_0, y_0)$，即

$$\mathbf{grad}f(x_0, y_0)=f_x(x_0, y_0)\boldsymbol{i}+f_y(x_0, y_0)\boldsymbol{j}.$$

记 $\boldsymbol{e}_l=\{\cos\alpha, \cos\beta\}$是与 $\boldsymbol{l}$ 同方向的单位向量，则

$$\begin{aligned}\left.\frac{\partial f}{\partial \boldsymbol{l}}\right|_{(x_0,y_0)}&=f_x(x_0, y_0)\cos\alpha+f_y(x_0, y_0)\cos\beta\\&=\mathbf{grad}f(x_0, y_0)\cdot\boldsymbol{e}_l=|\mathbf{grad}f(x_0, y_0)|\cos\theta,\end{aligned}$$

其中$|\mathbf{grad}f(x_0, y_0)|=\sqrt{f_x^2(x_0, y_0)+f_y^2(x_0, y_0)}$是**梯度的模**，$\theta$ 为向量 $\mathbf{grad}f(x_0, y_0)$与向量 $\boldsymbol{e}_l$ 的夹角．

上式给出了函数在一点的梯度与函数在这点的方向导数间的关系：方向导数$\frac{\partial f}{\partial \boldsymbol{l}}$就是梯度向量在射线 $\boldsymbol{l}$ 上的投影．当 $\theta=0$，即 $\boldsymbol{l}$ 的方向是梯度方向时，方向导数$\left.\frac{\partial f}{\partial \boldsymbol{l}}\right|_{(x_0,y_0)}$的值最大，这个最大值就是梯度的模$|\mathbf{grad}f(x_0, y_0)|$；当 $\theta=\pi$，即 $\boldsymbol{l}$ 的方向与梯度的方向相反时，方向导数$\left.\frac{\partial f}{\partial \boldsymbol{l}}\right|_{(x_0,y_0)}$的值最小，最小值等于$-|\mathbf{grad}f(x_0, y_0)|$；当 $\theta=\frac{\pi}{2}$或 $\theta=\frac{3\pi}{2}$，即 $\boldsymbol{l}$ 的方向与梯度的方向垂直时，方向导数$\left.\frac{\partial f}{\partial \boldsymbol{l}}\right|_{(x_0,y_0)}$的值为零．

换言之，函数在一点的梯度是个向量，它的方向是函数在这点的方向导数取得最大值的方向，也即函数值增加最快的方向，它的模就等于方向导数的最大值．

我们知道在空间解析几何中，方程

$$\begin{cases}z=f(x, y),\\z=c\end{cases}$$

表示曲面 $z=f(x, y)$被平面 $z=c$(c 为常数)所截得的曲线．这条曲线 L 在 xOy 面上的投影

是一条平面曲线 L^*（图 8-11），它在 xOy 平面直角坐标系中的方程为

$$f(x, y)=c.$$

对于曲线 L^* 上的所有点，其对应的函数值 z 都等于 c，所以我们称平面曲线 L^* 为函数 $z=f(x, y)$ 的等高线.

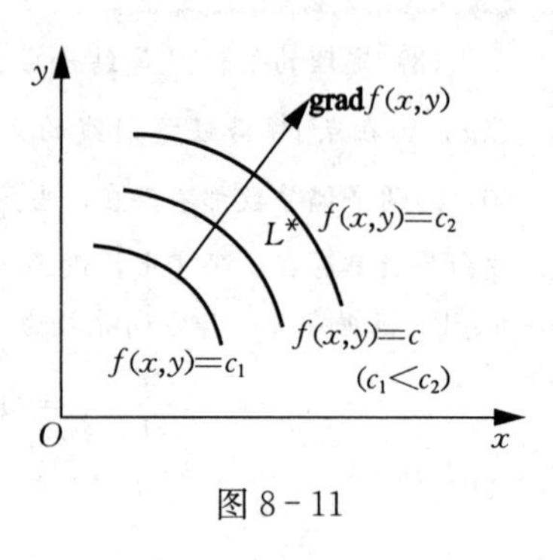

图 8-11

由于等高线 $f(x, y)=c$ 上任一点 $P(x, y)$ 处的法线的斜率为

$$-\frac{1}{\frac{\mathrm{d}y}{\mathrm{d}x}}=-\frac{1}{-\frac{f_x}{f_y}}=\frac{f_y}{f_x},$$

所以梯度 $\frac{\partial f}{\partial x}\boldsymbol{i}+\frac{\partial f}{\partial y}\boldsymbol{j}$ 为等高线上点 P 处的法向量. 因此我们可得梯度与等高线、方向导数的下述关系：函数 $z=f(x, y)$ 在点 $P(x, y)$ 的梯度的方向与过点 P 的等高线 $f(x, y)=c$ 在这点的法线的一个方向相同，且从数值较低的等高线指向数值较高的等高线，而梯度的模等于函数在这个法线方向的方向导数. 这个法线方向就是方向导数取得最大值的方向.

上面所说的梯度概念可以类似地推广到三元函数的情形. 若三元函数 $u=f(x, y, z)$ 在点 $P_0(x_0, y_0, z_0)$ 处具有偏导数，则向量

$$f_x(x_0, y_0, z_0)\boldsymbol{i}+f_y(x_0, y_0, z_0)\boldsymbol{j}+f_z(x_0, y_0, z_0)\boldsymbol{k}$$

称为函数 $u=f(x, y, z)$ 在点 $P_0(x_0, y_0, z_0)$ 处的梯度，记作 $\mathbf{grad}f(x_0, y_0, z_0)$，即

$$\mathbf{grad}f(x_0, y_0, z_0)=f_x(x_0, y_0, z_0)\boldsymbol{i}+f_y(x_0, y_0, z_0)\boldsymbol{j}+f_z(x_0, y_0, z_0)\boldsymbol{k}.$$

如果函数 $u=f(x, y, z)$ 在点 $P_0(x_0, y_0, z_0)$ 处可微，则函数 $u=f(x, y, z)$ 在点 $P_0(x_0, y_0, z_0)$ 处沿方向 $\boldsymbol{l}$ 的方向导数为

$$\left.\frac{\partial f}{\partial \boldsymbol{l}}\right|_{(x_0,y_0,z_0)}=\mathbf{grad}f(x_0, y_0, z_0)\cdot\boldsymbol{e}_l,$$

并且三元函数的梯度也是这样一个向量：它的方向与函数取得最大方向导数的方向一致，而它的模为方向导数的最大值.

如果我们定义曲面

$$f(x, y, z)=c$$

为函数 $f(x, y, z)$ 的**等量面**，则可得函数 $u=f(x, y, z)$ 在点 $P(x, y, z)$ 的梯度的方向与过点 P 的等量面 $f(x, y, z)=c$ 在这点的法线的一个方向相同，且从数值较低的等量面指向数值较高的等量面，而梯度的模等于函数在这个法线方向的方向导数.

根据梯度的定义，不难验证梯度具有以下性质：

(1) $\mathbf{grad}(u+v)=\mathbf{grad}u+\mathbf{grad}v$;

(2) $\mathbf{grad}(uv)=u\mathbf{grad}v+v\mathbf{grad}u$;

(3) $\mathbf{grad}f(u)=f'(u)\mathbf{grad}u$.

例 3 计算 $\mathbf{grad}\arctan\frac{x}{y}$.

解 这里 $f(x, y)=\arctan\frac{x}{y}$. 因为

$$\frac{\partial f}{\partial x}=\frac{y}{x^2+y^2},\ \frac{\partial f}{\partial y}=-\frac{x}{x^2+y^2},$$

所以
$$\mathbf{grad}\arctan\frac{x}{y}=\frac{y}{x^2+y^2}\boldsymbol{i}-\frac{x}{x^2+y^2}\boldsymbol{j}.$$

例 4　设 $f(x,\ y,\ z)=2xy-z^2$，求 $\mathbf{grad}f(2,\ -1,\ 1)$.

解　因为
$$f_x(2,\ -1,\ 1)=2y|_{(2,-1,1)}=-2,$$
$$f_y(2,\ -1,\ 1)=2x|_{(2,-1,1)}=4,$$
$$f_z(2,\ -1,\ 1)=-2z|_{(2,-1,1)}=-2,$$

所以
$$\mathbf{grad}f(2,\ -1,\ 1)=-2\boldsymbol{i}+4\boldsymbol{j}-2\boldsymbol{k}.$$

例 5　已知一点电荷 q 位于坐标原点 O，它所产生的电场中的任一点 $P(x,\ y,\ z)$($x,\ y,\ z$ 不同时为零)的电位为 $u=\frac{kq}{r}$，其中 k 为常数，r 为原点到点 P 的距离，求电位 u 的梯度.

解　因为 $\mathbf{grad}u=\mathbf{grad}\,\frac{kq}{r}=kq\mathbf{grad}\,\frac{1}{r}=-\frac{kq}{r^2}\mathbf{grad}r$，且 $r=\sqrt{x^2+y^2+z^2}$，故 $\mathbf{grad}r=\frac{x\boldsymbol{i}+y\boldsymbol{j}+z\boldsymbol{k}}{\sqrt{x^2+y^2+z^2}}=\frac{\boldsymbol{r}}{r}$，这里 $\boldsymbol{r}=x\boldsymbol{i}+y\boldsymbol{j}+z\boldsymbol{k}$，于是

$$\mathbf{grad}u=-\frac{kq}{r^2}\left(\frac{x}{r}\boldsymbol{i}+\frac{y}{r}\boldsymbol{j}+\frac{z}{r}\boldsymbol{k}\right).$$

如果用 $\boldsymbol{r}^0$ 表示与 $\overrightarrow{OP}$ 同方向的单位向量，则

$$\boldsymbol{r}^0=\frac{x}{r}\boldsymbol{i}+\frac{y}{r}\boldsymbol{j}+\frac{z}{r}\boldsymbol{k},$$

因此
$$\mathbf{grad}u=-\frac{kq}{r^2}\boldsymbol{r}^0.$$

由于此点电荷所产生的静电场在点 $P(x,\ y,\ z)$ 的电场强度为 $\boldsymbol{E}=\frac{kq}{r^2}\boldsymbol{r}^0$，所以

$$\mathbf{grad}u=-\boldsymbol{E}.$$

这就说明，电位在电场强度相反的方向增加最快，可见，梯度的概念有很强的物理背景.

延伸阅读 8.12　我们知道，函数 $u=u(x,\ y,\ z)$ 的梯度是一个向量，它是由函数 $u=u(x,\ y,\ z)$ 产生的. 在每点梯度的方向就是过该点的等值面 $u(x,\ y,\ z)=C$ 在这点的法线方向，且指向 u 增加的一方，梯度的模就是函数 $u(x,\ y,\ z)$ 沿法线方向的变化率. 或者说梯度的方向就是使得 $\frac{\partial u}{\partial \boldsymbol{l}}$ 达到最大值的方向，而它的大小就是这个函数 u 在这个方向上的方向导数. 也就是说，梯度的方向就是函数 u 增加得最快的方向，而其模就是这个最大的增长率.

和梯度概念联系十分紧密的就是哈密顿算子"∇"，算子"∇"是一个微分运算符号，又可当向量看待，对于函数 $u=u(x,\ y,\ z)$，有 $\nabla u=\mathbf{grad}u$.

梯度在数学和物理学中占据十分重要的地位. 如今，梯度理论不仅限于解决一些数学和物理学中的现象和问题，而且能够解决包括天文、气象、环境、温度、控制、通信、机械、电气、运输、化学、经济、基因过程，甚至移民和戒毒等社会许多领域的问题. 梯度理论和梯度算法应用十分广泛.

习　题　8-6

A　组

1. 设函数 $u(x, y, z)=1+\frac{x^2}{6}+\frac{y^2}{12}+\frac{z^2}{18}$，单位向量 $\boldsymbol{n}=\frac{1}{\sqrt{3}}\{1, 1, 1\}$，求 $\left.\frac{\partial u}{\partial \boldsymbol{n}}\right|_{(1,2,3)}$.

2. 求函数 $f(x, y, z)=x^2y+z^2$ 在点(1, 2, 0)处沿向量 $\boldsymbol{n}=\{1, 2, 2\}$ 的方向导数.

3. 求函数 $u=xy^2+z^3-xyz$ 在点(1, 1, 2)处沿方向角为 $\alpha=\frac{\pi}{3}$，$\beta=\frac{\pi}{4}$，$\gamma=\frac{\pi}{3}$ 的方向的方向导数.

4. 求函数 $u=xy+yz+xz$ 在点 $P(1, 2, 3)$ 处沿点 P 的向径方向的方向导数.

5. 求函数 $z=\ln(x+y)$ 在抛物线 $y^2=4x$ 上点(1, 2)处，沿着这抛物线在该点处偏向 x 轴正向的切线方向的方向导数.

6. 求函数 $u=x^2+y^2+z^2$ 在曲线 $x=t$，$y=t^2$，$z=t^3$ 上点(1, 1, 1)处沿曲线在该点的切线正方向(对应于 t 增大的方向)的方向导数.

7. 求函数 $f(x, y)=\arctan\frac{x}{y}$ 在点(0, 1)处的梯度.

8. 计算 $\left.\mathbf{grad}\left(xy+\frac{z}{y}\right)\right|_{(2,1,1)}$.

9. 求函数 $u=\ln(z+\sqrt{x^2+y^2})$ 在点(3, 4, 1)处的方向导数的最大值.

10. 设 a，b 为实数，函数 $z=2+ax^2+by^2$ 在点(3, 4)处的方向导数中，沿方向 $\boldsymbol{l}=-3\boldsymbol{i}-4\boldsymbol{j}$ 的方向导数最大，最大值为 10，求 a，b.

11. 设数量场 $u(x, y, z)=x^2+2y^2+3z^2+xy+3x-2y-6z$，求：(1) 使梯度为零向量的点；(2) 在点(2, 0, 1)处沿哪一个方向的变化率最大，并求出最大变化率；(3) 使梯度垂直于 z 轴的点.

B　组

确定常数 λ，使在右半平面 $x>0$ 上的向量 $\boldsymbol{A}(x, y)=\{2xy(x^4+y^2)^{\lambda}, -x^2(x^4+y^2)^{\lambda}\}$ 为某二元函数 $u(x, y)$ 的梯度，其中 $u(x, y)$ 具有连续的二阶偏导数.

第七节　多元函数极值及其应用

在实际问题中，常常会遇到求多元函数的最大(小)值问题. 通常将在实际问题中出现的需要求其最值的函数称为目标函数，该函数的自变量称为决策变量，而相应的问题在数学中称为优化问题. 本节我们只讨论与多元函数的最值有关的最简单的优化问题.

和一元函数相类似，多元函数的最值与其极值密切相关. 下面我们以二元函数为例，先讨论二元函数的极值问题，所得结论可以推广至三元及三元以上的多元函数中.

一、多元函数的无条件极值

定义 8.7.1　设函数 $z=f(x, y)$ 在点 (x_0, y_0) 的某邻域内有定义，如果对于在该邻域内异于(x_0, y_0)的任何点(x, y)，都有：

(1) $f(x, y)<f(x_0, y_0)$，则称函数在点(x_0, y_0)有极大值$f(x_0, y_0)$，点(x_0, y_0)称为函数$f(x, y)$的极大值点；

(2) $f(x, y)>f(x_0, y_0)$，则称函数在点(x_0, y_0)有极小值$f(x_0, y_0)$，点(x_0, y_0)称为函数$f(x, y)$的极小值点．

极大值和极小值统称为**极值**，使函数取得极值的点称为**极值点**．

例如，函数$z=\sqrt{x^2+y^2}$在点$(0, 0)$有极小值0，它同时也是函数的最小值；函数$z=1-(x^2+y^2)$在点$(0, 0)$有极大值1，它同时也是函数的最大值；而函数$z=xy$在点$(0, 0)$处既不取得极大值也不取得极小值．

下面考虑函数取得极值的条件．

定理 8.7.1（必要条件）　设函数$z=f(x, y)$在点(x_0, y_0)具有偏导数，且在点(x_0, y_0)处有极值，则必有

$$f_x(x_0, y_0)=0,\ f_y(x_0, y_0)=0.$$

证　不妨设$z=f(x, y)$在点(x_0, y_0)处取得极大值．若固定$y=y_0$，则一元函数$z=f(x, y_0)$在点x_0处取得极大值，并且$z=f(x, y_0)$在点x_0处有导数$f_x(x_0, y_0)$，于是由一元函数取得极值的必要条件知$f_x(x_0, y_0)=0$.

类似可证$f_y(x_0, y_0)=0$.

从几何上来看，该定理说明，若在曲面$z=f(x, y)$上与函数极值对应的点(x_0, y_0, z_0)（其中$z_0=f(x_0, y_0)$）处有切平面，则切平面的方程为

$$0(x-x_0)+0(y-y_0)-(z-z_0)=0,$$

即$z=z_0$，这是一个平行于xOy面的平面．

仿照一元函数，我们称使$f_x(x_0, y_0)=0$与$f_y(x_0, y_0)=0$同时成立的点(x_0, y_0)为函数$z=f(x, y)$的驻点．定理8.7.1告诉我们，在一阶偏导数存在的条件下，函数的极值点一定是驻点；但是，函数的驻点未必是极值点．例如，函数$z=xy$有驻点$(0, 0)$，但$(0, 0)$却不是函数的极值点．

怎样判定一个驻点是否是极值点呢？下面的定理回答了这个问题．

定理 8.7.2（充分条件）　设函数$z=f(x, y)$在点(x_0, y_0)的某邻域内连续且具有一阶及二阶连续偏导数，又$f_x(x_0, y_0)=0$，$f_y(x_0, y_0)=0$，记$f_{xx}(x_0, y_0)=A$，$f_{xy}(x_0, y_0)=B$，$f_{yy}(x_0, y_0)=C$，则

(1) $AC-B^2>0$时，$z=f(x, y)$在点(x_0, y_0)有极值，且当$A<0$时，$f(x_0, y_0)$为极大值，当$A>0$时，$f(x_0, y_0)$为极小值；

(2) $AC-B^2<0$时，$z=f(x, y)$在点(x_0, y_0)没有极值；

(3) $AC-B^2=0$时，不能确定在(x_0, y_0)是否有极值，还需另作讨论．

定理证明从略．

延伸阅读 8.13　在定理8.7.2中如果$AC-B^2=0$，那么该驻点既有可能是极值点，也有可能不是极值点，当该点是极值点时，既有可能是极大值点，也有可能是极小值点，这样就无法判定了，例如：

函数$z=x^3+y^3$，点$(0, 0)$为驻点，$AC-B^2=0$，但$(0, 0)$不是极值点．

函数$z=x^4+y^4$，点$(0, 0)$为驻点，$AC-B^2=0$，但$(0, 0)$是极小值点．

函数$z=-x^4-y^4$，点$(0, 0)$为驻点，$AC-B^2=0$，但$(0, 0)$是极大值点．

利用上面两个定理，可以总结出求具有二阶连续偏导数的函数 $z=f(x, y)$的极值的方法，步骤如下：

第一步，解方程组 $f_x(x, y)=0$，$f_y(x, y)=0$，求出所有驻点；

第二步，求 $f(x, y)$的二阶偏导数，并求出每一个驻点处 A、B、C 的值；

第三步，求出每一个驻点处 $AC-B^2$ 的符号，根据定理 8.7.2 判定 $f(x_0, y_0)$是否是极值以及是极大值还是极小值.

例 1　求函数 $f(x, y)=x^3-y^3+3x^2+3y^2-9x$ 的极值.

解　解方程组 $\begin{cases} f_x(x, y)=3x^2+6x-9=0, \\ f_y(x, y)=-3y^2+6y=0, \end{cases}$ 求得驻点$(1, 0)$、$(1, 2)$、$(-3, 0)$、$(-3, 2)$，再求二阶偏导数，得 $f_{xx}=6x+6$，$f_{xy}=0$，$f_{yy}=-6y+6$.

在点$(1, 0)$处，$AC-B^2=12\times 6=72>0$，又 $A=12>0$，所以函数取得极小值 $f(1, 0)=-5$；

在点$(1, 2)$处，$AC-B^2=12\times(-6)-0^2=-72<0$，所以函数在该点没有极值；

在点$(-3, 0)$处，$AC-B^2=-12\times 6=-72<0$，所以函数在该点也没有极值；

在点$(-3, 2)$处，$AC-B^2=-12\times(-6)=72>0$，又 $A<0$，所以函数在该点有极大值 $f(-3, 2)=31$.

除此之外，在讨论函数的极值问题时，如果函数在所讨论的区域内的个别点处的偏导数 $f_x(x, y)$或 $f_y(x, y)$不存在，这些点不是驻点，但也可能是函数的极值点. 例如，函数$z=-\sqrt{x^2+y^2}$在点$(0, 0)$处的偏导数不存在，但该函数在点$(0, 0)$处却具有极大值 0. 因此在考虑函数的极值问题时，除了考虑函数的驻点外，如果有偏导数不存在的点，也应该对这些点予以考虑.

延伸阅读 8.14　对于二元以上函数的极值问题，由于涉及《线性代数》课程，我们不作过多的讨论，现不加证明地给出如下结论：

设 n 元函数 $y=f(x_1, x_2, \cdots, x_n)$在驻点 $P_0(x_1^0, x_2^0, \cdots, x_n^0)$的某邻域内具有二阶连续偏导数，即在点 $P_0(x_1^0, x_2^0, \cdots, x_n^0)$处，函数的所有一阶偏导数都为零. 考虑函数的海塞矩阵

$$\boldsymbol{H}_f=\begin{pmatrix} \dfrac{\partial^2 f}{\partial x_1^2} & \dfrac{\partial^2 f}{\partial x_1 \partial x_2} & \cdots & \dfrac{\partial^2 f}{\partial x_1 \partial x_n} \\ \vdots & \vdots & & \vdots \\ \dfrac{\partial^2 f}{\partial x_n \partial x_1} & \dfrac{\partial^2 f}{\partial x_n \partial x_2} & \cdots & \dfrac{\partial^2 f}{\partial x_n^2} \end{pmatrix},$$

$\boldsymbol{H}_f(P_0)$表示海塞矩阵 $\boldsymbol{H}_f$ 在点 $P_0(x_1^0, x_2^0, \cdots, x_n^0)$处相应的矩阵，则

(1) 当 $\boldsymbol{H}_f(P_0)$为正定矩阵时，函数 $y=f(x_1, x_2, \cdots, x_n)$在点 P_0 处取得极小值；

(2) 当 $\boldsymbol{H}_f(P_0)$为负定矩阵时，函数 $y=f(x_1, x_2, \cdots, x_n)$在点 P_0 处取得极大值；

(3) 当 $\boldsymbol{H}_f(P_0)$的特征根有正有负时，函数 $y=f(x_1, x_2, \cdots, x_n)$在点 P_0 处不能取得极值；

(4) 其他情况无法判断.

二、多元函数的最值

与一元函数相类似，我们可以利用函数的极值来求多元函数的最大值和最小值. 为了简

化问题的讨论，假设函数 $z=f(x, y)$ 在平面点集 D 上可微且只有有限个驻点，如果 $f(x, y)$ 在 D 上存在最大、最小值，我们如何去寻找它们呢？通常遇到的有两种情形：

(1) D 是一个平面有界闭区域．由于函数 $f(x, y)$ 在 D 上连续，所以函数 $f(x, y)$ 在 D 上必然能取得最大值与最小值，并且其最值可能在 D 的内部取得，也可能在 D 的边界上取得．如果最值在 D 内部取得，那么这个最值显然也是函数的极值．因此，只要求出所有驻点处的函数值，比较它们的大小，最大者(最小者)即为函数的最大值(最小值)；若不能确定最值是否在 D 的内部取得，则先求出 $f(x, y)$ 在 D 的内部所有驻点处的函数值，然后将这些值与 $f(x, y)$ 在 D 的边界上的最值加以比较，其中最大的就是最大值，最小的就是最小值．采用这一方法时的主要困难在于计算或分析估计 $f(x, y)$ 在 D 的边界上的最值．

(2) D 是平面上的一个开区域或无界区域，但函数 $f(x, y)$ 具有实际问题的背景，并且根据问题的性质，知道函数一定有最值，且在 D 的内部取得．那么当 $f(x, y)$ 在 D 的内部只有一个驻点时，该驻点处的函数值就是函数 $f(x, y)$ 在 D 上的最值，而不需再用极值的充分条件判定．以上根据问题的实际意义加以限制，简化函数最值求解过程的思想成为实际推断原理，它是用数学模型解决实际问题的重要手段．

例 2　求二元函数 $z=f(x, y)=x^3+y^2$ 在闭区域 D：$x^2+y^2\leqslant 1$ 上的最大值与最小值.

解　解方程组 $\begin{cases} f_x=3x^2=0, \\ f_y=2y=0, \end{cases}$ 得驻点为(0，0)，且 $f(0, 0)=0$.

再计算函数 z 在区域边界 $x^2+y^2=1$ 上的最大值和最小值，即求一元函数

$$z=x^3+1-x^2$$

在 $[-1, 1]$ 上的最大值和最小值，易求得在边界上最大值为 1，最小值为 -1. 因此，函数 $z=x^3+y^2$ 在区域 $x^2+y^2\leqslant 1$ 上的最大值为 1，最小值为 -1.

例 3　某工厂要用铁板做成一个体积为 2m^3 的有盖长方体水箱．问当长、宽、高各取怎样的尺寸时，才能使用料最省．

解　设水箱的长为 x(m)，宽为 y(m)，则其高为 $\frac{2}{xy}$(m)，此水箱所用材料的面积为

$$S=2\left(xy+y\cdot\frac{2}{xy}+x\cdot\frac{2}{xy}\right),$$

即

$$S=2\left(xy+\frac{2}{x}+\frac{2}{y}\right)(x>0, y>0).$$

可见，材料面积 S 是 x 和 y 的二元函数，这就是目标函数，下面求使这函数取得最小值的点 (x, y)，解方程组

$$\begin{cases} S_x=2\left(y-\dfrac{2}{x^2}\right)=0, \\ S_y=2\left(x-\dfrac{2}{y^2}\right)=0, \end{cases}$$

求得唯一驻点 $x=\sqrt[3]{2}$，$y=\sqrt[3]{2}$．根据题意，水箱所用材料面积的最小值一定存在，且一定在 $D=\{(x, y)\mid x>0, y>0\}$ 内部取得，而函数在 D 内只有一个驻点 $(\sqrt[3]{2}, \sqrt[3]{2})$，故可断定 $x=\sqrt[3]{2}$，$y=\sqrt[3]{2}$ 时，S 取得最小值．也就是当水箱的长、宽、高同为 $\sqrt[3]{2}$ 时，水箱所用的材料

最省.

三、多元函数的条件极值　拉格朗日乘数法

在前面所讨论的多元函数极值问题中，对于函数的自变量除了要求在定义域内以外，没有附加任何其他限制条件，称此类问题为无条件极值或简单极值问题．然而在实际问题中，函数的自变量的取值还会受到许多客观条件的限制和制约．这种对自变量带有附加条件的极值称为条件极值．有时条件极值可化为无条件极值，例如，求函数 $z=x^2+y^2$ 在条件 $x+y-1=0$ 下的极值，可先从约束条件 $x+y-1=0$ 中解出 $y=1-x$ 代入 $z=x^2+y^2$ 中，使其成为无条件极值问题．但在更多情形下，将条件极值化为无条件极值并不简单．下面介绍一种求条件极值的方法．

拉格朗日乘数法　要求函数 $z=f(x,y)$ 在附加条件 $\varphi(x,y)=0$ 下的可能极值点，先作拉格朗日函数

$$L(x,y)=f(x,y)+\lambda\varphi(x,y),$$

其中 λ 为一个待定常数．求 $L(x,y)$ 对 x，y 的一阶偏导数，并令其为零，然后与附加条件 $\varphi(x,y)=0$ 联立，由方程组

$$\begin{cases}f_x(x,y)+\lambda\varphi_x(x,y)=0,\\ f_y(x,y)+\lambda\varphi_y(x,y)=0,\\ \varphi(x,y)=0,\end{cases}$$

解出 x，y 及 λ，这样得到的 (x,y) 就是函数 $f(x,y)$ 在附加条件 $\varphi(x,y)=0$ 下的可能极值点．再由所给问题的实际意义来进一步分析其是否为极值点．

上述拉格朗日乘数法还可以推广到自变量多于两个及约束条件多于一个的情形．例如，要求函数

$$u=f(x,y,z)$$

在约束条件 $\varphi_1(x,y,z)=0$，$\varphi_2(x,y,z)=0$ 下的极值，可构造拉格朗日函数

$$L(x,y,z)=f(x,y,z)+\lambda_1\varphi_1(x,y,z)+\lambda_2\varphi_2(x,y,z),$$

其中 λ_1，λ_2 均为参数．然后令拉格朗日函数 L 的所有偏导数等于零，并与约束条件联立．所得方程组的解 x，y，z 就是函数 $u=f(x,y,z)$ 的可能极值点．

对于实际问题，当拉格朗日函数有唯一驻点，并且实际问题存在最大(小)值时，该驻点就是最大(小)值点．

例 4　求表面积为 a^2 而体积为最大的长方体的体积．

解　设长方体的三棱长为 x，y，z，则问题就是在条件

$$\varphi(x,y,z)=2xy+2yz+2xz-a^2=0$$

下，求函数

$$V=xyz\ (x>0,\ y>0,\ z>0)$$

的最大值．作拉格朗日函数

$$L(x,y,z)=xyz+\lambda(2xy+2yz+2xz-a^2),$$

求得　$L'_x=yz+2\lambda(y+z)$，$L'_y=xz+2\lambda(x+z)$，$L'_z=xy+2\lambda(x+y)$，

联立，并解方程组

$$\begin{cases} yz+2\lambda(y+z)=0, \\ xz+2\lambda(x+z)=0, \\ xy+2\lambda(x+y)=0, \\ 2xy+2yz+2xz-a^2=0, \end{cases}$$

得

$$x=y=z=\frac{\sqrt{6}}{6}a,$$

这是唯一可能的极值点．根据问题本身可以知道一定存在最大值，所以最大值就在这个可能的极值点取得，所以，表面积为 a^2 的长方体中，以棱长为$\frac{\sqrt{6}}{6}a$ 的正方体的体积为最大，最大体积为$\frac{\sqrt{6}}{36}a^3$．

延伸阅读 8.15　下面简介拉格朗日乘数法的思想方法：

设在考虑的区域内，函数 f，φ 都有连续的一阶偏导数，且有偏导数 $\varphi_x(x, y)$，$\varphi_y(x, y)$ 不全为零．不妨设 $\varphi_y(x, y)\neq0$，由隐函数定理，可将 y 视为由方程 $\varphi(x, y)=0$ 所确定的隐函数 $y=\psi(x)$，将其代入 f，得 $z=f[x, \psi(x)]$，于是，可以将多元函数的条件极值问题化为无条件极值问题．由极值点所满足的必要条件有 $\frac{\mathrm{d}z}{\mathrm{d}x}=0$，而

$$\frac{\mathrm{d}z}{\mathrm{d}x}=f_x(x, y)+f_y(x, y)\frac{\mathrm{d}y}{\mathrm{d}x},$$

又

$$\frac{\mathrm{d}y}{\mathrm{d}x}=-\frac{\varphi_x(x, y)}{\varphi_y(x, y)},$$

所以

$$\frac{\mathrm{d}z}{\mathrm{d}x}=f_x(x, y)-\frac{\varphi_x(x, y)}{\varphi_y(x, y)}f_y(x, y).$$

极值点必须满足方程组

$$\begin{cases} f_x(x, y)-\dfrac{\varphi_x(x, y)}{\varphi_y(x, y)}f_y(x, y)=0, \\ \varphi(x, y)=0, \end{cases}$$

恒等变换为

$$\begin{cases} f_x(x, y)\varphi_y(x, y)-f_y(x, y)\varphi_x(x, y)=0, \\ \varphi(x, y)=0, \end{cases} \qquad (*)$$

解上述方程组即可得可能的极值点．

另一方面，如果我们作拉格朗日函数 $F(x, y)=f(x, y)+\lambda\varphi(x, y)$，其中 λ 为任意常数．考虑函数 $F(x, y)$ 的无条件极值，由极值的必要条件有

$$\begin{cases} F_x(x, y)=f_x(x, y)+\lambda\varphi_x(x, y)=0, \\ F_y(x, y)=f_y(x, y)+\lambda\varphi_y(x, y)=0, \end{cases}$$

从以上两式中消去 λ，联立方程 $\varphi(x, y)=0$ 便得到(*)式．

由以上的讨论，我们可以得到拉格朗日乘数法．需要特别注意的是，在运用拉格朗日乘数法求出可能的极值点后，不能运用无条件极值的方法判定该点是否为极值点，因为该点通常不是函数 $z=f(x, y)$ 的驻点．此时判断该点处的极值情形比较困难，一般是根据实际问题或结合图形进行判断．

最后我们指出，在求条件极值时，如果能够在 $\varphi(x, y)=0$ 中解出变量 y 并代入到函数 $z=f(x, y)$ 中，二元函数的极值问题就转化为一元函数的极值，这是降元的方法求极值；而拉格朗日乘数法引入了一个变元 λ，将原来二元函数求极值的问题转化为计算三元函数 $f(x, y)+\lambda\varphi(x, y)$ 的极值，这是升元的方法求极值．两者方式不同，运用的场合也不同，但是目的是相同的．

习　题　8-7

A　组

1. 求下列函数的极值.

(1) $z=x^3+y^3-3xy$;　　(2) $z=(x^2+y^2)^2-2(x^2-y^2)$;

(3) $z=xe^{-\frac{x^2+y^2}{2}}$;　　(4) $z=x^2(2+y^2)+y\ln y$.

2. 求由方程 $x^2+y^2+z^2-2x+2y-4z-10=0$ 所确定的函数 $f(x, y)$ 的极值.

3. 已知函数 $z=z(x, y)$ 由方程 $(x^2+y^2)z+\ln z+2(x+y+1)=0$ 确定，求 $z=z(x, y)$ 的极值.

4. 求函数 $z=xy$ 在约束条件 $2x+3y=5$ 下的极大值.

5. 求函数 $u=xy+2yz$ 在约束条件 $x^2+y^2+z^2=10$ 下的最大值和最小值.

6. 求函数 $u=x^2+y^2+z^2$ 在约束条件 $z=x^2+y^2$ 和 $x+y+z=4$ 下的最大值和最小值.

7. 设 $f(x, y)$ 与 $\varphi(x, y)$ 均为可微函数，且 $\varphi'_y(x, y)\neq 0$，已知 (x_0, y_0) 是 $f(x, y)$ 在约束条件 $\varphi(x, y)=0$ 下的一个极值点，若 $f'_x(x_0, y_0)\neq 0$，那么 $f'_y(x_0, y_0)$ 是否等于零?

8. 求函数 $z=x^2-y^2$ 在闭区域 $x^2+4y^2\leqslant 4$ 上的最大值和最小值.

9. 求函数 $z=xy(4-x-y)$ 在 $x=1$，$y=0$，$x+y=6$ 围成区域上的最大值和最小值.

10. 从斜边长为 l 的一切直角三角形中，求有最大周长的直角三角形.

11. 将长为 2m 的铁丝分成三段，依次围成圆、正方形与正三角形，三个图形的面积和是否存在最小值? 若存在，求出最小值.

12. 已知曲线 C: $\begin{cases}x^2+y^2-2z^2=0,\\x+y+3z=5,\end{cases}$ 求曲线 C 距 xOy 面最远和最近的点.

B　组

1. 已知函数 $z=f(x, y)$ 的全微分 $dz=2xdx-2ydy$，并且 $f(1, 1)=2$，求 $f(x, y)$ 在椭圆域 $D=\left\{(x, y)\mid x^2+\frac{y^2}{4}\leqslant 1\right\}$ 上的最大值和最小值.

2. 已知函数 $f(u, v)$ 具有二阶连续偏导数，$f(1, 1)=2$ 是 $f(u, v)$ 的极值，$z=f(x+y, f(x, y))$，求 $\left.\frac{\partial^2 z}{\partial x\partial y}\right|_{\substack{x=1\\y=1}}$.

3. 求曲线 $x^3-xy+y^3=1(x\geqslant 0, y\geqslant 0)$ 上的点到坐标原点的最长距离与最短距离.

4. 已知函数 $f(x, y)$ 满足 $f''_{xy}(x, y)=2(y+1)e^x$，$f'_x(x, 0)=(x+1)e^x$，$f(0, y)=y^2+2y$，求 $f(x, y)$ 的极值.

第九章

CHAPTER 9

重 积 分

定积分的思想方法是一元微积分的核心内容之一．将定积分的思想推广到多维，就得到了重积分．重积分的概念也是从大量实际问题中抽象出来的，是定积分中“分割、近似代替、求和、取极限”的分析方法在二维和三维空间中的推广，其数学思想也是一种“和式的极限”．不同之处在于，定积分的被积函数是一元函数，积分范围是一个区间；而重积分的被积函数是多元函数，积分范围是平面或空间的一个区域．重积分可以转化为多次定积分来计算．

第一节　二重积分的概念与性质

一、二重积分的概念

引例 1　曲顶柱体的体积

“**曲顶柱体**”是指这样的立体，它的底是 xOy 平面上有界闭区域 D，它的侧面是以 D 的边界曲线为准线而母线平行于 z 轴的柱面，它的顶是由二元非负连续函数 $z=f(x, y)$ 所表示的连续曲面(图 9－1)．这样的曲顶柱体的体积如何计算呢？

如果函数 $f(x, y)$ 在 D 上取常数值，则上述曲顶柱体就化为一个平顶柱体，其体积可用公式

$$\text{体积}=\text{高}\times\text{底面积}$$

来计算．对于曲顶柱体，其体积问题可以像处理曲边梯形面积那样来解决．

(1) 分割：用任意一组曲线网把 D 分成 n 个小闭区域 $\Delta\sigma_1$，$\Delta\sigma_2$，…，$\Delta\sigma_n$，分别以这些小闭区域的边界曲线为准线，作母线平行于 z 轴的柱面，这些柱面把原来的曲顶柱体分成 n 个小曲顶柱体．

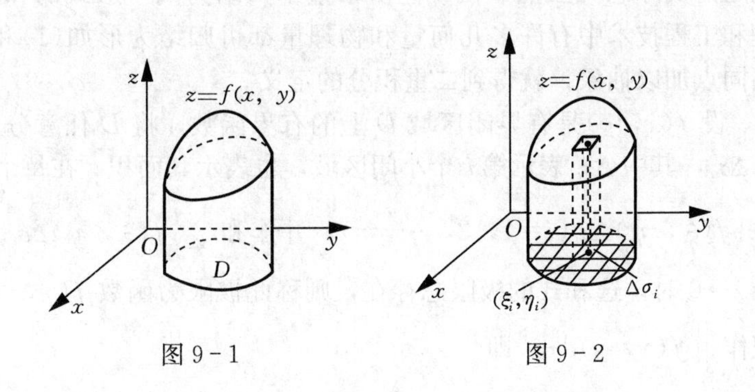

图 9－1　　　　图 9－2

(2) 近似代替：考虑这些小曲顶柱体的体积(图 9-2)．记第 i 个小曲顶柱体的体积为 $\Delta V_i(i=1,2,\cdots,n)$，在每个小闭区域 $\Delta\sigma_i$(其面积也记为 $\Delta\sigma_i$)上任取一点(ξ_i,η_i)．当 $\Delta\sigma_i$ 的直径(即区域内任意两点间距离的最大值)足够小时，由于 $f(x,y)$连续，$\Delta\sigma_i$ 对应的曲顶上竖坐标变化不大，这时小曲顶柱体可近似看作以 $f(\xi_i,\eta_i)$为高而底为 $\Delta\sigma_i$ 的平顶柱体，故其体积

$$\Delta V_i\approx f(\xi_i,\eta_i)\Delta\sigma_i(i=1,2,\cdots,n).$$

(3) 求和：对 i 求和，得所求曲顶柱体的体积 V 的近似值

$$V=\sum_{i=1}^{n}\Delta V_i\approx\sum_{i=1}^{n}f(\xi_i,\eta_i)\Delta\sigma_i.$$

(4) 取极限：当区域 D 分割越来越细密，并使这 n 个小区域的最大直径 $\lambda\to0$ 时，和式的极限就是曲顶柱体的体积 V，即

$$V=\lim_{\lambda\to0}\sum_{i=1}^{n}f(\xi_i,\eta_i)\Delta\sigma_i. \tag{1}$$

引例 2　平面薄片的质量

设一平面薄片占有 xOy 平面上的闭区域 D，它在点(x,y)的面密度是 $\rho(x,y)$，这里 $\rho(x,y)>0$ 且在 D 上连续，求薄片的质量．

若薄片是均匀的，即面密度是常数，则薄片的质量可用公式

质量＝面密度×面积

来计算．现在薄片的面密度 $\rho(x,y)$是变量，其质量问题可用类似于求曲顶柱体体积的方法来解决：

首先，把薄片任意分成 n 个小块 $\Delta\sigma_i$(其面积也记为 $\Delta\sigma_i$，$i=1,2,\cdots,n$)，在 $\Delta\sigma_i$ 上任取一点(ξ_i,η_i)(图 9-3)．由于 $\rho(x,y)$连续，只要小块所占的小闭区域 $\Delta\sigma_i$ 的直径很小，$\Delta\sigma_i$ 对应的小块就可近似看作面密度为 $\rho(\xi_i,\eta_i)$的均匀薄片，故其质量

$$\Delta M_i\approx\rho(\xi_i,\eta_i)\Delta\sigma_i(i=1,2,\cdots,n).$$

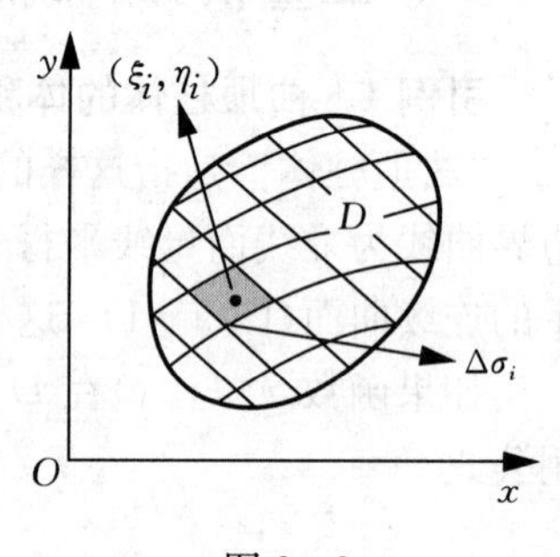

图 9-3

通过求和、取极限，得薄片质量 M 的精确值

$$M=\lim_{\lambda\to0}\sum_{i=1}^{n}\rho(\xi_i,\eta_i)\Delta\sigma_i, \tag{2}$$

其中 λ 是各小闭区域 $\Delta\sigma_i(i=1,2,\cdots,n)$的直径的最大值．

上面两个问题的实际意义虽然不同，但所求量都归结为同一形式的和式的极限．在几何、力学、物理和工程技术中有许多几何量和物理量都可归结为形如(1)和(2)的和式的极限．我们将其共同点加以抽象，就得到二重积分的定义．

定义 9.1.1　设 $f(x,y)$是有界闭区域 D 上的有界函数，将 D 任意分成 n 个小闭区域 $\Delta\sigma_1,\Delta\sigma_2,\cdots,\Delta\sigma_n$，其中 $\Delta\sigma_i$ 表示第 i 个小闭区域，也表示其面积．在每个 $\Delta\sigma_i$ 上任取一点(ξ_i,η_i)，作乘积 $f(\xi_i,\eta_i)\Delta\sigma_i(i=1,2,\cdots,n)$，并作和 $\sum\limits_{i=1}^{n}f(\xi_i,\eta_i)\Delta\sigma_i$．如果当各小闭区域的最大直径 $\lambda\to0$ 时，这和式的极限总存在，则称此极限为函数 $f(x,y)$在闭区域 D 上的二重积分，记作 $\iint\limits_{D}f(x,y)\mathrm{d}\sigma$，即

$$\iint_D f(x, y)\mathrm{d}\sigma = \lim_{\lambda \to 0}\sum_{i=1}^{n} f(\xi_i, \eta_i)\Delta\sigma_i,$$

其中 $f(x, y)$ 叫作**被积函数**，$\mathrm{d}\sigma$ 叫作**面积元素**，$f(x, y)\mathrm{d}\sigma$ 叫作被积表达式，x 与 y 叫作**积分变量**，D 叫作**积分区域**．

延伸阅读 9.1　一个小区域 $\Delta\sigma_i$ 的直径是指小区域内任意两点之间距离的最大值，而 λ 是所有 $\Delta\sigma_i$ 的直径的最大值，因此 $\lambda \to 0$ 就意味着每一个小区域内距离最远的两点之间的距离趋近于 0. 对于一个连续函数来讲，此时该函数在每个小区域上任意两点的函数值都可以无限接近，所以用任意一点的函数值代表整个小区域的函数值是合理的．

那么如果不引入 λ，在定义中直接令 $n \to \infty$ 不可以吗？如果 $n \to \infty$，只能够保证把区域 D 分成了无穷多个小区域．有的小区域范围可能很大，被积函数在这样的小区域内某两点的函数值差异可能较大，这样用任意一点的函数值代表整个小区域的函数值就不合理了．

那么如果将 λ 定义为所有 $\Delta\sigma_i$ 的面积的最大值，是否合理呢？这样定义并不能保证该区域的直径趋向于 0. 例如，对于一个长方形区域而言，不改变其长度，而令其宽度无限缩小，就会有面积趋向于 0，而直径是固定非零常数的情况出现．这样的结果是小区域内两点间距离可能很大，用任意一点的函数值代表整个小区域的函数值就不合理了．

可见，二重积分是个极限值，因此是个数值，其大小与被积函数 $f(x, y)$ 及积分区域 D 有关，但与积分变量的记号无关，即 $\iint_D f(x, y)\mathrm{d}\sigma = \iint_D f(u, v)\mathrm{d}\sigma$.

若二重积分 $\iint_D f(x, y)\mathrm{d}\sigma$ 存在，则称函数 $f(x, y)$ 在 D 上可积．可以证明，当 $f(x, y)$ 在闭区域 D 上连续时，$f(x, y)$ 在 D 上是可积的，故以后总假定被积函数 $f(x, y)$ 在积分区域 D 上连续．

延伸阅读 9.2　要探讨函数 $z=f(x, y)$ 在区域 D 上可积的充分条件，需要一系列可积性理论．在此我们从略，只指出以下两类函数是可积的(其中 D 为有界闭区域)：

(1) D 上的连续函数；

(2) D 上的分片连续(即把 D 分为有限个子区域后，函数在每个子区域上连续)的有界函数．

这与一元函数定积分的情形是类似的．

由二重积分的定义可知，曲顶柱体的体积是曲顶的竖坐标 $f(x, y)$ 在底 D 上的二重积分 $V = \iint_D f(x, y)\mathrm{d}\sigma$，非均匀平面薄片的质量是其面密度 $\rho(x, y)$ 在薄片所占闭区域 D 上的二重积分 $M = \iint_D \rho(x, y)\mathrm{d}\sigma$.

一般地，如果 $f(x, y) \geqslant 0$，二重积分的几何意义可以解释为曲顶柱体的体积．如果 $f(x, y) < 0$，二重积分就表示曲顶柱体体积的负值．如果 $f(x, y)$ 在 D 的若干部分区域上是正的，而在其他部分区域上是负的，则把 xOy 面上方的柱体体积取成正，xOy 面下方的柱体体积取成负，那么，$f(x, y)$ 在 D 上的二重积分就等于这些部分区域上的柱体体积的代数和．

二、二重积分的性质

二重积分与定积分有类似的性质：

性质 1 对任意常数 α，β，有

$$\iint_D [\alpha f(x, y)+\beta g(x, y)]\mathrm{d}\sigma=\alpha\iint_D f(x, y)\mathrm{d}\sigma+\beta\iint_D g(x, y)\mathrm{d}\sigma.$$

性质 2 如果 D 可划分为两个闭区域 D_1 和 D_2（即 $D=D_1+D_2$ 且 D_1 和 D_2 无公共内点，图 9-4），则

$$\iint_D f(x, y)\mathrm{d}\sigma=\iint_{D_1} f(x, y)\mathrm{d}\sigma+\iint_{D_2} f(x, y)\mathrm{d}\sigma.$$

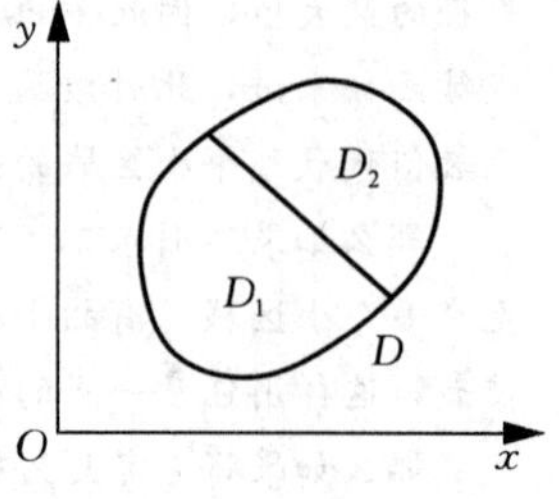

图 9-4

性质 3 若在 D 上 $f(x, y)=1$，σ 为 D 的面积，则 $\sigma=\iint_D \mathrm{d}\sigma$.

从几何的角度看，该性质表示高为 1 的平顶柱体的体积，在数值上就等于其底面积.

性质 4 若在 D 上 $f(x, y)\leqslant g(x, y)$，则 $\iint_D f(x, y)\mathrm{d}\sigma\leqslant\iint_D g(x, y)\mathrm{d}\sigma$.

特殊地，由于

$$-|f(x, y)|\leqslant f(x, y)\leqslant|f(x, y)|,$$

又有不等式

$$\left|\iint_D f(x, y)\mathrm{d}\sigma\right|\leqslant\iint_D |f(x, y)|\mathrm{d}\sigma.$$

性质 5 设 m，M 分别是 $f(x, y)$ 在闭区域 D 上的最小值和最大值，σ 是 D 的面积，则有二重积分的估值不等式

$$m\sigma\leqslant\iint_D f(x, y)\mathrm{d}\sigma\leqslant M\sigma.$$

由于 $m\leqslant f(x, y)\leqslant M$，由性质 4，有 $\iint_D m\mathrm{d}\sigma\leqslant\iint_D f(x, y)\mathrm{d}\sigma\leqslant\iint_D M\mathrm{d}\sigma$，再应用性质 1 和性质 3 即得.

性质 6（中值定理） 设 $f(x, y)$ 在闭区域 D 上连续，σ 是 D 的面积，则在 D 上至少存在一点 (ξ, η)，使下式成立

$$\iint_D f(x, y)\mathrm{d}\sigma=f(\xi, \eta)\sigma. \tag{3}$$

证明 显然 $\sigma>0$，把性质 5 中估值不等式各除以 σ，有

$$m\leqslant\frac{1}{\sigma}\iint_D f(x, y)\mathrm{d}\sigma\leqslant M,$$

即确定的数值 $\frac{1}{\sigma}\iint_D f(x, y)\mathrm{d}\sigma$ 介于函数 $f(x, y)$ 的最小值 m 和最大值 M 之间，根据闭区域上连续函数的介值定理，在 D 上至少存在一点 (ξ, η)，使得

$$\frac{1}{\sigma}\iint_D f(x, y)\mathrm{d}\sigma=f(\xi, \eta),$$

两端各乘以σ，即得所要证明的公式．

中值定理的几何意义是：在区域D上，以曲面$f(x,y)$为顶的曲顶柱体的体积，等于以区域D内某一点(ξ,η)的函数值$f(\xi,\eta)$为高的平顶柱体的体积．

由(3)式有$\dfrac{1}{\sigma}\iint\limits_D f(x,y)\mathrm{d}\sigma=f(\xi,\eta)$．通常称$\dfrac{1}{\sigma}\iint\limits_D f(x,y)\mathrm{d}\sigma$为函数$f(x,y)$在$D$上的平均值．

延伸阅读 9.3 积分中值定理是一种数学规律．它揭示了一种将积分化为函数值，或者是将复杂函数积分化为简单函数积分的方法，是高等数学的基本定理和重要手段，在求极限、判定某些性质、估计积分值和不等式证明等方面的应用广泛．类似于定积分的中值定理，上文中介绍的中值定理为重积分中值定理，其还有一种类似的情形为

若函数$f(x,y)$与$g(x,y)$在有界闭区域D上都连续，且$g(x,y)\geqslant 0$，则至少$\exists(\xi,\eta)\in D$，使得

$$\iint\limits_D f(x,y)g(x,y)\mathrm{d}\sigma=f(\xi,\eta)\iint\limits_D g(x,y)\mathrm{d}\sigma.$$

例 1 比较积分$\iint\limits_D \ln(x+y)\mathrm{d}\sigma$与$\iint\limits_D [\ln(x+y)]^2\mathrm{d}\sigma$的大小，其中区域$D$是顶点为(1，0)，(1，1)，(2，0)的三角形闭区域．

解 作积分区域D如图 9-5 所示，三角形斜边方程为$x+y=2$，故在D内有

$$1\leqslant x+y\leqslant 2<\mathrm{e},$$

所以$0\leqslant\ln(x+y)<1$，于是在D上，

$$\ln(x+y)\geqslant[\ln(x+y)]^2,$$

由性质 4，有

$$\iint\limits_D \ln(x+y)\mathrm{d}\sigma\geqslant\iint\limits_D [\ln(x+y)]^2\mathrm{d}\sigma.$$

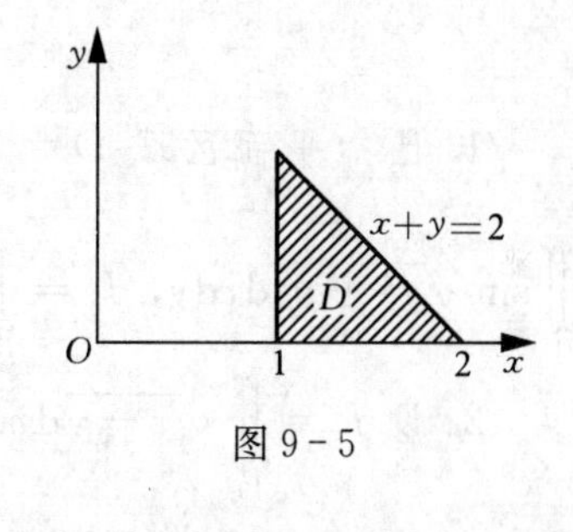

图 9-5

例 2 估计二重积分$I=\iint\limits_D\sqrt{x^2+4y^2+1}\,\mathrm{d}\sigma$的值，其中$D$为矩形闭区域$D$：$0\leqslant x\leqslant 2$，$0\leqslant y\leqslant 1$．

解 因为在积分区域D内，$f(x,y)=\sqrt{x^2+4y^2+1}$的最大值和最小值分别为

$$M=3,\ m=1,$$

而区域D的面积$\sigma=2$，由性质 5 有$2\leqslant I\leqslant 6$．

习 题 9-1

A 组

1. 设有一平面薄板(不计其厚度)，占有xOy面上的闭区域D，薄板上分布着面密度为$\mu=\mu(x,y)$的电荷，且$\mu(x,y)$在D上连续，试用二重积分表达该板上的全部电荷Q．

2. $I=\iint\limits_D(x^2+y^2)\mathrm{d}x\mathrm{d}y$，$D=\{(x,y)\mid -2\leqslant x\leqslant 2,\ -1\leqslant y\leqslant 1\}$，$I'=\iint\limits_{D'}(x^2+$

$y^2)\mathrm{d}x\mathrm{d}y$，$D'=\{(x, y)|0\leqslant x\leqslant 2, 0\leqslant y\leqslant 1\}$，试用二重积分的几何意义说明 I 与 I' 之间的关系．

3. 利用几何意义计算二重积分 $\iint\limits_D \sqrt{4-x^2-y^2}\,\mathrm{d}x\mathrm{d}y$，其中 $D=\{(x, y)\,|\,x^2+y^2\leqslant 4\}$.

4. 判断二重积分 $\iint\limits_{\frac{1}{2}\leqslant x^2+y^2\leqslant 1} \ln(x^2+y^2)\mathrm{d}x\mathrm{d}y$ 的符号．

5. 根据二重积分的性质，比较下列积分的大小．

(1) $I_1=\iint\limits_D (x+y)^2\mathrm{d}x\mathrm{d}y$ 与 $I_2=\iint\limits_D (x+y)^3\mathrm{d}x\mathrm{d}y$，其中积分区域 D 由 x 轴、y 轴与直线 $x+y=1$ 围成；

(2) $I_1=\iint\limits_D \cos\sqrt{x^2+y^2}\,\mathrm{d}x\mathrm{d}y$，$I_2=\iint\limits_D \cos(x^2+y^2)\mathrm{d}x\mathrm{d}y$，$I_3=\iint\limits_D \cos(x^2+y^2)^2\mathrm{d}x\mathrm{d}y$，其中积分区域 $D=\{(x, y)\,|\,x^2+y^2\leqslant 1\}$.

6. 估计下列二重积分的值．

(1) $I=\iint\limits_D (x+y+1)\mathrm{d}x\mathrm{d}y$，其中 $D=\{(x, y)\,|\,0\leqslant x\leqslant 1, 1\leqslant y\leqslant 3\}$；

(2) $I=\iint\limits_D \mathrm{e}^{x^2+y^2}\mathrm{d}x\mathrm{d}y$，其中 $D=\{(x, y)\,|\,x^2+y^2\leqslant 1\}$.

B　组

1. 已知平面区域 $D=\left\{(x, y)\,\middle|\,|x|+|y|\leqslant\frac{\pi}{2}\right\}$，记 $I_1=\iint\limits_D \sqrt{x^2+y^2}\,\mathrm{d}x\mathrm{d}y$，$I_2=\iint\limits_D \sin\sqrt{x^2+y^2}\,\mathrm{d}x\mathrm{d}y$，$I_3=\iint\limits_D (1-\cos\sqrt{x^2+y^2})\mathrm{d}x\mathrm{d}y$，比较 I_1，I_2 和 I_3 的大小．

2. 设 $J_i=\iint\limits_{D_i} \sqrt[3]{x-y}\,\mathrm{d}x\mathrm{d}y\ (i=1, 2, 3)$，其中 $D_1=\{(x, y)\,|\,0\leqslant x\leqslant 1, 0\leqslant y\leqslant 1\}$，$D_2=\{(x, y)\,|\,0\leqslant x\leqslant 1, 0\leqslant y\leqslant\sqrt{x}\}$，$D_3=\{(x, y)\,|\,0\leqslant x\leqslant 1, x^2\leqslant y\leqslant 1\}$，比较 J_1，J_2 和 J_3 的大小．

3. 计算 $\lim\limits_{r\to 0}\frac{1}{\pi r^2}\iint\limits_D \mathrm{e}^{x^2+y^2}\cos(x+y)\mathrm{d}\sigma$，其中 D 为中心在原点，半径为 r 的圆所围成的区域.

第二节　二重积分的计算

按照二重积分的定义来计算二重积分往往是很困难的．和定积分一样，对于二重积分也需要找到一种实用的计算方法．解决的途径就是把二重积分化为二次积分(即两次定积分)来计算．

一、利用直角坐标计算二重积分

在二重积分的定义中对闭区域 D 的划分是任意的，如果在直角坐标系中用平行于坐标

轴的直线网来划分 D，那么除了包含边界点的一些小闭区域(可忽略不计)外，其余的小闭区域都是矩形闭区域(图 9－6).

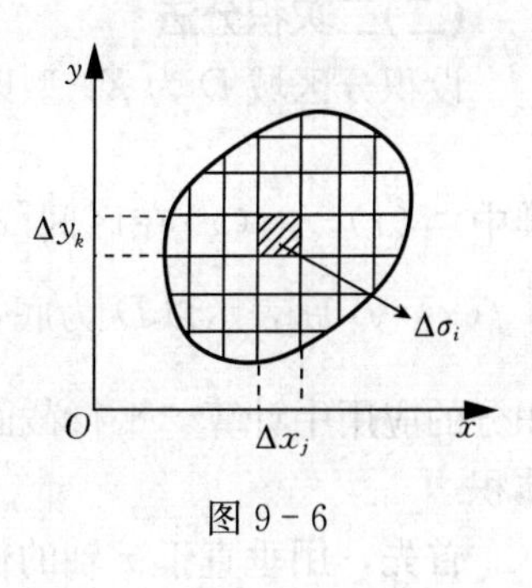

图 9－6

设矩形闭区域 $\Delta\sigma_i$ 的边长为 Δx_j 和 Δy_k，则 $\Delta\sigma_i=\Delta x_j\Delta y_k$，因此在直角坐标系中面积元素 $d\sigma=dxdy$(称 $dxdy$ 为直角坐标系中的面积元素)，故在直角坐标系中

$$\iint_D f(x,\ y)d\sigma=\iint_D f(x,\ y)dxdy.$$

下面解决在直角坐标系下二重积分 $\iint_D f(x,\ y)d\sigma$ 的计算问题.

(一)积分区域的表示

在 xOy 平面上有一类特殊区域，其边界与垂直于坐标轴的直线最多交于两点，或者有一部分边界是垂直于坐标轴的直线段(图 9－7、图 9－8).

图 9－7 的区域可表示为：$a\leqslant x\leqslant b$，$\varphi_1(x)\leqslant y\leqslant\varphi_2(x)$，称这类区域为 X-型区域，其特点是：穿过 D 内部且垂直于 x 轴的直线与 D 的边界至多交于两点；图 9－8 的区域可表示为：$c\leqslant y\leqslant d$，$\psi_1(y)\leqslant x\leqslant\psi_2(y)$，这类区域称为 Y-型区域，其特点是：穿过 D 内部且垂直于 y 轴的直线与 D 的边界至多交于两点.

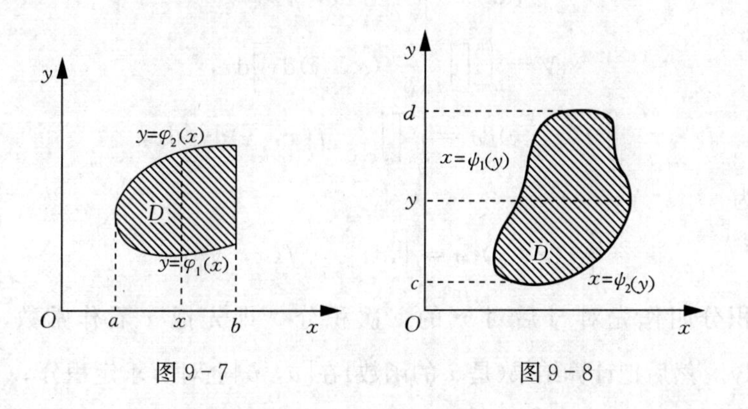

图 9－7　　图 9－8

对于一般的区域都可分割成有限个无公共内点的 X-型区域或 Y-型区域．图 9－9 的区域 D 可分成三个区域 D_1，D_2，D_3，它们都可看作 X-型区域．因此，解决了 X-型区域和 Y-型区域上的二重积分的计算后，一般区域上的二重积分计算问题也就得到了解决.

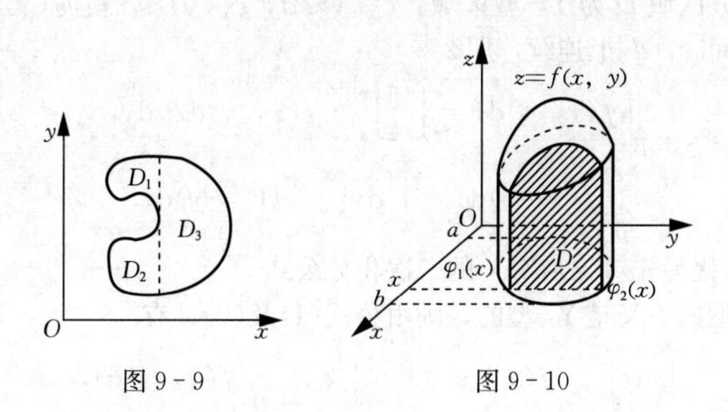

图 9－9　　图 9－10

(二)二次积分法

设积分区域 D 为 X -型区域：

$$a \leqslant x \leqslant b,\ \varphi_1(x) \leqslant y \leqslant \varphi_2(x) \text{(图 9-7)},$$

其中 $\varphi_1(x)$，$\varphi_2(x)$ 在区间 $[a, b]$ 上连续．并设 $f(x, y) \geqslant 0$. 根据二重积分的几何意义，$\iint\limits_D f(x, y)\mathrm{d}\sigma$ 表示以 D 为底，以 $z=f(x, y)$ 为顶的曲顶柱体的体积 V(图 9-10). 下面用定积分的应用中计算“平行截面面积为已知的立体的体积”的方法，来计算这个曲顶柱体的体积.

首先，用垂直于 x 轴的任一平面去截柱体，得图 9-10 中带阴影部分的截面面积 $A(x)$，而 x 的变化区间是 $a \leqslant x \leqslant b$，故所求曲顶柱体的体积为 $V = \int_a^b A(x)\mathrm{d}x$.

其次，求 $A(x)$ 的表达式．由图 9-10 可见，当 x 固定为 x_0 时，截面是以 $z=f(x_0, y)$ 为曲边，以 $[\varphi_1(x_0), \varphi_2(x_0)]$ 为底(即自变量 y 在 $[\varphi_1(x_0), \varphi_2(x_0)]$ 上取值)的曲边梯形，其面积为

$$A(x_0) = \int_{\varphi_1(x_0)}^{\varphi_2(x_0)} f(x_0, y)\mathrm{d}y,$$

于是，对任一 $x \in [a, b]$，有

$$A(x) = \int_{\varphi_1(x)}^{\varphi_2(x)} f(x, y)\mathrm{d}y,$$

所以，

$$V = \int_a^b \left[\int_{\varphi_1(x)}^{\varphi_2(x)} f(x, y)\mathrm{d}y\right]\mathrm{d}x,$$

即

$$\iint\limits_D f(x, y)\mathrm{d}\sigma = \int_a^b \left[\int_{\varphi_1(x)}^{\varphi_2(x)} f(x, y)\mathrm{d}y\right]\mathrm{d}x,$$

上式也可简记为

$$\iint\limits_D f(x, y)\mathrm{d}\sigma = \int_a^b \mathrm{d}x \int_{\varphi_1(x)}^{\varphi_2(x)} f(x, y)\mathrm{d}y. \tag{1}$$

(1)式右端的积分叫作先对 y 后对 x 的二次积分．即先把 x 看作常数，计算定积分 $\int_{\varphi_1(x)}^{\varphi_2(x)} f(x, y)\mathrm{d}y$，然后把计算结果(是 x 的函数)在 $[a, b]$ 上对 x 求定积分．(1)式就是把二重积分化为先对 y 后对 x 的二次积分公式．

在上述讨论中，我们假定 $f(x, y) \geqslant 0$，这只是为了几何上说明方便，实际上(1)式的成立不受此条件限制．

类似地，若积分区域 D 为 Y -型区域：$c \leqslant y \leqslant d$，$\psi_1(y) \leqslant x \leqslant \psi_2(y)$(图 9-8)，其中 $\psi_1(y)$，$\psi_2(y)$ 在区间 $[c, d]$ 上连续，那么

$$\iint\limits_D f(x, y)\mathrm{d}\sigma = \int_c^d \left[\int_{\psi_1(y)}^{\psi_2(y)} f(x, y)\mathrm{d}x\right]\mathrm{d}y,$$

或

$$\iint\limits_D f(x, y)\mathrm{d}\sigma = \int_c^d \mathrm{d}y \int_{\psi_1(y)}^{\psi_2(y)} f(x, y)\mathrm{d}x. \tag{2}$$

(2)式是把二重积分化为先对 x 后对 y 的二次积分公式．

若 D 既是 X -型的，又是 Y -型的，则由公式(1)及(2)，有

$$\int_a^b \mathrm{d}x \int_{\varphi_1(x)}^{\varphi_2(x)} f(x, y)\mathrm{d}y = \int_c^d \mathrm{d}y \int_{\psi_1(y)}^{\psi_2(y)} f(x, y)\mathrm{d}x.$$

上式表明，这两个不同积分次序的二次积分相等．对于一个二重积分，适当选择积分次序可以简化运算，后面将结合例题加以说明．

关于二重积分的计算步骤，现可归结如下：

第一步，画出积分区域 D 的图形；

第二步，根据 D 的形状及被积函数 $f(x, y)$ 的特征选择积分次序，并定出二次积分的积分限；

第三步，应用二次积分公式进行计算．

延伸阅读 9.4 将二重积分化为二次积分时，确定积分限是一个关键．积分限是根据积分区域 D 来确定的．假设积分区域是 X-型的，图 9-7 中，在区间 (a, b) 上任意取定一个 x 值，积分区域上以这个 x 值为横坐标的点在一条直线上，这条直线平行于 y 轴，且与积分区域 D 的边界有两个交点，下交点所对应的曲线 $y=\varphi_1(x)$ 中的函数 $\varphi_1(x)$ 就是 y 的积分下限，上交点所对应的曲线 $y=\varphi_2(x)$ 的函数 $\varphi_2(x)$ 就是 y 的积分上限．这其实是先把 x 看作常量而对 y 积分时的上限和下限．再把 x 看作变量而对 x 积分时，积分区间就是 $[a, b]$. 也就是说，x 的积分上、下限分别为 b 和 a.

例 1 计算 $\iint\limits_D xy\mathrm{d}\sigma$，其中 D 是由直线 $y=1$，$x=2$ 及 $y=x$ 所围成的闭区域．

解 首先画出积分区域 D(图 9-11). D 既是 X-型，又是 Y-型，若将积分区域看作 X-型，积分限为：$1\leqslant x\leqslant 2$，$1\leqslant y\leqslant x$，应用公式(1)先对 y 后对 x 积分，得

$$\iint\limits_D xy\mathrm{d}\sigma=\int_1^2\mathrm{d}x\int_1^x xy\mathrm{d}y=\int_1^2\left[x\cdot\frac{y^2}{2}\right]_1^x\mathrm{d}x=\int_1^2\left(\frac{x^3}{2}-\frac{x}{2}\right)\mathrm{d}x=\frac{9}{8}.$$

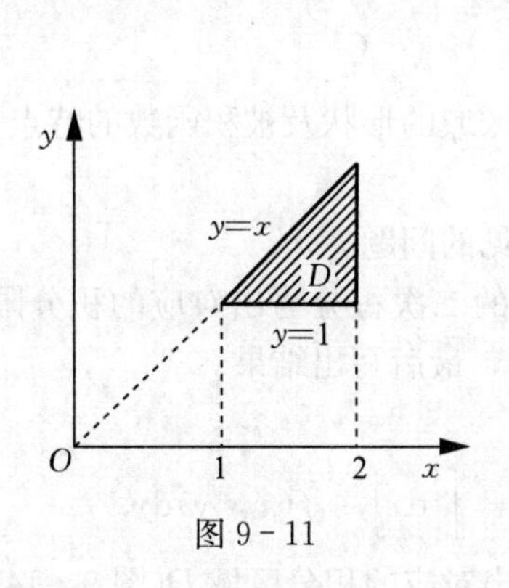

图 9-11

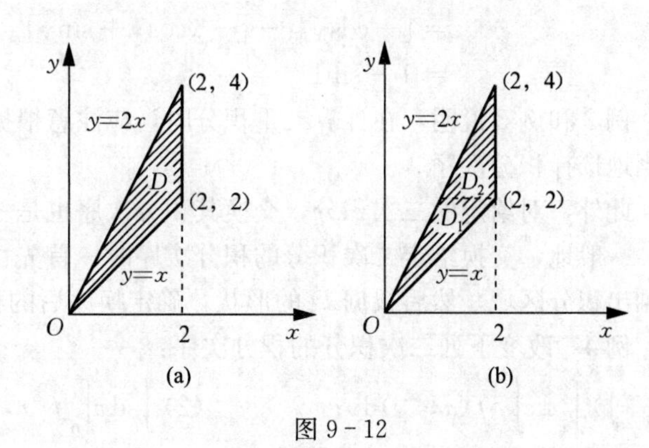

图 9-12

例 2 计算 $\iint\limits_D(12x+3y)\mathrm{d}\sigma$，其中 D 是由三条直线 $y=x$，$y=2x$，$x=2$ 所围成的闭区域.

解 积分区域 D 如图 9-12(a)所示，D 既是 X-型，又是 Y-型．若看作 X-型，积分限为：$0\leqslant x\leqslant 2$，$x\leqslant y\leqslant 2x$，应用公式(1)，得

$$\begin{aligned}\iint\limits_D(12x+3y)\mathrm{d}\sigma&=\int_0^2\mathrm{d}x\int_x^{2x}(12x+3y)\mathrm{d}y\\&=\int_0^2\left[12xy+\frac{3}{2}y^2\right]_x^{2x}\mathrm{d}x=\frac{33}{2}\int_0^2x^2\mathrm{d}x=44.\end{aligned}$$

若 D 看作 Y-型，由于当 y 在区间$[1,\ 2]$及$[2,\ 4]$上变化时 $\varphi_2(y)$的表达式不同，所以需用直线 $y=2$ 把 D 分成 D_1 与 D_2(图 9-12(b))，其中

$$D_1:\ 0\leqslant y\leqslant 2,\ \frac{y}{2}\leqslant x\leqslant y,\ D_2:\ 2\leqslant y\leqslant 4,\ \frac{y}{2}\leqslant x\leqslant 2.$$

根据二重积分的性质 2，有

$$\begin{aligned}\iint_D(12x+3y)\mathrm{d}\sigma&=\iint_{D_1}(12x+3y)\mathrm{d}\sigma+\iint_{D_2}(12x+3y)\mathrm{d}\sigma\\&=\int_0^2\mathrm{d}y\int_{\frac{y}{2}}^{y}(12x+3y)\mathrm{d}x+\int_2^4\mathrm{d}y\int_{\frac{y}{2}}^{2}(12x+3y)\mathrm{d}x=44.\end{aligned}$$

可见，就例 2 而言，把 D 看作 X-型区域，即先对 y 后对 x 积分更为简便．这是由积分区域 D 的形状决定的．

例 3　计算 $\iint\limits_D\frac{\sin y}{y}\mathrm{d}x\mathrm{d}y$，其中 D 是由直线 $y=x$ 及抛物线 $x=y^2$ 所围成的区域．

解　由于被积函数$\frac{\sin y}{y}$的原函数不能用初等函数来表示，故不能先对 y 积分，即须把积分区域 D 看作 Y-型区域，如图 9-13所示，积分限为 $0\leqslant y\leqslant 1$，$y^2\leqslant x\leqslant y$，所以

$$\begin{aligned}\iint_D\frac{\sin y}{y}\mathrm{d}x\mathrm{d}y&=\int_0^1\mathrm{d}y\int_{y^2}^{y}\frac{\sin y}{y}\mathrm{d}x=\int_0^1\frac{\sin y}{y}(y-y^2)\mathrm{d}y\\&=\int_0^1\sin y\mathrm{d}y-\int_0^1 y\sin y\mathrm{d}y\\&=[-\cos y]_0^1-[-y\cos y+\sin y]_0^1\\&=1-\sin 1.\end{aligned}$$

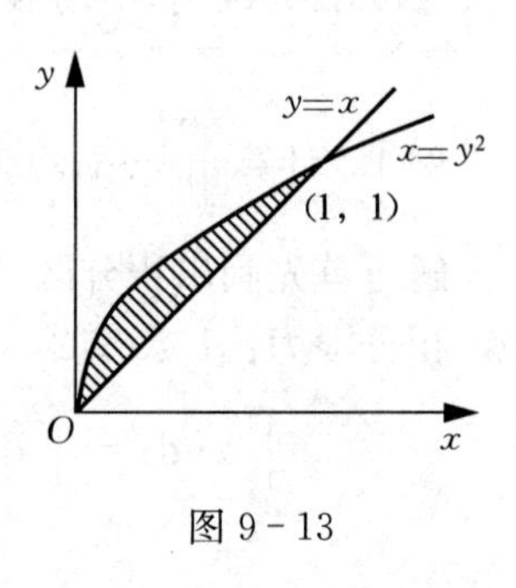

图 9-13

例 2 和例 3 说明，在计算二重积分时，应注意根据积分区域的形状及被积函数的特点来适当地选择积分次序．

此外，对给定的二次积分，交换其积分次序也是一种常见的问题．

一般地，交换给定二次积分的积分次序时，首先由给定的二次积分写出对应的积分限，并画出积分区域，然后根据 D 的形状，确定换序后的积分限，最后写出结果．

例 4　改变下列二次积分的积分次序：

(1) $\int_1^2\mathrm{d}x\int_x^{2x}f(x,\ y)\mathrm{d}y$；　　(2) $\int_0^1\mathrm{d}x\int_0^x f(x,\ y)\mathrm{d}y+\int_1^2\mathrm{d}x\int_0^{2-x}f(x,\ y)\mathrm{d}y$.

解　(1) 二次积分的积分限为：$1\leqslant x\leqslant 2$，$x\leqslant y\leqslant 2x$，画出对应的积分区域 D(图 9-14)．原积分次序为先对 y 后对 x，若改为先对 x 后对 y，即看作 Y-型区域，需用 $y=2$ 分 D 为 D_1 和 D_2 两部分，其中

$$D_1:\ 1\leqslant y\leqslant 2,\ 1\leqslant x\leqslant y,\ D_2:\ 2\leqslant y\leqslant 4,\ \frac{y}{2}\leqslant x\leqslant 2,$$

所以
$$\int_1^2\mathrm{d}x\int_x^{2x}f(x,\ y)\mathrm{d}y=\int_1^2\mathrm{d}y\int_1^y f(x,\ y)\mathrm{d}x+\int_2^4\mathrm{d}y\int_{\frac{y}{2}}^{2}f(x,\ y)\mathrm{d}x.$$

(2) 由题设，二次积分的积分限为$\begin{cases}0\leqslant x\leqslant 1, & 0\leqslant y\leqslant x,\\1\leqslant x\leqslant 2, & 0\leqslant y\leqslant 2-x,\end{cases}$ 积分区域 D(图 9-15)中，$y=x$ 和 $y=2-x$ 交于点$(1,\ 1)$．改变积分次序后的积分限为

$$0 \leqslant y \leqslant 1,\ y \leqslant x \leqslant 2-y,$$

所以 $$\int_0^1 \mathrm{d}x \int_0^x f(x,\ y)\mathrm{d}y + \int_1^2 \mathrm{d}x \int_0^{2-x} f(x,\ y)\mathrm{d}y = \int_0^1 \mathrm{d}y \int_y^{2-y} f(x,\ y)\mathrm{d}x.$$

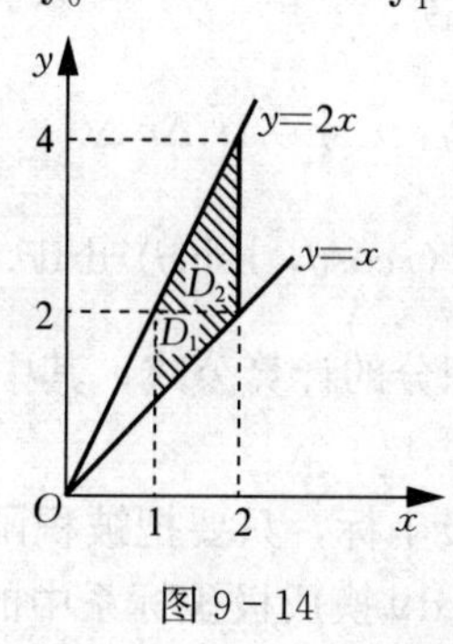

图 9－14

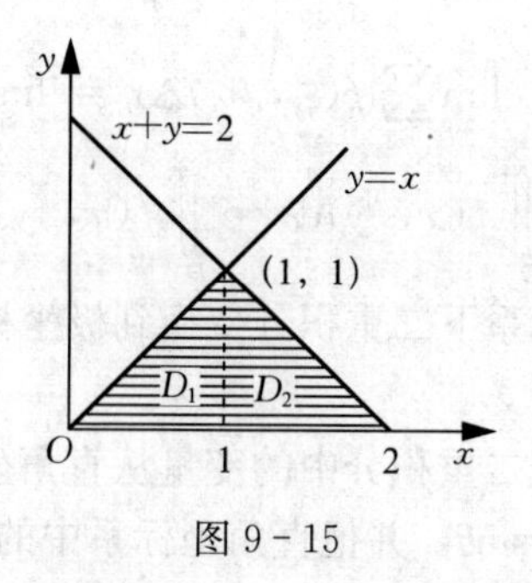

图 9－15

延伸阅读 9.5　若函数 $f(x,\ y)$ 在闭矩形区域 $D(a \leqslant x \leqslant b,\ c \leqslant y \leqslant d)$ 上连续，则二重积分

$$\iint_D f(x,\ y)\mathrm{d}x\mathrm{d}y = \int_a^b \mathrm{d}x \int_c^d f(x,\ y)\mathrm{d}y = \int_c^d \mathrm{d}y \int_a^b f(x,\ y)\mathrm{d}x,$$

也就是说，此时二重积分化为二次积分时，积分次序可以互换．

特别地，如果函数 $f(x,\ y)=\varphi(x)\cdot\psi(y)$ 在闭矩形区域 D 上连续，则二重积分

$$\iint_D \varphi(x)\cdot\psi(y)\mathrm{d}x\mathrm{d}y = \int_a^b \varphi(x)\mathrm{d}x \cdot \int_c^d \psi(y)\mathrm{d}y,$$

也就是说，此时二重积分可化为两个定积分的乘积．

二、利用极坐标计算二重积分

有些二重积分，积分区域 D 的边界曲线或被积函数用极坐标表达比较简单，这时可考虑利用极坐标计算二重积分．

根据二重积分的定义

$$\iint_D f(x,\ y)\mathrm{d}\sigma = \lim_{\lambda \to 0} \sum_{i=1}^n f(\xi_i,\ \eta_i)\Delta\sigma_i,$$

下面来讨论这个和的极限在极坐标系中的形式，进而得到二重积分在极坐标系中的计算公式.

假定从极点 O 出发且穿过闭区域 D 内部的射线与 D 的边界曲线相交不多于两点，函数 $f(x,\ y)$ 在 D 上连续．我们用以极点为中心的一族同心圆：$r=$ 常数，及从极点出发的一族射线：$\theta=$ 常数，把 D 分成 n 个小闭区域(图 9－16)，除了包含边界点的一些小闭区域外，由扇形面积公式可得小闭区域的面积 $\Delta\sigma_i$ 为

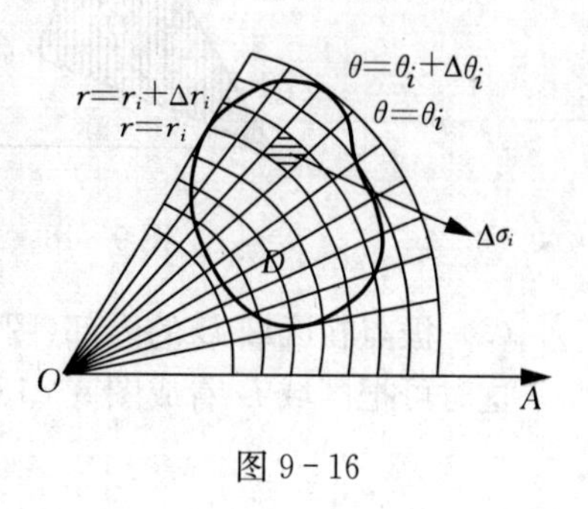

图 9－16

$$\Delta\sigma_i = \frac{1}{2}(r_i+\Delta r_i)^2\Delta\theta_i - \frac{1}{2}r_i^2\Delta\theta_i = \frac{1}{2}(2r_i+\Delta r_i)\Delta r_i\Delta\theta_i$$

$$= \frac{r_i+(r_i+\Delta r_i)}{2}\Delta r_i\Delta\theta_i = \bar{r}_i\Delta r_i\Delta\theta_i,$$

其中 $\bar{r}_i$ 表示相邻两圆弧的半径的平均值．在小闭区域内取圆周 $r=\bar{r}_i$ 上的一点$(\bar{r}_i, \bar{\theta}_i)$，该点的直角坐标设为$(\xi_i, \eta_i)$，则由直角坐标与极坐标之间的关系有

$$\xi_i=\bar{r}_i\cos\bar{\theta}_i, \quad \eta_i=\bar{r}_i\sin\bar{\theta}_i,$$

于是
$$\lim_{\lambda\to 0}\sum_{i=1}^{n} f(\xi_i, \eta_i)\Delta\sigma_i=\lim_{\lambda\to 0}\sum_{i=1}^{n} f(\bar{r}_i\cos\bar{\theta}_i, \bar{r}_i\sin\bar{\theta}_i)\bar{r}_i\Delta r_i\Delta\theta_i,$$

即
$$\iint_D f(x, y)\mathrm{d}\sigma=\iint_D f(x, y)\mathrm{d}x\mathrm{d}y=\iint_D f(r\cos\theta, r\sin\theta)r\mathrm{d}r\mathrm{d}\theta. \tag{3}$$

这就是直角坐标系下二重积分变换到极坐标系下二重积分的计算公式，其中 $r\mathrm{d}r\mathrm{d}\theta$ 是极坐标系中的面积元素．

可见，要把二重积分中的变量从直角坐标变换为极坐标，只要把被积函数中的 x，y 分别换成 $r\cos\theta$，$r\sin\theta$，并把直角坐标系中的面积元素 $\mathrm{d}x\mathrm{d}y$ 换成极坐标系中的面积元素 $r\mathrm{d}r\mathrm{d}\theta$ 就可以了．

对于极坐标系中的二重积分，通常将其化为先对 r 后对 θ 的二次积分进行计算，即把 D 看作 θ-型区域．这时可分三种情况讨论：

(1) 极点在区域 D 的外部(图 9-17)：

区域 D 在两条射线 $\theta=\alpha$，$\theta=\beta$ 之间，射线和区域边界的交点把区域边界分为两部分 $r=\varphi_1(\theta)$，$r=\varphi_2(\theta)$，这时 D 可表示为

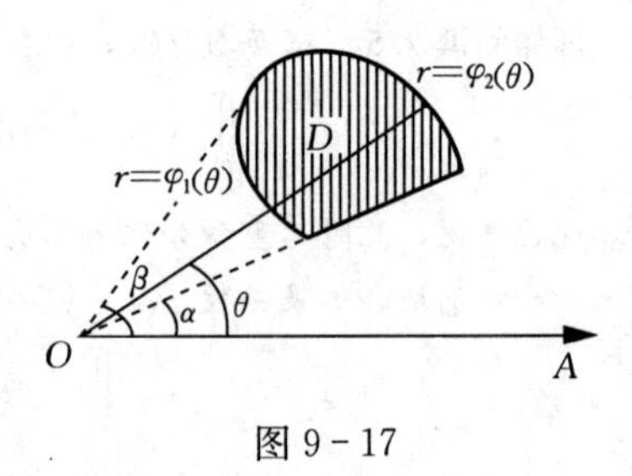

图 9-17

$$\alpha\leqslant\theta\leqslant\beta, \ \varphi_1(\theta)\leqslant r\leqslant\varphi_2(\theta),$$

于是
$$\iint_D f(r\cos\theta, r\sin\theta)r\mathrm{d}r\mathrm{d}\theta=\int_\alpha^\beta\mathrm{d}\theta\int_{\varphi_1(\theta)}^{\varphi_2(\theta)} f(r\cos\theta, r\sin\theta)r\mathrm{d}r.$$

(2) 极点在区域 D 的边界上(图 9-18)：

设区域 D 的边界方程是 $r=\varphi(\theta)$，这时可把 D 看成图 9-17 中当 $\varphi_1(\theta)=0$，$\varphi_2(\theta)=\varphi(\theta)$ 时的特例，即 D 可表示为

$$\alpha\leqslant\theta\leqslant\beta, \ 0\leqslant r\leqslant\varphi(\theta),$$

于是
$$\iint_D f(r\cos\theta, r\sin\theta)r\mathrm{d}r\mathrm{d}\theta=\int_\alpha^\beta\mathrm{d}\theta\int_0^{\varphi(\theta)} f(r\cos\theta, r\sin\theta)r\mathrm{d}r.$$

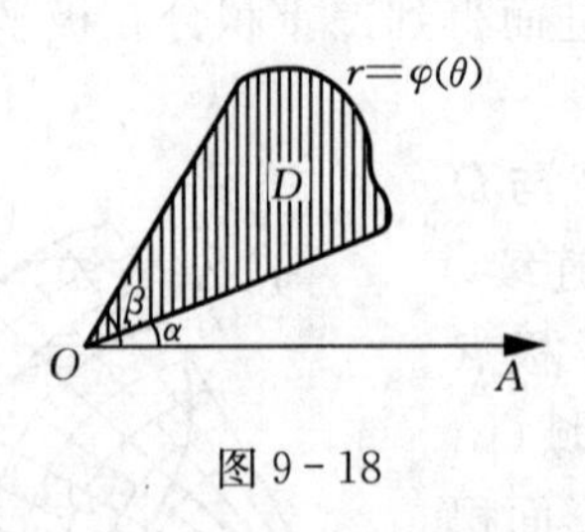

图 9-18

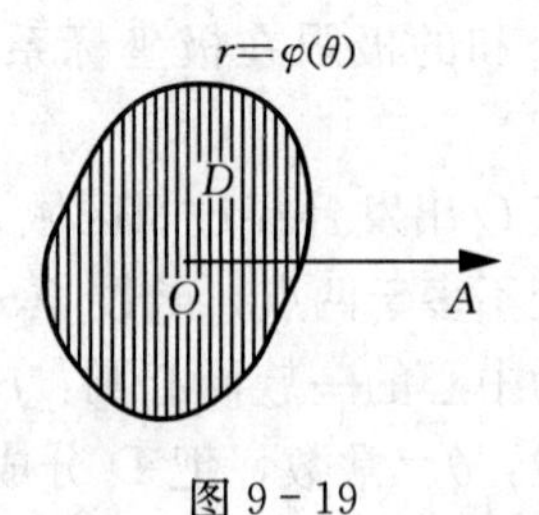

图 9-19

(3) 极点在区域 D 的内部(图 9-19)：

这时可把区域 D 看成图 9-18 中当 $\alpha=0$，$\beta=2\pi$ 时的特例，即 D 可表示为

$$0\leqslant\theta\leqslant 2\pi, \ 0\leqslant r\leqslant\varphi(\theta),$$

于是
$$\iint_D f(r\cos\theta, r\sin\theta)r\mathrm{d}r\mathrm{d}\theta=\int_0^{2\pi}\mathrm{d}\theta\int_0^{\varphi(\theta)} f(r\cos\theta, r\sin\theta)r\mathrm{d}r.$$

由二重积分的性质 3，闭区域 D 的面积 $\sigma=\iint\limits_D \mathrm{d}\sigma$，而在极坐标系中，面积元素 $\mathrm{d}\sigma=r\mathrm{d}r\mathrm{d}\theta$，故 $\sigma=\iint\limits_D r\mathrm{d}r\mathrm{d}\theta$.

若闭区域 D 如图 9-17 所示，则

$$\sigma=\iint\limits_D r\mathrm{d}r\mathrm{d}\theta=\int_\alpha^\beta \mathrm{d}\theta\int_{\varphi_1(\theta)}^{\varphi_2(\theta)} r\mathrm{d}r=\frac{1}{2}\int_\alpha^\beta[\varphi_2^2(\theta)-\varphi_1^2(\theta)]\mathrm{d}\theta.$$

例 5 设 D 是由圆 $x^2+y^2=2y$，$x^2+y^2=4y$ 及直线 $x-\sqrt{3}y=0$，$y-\sqrt{3}x=0$ 所围成的闭区域，求 D 的面积 σ.

解 题设中圆及直线对应的极坐标方程依次为

$$r=2\sin\theta,\ r=4\sin\theta,\ \theta=\frac{\pi}{6},\ \theta=\frac{\pi}{3}.$$

极点在积分区域 D 外部(图 9-20)，D 可表示为

$$\frac{\pi}{6}\leqslant\theta\leqslant\frac{\pi}{3},\ 2\sin\theta\leqslant r\leqslant 4\sin\theta,$$

则 $$\sigma=\iint\limits_D r\mathrm{d}r\mathrm{d}\theta=\int_{\frac{\pi}{6}}^{\frac{\pi}{3}}\mathrm{d}\theta\int_{2\sin\theta}^{4\sin\theta} r\mathrm{d}r=\int_{\frac{\pi}{6}}^{\frac{\pi}{3}}6\sin^2\theta\mathrm{d}\theta=\frac{\pi}{2}.$$

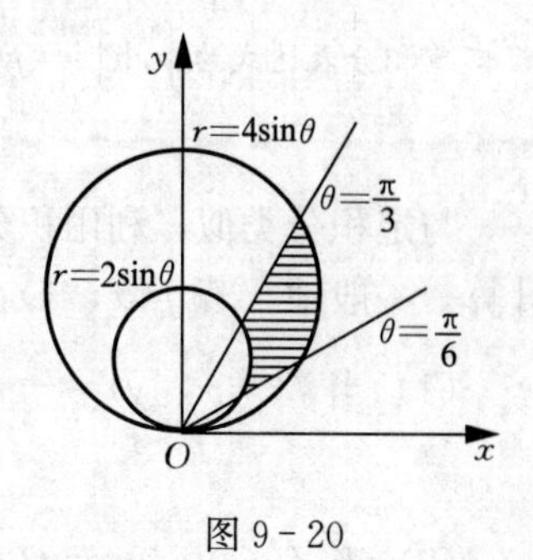

图 9-20

例 6 求球体 $x^2+y^2+z^2\leqslant 4a^2$ 被圆柱面 $x^2+y^2=2ax(a>0)$ 所截且含在圆柱面内的立体的体积.

解 由对称性，所求立体的体积是其在第Ⅰ卦限内的体积的四倍. 而它在第Ⅰ卦限内的部分(图 9-21(a))是以 D 为底，以球面 $z=\sqrt{4a^2-x^2-y^2}$ 为顶的曲顶柱体，于是

$$V=4\iint\limits_D\sqrt{4a^2-x^2-y^2}\,\mathrm{d}x\mathrm{d}y,$$

其中 D 为圆周 $x^2+y^2=2ax$ 在第一象限部分与 x 轴围成的闭区域(图 9-21(b))，D 可表示为

$$0\leqslant\theta\leqslant\frac{\pi}{2},\ 0\leqslant r\leqslant 2a\cos\theta,$$

于是

$$\begin{aligned}V&=4\iint\limits_D\sqrt{4a^2-r^2}\cdot r\mathrm{d}r\mathrm{d}\theta=4\int_0^{\frac{\pi}{2}}\mathrm{d}\theta\int_0^{2a\cos\theta}\sqrt{4a^2-r^2}\cdot r\mathrm{d}r\\&=\frac{32}{3}a^3\int_0^{\frac{\pi}{2}}(1-\sin^3\theta)\mathrm{d}\theta=\frac{32}{3}a^3\left(\frac{\pi}{2}-\frac{2}{3}\right).\end{aligned}$$

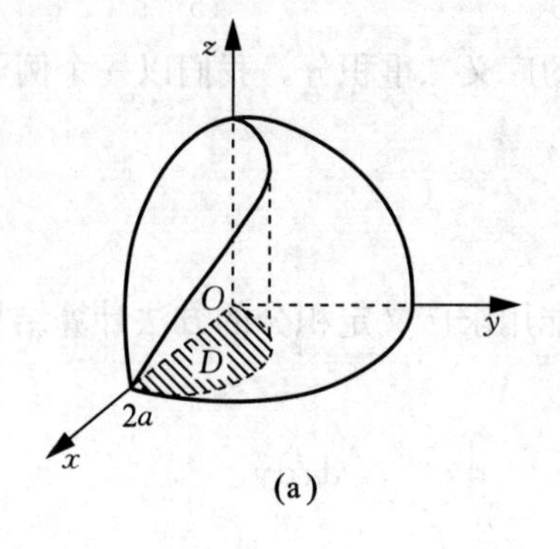

(a)

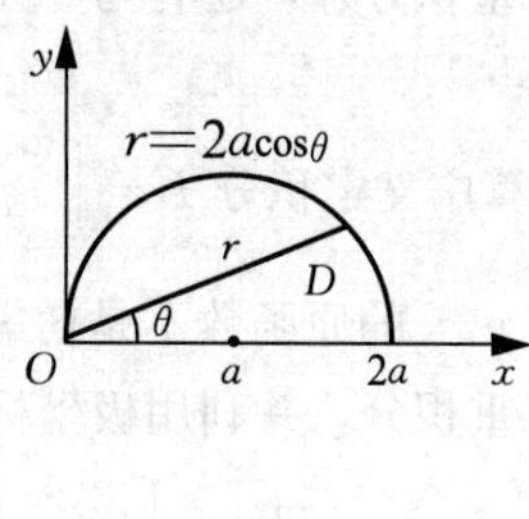

(b)

图 9-21

延伸阅读 9.6　在极坐标系下计算二重积分时，一般选择先对 r 后对 θ 的积分次序，但这并不是说不能先对 θ 后对 r 进行积分．事实上，与直角坐标系下计算二重积分的方法一样，在极坐标系下的二次积分也能交换积分次序．下面介绍先对 θ 后对 r 进行积分的方法：

以极点为圆心作同心圆与积分区域相切，在相切的两个同心圆中，以半径较小圆的半径 a 作为 r 的下限，而以半径较大圆的半径 b 作为 r 的上限；然后找到两圆的切点将积分区域的边界划出的两部分曲线的方程，以 θ 作为因变量，以 r 作为自变量，分别记两条曲线的方程为 $\theta=\theta_1(r)$ 和 $\theta=\theta_2(r)$，其中 $\theta=\theta_1(r)$ 为从极轴出发，逆时针行进时先遇到的曲线，而 $\theta=\theta_2(r)$ 为后遇到的曲线，则二重积分表达式为 $\int_a^b \mathrm{d}r\int_{\theta_1(r)}^{\theta_2(r)} f(r\cos\theta,\ r\sin\theta)r\mathrm{d}\theta$.

与定积分类似，利用积分区域的对称性和被积函数的奇偶性，同样可以简化二重积分的计算．一般地，若 $f(x,\ y)$ 在闭区域 D 上连续，D 关于 y 轴对称，则

(1) 当 $f(-x,\ y)=-f(x,\ y)$，即 $f(x,\ y)$ 关于 x 是奇函数时，有 $\iint\limits_D f(x,\ y)\mathrm{d}\sigma=0$；

(2) 当 $f(-x,\ y)=f(x,\ y)$，即 $f(x,\ y)$ 关于 x 是偶函数时，有

$$\iint\limits_D f(x,\ y)\mathrm{d}\sigma=2\iint\limits_{D_1} f(x,\ y)\mathrm{d}\sigma\text{(其中 }D_1\text{ 是 }D\text{ 在 }y\text{ 轴右侧的部分)}.$$

当积分区域 D 关于 x 轴对称、关于原点对称或关于直线 $y=x$ 对称时，有类似的结论．

例 7　计算 $\iint\limits_D xy(1+xy)\mathrm{d}x\mathrm{d}y$，其中 D：$|x|+|y|\leqslant 1$.

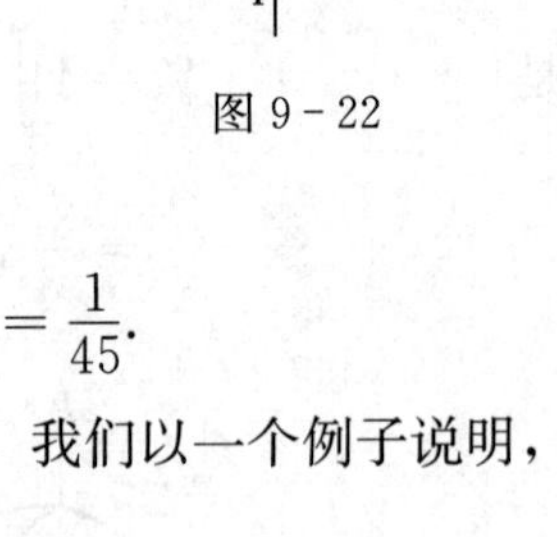

解　$\iint\limits_D xy(1+xy)\mathrm{d}x\mathrm{d}y=\iint\limits_D xy\mathrm{d}x\mathrm{d}y+\iint\limits_D x^2y^2\mathrm{d}x\mathrm{d}y$. 积分区域 D 如图 9－22 所示，D 关于 x 轴和 y 轴对称，由于 xy 关于 x 或 y 为奇函数，故 $\iint\limits_D xy\mathrm{d}x\mathrm{d}y=0$. 而 x^2y^2 关于 x 和 y 均为偶函数，设 D_1 为 D 在第一象限的部分，于是

图 9－22

$$\iint\limits_D xy(1+xy)\mathrm{d}x\mathrm{d}y=\iint\limits_D x^2y^2\mathrm{d}x\mathrm{d}y=4\iint\limits_{D_1} x^2y^2\mathrm{d}x\mathrm{d}y$$

$$=4\int_0^1\mathrm{d}x\int_0^{1-x}x^2y^2\mathrm{d}y=\frac{4}{3}\int_0^1 x^2(1-x)^3\mathrm{d}x=\frac{1}{45}.$$

除普通二重积分外，还有与一元微积分类似的广义二重积分，我们以一个例子说明，定义不再赘述．

例 8　计算广义定积分 $I=\int_{-\infty}^{+\infty}\mathrm{e}^{-x^2}\mathrm{d}x$.

解　由于 e^{-x^2} 的原函数不是初等函数，故不能用求广义定积分的方法计算结果．可将其转化为广义二重积分，并利用极坐标进行计算．

$$I^2=\int_{-\infty}^{+\infty}\mathrm{e}^{-x^2}\mathrm{d}x\int_{-\infty}^{+\infty}\mathrm{e}^{-y^2}\mathrm{d}y=\iint\limits_D \mathrm{e}^{-x^2-y^2}\mathrm{d}x\mathrm{d}y,$$

其中 D 为整个 xOy 平面．设 D_R 为圆域：$x^2+y^2\leqslant R^2$，则

$$I^2 = \lim_{R\to+\infty}\iint_{D_R} \mathrm{e}^{-x^2-y^2}\,\mathrm{d}x\mathrm{d}y = \lim_{R\to+\infty}\int_0^{2\pi}\mathrm{d}\theta\int_0^R r\mathrm{e}^{-r^2}\,\mathrm{d}r$$
$$= \lim_{R\to+\infty}\pi(1-\mathrm{e}^{-R^2}) = \pi,$$

所以
$$I=\sqrt{\pi}.$$

由上例可得 $\int_{-\infty}^{+\infty}\mathrm{e}^{-\frac{x^2}{2}}\,\mathrm{d}x = \sqrt{2\pi}$（作积分变换 $x=\sqrt{2}t$ 即得），在概率论中将用到这一重要积分．

延伸阅读 9.7　下面我们介绍二重积分的一种对称性质——轮换对称性．

对于二元函数 $f(x, y)$，如果把函数解析式中的 x 和 y 互换后函数关系不变，即满足 $f(x, y)=f(y, x)$，我们称这样的函数是关于自变量对称的，或称其具有“轮换对称性”．例如，函数 $z=\ln\sqrt{x^2+y^2}$ 具有轮换对称性，但 $z=xy+x$ 不具有轮换对称性．

类似地，可以定义三元函数的轮换对称性．轮换对称性要求依次把解析式中的“x 换成 y，y 换成 z，z 换成 x”后，函数解析式能够保持不变．例如，函数 $f(x, y, z)=x^2+y^2+z^2+xyz$ 具有轮换对称性，但函数 $f(x, y, z)=xy+yz$ 不具有轮换对称性．

在二重积分 $\iint\limits_D f(x, y)\mathrm{d}x\mathrm{d}y$ 中，设积分区域 D 的边界曲线方程具有轮换对称性，这就表明变量 x 和 y 在此积分中的“地位”是一样的，因此将被积函数中的 x 和 y 交换后积分的结果保持不变，即 $\iint\limits_D f(x, y)\mathrm{d}x\mathrm{d}y=\iint\limits_D f(y, x)\mathrm{d}x\mathrm{d}y$．需要特别注意的是，要求具有轮换对称性的是积分区域 D 的边界曲线，而不是被积函数．

习　题　9-2

A　组

1．画出积分区域，并计算下列二重积分．

(1) $\iint\limits_D (x^3+3x^2y+y^3)\mathrm{d}x\mathrm{d}y$，其中 $D=\{(x, y)\mid 0\leqslant x\leqslant 1, 0\leqslant y\leqslant 1\}$；

(2) $\iint\limits_D (3x+2y)\mathrm{d}x\mathrm{d}y$，其中 D 是由坐标轴与 $x+y=2$ 围成的闭区域；

(3) $\iint\limits_D \sqrt{y^2-xy}\,\mathrm{d}x\mathrm{d}y$，其中 D 是由直线 $y=x$，$y=1$，$x=0$ 围成的闭区域；

(4) $\iint\limits_D \frac{x^2}{y^2}\mathrm{d}x\mathrm{d}y$，其中 D 是由平面直线 $y=x$，$x=2$ 及曲线 $xy=1$ 围成的闭区域；

(5) $\iint\limits_D \mathrm{e}^{x+y}\mathrm{d}x\mathrm{d}y$，其中 $D=\{(x, y)\mid |x|+|y|\leqslant 1\}$；

(6) $\iint\limits_D |\cos(x+y)|\mathrm{d}x\mathrm{d}y$，其中 $D=\left\{(x, y)\mid 0\leqslant x\leqslant \frac{\pi}{2}, 0\leqslant y\leqslant \frac{\pi}{2}\right\}$；

(7) $\iint\limits_D |y-x^2|\mathrm{d}x\mathrm{d}y$，其中 $D=\{(x, y)\mid -1\leqslant x\leqslant 1, 0\leqslant y\leqslant 1\}$；

(8) $\iint\limits_D xy\max\{x, y\}\mathrm{d}x\mathrm{d}y$，其中 $D=\{(x, y)\,|\,0\leqslant x\leqslant 1, 0\leqslant y\leqslant 1\}$.

2. 设平面薄片所占的闭区域 D 由直线 $x+y=2$，$y=x$ 及 x 轴所围成，它的面密度 $\rho(x, y)=xy$，求该薄片的质量.

3. 改变下列二次积分的积分次序.

(1) $\int_1^{\mathrm{e}}\mathrm{d}x\int_0^{\ln x}f(x, y)\mathrm{d}y$；　　(2) $\int_0^1\mathrm{d}y\int_y^{\sqrt{y}}f(x, y)\mathrm{d}x$；

(3) $\int_0^1\mathrm{d}y\int_{1-y}^{1+y^2}f(x, y)\mathrm{d}x$.

4. 计算下列二次积分.

(1) $\int_0^1\mathrm{d}x\int_x^{\sqrt{x}}\frac{\sin y}{y}\mathrm{d}y$；　　(2) $\int_0^1\mathrm{d}y\int_y^1\frac{\tan x}{x}\mathrm{d}x$；

(3) $\int_{\frac{1}{4}}^{\frac{1}{2}}\mathrm{d}y\int_{\frac{1}{2}}^{\sqrt{y}}\mathrm{e}^{\frac{y}{x}}\mathrm{d}x+\int_{\frac{1}{2}}^1\mathrm{d}y\int_y^{\sqrt{y}}\mathrm{e}^{\frac{y}{x}}\mathrm{d}x$.

5. 改变下列二次积分的坐标系.

(1) $\int_0^1\mathrm{d}x\int_{1-x}^{\sqrt{1-x^2}}f(\sqrt{x^2+y^2})\mathrm{d}y$；　　(2) $\int_0^2\mathrm{d}x\int_x^{\sqrt{3}x}f(x, y)\mathrm{d}y$；

(3) $\int_0^{\frac{\pi}{2}}\mathrm{d}\theta\int_0^{\cos\theta}f(r\cos\theta, r\sin\theta)r\mathrm{d}r$；　　(4) $\int_0^1\mathrm{d}y\int_{-\sqrt{1-y^2}}^{1-y}f(x, y)\mathrm{d}x$.

6. 利用极坐标计算下列各题.

(1) $\iint\limits_D \mathrm{e}^{x^2+y^2}\mathrm{d}x\mathrm{d}y$，其中 $D=\{(x, y)\,|\,x^2+y^2\leqslant 9\}$；

(2) $\iint\limits_D \sin\sqrt{x^2+y^2}\,\mathrm{d}x\mathrm{d}y$，其中 $D=\{(x, y)\,|\,\pi^2\leqslant x^2+y^2\leqslant 4\pi^2\}$；

(3) $\iint\limits_D \sqrt{x^2+y^2}\,\mathrm{d}x\mathrm{d}y$，其中 $D=\{(x, y)\,|\,0\leqslant y\leqslant x, x^2+y^2\leqslant 2x\}$；

(4) $\iint\limits_D |x^2+y^2-1|\,\mathrm{d}x\mathrm{d}y$，其中 $D=\{(x, y)\,|\,0\leqslant x\leqslant 1, 0\leqslant y\leqslant 1\}$.

7. 计算下列立体的体积.

(1) 由曲面 $z=x^2+2y^2$ 和 $z=6-2x^2-y^2$ 所围成的立体；

(2) 由曲面 $2z=3-x^2-y^2$ 和 $z=\sqrt{x^2+y^2}$ 所围成的立体；

(3) 由曲面 $z=xy$，$x^2+y^2=4$ 和 $z=0$ 所围成的立体.

8. 利用对称性计算下列二重积分.

(1) $\iint\limits_D x(x+y)\mathrm{d}x\mathrm{d}y$，其中 $D=\{(x, y)\,|\,x^2+y^2\leqslant 2, y\geqslant x^2\}$；

(2) $\iint\limits_D (x^2+2\sin x+3y+4)\mathrm{d}x\mathrm{d}y$，其中 $D=\{(x, y)\,|\,x^2+y^2\leqslant a^2\}$；

(3) $\iint\limits_D \frac{1+xy}{1+x^2+y^2}\mathrm{d}x\mathrm{d}y$，其中 $D=\{(x, y)\,|\,x^2+y^2\leqslant 1, x\geqslant 0\}$；

(4) $\int_{-1}^0\mathrm{d}x\int_{-x}^{2-x^2}(1-xy)\mathrm{d}y+\int_0^1\mathrm{d}x\int_x^{2-x^2}(1-xy)\mathrm{d}y$.

9. 设 $f(x, y)$连续，且 $f(x, y)=xy+\iint\limits_D f(u, v)\mathrm{d}u\mathrm{d}v$，其中 D 是由 $y=0$，$y=x^2$，$x=1$ 所围成的区域，求 $f(x, y)$.

10. 设 $f(x)$为连续函数，$F(t)=\int_1^t \mathrm{d}y\int_y^t f(x)\mathrm{d}x$，求 $F'(2)$.

11. 计算广义二重积分 $\iint\limits_D \mathrm{e}^{-(x+y)}\mathrm{d}x\mathrm{d}y$，其中 $D=\{(x, y)\mid x\geqslant 0, 0\leqslant y\leqslant 2x\}$.

12. 设 $D=\{(x, y)\mid x^2+y^2\leqslant 1\}$，$s>0$，则当 s 取何值时，广义二重积分 $\iint\limits_D \dfrac{1}{(x^2+y^2)^s}\mathrm{d}x\mathrm{d}y$ 收敛?

B　组

1. 计算积分 $I=\iint\limits_D \mathrm{e}^{-(x^2+y^2-\pi)}\sin(x^2+y^2)\mathrm{d}x\mathrm{d}y$，其中积分区域 $D=\{(x, y)\mid x^2+y^2\leqslant\pi\}$.

2. 将极限 $\lim\limits_{n\to\infty}\sum\limits_{i=1}^{n}\sum\limits_{j=1}^{n}\dfrac{n}{(n+i)(n^2+j^2)}$ 改写成二次积分.

3. 设函数 $f(x)$为$[0, 1]$上的单调减少且恒大于零的连续函数，证明：

$$\frac{\int_0^1 xf^2(x)\mathrm{d}x}{\int_0^1 xf(x)\mathrm{d}x}\leqslant\frac{\int_0^1 f^2(x)\mathrm{d}x}{\int_0^1 f(x)\mathrm{d}x}.$$

4. 已知函数 $f(x, y)$具有二阶连续偏导数，且 $f(1, y)=0$，$f_x(x, 1)=0$，$\iint\limits_D f(x, y)\mathrm{d}x\mathrm{d}y=a$，其中 $D=\{(x, y)\mid 0\leqslant x\leqslant 1, 0\leqslant y\leqslant 1\}$，计算二重积分 $\iint\limits_D xyf''_{xy}(x, y)\mathrm{d}x\mathrm{d}y$.

第三节　三重积分的概念及其计算

三重积分的概念可以看作是二重积分概念的推广，其计算也类似于二重积分的想法，即化为三次积分来计算.

一、三重积分的概念

定义 9.3.1　设 $f(x, y, z)$是空间有界闭区域 Ω 上的有界函数，将 Ω 任意分成 n 个小闭区域 ΔV_1，ΔV_2，…，ΔV_n，其中 ΔV_i 表示第 i 个小闭区域，也表示其体积. 在每个 ΔV_i 上任取一点(ξ_i, η_i, ζ_i)，作乘积 $f(\xi_i, \eta_i, \zeta_i)\Delta V_i (i=1, 2, \cdots, n)$，并作和 $\sum\limits_{i=1}^{n} f(\xi_i, \eta_i, \zeta_i)\Delta V_i$. 如果当各小闭区域的最大直径 λ 趋于零时，这和式的极限总存在，则称此极限为函数 $f(x, y, z)$在闭区域 Ω 上的**三重积分**，记作 $\iiint\limits_\Omega f(x, y, z)\mathrm{d}V$，即

$$\iiint\limits_\Omega f(x, y, z)\mathrm{d}V=\lim_{\lambda\to 0}\sum_{i=1}^{n} f(\xi_i, \eta_i, \zeta_i)\Delta V_i, \tag{1}$$

其中 dV 叫作**体积元素**.

有关二重积分的其他术语、说明及性质都可类似地应用于三重积分．特别指出：设积分区域 Ω 的体积为 V，则 $V=\iiint\limits_{\Omega}dV$.

以后总假定函数 $f(x,y,z)$在闭区域 Ω 上连续，以保证 $f(x,y,z)$在 Ω 上的三重积分存在.

根据定义，密度为连续函数 $\rho(x,y,z)$的空间立体 Ω 的质量为

$$M=\iiint\limits_{\Omega}\rho(x,y,z)dV,$$

这是三重积分的物理意义.

在直角坐标系中，如果用平行于坐标面的平面来划分 Ω，则除了包含 Ω 的边界点的一些不规则小闭区域外，其他的小闭区域 ΔV_i 为长方体．设其边长为 Δx_j，Δy_k，Δz_l，则 $\Delta V_i=\Delta x_j\Delta y_k\Delta z_l$，故在直角坐标系中体积元素 $dV=dxdydz$，从而把三重积分记作

$$\iiint\limits_{\Omega}f(x,y,z)dxdydz,$$

其中 $dxdydz$ 叫作直角坐标系中的体积元素.

二、利用直角坐标计算三重积分

与二重积分类似，三重积分可化为三次积分或一次定积分一次二重积分来计算．在直角坐标系下分为投影法和截面法.

(一)投影法

假设平行于 z 轴且穿过闭区域 Ω 内部的直线与闭区域 Ω 的边界曲面 S 相交不多于两点．把闭区域 Ω 投影到 xOy 面上，得一平面闭区域 D(图 9－23)．以 D 的边界为准线作母线平行于 z 轴的柱面，这柱面与曲面 S 的交线把 S 分为上下两部分，其方程分别为 S_1：$z=z_1(x,y)$，S_2：$z=z_2(x,y)$，其中 z_1，z_2 都是 D 上的连续函数，且 $z_1(x,y)\leqslant z_2(x,y)$.

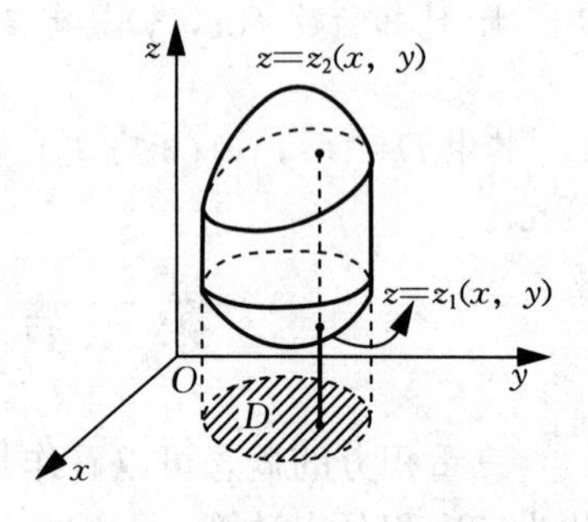

图 9－23

我们先在 z 轴方向上取定积分．暂把 x，y 看作常数，在区间$[z_1(x,y),z_2(x,y)]$上对 z 积分，积分结果是 x，y 的函数，记为 $F(x,y)$，即

$$F(x,y)=\int_{z_1(x,y)}^{z_2(x,y)}f(x,y,z)dz,$$

然后计算 $F(x,y)$在闭区域 D 上的二重积分

$$\iint\limits_{D}F(x,y)d\sigma=\iint\limits_{D}\left[\int_{z_1(x,y)}^{z_2(x,y)}f(x,y,z)dz\right]d\sigma,$$

即得三重积分的计算公式

$$\iiint\limits_{\Omega}f(x,y,z)dV=\iint\limits_{D}\left[\int_{z_1(x,y)}^{z_2(x,y)}f(x,y,z)dz\right]d\sigma.\qquad(2)$$

若闭区域 D 是 X－型区域：$a\leqslant x\leqslant b$，$y_1(x)\leqslant y\leqslant y_2(x)$，把(2)式中 D 上的二重积分化为二次积分，即得化三重积分为三次积分的计算公式

$$\iiint_{\Omega} f(x, y, z)\mathrm{d}V=\int_a^b \mathrm{d}x\int_{y_1(x)}^{y_2(x)} \mathrm{d}y\int_{z_1(x, y)}^{z_2(x, y)} f(x, y, z)\mathrm{d}z. \tag{3}$$

(3)式右端是先对 z、次对 y、最后对 x 的三次积分．

类似地，可得到将 Ω 投影到 yOz 面或 zOx 面的计算公式．如果平行于坐标轴且穿过闭区域 Ω 内部的直线与边界曲面 S 的交点多于两个，可像处理二重积分那样，把 Ω 分成若干个满足条件的部分区域，并利用三重积分的可加性，使 Ω 上的三重积分化为各部分区域上的三重积分的和．

延伸阅读 9.8 与 D 是矩形区域时二重积分的情况类似，若 $f(x, y, z)$ 在长方体区域 $V=[a, b]\times[c, d]\times[e, h]$ 上连续，则

$$\iiint_{V} f(x, y, z)\mathrm{d}x\mathrm{d}y\mathrm{d}z=\int_a^b \mathrm{d}x\int_c^d \mathrm{d}y\int_e^h f(x, y, z)\mathrm{d}z,$$

且积分次序可交换．

例 1 计算 $\iiint\limits_{\Omega} xy\mathrm{d}V$，其中 Ω 为三个坐标面及 $x+y+z=1$ 所围成的闭区域．

解 作区域 Ω(图 9-24)．将 Ω 投影到 xOy 面上，得投影区域 D 为三角形闭区域：

$$0\leqslant x\leqslant 1,\ 0\leqslant y\leqslant 1-x.$$

而 Ω 的上界面是 $z=1-x-y$，下界面是 $z=0$(或过 D 内任一点 (x, y) 作平行于 z 轴的直线，如图 9-24 所示，该直线沿 z 轴正向穿过区域 Ω，穿入点与穿出点的竖坐标分别为 0，$1-x-y$)，于是 $0\leqslant z\leqslant 1-x-y$，故

$$\Omega:\ 0\leqslant x\leqslant 1,\ 0\leqslant y\leqslant 1-x,\ 0\leqslant z\leqslant 1-x-y,$$

所以由公式(3)得

$$\iiint_{\Omega} xy\mathrm{d}V=\int_0^1 \mathrm{d}x\int_0^{1-x} \mathrm{d}y\int_0^{1-x-y} xy\mathrm{d}z=\int_0^1 x\mathrm{d}x\int_0^{1-x} y(1-x-y)\mathrm{d}y$$

$$=\frac{1}{6}\int_0^1 x(1-x)^3\mathrm{d}x=\frac{1}{120}.$$

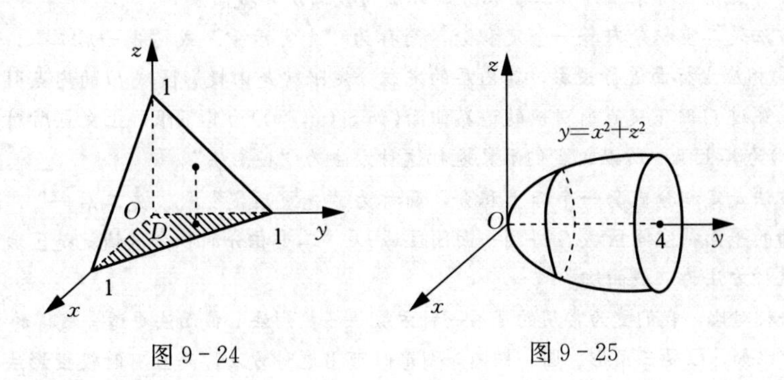

图 9-24　　图 9-25

例 2 计算 $\iiint\limits_{\Omega}\sqrt{x^2+z^2}\,\mathrm{d}V$，其中 Ω 是由曲面 $y=x^2+z^2$ 与平面 $y=4$ 所围成．

解 积分区域 Ω 如图 9-25 所示．根据 Ω 的形状及被积函数的特点，选择将 Ω 投影到 xOz 平面上，得投影域 D_{zx} 是个圆域：$x^2+z^2\leqslant 4$，而 Ω 的右界面为 $y=4$，左界面为 $y=$

x^2+z^2，于是

$$\iiint\limits_{\Omega}\sqrt{x^2+z^2}\,\mathrm{d}V=\iint\limits_{D_{zx}}\mathrm{d}z\mathrm{d}x\int_{x^2+z^2}^{4}\sqrt{x^2+z^2}\,\mathrm{d}y=\iint\limits_{D_{zx}}(4-x^2-z^2)\sqrt{x^2+z^2}\,\mathrm{d}z\mathrm{d}x$$

$$=\int_0^{2\pi}\mathrm{d}\theta\int_0^2(4-r^2)r\cdot r\mathrm{d}r=\frac{128\pi}{15}.$$

三重积分的积分区域是由曲面所围成的立体，一般比较难画．为此，需熟悉常见平面、柱面、二次曲面等图形，并借助空间想象力来确定积分区域．利用投影法把三重积分化为三次积分时，关键在于确定积分限．一般在确定了投影域后，内层积分的上下限主要看积分区域的上下(左右或前后)边界而定．

(二)截面法

设空间区域Ω介于两平面$z=c$，$z=d(c\leqslant d)$之间，过点$(0, 0, z)(z\in[c, d])$作垂直于z轴的平面，截空间闭区域Ω，得一平面闭区域D_z(图 9－26)，于是闭区域Ω可表示为$\Omega=\{(x, y, z)\,|\,(x, y)\in D_z, c\leqslant z\leqslant d\}$，从而

$$\iiint\limits_{\Omega}f(x, y, z)\mathrm{d}V=\int_c^d\mathrm{d}z\iint\limits_{D_z}f(x, y, z)\mathrm{d}x\mathrm{d}y. \quad (4)$$

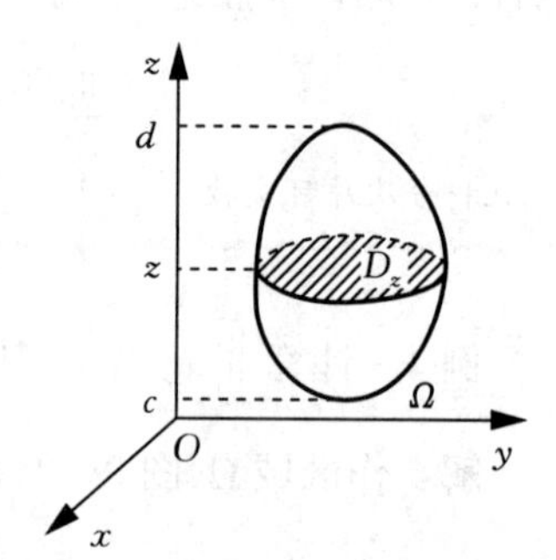

图 9－26

上式右端是先把z看作常数，对$f(x, y, z)$作D_z上的二重积分，然后再对z计算定积分．若D_z可表示为X-型或Y-型区域，则(4)式中D_z上的二重积分可化为二次积分．

特别地，当$f(x, y, z)$仅是z的表达式，而D_z的面积又容易计算时，使用截面法可以非常有效地将三重积分化成定积分．例如，当$f(x, y, z)=g(z)$时，有

$$\iiint\limits_{\Omega}f(x, y, z)\mathrm{d}V=\iiint\limits_{\Omega}g(z)\mathrm{d}V=\int_c^d\mathrm{d}z\iint\limits_{D_z}g(z)\mathrm{d}x\mathrm{d}y=\int_c^d g(z)S_{D_z}\mathrm{d}z,$$

其中S_{D_z}表示D_z的面积．

类似地，也可以考虑其他积分次序的情形．

延伸阅读 9.9　直角坐标系下计算三重积分的方法为投影法和截面法．

第一种方法是二重积分内套一个定积分，简称为“先定后重”或“先一后二”．计算时需要把空间区域Ω向相应坐标面进行投影，其内层的定积分定限就是由投影区域D的内点引垂直于相应坐标面的直线，穿过Ω时下交点所对应的边界曲面(如$z_1(x, y)$)为其下限，上交点所对应的边界曲面(如$z_2(x, y)$)为其上限．所以，我们形象地称这种方法为“投影法”．

第二种方法是定积分内套一个二重积分，简称为“先重后定”或“先二后一”．计算时需要用平行于坐标面的平面截空间区域Ω得到平面闭区域D'，二重积分的积分区域就是区域D'．所以，我们形象地称这种方法为“截面法”．

两种方法相对比，我们更为常用的是第一种方法——投影法．截面法更适合截得的平面D'是标准图形的情形，比如，D'是三角形、圆、椭圆等图形时可用这种方法，而且有时较投影法更简便．特别是当被积函数只含有一个变量时，我们更常用截面法，并且被积函数有哪个变量我们就后积哪个变量．

例 3　计算$\iiint\limits_{\Omega}z\mathrm{d}V$，其中$\Omega$为三个坐标平面及平面$x+y+z=1$所围成的闭区域．

解　图 9－27 中，区域Ω介于平面$z=0$，$z=1$之间，在$[0, 1]$内任取一点z，作垂直

于 z 轴的平面，截区域 Ω 得截面

$$D_z: x+y\leqslant 1-z, x\geqslant 0, y\geqslant 0,$$

其中 $0\leqslant z\leqslant 1$. 这是一个等腰直角三角形，其面积为 $\iint\limits_{D_z}\mathrm{d}x\mathrm{d}y=\frac{1}{2}(1-z)^2$，于是

$$\iiint\limits_{\Omega} z\mathrm{d}V=\int_0^1 z\mathrm{d}z\iint\limits_{D_z}\mathrm{d}x\mathrm{d}y=\int_0^1 z\cdot\frac{1}{2}(1-z)^2\mathrm{d}z=\frac{1}{24}.$$

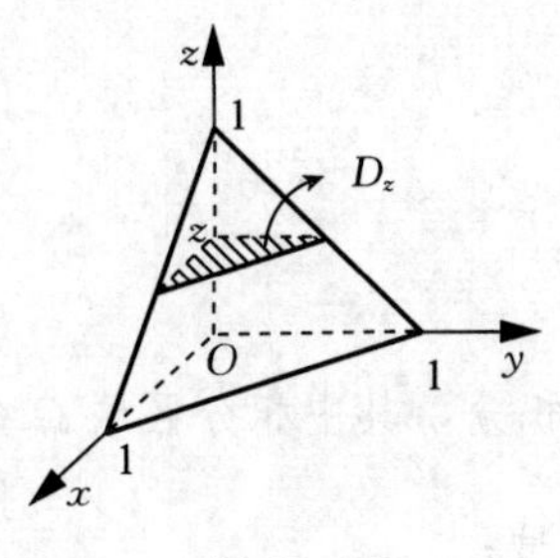

图 9-27

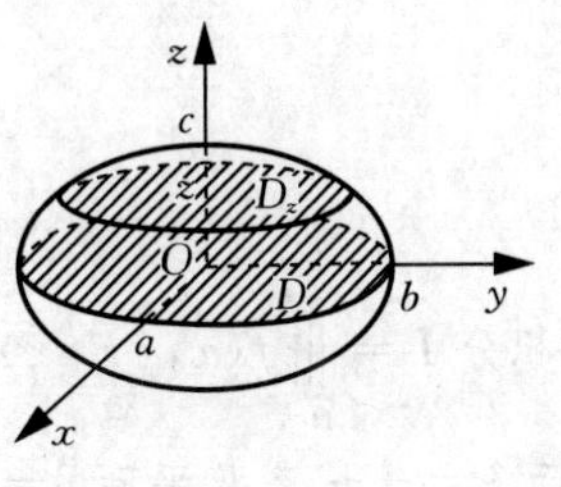

图 9-28

例 4 设 Ω 是由椭球面 $\frac{x^2}{a^2}+\frac{y^2}{b^2}+\frac{z^2}{c^2}=1$ 所围成的空间立体，其密度函数为 $\rho(x, y, z)=z^2$，求 Ω 的质量 m.

解 $m=\iiint\limits_{\Omega}\rho(x, y, z)\mathrm{d}V=\iiint\limits_{\Omega}z^2\mathrm{d}V$，$\Omega$ 如图 9-28 所示，Ω 介于平面 $z=-c$ 与 $z=c$ 之间，在 $[-c, c]$ 内任取一点 z，作垂直于 z 轴的平面，截区域 Ω 得截面

$$D_z: \frac{x^2}{a^2}+\frac{y^2}{b^2}\leqslant 1-\frac{z^2}{c^2},$$

其中 $-c\leqslant z\leqslant c$. 这是一个椭圆面，其面积

$$\iint\limits_{D_z}\mathrm{d}x\mathrm{d}y=\pi\sqrt{a^2\left(1-\frac{z^2}{c^2}\right)}\cdot\sqrt{b^2\left(1-\frac{z^2}{c^2}\right)}=\pi ab\left(1-\frac{z^2}{c^2}\right),$$

于是

$$m=\iiint\limits_{\Omega}z^2\mathrm{d}V=\int_{-c}^{c}z^2\mathrm{d}z\iint\limits_{D_z}\mathrm{d}x\mathrm{d}y=\int_{-c}^{c}z^2\pi ab\left(1-\frac{z^2}{c^2}\right)\mathrm{d}z=\frac{4}{15}\pi abc^3.$$

延伸阅读 9.10 我们知道，积分在几何中有着重要的意义. 简单地说，当被积函数非负时，定积分表示曲边梯形的面积，二重积分表示曲顶柱体的体积，但是三重积分却没有明确的几何意义了.

积分在物理学中同样有着重要的意义. 定积分表示不均匀杆形物体的质量，二重积分表示不均匀平面薄片的质量，三重积分表示不均匀空间立体的质量.

下面我们从物理学的角度，重新理解三重积分的两种计算方法：投影法和截面法.

投影法是二重积分内套一个定积分，也就是“先定后重”. 计算时需要把空间区域 Ω 往相应坐标面进行投影. 设想将空间区域 Ω 垂直压缩成投影平面薄片，这样空间立体 Ω 的质量就是投影平面的质量. 而投影平面上的每一点其实是由线段压缩而来的，故其质量就是线段(可以看成杆形物体)的质量. 投影法中先计算的定积分可以看成是压缩线段的质量，而二重积分可以看成是投影平面的质量. 这样投影法所计算的三重积分就表示空间立体 Ω 的质量.

截面法是定积分内套一个二重积分，也就是“先重后定”．设想将空间区域Ω压缩到坐标轴上得到一段线段，这样空间立体Ω的质量就是该线段(可以看成杆形物体)的质量．而线段上的每一点其实是由平面薄片压缩而来的，故其质量就是平面薄片的质量．这个平面薄片实际上就是截面法中用垂直于相应坐标轴的平面截空间区域Ω得到的平面闭区域，所以截面法中先计算的二重积分可以看成是平面薄片的质量，而定积分可以看成压缩线段的质量．这样截面法所计算的三重积分就表示空间立体Ω的质量．

习　题　9-3

A　组

1. 化三重积分$I=\iiint\limits_{\Omega} f(x, y, z)\mathrm{d}x\mathrm{d}y\mathrm{d}z$为三次积分，其中积分区域$\Omega$分别为

(1) 由曲面$z=x^2+y^2$及平面$z=1$所围成的闭区域；

(2) 由双曲抛物面$z=xy$及平面$x+y-1=0$，$z=0$所围成的闭区域．

2. 设有一物体，占有空间闭区域Ω：$0\leqslant x\leqslant 1$，$0\leqslant y\leqslant 1$，$0\leqslant z\leqslant 1$，在点(x, y, z)处的密度为$\rho(x, y, z)=x+y+z$，计算该物体的质量．

3. 设积分区域Ω：$a\leqslant x\leqslant b$，$c\leqslant y\leqslant d$，$m\leqslant z\leqslant l$，证明：

$$\iiint\limits_{\Omega} f(x)g(y)h(z)\mathrm{d}x\mathrm{d}y\mathrm{d}z=\int_a^b f(x)\mathrm{d}x\int_c^d g(y)\mathrm{d}y\int_m^l h(z)\mathrm{d}z.$$

4. 选用适当的方法计算下列三重积分．

(1) $\iiint\limits_{\Omega} xyz\,\mathrm{d}x\mathrm{d}y\mathrm{d}z$，其中$\Omega$为球面$x^2+y^2+z^2=1$及三个坐标面所围成的在第Ⅰ卦限内的闭区域；

(2) $\iiint\limits_{\Omega}\dfrac{\mathrm{d}x\mathrm{d}y\mathrm{d}z}{(1+x+y+z)^3}$，其中$\Omega$为三个坐标面及平面$x+y+z=1$所围成的闭区域；

(3) $\iiint\limits_{\Omega} xy^2z^3\mathrm{d}x\mathrm{d}y\mathrm{d}z$，其中$\Omega$为曲面$z=xy$与平面$y=x$，$x=1$，$z=0$所围成的闭区域；

(4) $\iiint\limits_{\Omega} y\sqrt{1-x^2}\,\mathrm{d}V$，其中$\Omega$为曲面$y=-\sqrt{1-x^2-z^2}$，$x^2+z^2=1$以及$y=1$所围成的闭区域．

5. 设Ω由曲面$z=4-x^2-\dfrac{1}{4}y^2$，$z=3x^2+\dfrac{1}{4}y^2$所围成，试利用三重积分计算其体积．

6. 设$f(x)$在$(-\infty, +\infty)$可积，证明$\iiint\limits_{\Omega} f(z)\mathrm{d}V=\pi\int_{-1}^{1}(1-z^2)f(z)\mathrm{d}z$，其中$\Omega$是球面$x^2+y^2+z^2=1$围成的空间闭区域．

B　组

1. 计算$\iiint\limits_{\Omega}\mathrm{e}^{|z|}\mathrm{d}V$，其中$\Omega$：$x^2+y^2+z^2\leqslant 1$.

2. 证明：$\int_0^x\left[\int_0^v\left(\int_0^u f(t)\mathrm{d}t\right)\mathrm{d}u\right]\mathrm{d}v=\dfrac{1}{2}\int_0^x(x-t)^2f(t)\mathrm{d}t.$

第四节 利用柱面及球面坐标计算三重积分

一、利用柱面坐标计算三重积分

设 $M(x, y, z)$ 为空间内一点，点 M 在 xOy 面上的投影 $P(x, y)$ 的极坐标为 (r, θ)，则 (r, θ, z) 称为点 M 的柱面坐标(图 9－29)，其中 r, θ, z 的变化范围分别为

$$0 \leqslant r < +\infty, \ 0 \leqslant \theta \leqslant 2\pi, \ -\infty < z < +\infty.$$

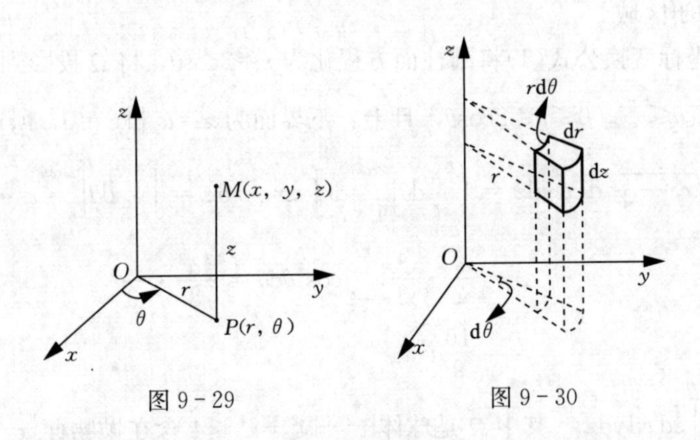

图 9－29　　图 9－30

点 M 的直角坐标 (x, y, z) 与点 M 的柱面坐标 (r, θ, z) 之间的关系为

$$\begin{cases} x = r\cos\theta, \\ y = r\sin\theta, \\ z = z. \end{cases} \tag{1}$$

柱面坐标系中的三组坐标面分别为

r＝常数，即以 z 轴为轴的圆柱面；

θ＝常数，即过 z 轴的半平面；

z＝常数，即与 xOy 面平行的平面．

在柱面坐标系下，用三组坐标面 r＝常数，θ＝常数，z＝常数把 Ω 分成许多小闭区域，除了含 Ω 的边界点的一些不规则小闭区域外，这种小闭区域都是柱体．现考虑由 r, θ, z 各取得微小增量 dr，$d\theta$，dz 所成的小柱体(图 9－30)，其体积为高 dz 与底面积的乘积，而底面积在不计高阶无穷小时为 $r dr d\theta$(即极坐标系中的面积元素)，故得柱面坐标系下的体积元素

$$dV = r dr d\theta dz,$$

结合关系式(1)得从直角坐标变换为柱面坐标的三重积分的计算公式

$$\iiint_{\Omega} f(x, y, z) dx dy dz = \iiint_{\Omega} f(r\cos\theta, r\sin\theta, z) r dr d\theta dz. \tag{2}$$

为了将(2)式右端的三重积分化为三次积分，设平行于 z 轴且穿过 Ω 内部的直线与 Ω 的边界最多只有两个交点，并设 Ω 在 xOy 面上的投影为 D，区域 D 用 r, θ 表示．区域 Ω 关于 xOy 面的投影柱面将 Ω 的边界曲面分为上下两部分，设下曲面方程为 $z = z_1(r, \theta)$，上曲面方程为 $z = z_2(r, \theta)$，$(r, \theta) \in D$，则由(2)式有

$$\iiint_{\Omega} f(x, y, z) dx dy dz = \iint_{D} r dr d\theta \int_{z_1(r, \theta)}^{z_2(r, \theta)} f(r\cos\theta, r\sin\theta, z) dz. \tag{3}$$

柱面坐标法可看作投影法与二重积分极坐标方法的结合．

以上考虑的是Ω在xOy面投影的情形．将Ω在yOz面或zOx面上投影时，可类似得到相应的柱面坐标变换公式及柱面坐标系下的三重积分计算公式．

一般地，当积分区域Ω的投影域是圆域或部分圆域时，利用柱面坐标计算三重积分比较简便．

例 1　计算$\iiint\limits_{\Omega} z\sqrt{x^2+y^2}\,\mathrm{d}x\mathrm{d}y\mathrm{d}z$，其中$\Omega$是圆柱面$x^2+y^2-2x=0$及平面$z=0$，$z=a(a>0)$所围成的闭区域．

解　用柱面坐标变换公式(1)将圆柱面方程化为$r=2\cos\theta$，将Ω投影到xOy面上，得圆形闭区域：$-\frac{\pi}{2}\leqslant\theta\leqslant\frac{\pi}{2}$，$0\leqslant r\leqslant 2\cos\theta$，且上、下界面为$z=a$和$z=0$，所以

$$\begin{aligned}\iiint\limits_{\Omega} z\sqrt{x^2+y^2}\,\mathrm{d}x\mathrm{d}y\mathrm{d}z &= \int_{-\frac{\pi}{2}}^{\frac{\pi}{2}}\mathrm{d}\theta\int_0^{2\cos\theta}\mathrm{d}r\int_0^a zr\cdot r\mathrm{d}z = \int_{-\frac{\pi}{2}}^{\frac{\pi}{2}}\mathrm{d}\theta\int_0^{2\cos\theta} r^2\cdot\frac{a^2}{2}\mathrm{d}r \\ &= \frac{a^2}{2}\cdot\frac{8}{3}\int_{-\frac{\pi}{2}}^{\frac{\pi}{2}}\cos^3\theta\mathrm{d}\theta = \frac{4a^2}{3}\cdot\frac{4}{3} \\ &= \frac{16}{9}a^2.\end{aligned}$$

例 2　计算$\iiint\limits_{\Omega} z\mathrm{d}x\mathrm{d}y\mathrm{d}z$，其中$\Omega$是球体$x^2+y^2+z^2\leqslant 4$含在抛物面$x^2+y^2=3z$内部的区域．

解　由柱面坐标变换(1)，空间区域Ω的上、下曲面方程分别为

$$r^2+z^2=4,\ r^2=3z.$$

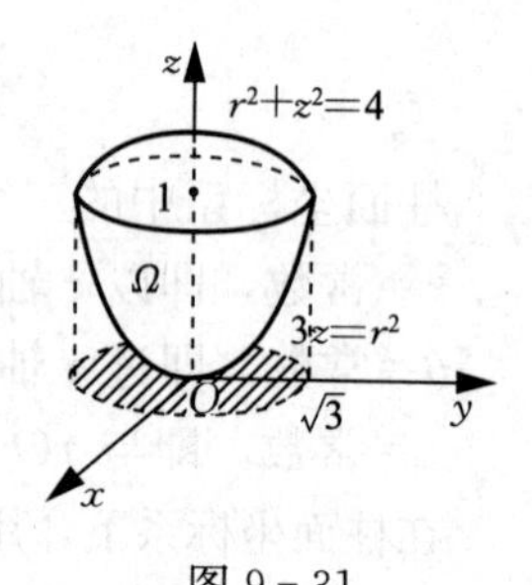

图 9－31

这两个曲面的交线为$z=1$，$r=\sqrt{3}$（图 9－31）．积分区域Ω在xOy面上的投影区域D是个圆域：$0\leqslant r\leqslant\sqrt{3}$，于是区域$\Omega$可表示为

$$0\leqslant\theta\leqslant 2\pi,\ 0\leqslant r\leqslant\sqrt{3},\ \frac{r^2}{3}\leqslant z\leqslant\sqrt{4-r^2},$$

故

$$\begin{aligned}\iiint\limits_{\Omega} z\mathrm{d}x\mathrm{d}y\mathrm{d}z &= \int_0^{2\pi}\mathrm{d}\theta\int_0^{\sqrt{3}} r\mathrm{d}r\int_{\frac{r^2}{3}}^{\sqrt{4-r^2}} z\mathrm{d}z \\ &= 2\pi\int_0^{\sqrt{3}} r\cdot\frac{1}{2}\left(4-r^2-\frac{r^4}{9}\right)\mathrm{d}r = \frac{13}{4}\pi.\end{aligned}$$

二、利用球面坐标计算三重积分

设$M(x,\ y,\ z)$为空间内一点，并设点P为点M在xOy面上的投影（图 9－32）．如果r表示点M到原点O的距离，φ表示向量$\overrightarrow{OM}$与z轴正向所夹的角，θ为从z轴正向来看自x轴正向按逆时针方向转到向量$\overrightarrow{OP}$的角，那么有序数组$(r,\ \varphi,\ \theta)$称为点M的球面坐标．r，φ，θ的变化范围分别为

$$0\leqslant r<+\infty,\ 0\leqslant\varphi\leqslant\pi,\ 0\leqslant\theta\leqslant 2\pi.$$

由直角三角形中边与角的关系可得，$x=OP\cdot\cos\theta$，$y=OP\cdot\sin\theta$以及$OP=r\sin\varphi$，$z=r\cos\varphi$（图 9－32），所以空间一点M的直角坐标$(x,\ y,\ z)$与球面坐标$(r,\ \varphi,\ \theta)$之间的关

系为

$$\begin{cases} x=r\sin\varphi\cos\theta, \\ y=r\sin\varphi\sin\theta, \\ z=r\cos\varphi. \end{cases} \tag{4}$$

在球面坐标系中，三组坐标面分别为

r=常数，即以原点为球心的球面；

φ=常数，即以原点为顶点、z轴为轴的圆锥面；

θ=常数，即过z轴的半平面.

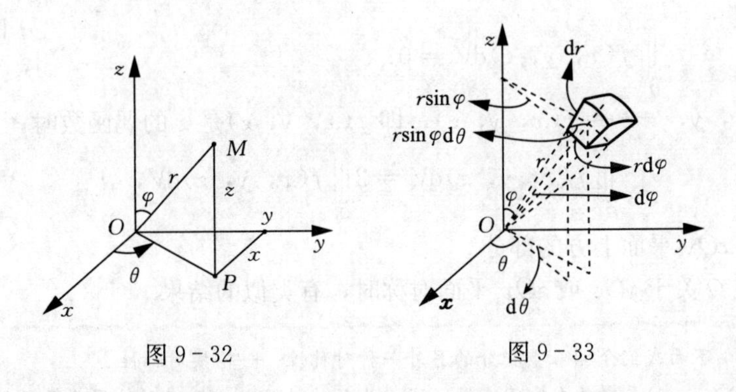

图 9-32　　图 9-33

在球面坐标系下，用三组坐标面 r=常数，φ=常数，θ=常数把积分区域 Ω 分成许多小闭区域. 考虑由 r，φ，θ 取得微小增量 $\mathrm{d}r$，$\mathrm{d}\varphi$，$\mathrm{d}\theta$ 所成的六面体的体积(图 9-33). 不计高阶无穷小，可把这个六面体看作长方体，三边长分别为 $r\mathrm{d}\varphi$，$r\sin\varphi\mathrm{d}\theta$，$\mathrm{d}r$，于是，球面坐标系中的体积元素为

$$\mathrm{d}V=r^2\sin\varphi\mathrm{d}r\mathrm{d}\varphi\mathrm{d}\theta.$$

再由关系式(4)，就得从直角坐标变换为球面坐标的三重积分的计算公式

$$\iiint_\Omega f(x,\ y,\ z)\mathrm{d}x\mathrm{d}y\mathrm{d}z=\iiint_\Omega f(r\sin\varphi\cos\theta,\ r\sin\varphi\sin\theta,\ r\cos\varphi)r^2\sin\varphi\mathrm{d}r\mathrm{d}\varphi\mathrm{d}\theta. \tag{5}$$

球面坐标系下的三重积分也要化为对 r，φ，θ 的三次积分来计算.

(5)式中当 $f(x,\ y,\ z)=1$ 时，积分结果就是 Ω 的体积. 特别地，若 Ω 为球面 $r=a$ 所围成时，则得球的体积

$$V=\iiint_\Omega r^2\sin\varphi\mathrm{d}r\mathrm{d}\varphi\mathrm{d}\theta=\int_0^{2\pi}\mathrm{d}\theta\int_0^{\pi}\sin\varphi\mathrm{d}\varphi\int_0^a r^2\mathrm{d}r=\frac{4}{3}\pi a^3.$$

一般地，当积分区域 Ω 为球形区域或部分球形区域时，利用球面坐标计算三重积分比较简单.

例 3 求半径为 R 的球面与半顶角为 α 的内接锥面围成的立体(含球心部分)的体积.

解 设球心在 z 轴上且球面通过原点 O，而内接锥面的顶点在原点 O，其轴与 z 轴重合(图 9-34)，则球面方程为 $r=2R\cos\varphi$，锥面方程为 $\varphi=\alpha$，因此立体所占有的空间闭区域 Ω 可表示为

$$0\leqslant\theta\leqslant 2\pi,\ 0\leqslant\varphi\leqslant\alpha,\ 0\leqslant r\leqslant 2R\cos\varphi,$$

于是 $$V=\iiint_\Omega r^2\sin\varphi\mathrm{d}r\mathrm{d}\varphi\mathrm{d}\theta=\int_0^{2\pi}\mathrm{d}\theta\int_0^{\alpha}\sin\varphi\mathrm{d}\varphi\int_0^{2R\cos\varphi}r^2\mathrm{d}r$$

$$= 2\pi\int_0^{\alpha}\sin\varphi \cdot \frac{8R^3}{3}\cos^3\varphi\mathrm{d}\varphi = \frac{4\pi R^3}{3}(1-\cos^4\alpha).$$

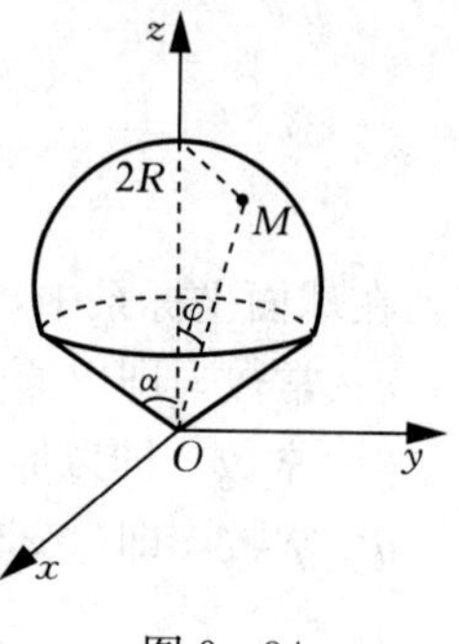

图 9－34

同样，被积函数是分段函数时，应根据分段函数的表达式对积分区域 Ω 分区域后再计算三重积分．此外，利用积分区域的对称性和被积函数的奇偶性也可简化三重积分的计算．

若 $f(x, y, z)$ 在闭区域 Ω 上连续，且 Ω 关于 xOy 平面对称，则

(1) 当 $f(x, y, -z)=-f(x, y, z)$，即 $f(x, y, z)$ 是 z 的奇函数时，

$$\iiint_{\Omega} f(x, y, z)\mathrm{d}V = 0;$$

(2) 当 $f(x, y, -z)=f(x, y, z)$，即 $f(x, y, z)$ 是 z 的偶函数时，

$$\iiint_{\Omega} f(x, y, z)\mathrm{d}V = 2\iiint_{\Omega_1} f(x, y, z)\mathrm{d}V,$$

其中 Ω_1 是 Ω 在 xOy 平面上方的部分．

当积分区域 Ω 关于 yOz 或 zOx 平面对称时，有类似的结果．

延伸阅读 9.11　下面我们介绍三重积分的另外一种对称性——轮换对称性．

设函数 $f(x, y, z)$ 是定义在空间有界区域 Ω 上的连续函数，且 Ω 的边界曲面函数关于 x，y，z 具有轮换对称性(把函数解析式中的“x 换成 y，y 换成 z，z 换成 x”后，函数解析式能够保持不变)，则

$$\iiint_{\Omega} f(x, y, z)\mathrm{d}V = \iiint_{\Omega} f(y, z, x)\mathrm{d}V = \iiint_{\Omega} f(z, x, y)\mathrm{d}V.$$

例 4　计算 $\displaystyle\iiint_{\Omega}\frac{1+z}{(1+|x|+|y|+|z|)^3}\mathrm{d}V$，其中 Ω：$|x|+|y|+|z|\leqslant 1$.

解　Ω 关于 xOy 平面对称，且 $\dfrac{z}{(1+|x|+|y|+|z|)^3}$ 是 z 的奇函数，故

$$\iiint_{\Omega}\frac{z}{(1+|x|+|y|+|z|)^3}\mathrm{d}V = 0,$$

而 $\dfrac{1}{(1+|x|+|y|+|z|)^3}$ 分别是 x，y，z 的偶函数，且 Ω 关于三个平面均对称，Ω 在第Ⅰ卦限的部分为三个坐标面及 $x+y+z=1$ 所围成的闭区域，记为 Ω_1，则

$$\begin{aligned}\iiint_{\Omega}\frac{1+z}{(1+|x|+|y|+|z|)^3}\mathrm{d}V &= 8\iiint_{\Omega_1}\frac{1}{(1+x+y+z)^3}\mathrm{d}V\\ &= 8\int_0^1\mathrm{d}x\int_0^{1-x}\mathrm{d}y\int_0^{1-x-y}\frac{1}{(1+x+y+z)^3}\mathrm{d}z\\ &= 4\ln 2-\frac{5}{2}.\end{aligned}$$

例 5　计算 $\displaystyle\iiint_{\Omega}(x+z)\mathrm{d}V$，其中 Ω 是锥面 $z=\sqrt{x^2+y^2}$ 和平面 $z=1$ 围成的空间区域．

解　如图 9－35 所示，积分区域 Ω 关于 yOz 平面对称，且 x 是 x 的奇函数，故

$$\iiint_{\Omega} x\mathrm{d}V = 0,$$

于是
$$\iiint_{\Omega}(x+z)\mathrm{d}V = \iiint_{\Omega} z\mathrm{d}V.$$

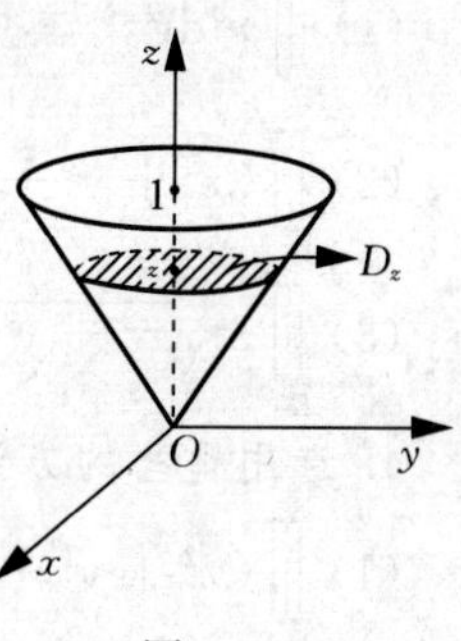

图 9-35

由于被积函数只是 z 的函数，可应用截面法计算．

过[0, 1]内任一点 z，作垂直于 z 轴的平面，截区域 Ω 得截面 D_z：$x^2+y^2\leqslant z^2$，其面积 $\iint_{D_z}\mathrm{d}x\mathrm{d}y=\pi z^2$，所以

$$\iiint_{\Omega}(x+z)\mathrm{d}V = \iiint_{\Omega} z\mathrm{d}V = \int_0^1 z\mathrm{d}z\iint_{D_z}\mathrm{d}x\mathrm{d}y = \pi\int_0^1 z^3\mathrm{d}z = \frac{\pi}{4}.$$

延伸阅读 9.12　计算三重积分的积分方法有三种：直角坐标系下的计算(即投影法和截面法)、利用柱面坐标计算和利用球面坐标计算，那么，在进行三重积分计算时应该如何选择积分方法呢？

一般来说，应该根据积分区域和被积函数的特点来适当地选择积分方法．当积分区域多由坐标面围成，一般选择投影法或截面法；当围成积分区域的曲面函数或被积函数含有“x^2+y^2”，可考虑利用柱面坐标计算三重积分；当围成积分区域的曲面函数或被积函数含有“$x^2+y^2+z^2$”，可考虑利用球面坐标计算三重积分．特别地，当积分区域是以原点为球心的球体或球体的一部分时，利用球面坐标最为简便．

习　题　9-4

A　组

1. 试将下列积分分别化为柱面坐标和球面坐标下的三次积分式．

(1) $\iiint_{\Omega} f(x^2+y^2, z)\mathrm{d}V$，其中 Ω 是由 $x^2+y^2+z^2\leqslant 2Rz$ 所确定的立体；

(2) $\iiint_{\Omega} f(x, y, z)\mathrm{d}V$，其中 Ω 是由 $\begin{cases} x^2+y^2+z^2\leqslant a^2, \\ \sqrt{x^2+y^2}\leqslant z \end{cases}$ 所确定的立体．

2. 利用柱面坐标计算下列三重积分．

(1) $\iiint_{\Omega}(x^2+y^2)\mathrm{d}V$，其中 Ω 是由曲面 $2z=x^2+y^2$ 及平面 $z=2$ 所围成的闭区域；

(2) $\iiint_{\Omega} z\mathrm{d}V$，其中 Ω 是由曲面 $z=\sqrt{2-x^2-y^2}$ 及 $z=x^2+y^2$ 所围成的闭区域；

(3) $\iiint_{\Omega}(x^2+y^2)\mathrm{d}V$，其中 Ω 是由曲面 $z=2-x^2-y^2$ 及 $z=\sqrt{x^2+y^2}$ 所围成的闭区域；

(4) $\iiint_{\Omega}(x^2+y^2)\mathrm{d}V$，其中 Ω 是由曲面 $4z^2=25(x^2+y^2)$ 及平面 $z=5$ 所围成的闭区域；

(5) $\iiint_{\Omega}|z-x^2-y^2|\mathrm{d}V$，其中 $\Omega=\{(x, y, z)\,|\,0\leqslant z\leqslant 1, x^2+y^2\leqslant 1\}$．

3. 利用球面坐标计算下列三重积分．

(1) $\iiint\limits_{\Omega} x^2 \mathrm{d}V$，其中 Ω 是由球面 $x^2+y^2+z^2=4$ 所围的第Ⅰ卦限的部分；

(2) $\iiint\limits_{\Omega} (x^2+y^2+z^2)\mathrm{d}V$，其中 $\Omega=\{(x, y, z)\mid x^2+y^2+z^2\leqslant 1\}$；

(3) $\iiint\limits_{\Omega} z\sqrt{x^2+y^2+z^2}\,\mathrm{d}V$，其中 $\Omega=\{(x, y, z)\mid x^2+y^2+z^2\leqslant 1, z\geqslant\sqrt{3(x^2+y^2)}\}$.

4. 选用适当的方法计算三重积分.

(1) $\iiint\limits_{\Omega} (x^2+y^2+z)\mathrm{d}V$，其中 Ω 是第Ⅰ卦限中由旋转抛物面 $z=x^2+y^2$ 与圆柱面 $x^2+y^2=1$ 所围成的部分；

(2) $\iiint\limits_{\Omega} z\mathrm{d}V$，其中 $\Omega=\{(x, y, z)\mid x^2+y^2+z^2\leqslant 4, z\geqslant 0\}$；

(3) $\iiint\limits_{\Omega} xy\mathrm{d}V$，其中 Ω 是由圆柱面 $x^2+y^2=1$ 及平面 $z=1$，$z=0$，$x=0$，$y=0$ 围成的在第Ⅰ卦限内的闭区域；

(4) $\iiint\limits_{\Omega} \sqrt{x^2+y^2+z^2}\,\mathrm{d}V$，其中 $\Omega=\{(x, y, z)\mid x^2+y^2+z^2\leqslant z\}$.

5. 利用对称性计算下列三重积分.

(1) $\iiint\limits_{\Omega} (x+y+z)\mathrm{d}V$，其中 Ω 是由平面 $x+y+z=1$ 及三个坐标面所围成的闭区域；

(2) $\iiint\limits_{\Omega} (x+y+z)\mathrm{d}V$，其中 Ω 是由 $x^2+y^2\leqslant z^2$，$0\leqslant z\leqslant h$ 所围成的闭区域；

(3) $\iiint\limits_{\Omega} (x+z)\mathrm{d}V$，其中 Ω 是由 $z=\sqrt{x^2+y^2}$ 与 $z=\sqrt{1-x^2-y^2}$ 所围成的闭区域；

(4) $\iiint\limits_{\Omega} (x+y+z)^2\mathrm{d}V$，其中 Ω 是由 $x^2+y^2+z^2\leqslant 2az$ 所围成的闭区域.

6. 利用三重积分计算下列曲面所围成的立体体积.

(1) $z=\sqrt{5-x^2-y^2}$，$x^2+y^2=4z$；

(2) $x^2+y^2+z^2=2z$，$x^2+y^2=z^2$(含有 z 轴的部分).

B　组

1. 计算 $\iiint\limits_{\Omega} (x^2+y^2)\mathrm{d}V$，其中 Ω 是曲线 $y^2=2z$，$x=0$ 绕 z 轴旋转一周而成的曲面与两平面 $z=2$，$z=8$ 所围的立体.

2. 设 $f(x)$ 具有连续的导数，且 $f(0)=0$，试求 $\lim\limits_{t\to 0}\dfrac{1}{\pi t^4}\iiint\limits_{x^2+y^2+z^2\leqslant t^2} f(\sqrt{x^2+y^2+z^2})\mathrm{d}V$.

3. 设函数 $f(x)$ 连续且恒大于零，

$$F(t)=\frac{\iiint\limits_{\Omega(t)} f(x^2+y^2+z^2)\mathrm{d}V}{\iint\limits_{D(t)} f(x^2+y^2)\mathrm{d}\sigma},\ G(t)=\frac{\iint\limits_{D(t)} f(x^2+y^2)\mathrm{d}\sigma}{\int_{-t}^{t} f(x^2)\mathrm{d}x},$$

其中 $\Omega(t)=\{(x, y, z) \mid x^2+y^2+z^2\leqslant t^2\}$，$D(t)=\{(x, y) \mid x^2+y^2\leqslant t^2\}$.

(1) 讨论 $F(t)$在区间$(0, +\infty)$内的单调性；

(2) 证明：当 $t>0$ 时，$F(t)\geqslant\dfrac{2}{\pi}G(t)$.

第五节　重积分的应用

在定积分的应用中，许多求总量的问题可以用定积分的元素法(或称微元法)来解决，这种方法也可推广到重积分的应用中. 下面介绍**二重积分的元素法(微元法)**，三重积分情形类似.

假设所要计算的某个量 U 对于闭区域 D 具有可加性(即当闭区域 D 分成许多小闭区域时，U 可相应地分成许多部分量，且 U 等于各部分量之和)，并且在闭区域 D 内任取一个直径很小的闭区域 $d\sigma$(其面积也记作 $d\sigma$)，相应的部分量 ΔU 可近似地表示为 $f(x, y)d\sigma$ 的形式，其中$(x, y)\in d\sigma$. 把 $f(x, y)d\sigma$ 称为量 U 的元素(或微元)，并记作 dU，以它为被积表达式，在闭区域 D 上积分，得

$$U=\iint_D f(x, y)d\sigma.$$

这就是所求量 U 的积分表达式.

下面应用元素法来讨论重积分在几何、物理上的一些应用.

一、几何应用

前面看到，利用重积分可以计算曲顶柱体和一般空间立体的体积. 下面介绍二重积分的另一个几何应用，即计算曲面的面积.

设曲面 S 的方程为 $z=f(x, y)$，它在 xOy 面上的投影区域为 D，函数 $f(x, y)$在 D 上具有连续偏导数 $f_x(x, y)$和 $f_y(x, y)$. 现计算曲面 S 的面积 A.

在闭区域 D 内任取一个直径很小的闭区域 $d\sigma$(其面积也记作 $d\sigma$)，在 $d\sigma$ 上任取一点 $P(x, y)$，对应地曲面 S 上有一点 $M(x, y, f(x, y))$(点 M 在 xOy 面上的投影为点 P)，点 M 处曲面 S 的切平面设为 T(图 9-36). 以小闭区域 $d\sigma$ 的边界为准线作母线平行于 z 轴的柱面，这柱面在曲面 S 上截下一小片曲面，在切平面 T 上截下一小片平面，由于 $d\sigma$ 的直径很小，S 上所截那一小片曲面的面积 ΔA 可用 T 上相应的那一小片平面的面积 dA 近似代替，而

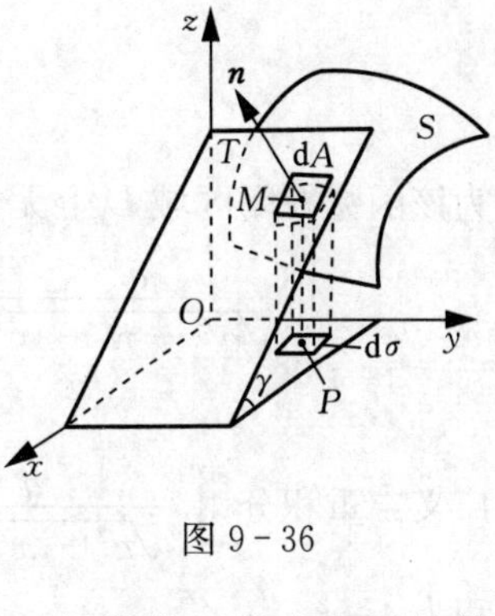

$$dA=\frac{d\sigma}{\cos\gamma},$$

图 9-36

其中 γ 是曲面 S 在点 M 的上侧法向量 $\boldsymbol{n}$ 与 z 轴正向所成的锐角. 根据曲面的法向量计算公式，$\boldsymbol{n}=\{-z'_x, -z'_y, 1\}$，而 z 轴正向的单位矢量 $\boldsymbol{k}=\{0, 0, 1\}$，所以

$$\cos\gamma=\frac{1}{\sqrt{1+z_x'^2+z_y'^2}},$$

于是
$$dA=\sqrt{1+z_x'^2+z_y'^2}\,d\sigma.$$

这就是曲面 S 的面积元素，以它为被积表达式在闭区域 D 上积分，就得曲面 S 的面积

$$A=\iint_D\sqrt{1+z_x'^2+z_y'^2}\,\mathrm{d}\sigma=\iint_D\sqrt{1+z_x'^2+z_y'^2}\,\mathrm{d}x\mathrm{d}y.$$

设曲面的方程为 $x=g(y,z)$ 或 $y=h(z,x)$，可分别把曲面投影到 yOz 面上(投影区域记作 D_{yz})或 zOx 面上(投影区域记作 D_{zx})，类似可得

$$A=\iint_{D_{yz}}\sqrt{1+x_y'^2+x_z'^2}\,\mathrm{d}y\mathrm{d}z,$$

或

$$A=\iint_{D_{zx}}\sqrt{1+y_z'^2+y_x'^2}\,\mathrm{d}z\mathrm{d}x.$$

例 1 求圆锥 $z=\sqrt{x^2+y^2}$ 在圆柱体 $x^2+y^2\leqslant x$ 内那一部分的面积.

解 由曲面方程 $z=\sqrt{x^2+y^2}$，可得

$$z_x'=\frac{x}{\sqrt{x^2+y^2}},\ z_y'=\frac{y}{\sqrt{x^2+y^2}},$$

因此

$$\sqrt{1+z_z'^2+z_x'^2}=\sqrt{1+\frac{x^2}{x^2+y^2}+\frac{y^2}{x^2+y^2}}=\sqrt{2}.$$

而所求曲面在 xOy 面上的投影 D 为 $x^2+y^2\leqslant x$，其面积 $\sigma=\frac{\pi}{4}$，于是所求面积

$$A=\iint_D\sqrt{2}\,\mathrm{d}x\mathrm{d}y=\sqrt{2}\sigma=\frac{\sqrt{2}}{4}\pi.$$

例 2 求半径为 a 的球的表面积.

解 取上半球面方程为 $z=\sqrt{a^2-x^2-y^2}$，则它在 xOy 面上的投影 D 为

$$x^2+y^2\leqslant a^2,$$

由

$$z_x'=\frac{-x}{\sqrt{a^2-x^2-y^2}},\ z_y'=\frac{-y}{\sqrt{a^2-x^2-y^2}},$$

得

$$\sqrt{1+z_x'^2+z_y'^2}=\frac{a}{\sqrt{a^2-x^2-y^2}},$$

因为该函数在闭区域 D 上无界，取区域 D_1：$x^2+y^2\leqslant b^2(0<b<a)$，则

$$\iint_{D_1}\frac{a}{\sqrt{a^2-x^2-y^2}}\mathrm{d}x\mathrm{d}y=a\int_0^{2\pi}\mathrm{d}\theta\int_0^b\frac{r}{\sqrt{a^2-r^2}}\mathrm{d}r=2\pi a(a-\sqrt{a^2-b^2})$$

$$\to 2\pi a^2(\text{当 } b\to a\text{，即 } D_1\to D\text{ 时}),$$

即广义二重积分 $\iint_D\frac{a}{\sqrt{a^2-x^2-y^2}}\mathrm{d}x\mathrm{d}y=2\pi a^2$，这就是半个球面的面积，所以整个球面的面积为 $4\pi a^2$.

延伸阅读 9.13 下面我们给出参数方程表示的曲面的面积计算公式.

设曲面由参数方程 $\begin{cases}x=x(u,v),\\ y=y(u,v),\\ z=z(u,v),\end{cases}(u,v)\in D$ 确定，其中 D 由分段光滑的连续曲线围成，上述函

数在 D 上具有连续的一阶偏导数，且 $M=\frac{\partial(y, z)}{\partial(u, v)}$，$N=\frac{\partial(z, x)}{\partial(u, v)}$，$P=\frac{\partial(x, y)}{\partial(u, v)}$ 中至少有一个不为零．记 $E=x_u^2+y_u^2+z_u^2$，$F=x_ux_v+y_uy_v+z_uz_v$，$G=x_v^2+y_v^2+z_v^2$，我们可以得到曲面面积为

$$A=\iint_D\sqrt{EG-F^2}\,\mathrm{d}u\mathrm{d}v.$$

可以证明等式 $M^2+N^2+P^2=EG-F^2$ 成立，于是曲面面积也可以表示为

$$A=\iint_D\sqrt{M^2+N^2+P^2}\,\mathrm{d}u\mathrm{d}v.$$

二、物理应用

重积分不但在几何上有重要应用，在物理方面其应用也非常广泛．前面曾提到计算平面薄片和空间立体的质量，下面再讨论几个常见的物理应用，主要对二重积分的应用情形进行分析，三重积分的应用情形完全类似，故只给出相应的公式．

(一)重心

设在 xOy 平面上有 n 个质点，它们分别位于点 (x_1, y_1)，(x_2, y_2)，…，(x_n, y_n) 处，质量分别为 m_1，m_2，…，m_n. 由力学知识，该质点系的重心坐标为

$$\bar{x}=\frac{M_y}{M}=\frac{\sum_{i=1}^{n}m_ix_i}{\sum_{i=1}^{n}m_i},\ \bar{y}=\frac{M_x}{M}=\frac{\sum_{i=1}^{n}m_iy_i}{\sum_{i=1}^{n}m_i},$$

其中 $M=\sum_{i=1}^{n}m_i$ 为该质点系的总质量，$M_y=\sum_{i=1}^{n}m_ix_i$，$M_x=\sum_{i=1}^{n}m_iy_i$ 分别为该质点系对 y 轴和 x 轴的静力矩．

对于占有 xOy 平面上的闭区域 D 的平面薄片，设其面密度为 $\rho(x, y)$，且 $\rho(x, y)$ 在 D 上连续．现计算该薄片的重心坐标．

先求平面薄片对 y 轴和 x 轴的静力矩．在闭区域 D 上任取一直径很小的闭区域 $\mathrm{d}\sigma$(其面积也记作 $\mathrm{d}\sigma$)，(x, y) 是 $\mathrm{d}\sigma$ 上的任意一点．由于 $\rho(x, y)$ 在 D 上连续且 $\mathrm{d}\sigma$ 直径很小，所以薄片中相应于 $\mathrm{d}\sigma$ 部分的质量近似等于 $\rho(x, y)\mathrm{d}\sigma$，这部分质量可近似看作集中在点 (x, y) 上，于是可得静力矩元素

$$\mathrm{d}M_y=x\rho(x, y)\mathrm{d}\sigma,\ \mathrm{d}M_x=y\rho(x, y)\mathrm{d}\sigma.$$

以这些元素为被积表达式，在闭区域 D 上积分，即得静力矩

$$M_y=\iint_D x\rho(x, y)\mathrm{d}\sigma,\ M_x=\iint_D y\rho(x, y)\mathrm{d}\sigma.$$

又薄片的质量为

$$M=\iint_D\rho(x, y)\mathrm{d}\sigma,$$

所以薄片的重心坐标为

$$\bar{x}=\frac{M_y}{M}=\frac{\iint_D x\rho(x, y)\mathrm{d}\sigma}{\iint_D\rho(x, y)\mathrm{d}\sigma},\ \bar{y}=\frac{M_x}{M}=\frac{\iint_D y\rho(x, y)\mathrm{d}\sigma}{\iint_D\rho(x, y)\mathrm{d}\sigma}.$$

当平面薄片是均匀的(即面密度为常量)，其重心常称为形心，坐标为

$$\bar{x}=\frac{1}{\sigma}\iint_D x\mathrm{d}\sigma,\ \bar{y}=\frac{1}{\sigma}\iint_D y\mathrm{d}\sigma, \tag{1}$$

其中 $\sigma=\iint_D \mathrm{d}\sigma$ 为 D 的面积．

对于占有空间区域 Ω 的空间物体，设其体密度为 $\rho(x,\ y,\ z)$，类似可得其静力矩

$$M_{yz}=\iiint_\Omega x\rho(x,\ y,\ z)\mathrm{d}V,$$

$$M_{zx}=\iiint_\Omega y\rho(x,\ y,\ z)\mathrm{d}V,$$

$$M_{xy}=\iiint_\Omega z\rho(x,\ y,\ z)\mathrm{d}V,$$

重心坐标为

$$\bar{x}=\frac{M_{yz}}{M},\ \bar{y}=\frac{M_{zx}}{M},\ \bar{z}=\frac{M_{xy}}{M},$$

其中 $M=\iiint_\Omega \rho(x,\ y,\ z)\mathrm{d}V$ 为该物体的质量．

若物体是均匀的，则

$$\bar{x}=\frac{1}{V}\iiint_\Omega x\mathrm{d}V,\ \bar{y}=\frac{1}{V}\iiint_\Omega y\mathrm{d}V,\ \bar{z}=\frac{1}{V}\iiint_\Omega z\mathrm{d}V,$$

其中 $V=\iiint_\Omega \mathrm{d}V$.

例 3 求位于两圆 $r=2\sin\theta$，$r=4\sin\theta$ 之间的均匀薄片的重心(图 9－37).

解 因为闭区域 D 对称于 y 轴，所以重心$(\bar{x},\ \bar{y})$必位于 y 轴上，即 $\bar{x}=0$.

而且闭区域 D 位于半径为 1 和 2 的两圆之间，故其面积为两圆面积之差，即 $\sigma=3\pi$. 利用极坐标计算积分

$$\iint_D y\mathrm{d}\sigma=\int_0^\pi \mathrm{d}\theta\int_{2\sin\theta}^{4\sin\theta} r^2\sin\theta\mathrm{d}r=\frac{56}{3}\int_0^\pi \sin^4\theta\mathrm{d}\theta=7\pi,$$

所以

$$\bar{y}=\frac{1}{\sigma}\iint_D y\mathrm{d}\sigma=\frac{7}{3},$$

即薄片的重心是$\left(0,\ \frac{7}{3}\right)$.

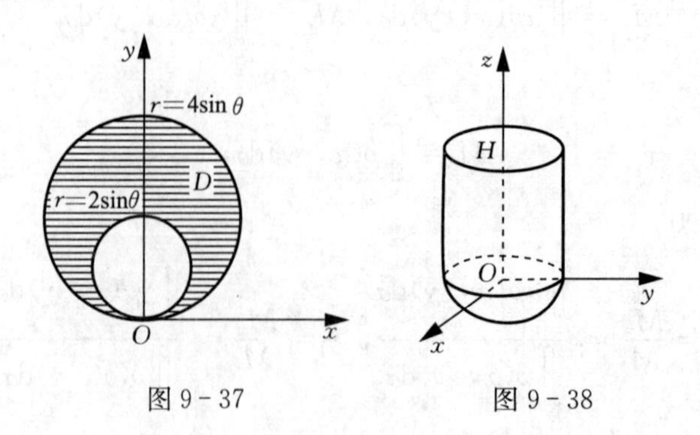

图 9－37　　图 9－38

例 4　已知均匀半球体的半径为 a，在该半球体的底圆的一旁，拼接一个半径与球的半径相等、材料相同的均匀圆柱体，使圆柱体的底圆与半球的底圆相重合，为了使拼接后的整个立体重心恰是球心，问圆柱的高应是多少？

解　如图 9－38 所示建立坐标系，使圆柱体与半球的底圆在 xOy 面上，圆柱体的中心轴为 z 轴．设所求圆柱体的高为 H，整个立体为 Ω，其体积为 V，重心坐标为$(\bar{x},\ \bar{y},\ \bar{z})$，由题意应有 $\bar{x}=0$，$\bar{y}=0$，$\bar{z}=0$. 而 $\bar{z}=\dfrac{1}{V}\iiint\limits_{\Omega} z\mathrm{d}V$，由截面法，得

$$\iiint\limits_{\Omega} z\mathrm{d}V=\int_{-a}^{0}\mathrm{d}z\iint\limits_{x^2+y^2\leqslant a^2-z^2} z\mathrm{d}x\mathrm{d}y+\int_{0}^{H}\mathrm{d}z\iint\limits_{x^2+y^2\leqslant a^2} z\mathrm{d}x\mathrm{d}y$$

$$=\int_{-a}^{0} z\cdot\pi(a^2-z^2)\mathrm{d}z+\int_{0}^{H} z\cdot\pi a^2\mathrm{d}z=\frac{\pi a^2}{4}(2H^2-a^2).$$

由 $\bar{z}=0$，得 $H=\dfrac{\sqrt{2}}{2}a$，这即为所求圆柱的高．

(二)转动惯量

设在 xOy 平面上有 n 个质点，它们分别位于点$(x_1,\ y_1)$，$(x_2,\ y_2)$，…，$(x_n,\ y_n)$处，质量分别为 m_1，m_2，…，m_n. 由力学知识，该质点系对 x 轴、y 轴的转动惯量依次为

$$I_x=\sum_{i=1}^{n} y_i^2 m_i,\ I_y=\sum_{i=1}^{n} x_i^2 m_i.$$

对于占有 xOy 平面上的闭区域 D 的平面薄片，设其面密度为 $\rho(x,\ y)$，且 $\rho(x,\ y)$在 D 上连续．现计算该薄片对 x 轴、y 轴的转动惯量 I_x，I_y.

应用元素法．在闭区域 D 上任取一直径很小的闭区域 $\mathrm{d}\sigma$(其面积也记作 $\mathrm{d}\sigma$)，$(x,\ y)$是 $\mathrm{d}\sigma$ 上的任意一点，则薄片中相应于 $\mathrm{d}\sigma$ 部分的质量近似等于 $\rho(x,\ y)\mathrm{d}\sigma$，这部分质量可近似看作集中在点$(x,\ y)$上，于是薄片对 x 轴、y 轴的转动惯量元素为

$$\mathrm{d}I_x=y^2\rho(x,\ y)\mathrm{d}\sigma,\ \mathrm{d}I_y=x^2\rho(x,\ y)\mathrm{d}\sigma.$$

所以薄片对 x 轴、y 轴的转动惯量依次为

$$I_x=\iint\limits_{D} y^2\rho(x,\ y)\mathrm{d}\sigma,\ I_y=\iint\limits_{D} x^2\rho(x,\ y)\mathrm{d}\sigma.$$

类似可得到空间物体 Ω 对 x 轴、y 轴、z 轴的转动惯量依次为

$$I_x=\iiint\limits_{\Omega}(y^2+z^2)\rho(x,\ y,\ z)\mathrm{d}V,$$

$$I_y=\iiint\limits_{\Omega}(z^2+x^2)\rho(x,\ y,\ z)\mathrm{d}V,$$

$$I_z=\iiint\limits_{\Omega}(x^2+y^2)\rho(x,\ y,\ z)\mathrm{d}V.$$

例 5　设有一面密度为常量 ρ 的均匀直角三角形薄板，两直角边长分别为 a，b，求该三角形对其任一直角边的转动惯量．

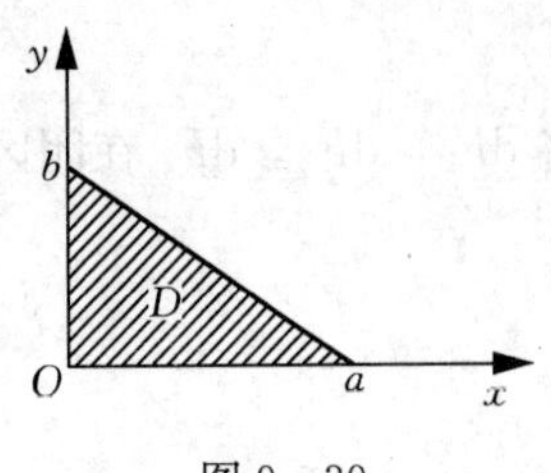

图 9－39

解　设三角形的两直角边分别在 x 轴和 y 轴上(图 9－39)，则斜边的方程为$\dfrac{x}{a}+\dfrac{y}{b}=1$，于是三角形薄板对 y 轴的转动惯量为

$$I_y=\rho\iint\limits_D x^2\mathrm{d}\sigma=\rho\int_0^b\mathrm{d}y\int_0^{a\left(1-\frac{y}{b}\right)}x^2\mathrm{d}x=\frac{1}{3}\rho a^3\int_0^b\left(1-\frac{y}{b}\right)^3\mathrm{d}y=\frac{1}{12}a^3b\rho.$$

同理，对 x 轴的转动惯量为

$$I_x=\rho\iint\limits_D y^2\mathrm{d}\sigma=\frac{1}{12}ab^3\rho.$$

例 6　求密度为 1 的均匀球体 Ω：$x^2+y^2+z^2\leqslant 1$ 对各坐标轴的转动惯量．

解　$I_x=\iiint\limits_\Omega(y^2+z^2)\mathrm{d}V$，$I_y=\iiint\limits_\Omega(z^2+x^2)\mathrm{d}V$，$I_z=\iiint\limits_\Omega(x^2+y^2)\mathrm{d}V$，

由对称性，有 $I_x=I_y=I_z=I$，将上面三式相加，得

$$3I=\iiint\limits_\Omega 2(x^2+y^2+z^2)\mathrm{d}V,$$

采用球面坐标，有

$$I=\frac{2}{3}\iiint\limits_\Omega r^2\cdot r^2\sin\varphi\mathrm{d}r\mathrm{d}\varphi\mathrm{d}\theta=\frac{2}{3}\int_0^{2\pi}\mathrm{d}\theta\int_0^{\pi}\sin\varphi\mathrm{d}\varphi\int_0^1 r^4\mathrm{d}r=\frac{8\pi}{15}.$$

(三)物体对质点的引力

由力学知识，相距 r、质量分别为 m_1、m_2 的两个质点之间的引力大小为 $G\frac{m_1m_2}{r^2}$(G 是引力常数)，方向与两点的连线平行．

对于 xOy 面上占有区域 D 的平面薄片，设其面密度为 $\rho(x, y)$，且 $\rho(x, y)$ 在 D 上连续．现计算该薄片对位于 z 轴上点 $M_0(0, 0, a)(a>0)$ 处的质量为 m 的质点的引力 $\boldsymbol{F}=\{F_x, F_y, F_z\}$.

应用元素法．在闭区域 D 上任取一直径很小的闭区域 $\mathrm{d}\sigma$(其面积也记作 $\mathrm{d}\sigma$)，(x, y)是 $\mathrm{d}\sigma$ 上的任意一点，则薄片中相应于 $\mathrm{d}\sigma$ 部分的质量近似等于 $\rho(x, y)\mathrm{d}\sigma$，且可近似看作集中在点$(x, y)$处，于是薄片中相应于 $\mathrm{d}\sigma$ 的部分对该质点的引力大小近似为 $|\mathrm{d}\boldsymbol{F}|=\frac{Gm\rho(x, y)\mathrm{d}\sigma}{r^2}$，$r=\sqrt{x^2+y^2+a^2}$ 为 $\mathrm{d}\sigma$ 与质点的距离，引力的方向为

$$\boldsymbol{l}=\{x, y, 0\}-\{0, 0, a\}=\{x, y, -a\},$$

于是，得引力元素

$$\mathrm{d}\boldsymbol{F}=|\mathrm{d}\boldsymbol{F}|\cdot\frac{\boldsymbol{l}}{|\boldsymbol{l}|}=|\mathrm{d}\boldsymbol{F}|\cdot\frac{\{x, y, -a\}}{r},$$

即

$$\mathrm{d}F_x=Gm\rho(x, y)\frac{x}{r^3}\mathrm{d}\sigma,$$

$$\mathrm{d}F_y=Gm\rho(x, y)\frac{y}{r^3}\mathrm{d}\sigma,$$

$$\mathrm{d}F_z=Gm\rho(x, y)\frac{-a}{r^3}\mathrm{d}\sigma.$$

将 $\mathrm{d}F_x$，$\mathrm{d}F_y$，$\mathrm{d}F_z$ 在闭区域 D 上积分，得

$$F_x=Gm\iint\limits_D\rho(x, y)\frac{x}{r^3}\mathrm{d}\sigma,$$

$$F_y=Gm\iint\limits_D\rho(x, y)\frac{y}{r^3}\mathrm{d}\sigma,$$

$$F_z = Gm\iint_D \rho(x, y)\frac{-a}{r^3}d\sigma,$$

其中 $r=\sqrt{x^2+y^2+a^2}$，G 是引力常数．

类似地，对于占有空间域 Ω，体密度为 $\rho(x, y, z)$ 的物体，对位于 Ω 外点 (x_0, y_0, z_0) 处质量为 m 的质点的引力 $\boldsymbol{F}=\{F_x, F_y, F_z\}$，有

$$F_x = Gm\iiint_\Omega \rho(x, y, z)\frac{x-x_0}{r^3}dV,$$

$$F_y = Gm\iiint_\Omega \rho(x, y, z)\frac{y-y_0}{r^3}dV,$$

$$F_z = Gm\iiint_\Omega \rho(x, y, z)\frac{z-z_0}{r^3}dV,$$

其中 $r=\sqrt{(x-x_0)^2+(y-y_0)^2+(z-z_0)^2}$，$G$ 是引力常数．

例 7　求半径为 R 的匀质球对球外一点 A 处的单位质量的质点的引力．

解　以球的中心为原点建立直角坐标系，并使点 A 位于 z 轴上．设点 A 的坐标为 $(0, 0, a)(a>R)$，球体 Ω：$x^2+y^2+z^2\leqslant R^2$，其密度设为常数 ρ，由球体的对称性，易知 $F_x=F_y=0$，而

$$F_z = G\rho\iiint_\Omega \frac{z-a}{[x^2+y^2+(z-a)^2]^{\frac{3}{2}}}dV,$$

采用截面法，得

$$\begin{aligned}
F_z &= G\rho\int_{-R}^{R}(z-a)dz\iint_{x^2+y^2\leqslant R^2-z^2}\frac{dxdy}{[x^2+y^2+(z-a)^2]^{\frac{3}{2}}}\\
&= G\rho\int_{-R}^{R}(z-a)dz\int_0^{2\pi}d\theta\int_0^{\sqrt{R^2-z^2}}\frac{rdr}{[r^2+(z-a)^2]^{\frac{3}{2}}}\\
&= 2\pi G\rho\int_{-R}^{R}(z-a)\left(\frac{1}{a-z}-\frac{1}{\sqrt{R^2-2az+a^2}}\right)dz\\
&= 2\pi G\rho\left[-2R+\frac{1}{a}\int_{-R}^{R}(z-a)d\sqrt{R^2-2az+a^2}\right]\\
&= 2\pi G\rho\left[-2R+\frac{1}{a}\left(4aR-2aR-\frac{2R^3}{3a^2}\right)\right]\\
&= -G\cdot\frac{4\pi R^3}{3}\rho\cdot\frac{1}{a^2} = -G\frac{M}{a^2},
\end{aligned}$$

所以

$$F=\left\{0, 0, -G\frac{M}{a^2}\right\},$$

其中 $M=\dfrac{4\pi R^3}{3}\rho$ 为球的质量．上述结果表明，匀质球对球外一质点的引力如同球的质量集中于球心时两质点间的引力．

习　题　9-5

A　组

1. 求平面 $\dfrac{x}{a}+\dfrac{y}{b}+\dfrac{z}{c}=1$ 被三坐标面所割出的有限部分的面积．

2. 求锥面 $z=\sqrt{x^2+y^2}$ 被抛物柱面 $z^2=2x$ 所割下部分的曲面面积.

3. 设 Ω 为曲面 $x^2+y^2=az$ 与 $z=2a-\sqrt{x^2+y^2}$ 所围成的空间闭区域，求 Ω 的表面积.

4. 求半径为 a 的均匀半球体的重心.

5. 求由曲面 $z^2=x^2+y^2$，$z=1$ 围成的立体的重心(设密度 $\rho=1$).

6. 一均匀物体(密度 ρ 为常量)占有的闭区域 Ω 由曲面 $z=x^2+y^2$ 和平面 $z=0,|x|=a,|y|=a$ 围成，求物体关于 z 轴的转动惯量.

7. 求密度均匀(密度常数为 K)的圆柱体(底面半径为 R，高为 H)对其底面中心处单位质点的引力.

B 组

1. 设半径为 R 的球面 Σ 的球心在定球面 $x^2+y^2+z^2=a^2(a>0)$ 上，问 R 为何值时，球面 Σ 在定球面内部的那部分面积最大?

2. 设有一物体，由圆锥以及与这一圆锥共底的半球拼成，而锥的高等于它的底半径 a，求该物体关于对称轴的转动惯量($\mu=1$).

3. 试求匀质($\rho_0=1$)的上半球壳，$t^2\leqslant x^2+y^2+z^2\leqslant a^2(0<t<a)$，$z\geqslant 0$ 对坐标原点处单位质点的引力，并求当 $t\to 0$ 时引力的极限值.

第十章

CHAPTER 10

曲线积分与曲面积分

我们知道，定积分的积分区间是一段直线段，而在上一章，我们将定积分的概念推广到了平面区域和空间区域，探讨了二重积分和三重积分，这种推广是自然的，并具有较好的实用价值．通过空间解析几何的学习，我们知道，比直线和平面更一般的几何结构是曲线和曲面，那么把定积分像上一章一样自然地推广到曲线和曲面上，就是一种常规想法，这就产生了本章的对弧长的曲线积分和对面积的曲面积分．考虑问题的另一方面，我们以往讨论的积分中的被积函数都是函数值为数值的所谓数量函数，然而在物理、工程、技术等领域中，力、位移、速度等矢量比比皆是，那么将矢量函数引入到积分思想中，就成为一种颇具价值的研究，这就是本章的对坐标的曲线积分和对坐标的曲面积分．进一步的研究表明，本章的四种积分与上一章的两种积分之间，有着更加深入、复杂，却也更加彰示科学价值和实际意义的关系，这些关系用三个公式来刻画：格林公式、高斯公式和斯托克斯公式，而这些公式在电磁学理论，尤其是麦克斯韦方程组的讨论中，有着广泛的应用价值，是场论研究的基础.

第一节　对弧长的曲线积分

一、对弧长的曲线积分的概念与性质

曲线形构件的质量　设有一个有限长的曲线形构件 L，其线密度是不均匀的，在 L 上点 (x, y) 处的线密度为 $\rho(x, y)$，求构件的质量 M(图 10－1).

如果构件的线密度为常数，则构件的质量就等于它的线密度与长度的乘积．现在问题的关键是构件的线密度是变量．

为此，用 L 上的点 M_1，M_2，…，M_{n-1} 把 L 分成 n 个小段，第 i 个小段的弧长记为 Δs_i. 在每个弧段上任取一点 (ξ_i, η_i) $(i=1, 2, \cdots, n)$，当 Δs_i 很小时，第 i 个小弧段的质量近似于 $\rho(\xi_i, \eta_i)\Delta s_i$，从而整个曲线形构件的质量

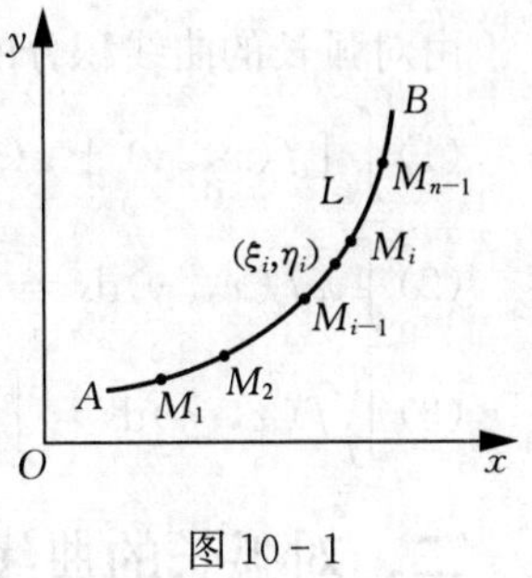

$$M \approx \sum_{i=1}^{n} \rho(\xi_i, \eta_i)\Delta s_i.$$

图 10－1

令 $\lambda = \max\{\Delta s_1, \Delta s_2, \cdots, \Delta s_n\}$，则

$$M = \lim_{\lambda \to 0} \sum_{i=1}^{n} \rho(\xi_i, \eta_i)\Delta s_i.$$

上式右端还是分割、代替、求和、取极限，并且这种和的极限在解决其他类似问题时也

会遇到．现抽象出下面的定义．

定义 10.1.1　设 L 为 xOy 面内的一条光滑曲线弧，函数 $f(x, y)$在 L 上有界．在 L 上任意插入 $n-1$ 个分点 M_1，M_2，…，M_{n-1}，把 L 分成 n 个小段．设第 i 个小段的长度为 Δs_i，又(ξ_i, η_i)为第 i 个小段上任意取定的一点，作乘积 $f(\xi_i, \eta_i)\Delta s_i(i=1, 2, \cdots, n)$，并作和 $\sum_{i=1}^{n} f(\xi_i, \eta_i)\Delta s_i$，如果当各小弧段长度的最大值 $\lambda \to 0$ 时，这和的极限总存在，则称此极限为函数 $f(x, y)$在曲线弧 L 上对弧长的**曲线积分**或**第一类曲线积分**，记作 $\int_L f(x, y)\mathrm{d}s$，即

$$\int_L f(x, y)\mathrm{d}s = \lim_{\lambda \to 0}\sum_{i=1}^{n} f(\xi_i, \eta_i)\Delta s_i,$$

其中 $f(x, y)$叫作**被积函数**，L 叫作**积分弧段**．

可以证明，当 $f(x, y)$在光滑曲线弧 L 上连续时，对弧长的曲线积分 $\int_L f(x, y)\mathrm{d}s$ 是存在的．

根据这个定义，前面曲线形构件的质量 M，当线密度 $\rho(x, y)$在 L 上连续时，就等于 $\rho(x, y)$在 L 上对弧长的曲线积分，即

$$M = \int_L \rho(x, y)\mathrm{d}s.$$

对弧长的曲线积分可以推广到积分弧段为空间曲线弧 Γ 的情形，即函数 $f(x, y, z)$在曲线弧 Γ 上对弧长的曲线积分为

$$\int_\Gamma f(x, y, z)\mathrm{d}s = \lim_{\lambda \to 0}\sum_{i=1}^{n} f(\xi_i, \eta_i, \zeta_i)\Delta s_i.$$

如果 L(或 Γ)是分段光滑的，则规定函数在 L(或 Γ)上的曲线积分等于函数在光滑的各段上的曲线积分之和．例如，设 L 可分成两段光滑曲线弧 L_1 和 L_2(记作 $L=L_1+L_2$)，则规定

$$\int_{L_1+L_2} f(x, y)\mathrm{d}s = \int_{L_1} f(x, y)\mathrm{d}s + \int_{L_2} f(x, y)\mathrm{d}s.$$

如果 L 是闭曲线，那么函数 $f(x, y)$在闭曲线 L 上对弧长的曲线积分记为 $\oint_L f(x, y)\mathrm{d}s$.

由对弧长的曲线积分的定义不难推出以下性质：

(1) $\int_L [f(x, y) \pm g(x, y)]\mathrm{d}s = \int_L f(x, y)\mathrm{d}s \pm \int_L g(x, y)\mathrm{d}s$；

(2) $\int_L kf(x, y)\mathrm{d}s = k\int_L f(x, y)\mathrm{d}s$($k$ 为常数)；

(3) $\int_L f(x, y)\mathrm{d}s = \int_{L_1} f(x, y)\mathrm{d}s + \int_{L_2} f(x, y)\mathrm{d}s(L = L_1 + L_2)$.

二、对弧长的曲线积分的计算

定理 10.1.1　设 $f(x, y)$在曲线弧 L 上有定义且连续，L 的参数方程为

$$\begin{cases} x=\varphi(t), \\ y=\psi(t) \end{cases} (\alpha \leqslant t \leqslant \beta),$$

其中$\varphi(t)$，$\psi(t)$在$[\alpha, \beta]$上具有一阶连续导数，且$\varphi'^2(t)+\psi'^2(t)\neq 0$，则曲线积分$\int_L f(x, y)\mathrm{d}s$存在，且

$$\int_L f(x, y)\mathrm{d}s = \int_\alpha^\beta f[\varphi(t), \psi(t)]\sqrt{\varphi'^2(t)+\psi'^2(t)}\,\mathrm{d}t(\alpha<\beta). \tag{1}$$

证　在L上取一列点

$$A=M_0, M_1, M_2, \cdots, M_{n-1}, M_n=B,$$

它们对应于一列单调增加的参数值

$$\alpha=t_0<t_1<t_2<\cdots<t_{n-1}<t_n=\beta.$$

根据对弧长的曲线积分的定义

$$\int_L f(x, y)\mathrm{d}s = \lim_{\lambda\to 0}\sum_{i=1}^n f(\xi_i, \eta_i)\Delta s_i.$$

设点(ξ_i, η_i)对应于参数值τ_i，即$\xi_i=\varphi(\tau_i)$，$\eta_i=\psi(\tau_i)$，这里$t_{i-1}\leqslant\tau_i\leqslant t_i$. 因为

$$\Delta s_i = \int_{t_{i-1}}^{t_i}\sqrt{\varphi'^2(t)+\psi'^2(t)}\,\mathrm{d}t,$$

由积分中值定理，有

$$\Delta s_i=\sqrt{\varphi'^2(\tau_i')+\psi'^2(\tau_i')}\,\Delta t_i,$$

其中$\Delta t_i=t_i-t_{i-1}$，$t_{i-1}\leqslant\tau_i'\leqslant t_i$，于是

$$\int_L f(x, y)\mathrm{d}s = \lim_{\lambda\to 0}\sum_{i=1}^n f[\varphi(\tau_i), \psi(\tau_i)]\sqrt{\varphi'^2(\tau_i')+\psi'^2(\tau_i')}\,\Delta t_i.$$

由于函数$\sqrt{\varphi'^2(t)+\psi'^2(t)}$在闭区间$[\alpha, \beta]$上连续，故可以把上式中的$\tau_i'$换成$\tau_i$（将$\tau_i'$换成$\tau_i$，需要证明函数$\sqrt{\varphi'^2(t)+\psi'^2(t)}$在闭区间$[\alpha, \beta]$上一致连续，这里从略），从而

$$\int_L f(x, y)\mathrm{d}s = \lim_{\lambda\to 0}\sum_{i=1}^n f[\varphi(\tau_i), \psi(\tau_i)]\sqrt{\varphi'^2(\tau_i)+\psi'^2(\tau_i)}\,\Delta t_i.$$

因为函数$f[\varphi(t), \psi(t)]\sqrt{\varphi'^2(t)+\psi'^2(t)}$在区间$[\alpha, \beta]$上连续，所以，这个函数在$[\alpha, \beta]$上的定积分存在，因而曲线积分$\int_L f(x, y)\mathrm{d}s$也存在，并且有

$$\int_L f(x, y)\mathrm{d}s = \int_\alpha^\beta f[\varphi(t), \psi(t)]\sqrt{\varphi'^2(t)+\psi'^2(t)}\,\mathrm{d}t\quad(\alpha<\beta).$$

公式(1)可推广到空间曲线弧Γ由参数方程

$$\begin{cases} x=\varphi(t), \\ y=\psi(t), (\alpha\leqslant t\leqslant\beta) \\ z=\omega(t) \end{cases}$$

给出的情形，即

$$\int_\Gamma f(x, y, z)\mathrm{d}s = \int_\alpha^\beta f[\varphi(t), \psi(t), \omega(t)]\sqrt{\varphi'^2(t)+\psi'^2(t)+\omega'^2(t)}\,\mathrm{d}t(\alpha<\beta). \tag{2}$$

值得注意的是，公式(1)和公式(2)右端定积分的下限α一定要小于上限β. 这是因为，在定义 10.1.1 中，小弧段的长度Δs_i总是正的，从而$\Delta t_i>0$，所以，定积分的下限α一定小于上限β.

定理 10.1.1 给出了曲线 L 由参数方程表示时，对弧长的曲线积分的计算方法．根据公式(1)可以推出曲线 L 由其他形式给出时曲线积分的计算公式．

如果曲线 L 由方程

$$y=\psi(x)(a\leqslant x\leqslant b)$$

给出，则可以把这种情形看作是特殊的参数方程

$$\begin{cases}x=t,\\ y=\psi(t)\end{cases}(a\leqslant t\leqslant b),$$

从而由公式(1)得出

$$\int_L f(x,\ y)\mathrm{d}s=\int_a^b f[x,\ \psi(x)]\sqrt{1+\psi'^2(x)}\,\mathrm{d}x(a<b). \tag{3}$$

类似地，如果曲线 L 由方程

$$x=\varphi(y)(c\leqslant y\leqslant d)$$

给出，则有

$$\int_L f(x,\ y)\mathrm{d}s=\int_c^d f[\varphi(y),\ y]\sqrt{1+\varphi'^2(y)}\,\mathrm{d}y(c<d). \tag{4}$$

例 1 计算 $\int_L xy\mathrm{d}s$，其中 L 是圆 $x^2+y^2=r^2$ 在第一象限内的部分．

解 显然 L 可以由参数方程

$$\begin{cases}x=r\cos\theta,\\ y=r\sin\theta\end{cases}\left(0\leqslant\theta\leqslant\frac{\pi}{2}\right)$$

表示，由公式(1)

$$\begin{aligned}\int_L xy\mathrm{d}s&=\int_0^{\frac{\pi}{2}}r\cos\theta\cdot r\sin\theta\cdot\sqrt{(r\cos\theta)'^2+(r\sin\theta)'^2}\,\mathrm{d}\theta\\ &=r^3\int_0^{\frac{\pi}{2}}\sin\theta\cos\theta\mathrm{d}\theta=\frac{1}{2}r^3\sin^2\theta\Big|_0^{\frac{\pi}{2}}=\frac{1}{2}r^3.\end{aligned}$$

例 2 计算 $\oint_L x\mathrm{d}s$，其中 L 为由直线 $y=x$ 及抛物线 $y=x^2$ 所围成的区域的整个边界(图 10－2).

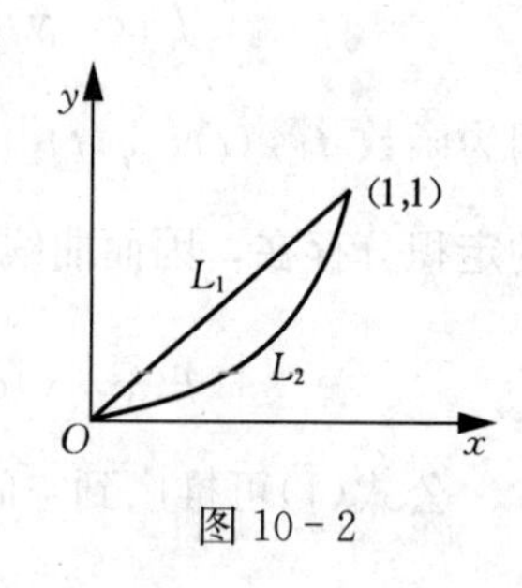

图 10－2

解 L 可分成两段光滑曲线弧 L_1 和 L_2，其中 L_1 和 L_2 分别由 $y=x(0\leqslant x\leqslant 1)$ 和 $y=x^2(0\leqslant x\leqslant 1)$ 给出，由公式(3)

$$\begin{aligned}\oint_L x\mathrm{d}s&=\int_{L_1}x\mathrm{d}s+\int_{L_2}x\mathrm{d}s=\int_0^1 x\sqrt{1+x'^2}\,\mathrm{d}x+\int_0^1 x\sqrt{1+(x^2)'^2}\,\mathrm{d}x\\ &=\int_0^1\sqrt{2}x\mathrm{d}x+\int_0^1 x\sqrt{1+4x^2}\,\mathrm{d}x=\frac{\sqrt{2}}{2}x^2\Big|_0^1+\frac{1}{12}(1+4x^2)^{\frac{3}{2}}\Big|_0^1\\ &=\frac{\sqrt{2}}{2}+\frac{5\sqrt{5}-1}{12}.\end{aligned}$$

三、对弧长的曲线积分的应用举例

例 3 求曲线弧 Γ：$\begin{cases}x=at,\\ y=\dfrac{a}{\sqrt{2}}t^2,\\ z=\dfrac{a}{3}t^3\end{cases}(0\leqslant t\leqslant 1)$ 的质量 M，其密度函数为 $\rho=\sqrt{\dfrac{2y}{a}}$.

解　弧长的微分为

$$\mathrm{d}s=\sqrt{(at)'^2+\left(\frac{a}{\sqrt{2}}t^2\right)'^2+\left(\frac{a}{3}t^3\right)'^2}\,\mathrm{d}t=\sqrt{a^2+2a^2t^2+a^2t^4}\,\mathrm{d}t$$
$$=a\sqrt{1+2t^2+t^4}\,\mathrm{d}t=a\sqrt{(1+t^2)^2}\,\mathrm{d}t=a(1+t^2)\mathrm{d}t,$$

而密度 $\rho=\sqrt{\dfrac{2y}{a}}=\sqrt[4]{2}\,t$，所以质量为

$$M=\int_\Gamma \rho\mathrm{d}s=\int_\Gamma\sqrt{\frac{2y}{a}}\,\mathrm{d}s=\sqrt[4]{2}a\int_0^1 t(1+t^2)\mathrm{d}t=\sqrt[4]{2}a\left(\frac{t^2}{2}+\frac{t^4}{4}\right)\Big|_0^1=\frac{3\sqrt[4]{2}}{4}a.$$

平面薄片及空间立体的重心、转动惯量等计算公式可以推广到曲线弧上，只要将公式中的二重积分、三重积分改变成曲线积分即可.

例 4　求摆线 $\begin{cases}x=a(t-\sin t),\\ y=a(1-\cos t)\end{cases}(0\leqslant t\leqslant\pi)$ 的弧的重心，其中曲线弧的线密度为 $\rho=\rho_0$（ρ_0 为常数）.

解　弧长的微分为

$$\mathrm{d}s=\sqrt{a^2(1-\cos t)^2+a^2\sin^2 t}\,\mathrm{d}t=2a\sin\frac{t}{2}\mathrm{d}t,$$

质量为

$$M=\int_L \rho_0\mathrm{d}s=\int_0^\pi 2a\rho_0\sin\frac{t}{2}\mathrm{d}t=4a\rho_0,$$

于是，重心的坐标为

$$\bar{x}=\frac{M_y}{M}=\frac{\int_L \rho x\mathrm{d}s}{M}=\frac{1}{M}\int_0^\pi \rho_0 a(t-\sin t)\cdot 2a\sin\frac{t}{2}\mathrm{d}t$$
$$=\frac{a}{2}\int_0^\pi t\sin\frac{t}{2}\mathrm{d}t-\frac{a}{2}\int_0^\pi \sin t\sin\frac{t}{2}\mathrm{d}t$$
$$=-at\cos\frac{t}{2}\Big|_0^\pi+a\int_0^\pi\cos\frac{t}{2}\mathrm{d}t+\frac{a}{4}\int_0^\pi\left(\cos\frac{3t}{2}-\cos\frac{t}{2}\right)\mathrm{d}t=\frac{4a}{3},$$

$$\bar{y}=\frac{M_x}{M}=\frac{\int_L \rho y\mathrm{d}s}{M}=\frac{1}{M}\int_0^\pi \rho_0 a(1-\cos t)\cdot 2a\sin\frac{t}{2}\mathrm{d}t$$
$$=\frac{a}{2}\int_0^\pi\sin\frac{t}{2}\mathrm{d}t-\frac{a}{4}\int_0^\pi\left(\sin\frac{3t}{2}-\sin\frac{t}{2}\right)\mathrm{d}t=\frac{4a}{3}.$$

例 5　计算圆弧 L：$\begin{cases}x=R\cos\theta,\\ y=R\sin\theta\end{cases}(-\alpha\leqslant\theta\leqslant\alpha)$ 对于它的对称轴的转动惯量 I（设线密度为 $\rho=1$）.

解　$$I=\int_L y^2\mathrm{d}s=\int_{-\alpha}^{\alpha}R^2\sin^2\theta\sqrt{(-R\sin\theta)^2+(R\cos\theta)^2}\,\mathrm{d}\theta=R^3\int_{-\alpha}^{\alpha}\sin^2\theta\mathrm{d}\theta$$
$$=\frac{R^3}{2}\left[\theta-\frac{\sin 2\theta}{2}\right]_{-\alpha}^{\alpha}=R^3(\alpha-\sin\alpha\cos\alpha).$$

延伸阅读 10.1　对称性是积分中的重要内容，利用对称性可以很大程度上降低各种积分的计算量．下面我们介绍对弧长曲线积分中关于对称性的结论．

设平面光滑曲线 L 关于 x 轴对称，$f(x, y)$ 在 L 上连续，

当函数 $f(x, y)$ 是关于 y 的奇函数，即 $f(x, -y)=-f(x, y)$ 时，则 $\int_L f(x, y)\mathrm{d}s=0$；

当函数 $f(x,y)$ 是关于 y 的偶函数，即 $f(x,-y)=f(x,y)$ 时，则

$$\int_L f(x,y)\mathrm{d}s = 2\int_{L_1} f(x,y)\mathrm{d}s \text{（其中 } L_1 \text{ 是 } L \text{ 位于 } x \text{ 轴上侧的部分）}.$$

若曲线 L 关于 y 轴或原点对称，也有类似的结论成立，请读者自行思考．

下面我们介绍积分的另外一种对称性——轮换对称性．

设平面光滑曲线 L 关于 x，y 具有轮换对称性，且 $f(x,y)$ 在 L 上连续，则

$$\int_L f(x,y)\mathrm{d}s = \int_L f(y,x)\mathrm{d}s.$$

此性质也可以推广到空间曲线的对弧长曲线积分的情形．

习 题 10-1

A　组

1. 计算下列对弧长的曲线积分．

(1) $\int_L (x^2+y^2)\mathrm{d}s$，其中 L 是下半圆周 $y=-\sqrt{1-x^2}$；

(2) $\oint_L \sqrt{x^2+y^2}\,\mathrm{d}s$，其中 L 是圆周 $\begin{cases} x=a\cos t, \\ y=a\sin t \end{cases}(0\leqslant t\leqslant 2\pi)$；

(3) $\int_L x\mathrm{d}s$，其中 L 是抛物线 $y=x^2(0\leqslant x\leqslant\sqrt{2})$；

(4) $\int_L xy\mathrm{d}s$，其中 L 是抛物线 $y^2=2x$ 上从原点到点 $(2,2)$ 的一段弧；

(5) $\int_L (x+y+1)\mathrm{d}s$，其中 L 是半圆周 $x=\sqrt{4-y^2}$ 上介于点 $A(0,2)$ 和点 $B(0,-2)$ 之间的一段弧；

(6) $\oint_L xy\mathrm{d}s$，其中 L 是由直线 $x=0$，$y=0$，$x=2$ 和 $y=2$ 所围成的图形的边界曲线；

(7) $\oint_L (x+y)\mathrm{d}s$，其中 L 为以 $O(0,0)$，$A(1,0)$ 和 $B(0,1)$ 为顶点的三角形的整个边界．

2. 有一金属曲线，其方程为 $xy=1(a\leqslant x\leqslant b)$，其上每点的线密度正比于该点横坐标的5次方，试求其质量．

3. 计算下列对弧长的曲线积分．

(1) $\int_\Gamma (x^2+y^2+z^2)\mathrm{d}s$，其中 Γ 是螺旋线 $\begin{cases} x=3\cos t, \\ y=3\sin t, \\ z=4t \end{cases}$ 上对应于 t 从 0 到 2π 的一段弧；

(2) $\int_L (x+y+z)^3\mathrm{d}s$，其中 L 是由原点 $O(0,0,0)$ 到点 $A(-2,-3,6)$ 的直线段．

4. 计算下列空间曲线的弧长．

(1) 曲线 $\begin{cases} x=3t, \\ y=3t^2, \\ z=2t^3 \end{cases}$ 从 $O(0,0,0)$ 到 $A(3,3,2)$；

(2) 曲线$\begin{cases}x=\mathrm{e}^{-t}\cos t,\\ y=\mathrm{e}^{-t}\sin t,\\ z=\mathrm{e}^{-t}\end{cases}$ $(0\leqslant t<+\infty)$.

5. 利用对称性计算下列对弧长的曲线积分.

(1)$\oint_L(x^2+y^2+2x)\mathrm{d}s$，其中$L$是圆周$x^2+y^2=2$；

(2)$\oint_L(2xy+3x^2+4y^2)\mathrm{d}s$，其中$L$是椭圆$\dfrac{x^2}{4}+\dfrac{y^2}{3}=1$，其周长记为$a$.

6. 求均匀的弧$\begin{cases}x=\mathrm{e}^t\cos t,\\ y=\mathrm{e}^t\sin t,\\ z=\mathrm{e}^t\end{cases}$ $(-\infty<t\leqslant 0)$的重心坐标.

7. 求螺旋线$\begin{cases}x=a\cos t,\\ y=a\sin t,\\ z=bt\end{cases}$ $(0\leqslant t\leqslant 2\pi)$对$z$轴的转动惯量，设曲线的密度为常数$\mu$.

B　组

1. 计算$\oint_L x^2\mathrm{d}s$，L是$x^2+y^2+z^2=R^2$与$x+y+z=0$的交线.

2. 计算$\oint_L xy\mathrm{d}s$，L是$x^2+y^2+z^2=1$与$x+y+z=0$的交线.

第二节　对坐标的曲线积分

一、对坐标的曲线积分的概念与性质

对弧长的曲线积分(第一类曲线积分)和已经学习过的定积分、二重积分、三重积分一样，其被积函数都是一个数量函数，而这在实际工作中往往是不够的. 在物理、工程、技术等领域，矢量函数是大量存在的. 所谓矢量函数，就是区域中任意一点都对应着一个矢量，这样的区域一般称为矢量场，典型的矢量场有力场、速度场和梯度场等.

很多时候需要考虑矢量函数的积分问题，由于矢量函数一般是表达成数量函数的分量组合形式，如$\boldsymbol{F}(x, y)=P(x, y)\boldsymbol{i}+Q(x, y)\boldsymbol{j}$就是将矢量函数“变力”$\boldsymbol{F}(x, y)$表达为数量函数的组合$P(x, y)\boldsymbol{i}+Q(x, y)\boldsymbol{j}$，这样一来，沿两个坐标轴方向就是两个不同的情形，显然，此时对曲线段进行积分时，只考虑弧段的长度(第一类曲线积分)是远远不够的，我们需要将弧段看成是两个坐标微元的组合，这样就产生了对坐标的曲线积分问题.

简单的描述就是，研究矢量函数在不同坐标方向上的分量对该坐标的积分问题，导致了一类新的曲线积分的出现，即对坐标的曲线积分(也称第二类曲线积分).

下面先考虑一个具体问题.

变力沿曲线所做的功　设一个质点，在平面力场$\boldsymbol{F}(x, y)=P(x, y)\boldsymbol{i}+Q(x, y)\boldsymbol{j}$的作用下，在$xOy$面内沿光滑的平面曲线$L$从点$A$移动到点$B$，其中函数$P(x, y)$和$Q(x, y)$在$L$上连续，求力场$\boldsymbol{F}$所做的功(图 10 - 3).

如果质点受常力$\boldsymbol{F}$的作用沿直线从点A移动到点B，则这个常力所做的功W就等于两

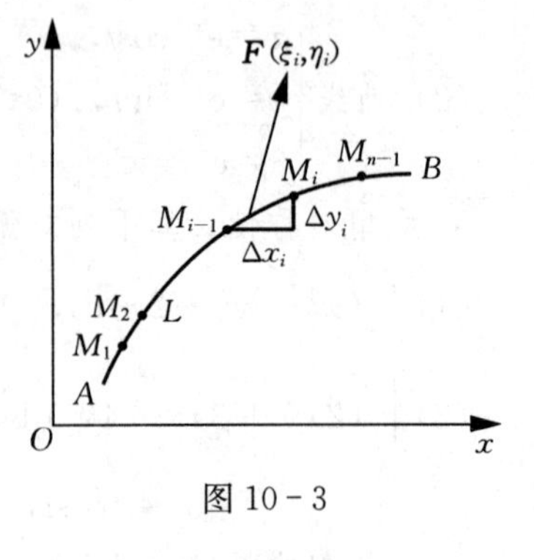

图 10-3

个向量 $\boldsymbol{F}$ 与$\overrightarrow{AB}$的数量积，即

$$W=\boldsymbol{F}\cdot\overrightarrow{AB}.$$

现在问题的关键是质点所受的力 $\boldsymbol{F}(x, y)$是变力，移动的路线是曲线．为了解决这一问题，还是用折线逼近曲线和局部以常代变的方法．

用曲线弧 L 上的点 $A=M_0$，M_1，M_2，…，M_{n-1}，$M_n=B$ 把 L 分成 n 个小弧段，当分割很细密时，每一个有向小弧段可以用有向线段

$$\overrightarrow{M_{i-1}M_i}=(\Delta x_i)\boldsymbol{i}+(\Delta y_i)\boldsymbol{j}\quad(i=1, 2, \cdots, n)$$

近似代替，其中 $\Delta x_i=x_i-x_{i-1}$，$\Delta y_i=y_i-y_{i-1}$．又因为函数 $P(x, y)$和 $Q(x, y)$在 L 上连续，可以用每一个小弧段上任意取定的一点(ξ_i, η_i)处的力

$$\boldsymbol{F}(\xi_i, \eta_i)=P(\xi_i, \eta_i)\boldsymbol{i}+Q(\xi_i, \eta_i)\boldsymbol{j}\quad(i=1, 2, \cdots, n)$$

代替这个小弧段上各点处的力．这样，变力 $\boldsymbol{F}(x, y)$沿有向小弧段所做的功 $\Delta W_i(i=1, 2, \cdots, n)$可以近似于常力 $\boldsymbol{F}(\xi_i, \eta_i)$沿有向线段$\overrightarrow{M_{i-1}M_i}$所做的功，即

$$\Delta W_i\approx\boldsymbol{F}(\xi_i, \eta_i)\cdot\overrightarrow{M_{i-1}M_i}=P(\xi_i, \eta_i)\Delta x_i+Q(\xi_i, \eta_i)\Delta y_i,$$

于是

$$W=\sum_{i=1}^{n}\Delta W_i\approx\sum_{i=1}^{n}[P(\xi_i, \eta_i)\Delta x_i+Q(\xi_i, \eta_i)\Delta y_i].$$

用 λ 表示 n 个小弧段的最大长度，则

$$W=\lim_{\lambda\to 0}\sum_{i=1}^{n}[P(\xi_i, \eta_i)\Delta x_i+Q(\xi_i, \eta_i)\Delta y_i].$$

在解决很多其他实际问题时，也会遇到这种和式的极限．现引进下面的定义：

定义 10.2.1 设 L 为 xOy 面内从点 A 到点 B 的一条有向光滑曲线弧，函数 $P(x, y)$和 $Q(x, y)$在 L 上有界．在 L 上沿 L 的方向用一系列点 $A=M_0(x_0, y_0)$，$M_1(x_1, y_1)$，$M_2(x_2, y_2)$，…，$M_{n-1}(x_{n-1}, y_{n-1})$，$M_n(x_n, y_n)=B$ 把 L 分成 n 个有向小弧段．设 $\Delta x_i=x_i-x_{i-1}$，$\Delta y_i=y_i-y_{i-1}$，点(ξ_i, η_i)为第 i 个小弧段上任意取定的点．如果当各小弧段长度的最大值 $\lambda\to 0$ 时，$\sum\limits_{i=1}^{n}P(\xi_i, \eta_i)\Delta x_i$ 的极限总存在，则称此极限为函数 $P(x, y)$在有向曲线弧 L 上对坐标 x 的曲线积分，记作 $\int_L P(x, y)\mathrm{d}x$．类似地，如果 $\lim\limits_{\lambda\to 0}\sum\limits_{i=1}^{n}Q(\xi_i, \eta_i)\Delta y_i$ 总存在，则称此极限为函数 $Q(x, y)$在有向曲线弧 L 上对坐标 y 的曲线积分，记作 $\int_L Q(x, y)\mathrm{d}y$，即

$$\int_L P(x, y)\mathrm{d}x=\lim_{\lambda\to 0}\sum_{i=1}^{n}P(\xi_i, \eta_i)\Delta x_i,$$

$$\int_L Q(x, y)\mathrm{d}y=\lim_{\lambda\to 0}\sum_{i=1}^{n}Q(\xi_i, \eta_i)\Delta y_i,$$

其中 $P(x, y)$和 $Q(x, y)$叫作**被积函数**，L 叫作**积分弧段**．

以上两个积分也称为**第二类曲线积分**．

可以证明，当 $P(x, y)$和 $Q(x, y)$在有向光滑曲线弧 L 上连续时，对坐标的曲线积分

$\int_L P(x, y)\mathrm{d}x$ 及 $\int_L Q(x, y)\mathrm{d}y$ 都存在．

为了简便起见，常把对坐标的曲线积分

$$\int_L P(x, y)\mathrm{d}x + \int_L Q(x, y)\mathrm{d}y$$

写成

$$\int_L P(x, y)\mathrm{d}x + Q(x, y)\mathrm{d}y.$$

根据这个定义，前面变力沿曲线所做的功就可以表示为

$$W = \int_L P(x, y)\mathrm{d}x + Q(x, y)\mathrm{d}y.$$

对坐标的曲线积分也可以推广到积分弧段为空间有向曲线弧 Γ 的情形，即

$$\int_\Gamma P(x, y, z)\mathrm{d}x = \lim_{\lambda\to 0}\sum_{i=1}^{n} P(\xi_i, \eta_i, \zeta_i)\Delta x_i,$$

$$\int_\Gamma Q(x, y, z)\mathrm{d}y = \lim_{\lambda\to 0}\sum_{i=1}^{n} Q(\xi_i, \eta_i, \zeta_i)\Delta y_i,$$

$$\int_\Gamma R(x, y, z)\mathrm{d}z = \lim_{\lambda\to 0}\sum_{i=1}^{n} R(\xi_i, \eta_i, \zeta_i)\Delta z_i.$$

类似地，把

$$\int_\Gamma P(x, y, z)\mathrm{d}x + \int_\Gamma Q(x, y, z)\mathrm{d}y + \int_\Gamma R(x, y, z)\mathrm{d}z$$

简写成

$$\int_\Gamma P(x, y, z)\mathrm{d}x + Q(x, y, z)\mathrm{d}y + R(x, y, z)\mathrm{d}z.$$

如果 L(或 Γ)是分段光滑的，则规定函数在有向曲线弧 L(或 Γ)上对坐标的曲线积分等于函数在光滑的各段上对坐标的曲线积分之和．

如果 L 是闭曲线，那么对坐标的曲线积分记为 $\oint_L P(x, y)\mathrm{d}x + Q(x, y)\mathrm{d}y$.

由对坐标的曲线积分的定义不难推出以下性质：

(1) $\int_L P(x, y)\mathrm{d}x + Q(x, y)\mathrm{d}y$

$= \int_{L_1} P(x, y)\mathrm{d}x + Q(x, y)\mathrm{d}y + \int_{L_2} P(x, y)\mathrm{d}x + Q(x, y)\mathrm{d}y \quad (L = L_1 + L_2).$

(2) 设 L 是有向曲线弧，$-L$ 是与 L 方向相反的有向曲线弧，则

$$\int_{-L} P(x, y)\mathrm{d}x = -\int_L P(x, y)\mathrm{d}x,$$

$$\int_{-L} Q(x, y)\mathrm{d}y = -\int_L Q(x, y)\mathrm{d}y.$$

二、对坐标的曲线积分的计算

定理 10.2.1　设 $P(x, y)$，$Q(x, y)$在有向曲线弧 L 上有定义且连续，L 的参数方程为

$$\begin{cases} x=\varphi(t), \\ y=\psi(t), \end{cases}$$

当参数 t 单调地由 α 变到 β 时，点 $M(x, y)$从 L 的起点 A 沿 L 运动到终点 B，$\varphi(t)$，$\psi(t)$在$[\alpha, \beta]$上具有一阶连续导数，且 $\varphi'^2(t)+\psi'^2(t)\neq 0$，则曲线积分 $\int_L P(x, y)\mathrm{d}x + Q(x, y)\mathrm{d}y$

存在，且

$$\int_L P(x, y)\mathrm{d}x + Q(x, y)\mathrm{d}y = \int_\alpha^\beta \{P[\varphi(t), \psi(t)]\varphi'(t) + Q[\varphi(t), \psi(t)]\psi'(t)\}\mathrm{d}t. \tag{1}$$

证 在 L 上取一列点

$$A=M_0, M_1, M_2, \cdots, M_{n-1}, M_n=B,$$

它们对应于一列单调变化的参数值

$$\alpha=t_0, t_1, t_2, \cdots, t_{n-1}, t_n=\beta.$$

根据对坐标的曲线积分的定义

$$\int_L P(x, y)\mathrm{d}x = \lim_{\lambda\to 0}\sum_{i=1}^n P(\xi_i, \eta_i)\Delta x_i,$$

设点(ξ_i, η_i)对应于参数值 τ_i，即 $\xi_i=\varphi(\tau_i)$，$\eta_i=\psi(\tau_i)$，这里 τ_i 在 t_{i-1}与 t_i 之间．因为

$$\Delta x_i = x_i - x_{i-1} = \varphi(t_i) - \varphi(t_{i-1}),$$

由微分中值定理

$$\Delta x_i = \varphi'(\tau_i')\Delta t_i,$$

其中 $\Delta t_i = t_i - t_{i-1}$，$\tau_i'$在 t_{i-1}与 t_i 之间，于是

$$\int_L P(x, y)\mathrm{d}x = \lim_{\lambda\to 0}\sum_{i=1}^n P[\varphi(\tau_i), \psi(\tau_i)]\varphi'(\tau_i')\Delta t_i.$$

由于函数 $\varphi'(t)$在闭区间$[\alpha, \beta]$(或$[\beta, \alpha]$)上连续，故可以把上式中的 τ_i'换成 τ_i(将 τ_i'换成 τ_i，需要证明函数 $\varphi'(t)$在闭区间$[\alpha, \beta]$上一致连续，这里从略)，从而

$$\int_L P(x, y)\mathrm{d}x = \lim_{\lambda\to 0}\sum_{i=1}^n P[\varphi(\tau_i), \psi(\tau_i)]\varphi'(\tau_i)\Delta t_i.$$

因为函数 $P[\varphi(t), \psi(t)]\varphi'(t)$连续，所以，这个函数在$[\alpha, \beta]$上的定积分存在，因而曲线积分 $\int_L P(x, y)\mathrm{d}x$ 也存在，并且有

$$\int_L P(x, y)\mathrm{d}x = \int_\alpha^\beta P[\varphi(t), \psi(t)]\varphi'(t)\mathrm{d}t.$$

同理可证

$$\int_L Q(x, y)\mathrm{d}y = \int_\alpha^\beta Q[\varphi(t), \psi(t)]\psi'(t)\mathrm{d}t.$$

以上两式相加，得

$$\int_L P(x, y)\mathrm{d}x + Q(x, y)\mathrm{d}y = \int_\alpha^\beta \{P[\varphi(t), \psi(t)]\varphi'(t) + Q[\varphi(t), \psi(t)]\psi'(t)\}\mathrm{d}t,$$

这里下限 α 对应于 L 的起点，上限 β 对应于 L 的终点．

公式(1)可推广到空间曲线 Γ 由参数方程

$$\begin{cases} x=\varphi(t), \\ y=\psi(t), \\ z=\omega(t) \end{cases}$$

给出的情形，即

$$\int_\Gamma P(x, y, z)\mathrm{d}x + Q(x, y, z)\mathrm{d}y + R(x, y, z)\mathrm{d}z$$

$$=\int_{\alpha}^{\beta}\{P[\varphi(t),\ \psi(t),\ \omega(t)]\varphi'(t)+Q[\varphi(t),\ \psi(t),\ \omega(t)]\psi'(t)+R[\varphi(t),\ \psi(t),\ \omega(t)]\omega'(t)\}\mathrm{d}t,$$

这里下限 α 对应于 Γ 的起点，上限 β 对应于 Γ 的终点．

定理 10.2.1 给出了曲线 L 由参数方程表示时，对坐标的曲线积分的计算方法．根据公式(1)可以推出曲线 L 由其他形式给出时曲线积分的计算公式．

如果曲线 L 由方程

$$y=\psi(x)(x:\ a\to b)$$

给出，则可以把这种情形看作是特殊的参数方程

$$\begin{cases}x=x,\\ y=\psi(x)\end{cases}(x:\ a\to b),$$

从而由公式(1)得出

$$\int_L P(x,\ y)\mathrm{d}x+Q(x,\ y)\mathrm{d}y=\int_a^b\{P[x,\ \psi(x)]+Q[x,\ \psi(x)]\psi'(x)\}\mathrm{d}x,\quad(2)$$

这里下限 a 对应于 L 的起点，上限 b 对应于 L 的终点．

类似地，如果曲线 L 由方程

$$x=\varphi(y)(y:\ c\to d)$$

给出，则有

$$\int_L P(x,\ y)\mathrm{d}x+Q(x,\ y)\mathrm{d}y=\int_c^d\{P[\varphi(y),\ y]\varphi'(y)+Q[\varphi(y),\ y]\}\mathrm{d}y,\quad(3)$$

这里下限 c 对应于 L 的起点，上限 d 对应于 L 的终点．

例 1　计算 $\oint_L\dfrac{x\mathrm{d}y-y\mathrm{d}x}{x^2+y^2}$，其中 L 是沿曲线 $x^2+y^2=1$ 逆时针一周．

解　L 的参数方程为 $\begin{cases}x=\cos t,\\ y=\sin t,\end{cases}$ 起点的参数 $t=0$，终点的参数 $t=2\pi$. 由公式(1)

$$\oint_L\frac{x\mathrm{d}y-y\mathrm{d}x}{x^2+y^2}=\int_0^{2\pi}\frac{\cos t\cdot\cos t-\sin t\cdot(-\sin t)}{\cos^2 t+\sin^2 t}\mathrm{d}t=\int_0^{2\pi}\mathrm{d}t=2\pi.$$

例 2　计算 $\int_L(2x-4-y)\mathrm{d}x+(5y+3x-6)\mathrm{d}y$，其中 L 为从点 $O(0,\ 0)$ 到点 $A(3,\ 2)$ 再到点 $B(4,\ 0)$ 的折线段(图 10-4).

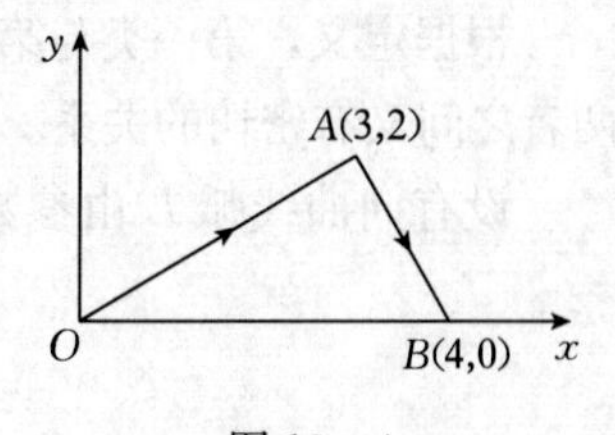

图 10-4

解　L 可分成两段光滑的有向线段 $\overrightarrow{OA}$ 和 $\overrightarrow{AB}$，其中 $\overrightarrow{OA}$ 和 $\overrightarrow{AB}$ 分别由 $y=\dfrac{2}{3}x$ 和 $y=8-2x$ 给出，由公式(2)

$$\int_L(2x-4-y)\mathrm{d}x+(5y+3x-6)\mathrm{d}y$$

$$=\int_{\overrightarrow{OA}}(2x-4-y)\mathrm{d}x+(5y+3x-6)\mathrm{d}y+\int_{\overrightarrow{AB}}(2x-4-y)\mathrm{d}x+(5y+3x-6)\mathrm{d}y$$

$$=\int_0^3\left[\left(2x-4-\frac{2}{3}x\right)+\left(\frac{10}{3}x+3x-6\right)\cdot\frac{2}{3}\right]\mathrm{d}x+$$

$$\int_3^4\{(2x-4-8+2x)+[5(8-2x)+3x-6](-2)\}\mathrm{d}x$$

$$=\int_0^3\left(\frac{50}{9}x-8\right)\mathrm{d}x+\int_3^4(18x-80)\mathrm{d}x=1-17=-16.$$

例 3 计算$\int_{\Gamma}(y^2-z^2)\mathrm{d}x+2yz\mathrm{d}y-x^2\mathrm{d}z$，其中$\Gamma$为依参数$t$增加的方向进行的曲线

$$\begin{cases}x=t,\\ y=t^2,(0\leqslant t\leqslant 1).\\ z=t^3\end{cases}$$

解 $\int_{\Gamma}(y^2-z^2)\mathrm{d}x+2yz\mathrm{d}y-x^2\mathrm{d}z=\int_0^1[(t^4-t^6)+2t^5\cdot 2t-t^2\cdot 3t^2]\mathrm{d}t$

$$=\int_0^1(3t^6-2t^4)\mathrm{d}t=\frac{1}{35}.$$

例 4 计算$\int_{\Gamma}x^2\mathrm{d}x-yz\mathrm{d}y+xz\mathrm{d}z$，其中$\Gamma$是点(1，-1，2)到点(2，1，3)的直线段．

解 Γ的对称式方程为$\frac{x-1}{1}=\frac{y+1}{2}=\frac{z-2}{1}$，从而得$\Gamma$的参数方程为$\begin{cases}x=1+t,\\ y=-1+2t,\\ z=2+t,\end{cases}$起点参数$t=0$，终点参数$t=1$，故

$$\int_{\Gamma}x^2\mathrm{d}x-yz\mathrm{d}y+xz\mathrm{d}z=\int_0^1[(1+t)^2-2(2t-1)(2+t)+(1+t)(2+t)]\mathrm{d}t$$

$$=\int_0^1(7-t-2t^2)\mathrm{d}t=\frac{35}{6}.$$

例 5 求当质量为m的点从位置$A(x_1,y_1,z_1)$移动到位置$B(x_2,y_2,z_2)$时，重力做的功．

解 因为重力

$$G=-mgk,$$

所以，重力做的功为

$$W=\int_{\overrightarrow{AB}}(-mg)\mathrm{d}z=\int_{z_1}^{z_2}(-mg)\mathrm{d}z=-mgz\Big|_{z_1}^{z_2}=-mg(z_2-z_1).$$

三、两类曲线积分之间的联系

根据定义，第一类与第二类曲线积分是全然不同的．然而，由于它们都是沿曲线的积分，两者之间又有密切的关系．我们可以将一个第一类曲线积分化为第二类曲线积分，反之亦然．

设有向曲线弧L由参数方程

$$\begin{cases}x=\varphi(t),\\ y=\psi(t)\end{cases}$$

给出，L的起点A、终点B分别对应参数a和b．函数$\varphi(t)$和$\psi(t)$在以a和b为端点的闭区间上具有一阶连续导数，$\varphi'^2(t)+\psi'^2(t)\neq 0$．函数$P(x,y)$，$Q(x,y)$在$L$上连续，于是，由对坐标的曲线积分计算公式(1)有

$$\int_L P(x,y)\mathrm{d}x+Q(x,y)\mathrm{d}y=\int_a^b\{P[\varphi(t),\psi(t)]\varphi'(t)+Q[\varphi(t),\psi(t)]\psi'(t)\}\mathrm{d}t.$$

而有向曲线弧L的切向量为$\boldsymbol{t}=\{\varphi'(t),\psi'(t)\}$，它的方向余弦为

$$\cos\alpha=\frac{\varphi'(t)}{\sqrt{\varphi'^2(t)+\psi'^2(t)}},\ \cos\beta=\frac{\psi'(t)}{\sqrt{\varphi'^2(t)+\psi'^2(t)}},$$

其中α和β为有向曲线弧L上点(x,y)处的切线向量的方向角．由对弧长的曲线积分计算公式得

$$\int_L [P(x, y)\cos\alpha + Q(x, y)\cos\beta]\mathrm{d}s$$

$$= \int_a^b \left\{ P[\varphi(t), \psi(t)] \frac{\varphi'(t)}{\sqrt{\varphi'^2(t)+\psi'^2(t)}} + Q[\varphi(t), \psi(t)] \frac{\psi'(t)}{\sqrt{\varphi'^2(t)+\psi'^2(t)}} \right\} \sqrt{\varphi'^2(t)+\psi'^2(t)}\,\mathrm{d}t$$

$$= \int_a^b \{P[\varphi(t), \psi(t)]\varphi'(t) + Q[\varphi(t), \psi(t)]\psi'(t)\}\mathrm{d}t,$$

因此得出

$$\int_L P(x, y)\mathrm{d}x + Q(x, y)\mathrm{d}y = \int_L [P(x, y)\cos\alpha + Q(x, y)\cos\beta]\mathrm{d}s.$$

类似可得，空间曲线 Γ 上两类曲线积分之间的联系为

$$\int_\Gamma P(x, y, z)\mathrm{d}x + Q(x, y, z)\mathrm{d}y + R(x, y, z)\mathrm{d}z$$

$$= \int_\Gamma [P(x, y, z)\cos\alpha + Q(x, y, z)\cos\beta + R(x, y, z)\cos\gamma]\mathrm{d}s,$$

其中 $\alpha(x, y, z)$，$\beta(x, y, z)$ 及 $\gamma(x, y, z)$ 为有向曲线弧 Γ 上点 (x, y, z) 处的切线向量的方向角．

延伸阅读 10.2　第一类曲线积分和第二类曲线积分来自于不同的物理原型，它们之间有着诸多差异.

第一类曲线积分 $\int_L f(x, y)\mathrm{d}s$ 是数量函数 $f(x, y)$ 对弧长 s 的积分，而第二类曲线积分 $\int_L P(x, y)\mathrm{d}x + Q(x, y)\mathrm{d}y$ 则是矢量函数 $\boldsymbol{F}(x, y) = P(x, y)\boldsymbol{i} + Q(x, y)\boldsymbol{j}$ 的各个分量对坐标轴的积分之和；第一类曲线积分与积分路径的方向无关，在化为定积分来计算时，下限总是小于上限，而第二类曲线积分与积分路径的方向有关(方向相反时，积分值变号)，在化为定积分来计算时，下限未必小于上限，而是起点的参数值作为下限，终点的参数值作为上限．仔细考察两种曲线积分的定义不难发现，这些差别主要反映在微分上．第一类曲线积分的微分是无向的弧长微分，而第二类曲线积分的微分则是有向的弧长投影的微分．

例 6　把对坐标的曲线积分 $\int_L P(x, y)\mathrm{d}x + Q(x, y)\mathrm{d}y$ 化成对弧长的曲线积分，其中 L 为沿上半圆周 $x^2+y^2=2x$ 从点 $(0, 0)$ 到点 $(1, 1)$ 的有向弧．

解　有向曲线弧 L 由方程

$$\begin{cases} x = x, \\ y = \sqrt{2x - x^2} \end{cases}$$

给出，L 的切向量为 $\boldsymbol{t} = \{x', (\sqrt{2x-x^2})'\} = \left\{1, \dfrac{1-x}{\sqrt{2x-x^2}}\right\}$，它的方向余弦为

$$\cos\alpha = \frac{1}{\sqrt{1+\left(\dfrac{1-x}{\sqrt{2x-x^2}}\right)^2}} = \sqrt{2x-x^2},\quad \cos\beta = \frac{\dfrac{1-x}{\sqrt{2x-x^2}}}{\sqrt{1+\left(\dfrac{1-x}{\sqrt{2x-x^2}}\right)^2}} = 1-x,$$

于是有

$$\int_L P(x, y)\mathrm{d}x + Q(x, y)\mathrm{d}y = \int_L [P(x, y)\cos\alpha + Q(x, y)\cos\beta]\mathrm{d}s$$

$$= \int_L [\sqrt{2x-x^2}\,P(x, y) + (1-x)Q(x, y)]\mathrm{d}s.$$

延伸阅读 10.3 对坐标曲线积分同样具有积分的对称性.

L 为平面上光滑的有向曲线，$P(x, y)$和 $Q(x, y)$为定义在 L 上的连续函数，有如下的结论成立.

设曲线 L 关于 x 轴对称，

当函数 $P(x, y)$是关于 y 的偶函数，即 $P(x, -y)=P(x, y)$，则 $\int_L P(x, y)\mathrm{d}x = 0$；

当函数 $P(x, y)$是关于 y 的奇函数，即 $P(x, -y)=-P(x, y)$，则

$$\int_L P(x, y)\mathrm{d}x = 2\int_{L_1} P(x, y)\mathrm{d}x\text{(其中 }L_1\text{ 是 }L\text{ 位于 }x\text{ 轴上侧的部分)；}$$

当函数 $Q(x, y)$是关于 y 的奇函数，即 $Q(x, -y)=-Q(x, y)$，则 $\int_L Q(x, y)\mathrm{d}y = 0$；

当函数 $Q(x, y)$是关于 y 的偶函数，即 $Q(x, -y)=Q(x, y)$，则

$$\int_L Q(x, y)\mathrm{d}y = 2\int_{L_1} Q(x, y)\mathrm{d}y\text{(其中 }L_1\text{ 是 }L\text{ 位于 }x\text{ 轴上侧的部分).}$$

积分曲线 L 关于 x 轴对称，$P(x, y)$和 $Q(x, y)$分别表示水平分力和垂直分力，在质点沿曲线 L 运动的过程中，函数 $P(x, y)$是关于 y 的偶函数，则在 x 轴两侧水平分力的方向相同，但水平方向的位移相反，故整体运动过程中水平分力做功为零，即 $\int_L P(x, y)\mathrm{d}x = 0$. 当函数 $Q(x, y)$是关于 y 的奇函数，则在 x 轴两侧垂直分力的方向相反，但垂直方向的位移相同，故整体运动过程中垂直分力做功为零，即 $\int_L Q(x, y)\mathrm{d}y = 0$.

若曲线 L 关于 y 轴对称，也有类似的结论成立.

对于轮换对称性有如下的结论：

设 L 为平面上光滑的有向曲线，$P(x, y)$和 $Q(x, y)$为定义在 L 上的连续函数，若曲线 L 的方程关于 x 和 y 具有轮换对称性，则 $\int_L P(x, y)\mathrm{d}x = \int_L P(y, x)\mathrm{d}y$.

习 题 10-2

A 组

1. 计算下列对坐标的曲线积分.

(1) $\int_L y\mathrm{d}x + x\mathrm{d}y$，其中 L 是圆周 $\begin{cases} x=R\cos t, \\ y=R\sin t \end{cases}$ 上对应于 t 从 0 到 $\frac{\pi}{2}$ 的一段弧；

(2) $\int_L x\mathrm{d}y - 2y\mathrm{d}x$，其中 L 是圆周 $x^2+y^2=2$ 在第一象限中的部分(按逆时针方向)；

(3) $\oint_L \frac{(x+y)\mathrm{d}x-(x-y)\mathrm{d}y}{x^2+y^2}$，其中 L 是圆周 $x^2+y^2=a^2$(按逆时针方向绕行)；

(4) $\int_L (x^2-2xy)\mathrm{d}x+(y^2-2xy)\mathrm{d}y$，其中 L 是抛物线 $y=x^2$ 上从点$(-1, 1)$到点$(1, 1)$的一段弧；

(5) $\int_L \sin 2x\mathrm{d}x + 2(x^2-1)y\mathrm{d}y$，其中 L 是曲线 $y=\sin x$ 上从点$(0, 0)$到点$(\pi, 0)$的一段弧；

(6) $\int_L xy\mathrm{d}x + x^2\mathrm{d}y$，其中 L 是 $y=1-|x|$，$x\in[-1, 1]$，起点是 $(-1, 0)$，终点是 $(1, 0)$；

(7) $\oint_L y\mathrm{d}x + \sin x\mathrm{d}y$，其中 L 是 $y=\sin x(0\leqslant x\leqslant \pi)$ 与 x 轴所围成的闭曲线（按顺时针方向）.

2. 设曲线 L：$f(x, y)=1$（$f(x, y)$ 具有一阶连续偏导数），过第二象限内的点 M 和第四象限的点 N，Γ 为 L 上从点 M 到点 N 的一段弧，试判别曲线积分 $\int_\Gamma f(x, y)\mathrm{d}y$ 的符号.

3. 计算对坐标的曲线积分 $\oint_\Gamma \mathrm{d}x - \mathrm{d}y + y\mathrm{d}z$，其中 Γ 是有向闭折线 $ABCA$，这里的 A、B、C 依次为点 $(1, 0, 0)$、$(0, 1, 0)$ 和 $(0, 0, 1)$.

4. 把对坐标的曲线积分 $\int_L P(x, y)\mathrm{d}x+Q(x, y)\mathrm{d}y$ 化成对弧长的曲线积分，其中 L 为在 xOy 面内沿直线从点 $(0, 0)$ 到点 $(1, 1)$.

5. 设 Γ 为曲线 $\begin{cases} x=t, \\ y=t^2, \\ z=t^3 \end{cases}$ 上相应于 t 从 0 变到 1 的曲线弧，把对坐标的曲线积分 $\int_\Gamma P\mathrm{d}x + Q\mathrm{d}y + R\mathrm{d}z$ 化成对弧长的曲线积分.

6. 在过点 $O(0, 0)$ 和 $A(\pi, 0)$ 的曲线簇 $y=a\sin x(a>0)$ 中，求一条曲线 L，使沿该曲线从 O 到 A 的积分 $\int_L (1+y^2)\mathrm{d}x + (2x+y)\mathrm{d}y$ 的值最小.

B　　组

已知曲线 Γ 的方程为 $\begin{cases} z=\sqrt{2-x^2-y^2}, \\ z=x, \end{cases}$ 起点为 $A(0, \sqrt{2}, 0)$，终点为 $B(0, -\sqrt{2}, 0)$，计算曲线积分 $I=\int_\Gamma (y+z)\mathrm{d}x + (z^2-x^2+y)\mathrm{d}y + x^2y^2\mathrm{d}z$.

第三节　格林公式

一、格林(Green)公式

在一元函数的积分学中，牛顿—莱布尼茨公式

$$\int_a^b F'(x)\mathrm{d}x = F(b) - F(a)$$

给出了区间 $[a, b]$ 上的定积分和该区间端点的原函数值之间的关系，那么，平面区域 D 上的二重积分同沿这个区域边界的曲线积分是否也有类似的结论呢？答案是肯定的.

首先，引进区域连通性的概念. 设一个平面区域 D，如果 D 内任一闭曲线皆可以不经过 D 以外的点而连续地收缩为一点，则称此区域 D 为**单连通区域**，否则称为**复连通区域**. 直观地讲，平面单连通区域就是不含有“洞”（包括点“洞”）的区域. 例如，平面上的圆 $x^2+y^2<1$、右半平面 $x>0$ 都是单连通区域，而圆环 $1<x^2+y^2<9$，$0<x^2+y^2<1$ 都是复连通区域.

对区域 D 的边界曲线 L，规定 L 的正向为：当沿着曲线 L 的正向行进时，区域 D 恒在行进方向的左侧．如果 L 是单连通有限区域 D 的边界，则 L 的正向是逆时针方向．如果 D 是边界曲线 L 及 l 所围成的复连通区域(图 10－5)，作为 D 的边界，L 的正向是逆时针方向，而 l 的正向是顺时针方向．

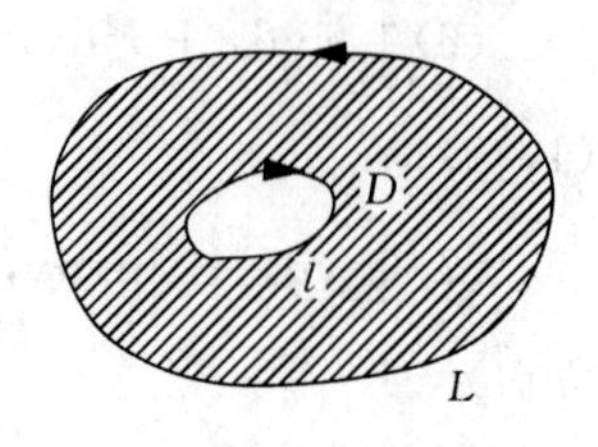

图 10－5

定理 10.3.1　设闭区域 D 由分段光滑的曲线 L 围成，函数 $P(x,\ y)$ 及 $Q(x,\ y)$ 在 D 上具有一阶连续偏导数，则有

$$\iint_D \left(\frac{\partial Q}{\partial x}-\frac{\partial P}{\partial y}\right)\mathrm{d}x\mathrm{d}y=\oint_L P(x,\ y)\mathrm{d}x+Q(x,\ y)\mathrm{d}y, \tag{1}$$

其中 L 是 D 的取正向的边界曲线．

公式(1)叫作格林公式．

证　先假设穿过区域 D 内部且平行于坐标轴的直线与 D 的边界曲线 L 的交点恰好为两点，设 $D=\{(x,\ y)\,|\,\varphi_1(x)\leqslant y\leqslant\varphi_2(x),\ a\leqslant x\leqslant b\}$，$D$ 的正向边界为 $L=L_1+L_2$，取逆时针方向(图 10－6)．

因为$\dfrac{\partial P}{\partial y}$连续，所以由二重积分的计算法，有

$$\iint_D \frac{\partial P}{\partial y}\mathrm{d}x\mathrm{d}y=\int_a^b\left[\int_{\varphi_1(x)}^{\varphi_2(x)}\frac{\partial P(x,\ y)}{\partial y}\mathrm{d}y\right]\mathrm{d}x=\int_a^b\{P[x,\ \varphi_2(x)]-P[x,\ \varphi_1(x)]\}\mathrm{d}x.$$

另一方面，由对坐标的曲线积分的性质及计算法，有

$$\begin{aligned}\oint_L P(x,\ y)\mathrm{d}x&=\int_{L_1}P(x,\ y)\mathrm{d}x+\int_{L_2}P(x,\ y)\mathrm{d}x\\&=\int_a^b P[x,\ \varphi_1(x)]\mathrm{d}x+\int_b^a P[x,\ \varphi_2(x)]\mathrm{d}x\\&=\int_a^b\{P[x,\ \varphi_1(x)]-P[x,\ \varphi_2(x)]\}\mathrm{d}x,\end{aligned}$$

因此

$$-\iint_D\frac{\partial P}{\partial y}\mathrm{d}x\mathrm{d}y=\oint_L P(x,\ y)\mathrm{d}x. \tag{2}$$

设 $D=\{(x,\ y)\,|\,\psi_1(y)\leqslant x\leqslant\psi_2(y),\ c\leqslant y\leqslant d\}$，类似可证

$$\iint_D\frac{\partial Q}{\partial x}\mathrm{d}x\mathrm{d}y=\oint_L Q(x,\ y)\mathrm{d}y. \tag{3}$$

合并(2)式、(3)式，即得公式(1)．

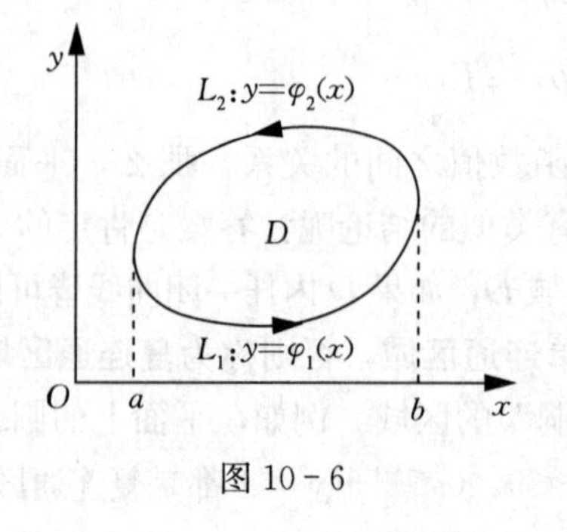

图 10－6

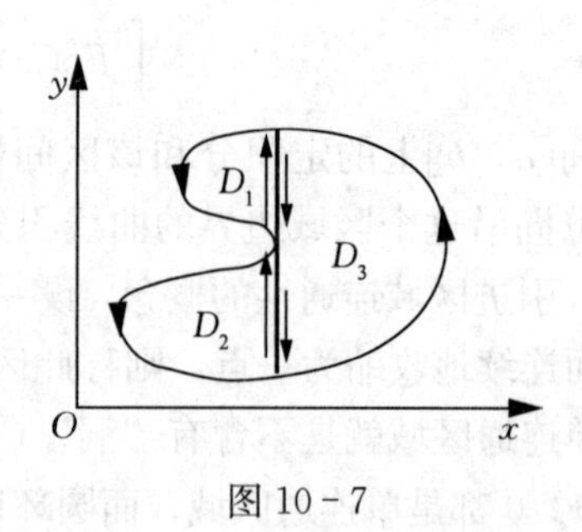

图 10－7

如果闭区域 D 不满足以上条件，则可以在 D 内引入一条或几条辅助曲线把 D 分成有限个部分闭区域，使得每个部分闭区域都满足上述条件．例如，对图 10－7 所示的闭区域 D 来说，设它的正向边界曲线为 L，引进一条平行于 y 轴的辅助线把 D 分成 D_1、D_2、D_3 三部分，D_1、D_2、D_3 的正向边界曲线分别记为 L_1、L_2、L_3，根据公式(1)得

$$\iint_{D_1}\left(\frac{\partial Q}{\partial x}-\frac{\partial P}{\partial y}\right)\mathrm{d}x\mathrm{d}y=\oint_{L_1}P(x,\ y)\mathrm{d}x+Q(x,\ y)\mathrm{d}y,$$

$$\iint_{D_2}\left(\frac{\partial Q}{\partial x}-\frac{\partial P}{\partial y}\right)\mathrm{d}x\mathrm{d}y=\oint_{L_2}P(x,\ y)\mathrm{d}x+Q(x,\ y)\mathrm{d}y,$$

$$\iint_{D_3}\left(\frac{\partial Q}{\partial x}-\frac{\partial P}{\partial y}\right)\mathrm{d}x\mathrm{d}y=\oint_{L_3}P(x,\ y)\mathrm{d}x+Q(x,\ y)\mathrm{d}y.$$

将以上三个等式相加，注意到相加时沿辅助曲线的曲线积分相互抵消，便得

$$\iint_{D}\left(\frac{\partial Q}{\partial x}-\frac{\partial P}{\partial y}\right)\mathrm{d}x\mathrm{d}y=\oint_{L}P(x,\ y)\mathrm{d}x+Q(x,\ y)\mathrm{d}y.$$

一般地，公式(1)对于由分段光滑曲线围成的闭区域都成立．

格林公式说明了区域 D 上二重积分和沿其边界曲线的第二类曲线积分之间的关系，即在区域 D 上的二重积分 $\iint_{D}\left(\frac{\partial Q}{\partial x}-\frac{\partial P}{\partial y}\right)\mathrm{d}x\mathrm{d}y$，与沿其正向边界曲线 L 上的第二类曲线积分 $\oint_{L}P(x,\ y)\mathrm{d}x+Q(x,\ y)\mathrm{d}y$ 是相等的．可见，格林公式是联系区域内部积分和区域边界积分的桥梁，从这个意义上说，格林公式可以看作是牛顿—莱布尼茨公式在平面上的推广．

例 1　计算 $\oint_{L}\mathrm{e}^x[(1-\cos y)\mathrm{d}x-(y-\sin y)\mathrm{d}y]$，其中 L 是区域 $\{(x,\ y)\mid 0<x<\pi,\ 0<y<\sin x\}$ 的正方向的围线．

解　由于　$P(x,\ y)=\mathrm{e}^x(1-\cos y)$，$Q(x,\ y)=-\mathrm{e}^x(y-\sin y)$，

$$\frac{\partial Q}{\partial x}-\frac{\partial P}{\partial y}=\mathrm{e}^x(\sin y-y)-\mathrm{e}^x\sin y=-y\mathrm{e}^x,$$

则由公式(1)

$$\begin{aligned}\oint_{L}\mathrm{e}^x[(1-\cos y)\mathrm{d}x-(y-\sin y)\mathrm{d}y]&=-\iint_{\substack{0<x<\pi\\0<y<\sin x}}y\mathrm{e}^x\mathrm{d}x\mathrm{d}y=-\int_0^{\pi}\mathrm{d}x\int_0^{\sin x}y\mathrm{e}^x\mathrm{d}y\\&=-\frac{1}{2}\int_0^{\pi}\mathrm{e}^x\sin^2x\mathrm{d}x\\&=-\frac{1}{4}\left(\int_0^{\pi}\mathrm{e}^x\mathrm{d}x-\int_0^{\pi}\mathrm{e}^x\cos 2x\mathrm{d}x\right)\\&=-\frac{1}{4}\left[(\mathrm{e}^{\pi}-1)-\frac{\cos 2x+2\sin 2x}{5}\mathrm{e}^x\Big|_0^{\pi}\right]\\&=-\frac{1}{5}(\mathrm{e}^{\pi}-1).\end{aligned}$$

例 2　计算 $\int_{L}(\mathrm{e}^x\sin y-my)\mathrm{d}x+(\mathrm{e}^x\cos y-m)\mathrm{d}y$，其中 L 为从点 $A(a,\ 0)$ 到点 $O(0,\ 0)$ 的上半圆周 $x^2+y^2=ax$(图 10－8)．

解　在 Ox 轴上连接点 $O(0,\ 0)$ 与 $A(a,\ 0)$，这样便构成封闭的半圆形区域 D，由于线

段 OA 的方程为 $y=0$，因此有

$$\int_{\overrightarrow{OA}}(e^x\sin y-my)dx+(e^x\cos y-m)dy=0.$$

记区域 D 的正向边界为 L_1，则

$$\oint_{L_1}=\int_L+\int_{\overrightarrow{OA}}=\int_L.$$

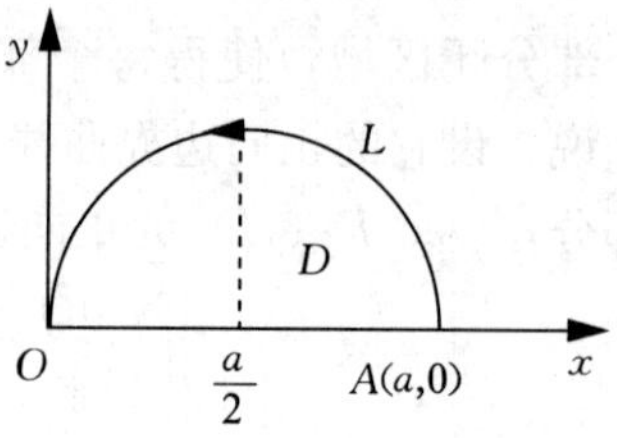

图 10－8

另一方面，由于

$$P(x,\ y)=e^x\sin y-my,\ Q(x,\ y)=e^x\cos y-m,$$

$$\frac{\partial Q}{\partial x}-\frac{\partial P}{\partial y}=e^x\cos y-e^x\cos y+m=m,$$

由格林公式，得

$$\oint_{L_1}(e^x\sin y-my)dx+(e^x\cos y-m)dy=\iint_D m\,dxdy=\frac{\pi ma^2}{8},$$

于是
$$\int_L(e^x\sin y-my)dx+(e^x\cos y-m)dy=\frac{\pi ma^2}{8}.$$

在格林公式中取 $P=-y$，$Q=x$，即得 $2\iint_D dxdy=\oint_L xdy-ydx$. 此式左端是闭区域 D 的面积 A 的两倍，从而有

$$A=\frac{1}{2}\oint_L xdy-ydx. \tag{4}$$

利用公式(4)可以求平面区域的面积．

例 3　利用曲线积分计算下列曲线所围成的面积．

(1) 椭圆 $\begin{cases}x=a\cos t,\\ y=b\sin t\end{cases}(0\leqslant t\leqslant 2\pi)$；

(2) 星形线 $\begin{cases}x=a\cos^3 t,\\ y=b\sin^3 t\end{cases}(0\leqslant t\leqslant 2\pi)$.

解　(1) 根据公式(4)有

$$A=\frac{1}{2}\oint_L xdy-ydx=\frac{1}{2}\int_0^{2\pi}(ab\cos^2 t+ab\sin^2 t)dt=\frac{1}{2}ab\int_0^{2\pi}dt=\pi ab.$$

(2) $A=\frac{1}{2}\oint_L xdy-ydx=\frac{3ab}{2}\int_0^{2\pi}(\cos^4 t\sin^2 t+\cos^2 t\sin^4 t)dt$

$$=\frac{3}{8}ab\int_0^{2\pi}\sin^2 2t\,dt=\frac{3}{8}\pi ab.$$

二、平面上曲线积分与路径无关的条件

对于力场 $\boldsymbol{F}(x,\ y)=P(x,\ y)\boldsymbol{i}+Q(x,\ y)\boldsymbol{j}$，$\int_L P(x,\ y)dx+Q(x,\ y)dy$ 可以看作是在力场中沿曲线 L 从起点到终点的曲线积分．一般来讲，第二类曲线积分不仅与曲线的起点和终点有关，而且还与路径 L 有关．在物理、力学和工程技术中，有一种十分重要的特殊场，在这种场中，曲线积分只与起点和终点有关，而与所沿路径无关．这些问题反映在数学上，就是要研究曲线积分与路径无关的条件．为此，首先讨论曲线积分 $\int_L P(x,\ y)dx+$

$Q(x, y)\mathrm{d}y$ 与路径无关的具体含义．

设 G 是一个单连通的开区域，则曲线积分 $\int_L P(x, y)\mathrm{d}x + Q(x, y)\mathrm{d}y$ 在 G 内与路径无关等价于沿 G 内任意闭曲线 C 的曲线积分 $\oint_C P(x, y)\mathrm{d}x + Q(x, y)\mathrm{d}y$ 等于零，即

$$\oint_C P(x, y)\mathrm{d}x + Q(x, y)\mathrm{d}y = 0.$$

为了说明以上结论，考虑 G 内任意两条有共同起点 A 和终点 B，但别无公共点的光滑曲线 L_1 和 L_2（图 10－9）．因为曲线积分在 G 内与路径无关，所以

$$\int_{L_1} P\mathrm{d}x + Q\mathrm{d}y = \int_{L_2} P\mathrm{d}x + Q\mathrm{d}y.$$

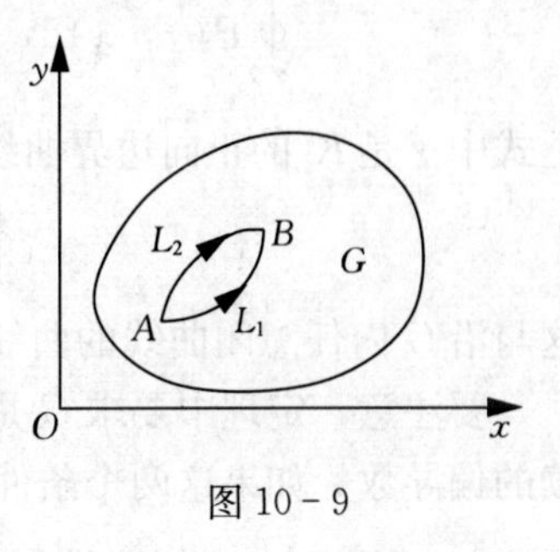

图 10－9

又 $$\int_{L_2} P\mathrm{d}x + Q\mathrm{d}y = -\int_{-L_2} P\mathrm{d}x + Q\mathrm{d}y,$$

故 $$\int_{L_1} P\mathrm{d}x + Q\mathrm{d}y + \int_{-L_2} P\mathrm{d}x + Q\mathrm{d}y = 0,$$

从而 $$\oint_{L_1+(-L_2)} P\mathrm{d}x + Q\mathrm{d}y = 0.$$

这里 $L_1+(-L_2)$ 是 G 内一条有向闭曲线．由 L_1 和 L_2 的任意性推得，若在 G 内曲线积分与路径无关，则沿 G 内任意闭曲线 C 的曲线积分 $\oint_C P(x, y)\mathrm{d}x + Q(x, y)\mathrm{d}y$ 等于零．反过来，如果在 G 内沿任意闭曲线的曲线积分等于零，按上述方法，容易推出在 G 内曲线积分与路径无关．

定理 10.3.2　设开区域 G 是一个单连通区域，函数 $P(x, y)$，$Q(x, y)$ 在 G 内具有一阶连续偏导数，则曲线积分 $\int_L P(x, y)\mathrm{d}x + Q(x, y)\mathrm{d}y$ 在 G 内与路径无关（或沿 G 内任意闭曲线的曲线积分为零）的充分必要条件是等式

$$\frac{\partial P}{\partial y} = \frac{\partial Q}{\partial x} \tag{5}$$

在 G 内恒成立．

证　先证充分性．在 G 内任取一条闭曲线 C，因为 G 是单连通区域，所以闭曲线 C 所围成的区域 D 全部在 G 内，于是(5)式在 D 上恒成立．应用格林公式，有

$$\iint_D \left(\frac{\partial Q}{\partial x} - \frac{\partial P}{\partial y}\right)\mathrm{d}x\mathrm{d}y = \oint_C P(x, y)\mathrm{d}x + Q(x, y)\mathrm{d}y.$$

因为 $\frac{\partial Q}{\partial x} - \frac{\partial P}{\partial y} = 0$ 在 D 上恒成立，所以上式左端的二重积分等于零，从而右端的曲线积分也等于零，即 $\oint_C P(x, y)\mathrm{d}x + Q(x, y)\mathrm{d}y = 0$，充分性得证．

再证必要性．现在要证：如果沿 G 内任意闭曲线的曲线积分为零，那么(5)式在 G 内恒成立．用反证法，假设上述论断不成立，则在 G 内至少有一点 M_0，使

$$\left(\frac{\partial Q}{\partial x} - \frac{\partial P}{\partial y}\right)_{M_0} \neq 0.$$

不妨假设 $$\left(\frac{\partial Q}{\partial x} - \frac{\partial P}{\partial y}\right)_{M_0} = \eta > 0,$$

由于$\frac{\partial P}{\partial y}$和$\frac{\partial Q}{\partial x}$在$G$内连续，可以在$G$内取一个以$M_0$为圆心、半径足够小的圆形闭区域$K$，使得在$K$上恒有

$$\frac{\partial Q}{\partial x}-\frac{\partial P}{\partial y}\geqslant\frac{\eta}{2},$$

于是，由格林公式及二重积分的性质，有

$$\oint_\gamma P(x, y)\mathrm{d}x+Q(x, y)\mathrm{d}y=\iint_K\left(\frac{\partial Q}{\partial x}-\frac{\partial P}{\partial y}\right)\mathrm{d}x\mathrm{d}y\geqslant\frac{\eta}{2}\cdot\sigma.$$

上式中γ是K的正向边界曲线，σ是K的面积．因为$\eta>0$，$\sigma>0$，从而

$$\oint_\gamma P(x, y)\mathrm{d}x+Q(x, y)\mathrm{d}y>0,$$

这与沿G内任意闭曲线的曲线积分为零的假设矛盾．所以(5)式在G内处处成立．证毕．

要注意，定理中要求G是单连通区域，且函数$P(x, y)$和$Q(x, y)$在G内具有一阶连续的偏导数．如果这两个条件之一不能满足时，定理的结论不能保证成立．

例 4 计算$\oint_L\frac{x\mathrm{d}y-y\mathrm{d}x}{x^2+y^2}$，其中$L$为一条无重点、分段光滑且不经过原点的连续闭曲线，$L$的方向为逆时针方向．

解 因为$P(x, y)=\frac{-y}{x^2+y^2}$，$Q(x, y)=\frac{x}{x^2+y^2}$，则当$x^2+y^2\neq0$时，有$\frac{\partial Q}{\partial x}=\frac{y^2-x^2}{(x^2+y^2)^2}=\frac{\partial P}{\partial y}$.

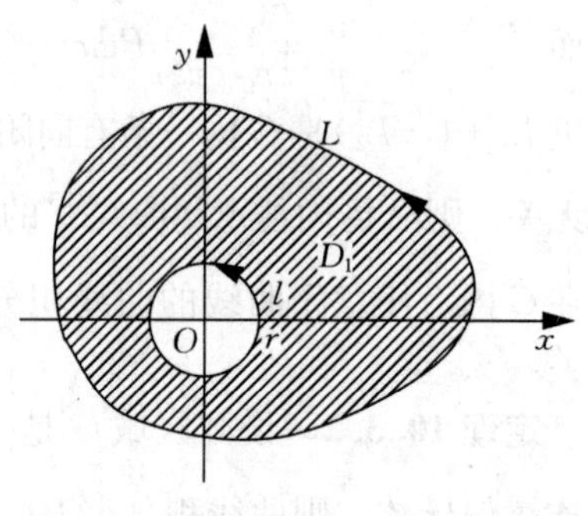

图 10 - 10

记L所围成的闭区域为D.

当$(0, 0)\notin D$时，由格林公式，得$\oint_L\frac{x\mathrm{d}y-y\mathrm{d}x}{x^2+y^2}=0$.

当$(0, 0)\in D$时，选取适当小的$r>0$，作位于D内的圆周l：$x^2+y^2=r^2$．记L和l所围成的闭区域为D_1(图 10 - 10)．对复连通区域D_1应用格林公式，得

$$\oint_L\frac{x\mathrm{d}y-y\mathrm{d}x}{x^2+y^2}-\oint_l\frac{x\mathrm{d}y-y\mathrm{d}x}{x^2+y^2}=0,$$

其中l的方向为逆时针方向，于是

$$\oint_L\frac{x\mathrm{d}y-y\mathrm{d}x}{x^2+y^2}=\oint_l\frac{x\mathrm{d}y-y\mathrm{d}x}{x^2+y^2}=\int_0^{2\pi}\frac{r^2\cos^2\theta+r^2\sin^2\theta}{r^2}\mathrm{d}\theta=2\pi.$$

由例 4 可以看出，当L所围成的区域含有原点时，虽然除去原点外，恒有

$$\frac{\partial Q}{\partial x}=\frac{\partial P}{\partial y},$$

但沿闭曲线的积分

$$\oint_L P(x, y)\mathrm{d}x+Q(x, y)\mathrm{d}y\neq0,$$

其原因在于函数$P(x, y)$，$Q(x, y)$及$\frac{\partial Q}{\partial x}$，$\frac{\partial P}{\partial y}$在点$O(0, 0)$不连续，不满足定理 10.3.2 的条件，这种点通常称为奇点．

延伸阅读 10.4　对于任意环绕被积函数奇点的曲线积分的计算问题，例 4 的计算过程为我们提供了一个思路，就是“挖掉”奇点．具体做法是以奇点为中心，以充分小的半径作圆，使之含于该闭曲线所包围的区域中．这时区域是复连通的，由于无奇点，可用格林公式，而圆周的参数方程容易写出，故沿圆周的曲线积分容易计算．这样处理往往可以简化计算．

例 4 的结果也许会令读者感到奇怪(因为这是对任意满足条件的闭曲线得到的结果)，其实不然．事实上，将被积表达式写成

$$\frac{x\mathrm{d}y-y\mathrm{d}x}{x^2+y^2}=\mathrm{d}\arctan\frac{y}{x}=\mathrm{d}\theta,$$

这里 θ 是点$(x,\ y)$的辐角，则不管沿怎样满足条件的闭曲线按逆时针方向绕原点一周，积分值都应该等于辐角的增量 2π.

三、二元函数的全微分求积

一阶微分方程可以写成

$$P(x,\ y)\mathrm{d}x+Q(x,\ y)\mathrm{d}y=0 \tag{6}$$

的形式，如果它的左端恰好是某个二元函数 $u=u(x,\ y)$的全微分，即

$$\mathrm{d}u(x,\ y)=P(x,\ y)\mathrm{d}x+Q(x,\ y)\mathrm{d}y,$$

则 $u(x,\ y)=C$ 是微分方程(6)的隐式通解，其中 C 是任意常数．这样的微分方程称为全微分方程．如果方程(6)是一个**全微分方程**，那么只要求出 $u(x,\ y)$，方程(6)的解也就求出来了．为此，有两个问题需要讨论，一是函数 $P(x,\ y)$和 $Q(x,\ y)$满足什么条件时，表达式 $P(x,\ y)\mathrm{d}x+Q(x,\ y)\mathrm{d}y$ 恰好是某个二元函数 $u=u(x,\ y)$的全微分；二是当这样的二元函数存在时如何求出来．下面来解决这两个问题：

定理 10.3.3　设开区域 G 是一个单连通区域，函数 $P(x,\ y)$，$Q(x,\ y)$在 G 内具有一阶连续偏导数，则 $P(x,\ y)\mathrm{d}x+Q(x,\ y)\mathrm{d}y$ 在 G 内为某一函数 $u(x,\ y)$的全微分的充分必要条件是等式

$$\frac{\partial P}{\partial y}=\frac{\partial Q}{\partial x} \tag{7}$$

在 G 内恒成立．

证　先证必要性．假设存在着某一函数 $u(x,\ y)$，使得

$$\mathrm{d}u=P(x,\ y)\mathrm{d}x+Q(x,\ y)\mathrm{d}y,$$

则必有

$$\frac{\partial u}{\partial x}=P(x,\ y),\ \frac{\partial u}{\partial y}=Q(x,\ y),$$

从而

$$\frac{\partial^2 u}{\partial x\,\partial y}=\frac{\partial P}{\partial y},\ \frac{\partial^2 u}{\partial y\,\partial x}=\frac{\partial Q}{\partial x}.$$

由于 $P(x,\ y)$，$Q(x,\ y)$具有一阶连续偏导数，所以$\frac{\partial^2 u}{\partial x\,\partial y}$，$\frac{\partial^2 u}{\partial y\,\partial x}$连续，因此$\frac{\partial^2 u}{\partial x\,\partial y}=\frac{\partial^2 u}{\partial y\,\partial x}$，即$\frac{\partial P}{\partial y}=\frac{\partial Q}{\partial x}$. 条件的必要性得证．

再证充分性．设条件(7)在 G 内恒成立，由定理 10.3.2 可知，起点为 $M_0(x_0,\ y_0)$，终点为 $M(x,\ y)$的曲线积分$\int_L P(x,\ y)\mathrm{d}x+Q(x,\ y)\mathrm{d}y$ 在区域G 内与路径无关，于是可以把

这个曲线积分写作

$$\int_{(x_0, y_0)}^{(x, y)} P(x, y)\mathrm{d}x + Q(x, y)\mathrm{d}y.$$

当起点 $M_0(x_0, y_0)$固定时，这个积分的值取决于终点 $M(x, y)$，因此，它是 x、y 的函数，记这个函数为 $u(x, y)$，即

$$u(x, y) = \int_{(x_0, y_0)}^{(x, y)} P(x, y)\mathrm{d}x + Q(x, y)\mathrm{d}y. \tag{8}$$

下面证明函数 $u(x, y)$的全微分就是 $P(x, y)\mathrm{d}x + Q(x, y)\mathrm{d}y$. 因为 $P(x, y)$，$Q(x, y)$都是连续的，因此，只要证明

$$\frac{\partial u}{\partial x} = P(x, y), \quad \frac{\partial u}{\partial y} = Q(x, y).$$

由偏导数的定义

$$\frac{\partial u}{\partial x} = \lim_{\Delta x \to 0} \frac{u(x+\Delta x, y) - u(x, y)}{\Delta x}.$$

由(8)式得

$$u(x + \Delta x, y) = \int_{(x_0, y_0)}^{(x+\Delta x, y)} P(x, y)\mathrm{d}x + Q(x, y)\mathrm{d}y,$$

由于这个曲线积分与路径无关，可以取先从起点 $M_0(x_0, y_0)$到 $M(x, y)$，然后沿平行于 x 轴的直线段从 $M(x, y)$到 $N(x+\Delta x, y)$作为上式右端曲线积分的路径(图 10-11). 这样就有

$$u(x + \Delta x, y) = u(x, y) + \int_{(x, y)}^{(x+\Delta x, y)} P(x, y)\mathrm{d}x + Q(x, y)\mathrm{d}y,$$

从而

$$u(x + \Delta x, y) - u(x, y) = \int_{(x, y)}^{(x+\Delta x, y)} P(x, y)\mathrm{d}x + Q(x, y)\mathrm{d}y.$$

因为直线段 MN 上 y 可视为常数，由对坐标的曲线积分的计算法，上式为

$$u(x + \Delta x, y) - u(x, y) = \int_{x}^{x+\Delta x} P(x, y)\mathrm{d}x.$$

由积分中值定理，得

$$u(x+\Delta x, y) - u(x, y) = P(x+\theta\Delta x, y)\Delta x \ (0 \leqslant \theta \leqslant 1).$$

由于 $P(x, y)$的偏导数在 G 内连续，所以 $P(x, y)$也一定连续，于是

$$\frac{\partial u}{\partial x} = \lim_{\Delta x \to 0} \frac{u(x+\Delta x, y) - u(x, y)}{\Delta x} = \lim_{\Delta x \to 0} P(x+\theta\Delta x, y) = P(x, y).$$

同理可证

$$\frac{\partial u}{\partial y} = Q(x, y).$$

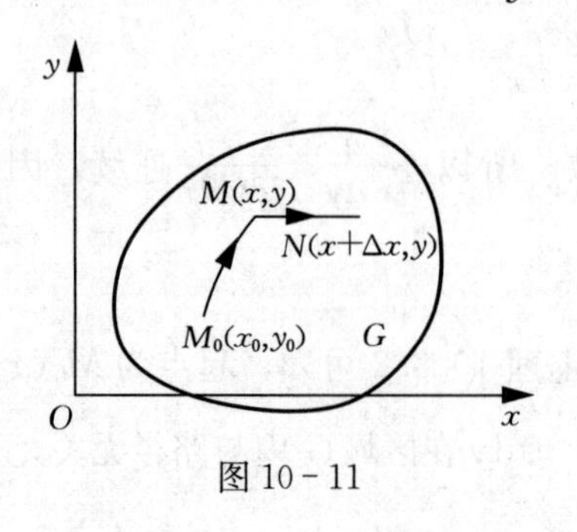

图 10-11

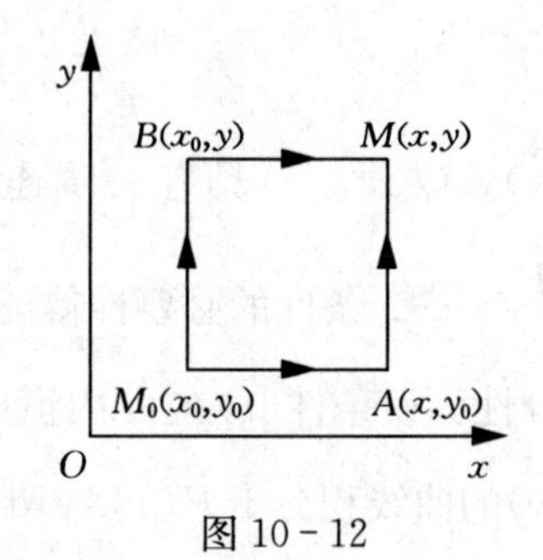

图 10-12

从而条件的充分性得证．

定理10.3.3解决了表达式$P(x, y)\mathrm{d}x+Q(x, y)\mathrm{d}y$恰好是某个函数$u=u(x, y)$的全微分时，函数$P(x, y)$和$Q(x, y)$应满足的条件．那么当这样的条件满足时，如何求二元函数$u(x, y)$呢？可以利用公式(8)求$u(x, y)$．因为公式(8)中曲线积分与路径无关，因此，可以选择完全位于区域G内的平行于坐标轴的直线段连成的折线M_0AM或M_0BM作为积分路线(图10-12).

当取积分路线M_0AM时，有

$$u(x, y)=\int_{x_0}^{x}P(x, y_0)\mathrm{d}x+\int_{y_0}^{y}Q(x, y)\mathrm{d}y. \tag{9}$$

当取积分路线M_0BM时，有

$$u(x, y)=\int_{y_0}^{y}Q(x_0, y)\mathrm{d}y+\int_{x_0}^{x}P(x, y)\mathrm{d}x, \tag{10}$$

这里$M_0(x_0, y_0)$是在区域G内适当选定的点．

例5　验证$(2x\cos y+y^2\cos x)\mathrm{d}x+(2y\sin x-x^2\sin y)\mathrm{d}y$在整个$xOy$平面内是某一函数$u(x, y)$的全微分，并求一个这样的函数．

解　因为$P=2x\cos y+y^2\cos x$，$Q=2y\sin x-x^2\sin y$，且

$$\frac{\partial P}{\partial y}=-2x\sin y+2y\cos x=\frac{\partial Q}{\partial x}$$

在整个xOy平面内恒成立，所以$(2x\cos y+y^2\cos x)\mathrm{d}x+(2y\sin x-x^2\sin y)\mathrm{d}y$在整个$xOy$平面内是某一函数$u(x, y)$的全微分．取$x_0=0$，$y_0=0$，由公式(9)得所求函数为

$$\begin{aligned}u(x, y)&=\int_{(0, 0)}^{(x, y)}(2x\cos y+y^2\cos x)\mathrm{d}x+(2y\sin x-x^2\sin y)\mathrm{d}y\\&=\int_0^x 2x\mathrm{d}x+\int_0^y(2y\sin x-x^2\sin y)\mathrm{d}y=x^2\Big|_0^x+(y^2\sin x+x^2\cos y)\Big|_0^y\\&=x^2+y^2\sin x+x^2\cos y-x^2=y^2\sin x+x^2\cos y.\end{aligned}$$

例6　求解$(3x^2+6xy^2)\mathrm{d}x+(6x^2y+4y^2)\mathrm{d}y=0$.

解　因为$P=3x^2+6xy^2$，$Q=6x^2y+4y^2$，且

$$\frac{\partial P}{\partial y}=12xy=\frac{\partial Q}{\partial x}$$

在整个xOy平面内恒成立，所以这是全微分方程．可取$x_0=0$，$y_0=0$，由公式(9)得

$$\begin{aligned}u(x, y)&=\int_0^x 3x^2\mathrm{d}x+\int_0^y(6x^2y+4y^2)\mathrm{d}y=x^3\Big|_0^x+\left(3x^2y^2+\frac{4}{3}y^3\right)\Bigg|_0^y\\&=x^3+3x^2y^2+\frac{4}{3}y^3,\end{aligned}$$

于是，方程的通解为$x^3+3x^2y^2+\frac{4}{3}y^3=C$.

延伸阅读10.5　场是物理学中非常有用的一个概念，为考察某种物理现象或规律，常将分布有物理量的区域称为场．当涉及的物理量具有向量(矢量)的特性时，就称之为向量(矢量)场．例如，力场和流速场等，这些都是向量场．

在数学上，设U是一个开集，则称在U的每一点对应一个同维向量的对应关系为U上的向量场，于是平面向量场就是在xOy平面的某个区域D上定义的一个向量值函数

$$f(x,\ y)=P(x,\ y)\boldsymbol{i}+Q(x,\ y)\boldsymbol{j}.$$

对于给定的二元可微函数 $z=\varphi(x,\ y)$，其梯度 $\nabla\varphi(x,\ y)=\frac{\partial\varphi}{\partial x}\boldsymbol{i}+\frac{\partial\varphi}{\partial y}\boldsymbol{j}$ 形成一个向量场，称为函数的梯度场．当然，不是每个向量场都可以看作某个梯度场．当向量场

$$\boldsymbol{f}(x,\ y)=P(x,\ y)\boldsymbol{i}+Q(x,\ y)\boldsymbol{j} \qquad (*)$$

可看作某个二元函数 $\varphi(x,\ y)$ 的梯度场时，即有 $\boldsymbol{f}(x,\ y)=\nabla\varphi(x,\ y)=\frac{\partial\varphi}{\partial x}\boldsymbol{i}+\frac{\partial\varphi}{\partial y}\boldsymbol{j}$ 时，称此向量场为有势场（或保守场或守恒场），并称 $\varphi(x,\ y)$ 为这个向量场的势函数，而习惯上称 $\psi(x,\ y)=-\varphi(x,\ y)$ 为此有势场的势能，即势能等于势函数的负值．

物理中经典的向量场大多数都是有势场．那么在数学上，怎样判定一个向量场是否为有势场，以及怎样求其势函数呢？可以看出，当 $P(x,\ y)$ 和 $Q(x,\ y)$ 在单连通区域 D 上有一阶连续偏导数时，向量场（$*$）在 D 上是否为有势场，与微分形式 $P(x,\ y)\mathrm{d}x+Q(x,\ y)\mathrm{d}y$ 是否为全微分是等价的．

若 $P(x,\ y)$，$Q(x,\ y)$ 在单连通区域 D 上有一阶连续偏导数，则向量场（$*$）为有势场的充要条件是在 D 上 $\frac{\partial P}{\partial y}=\frac{\partial Q}{\partial x}$ 处处成立，而且 $P(x,\ y)\mathrm{d}x+Q(x,\ y)\mathrm{d}y$ 的原函数 $\varphi(x,\ y)$ 即为向量场（$*$）的势函数．

习　题　10-3

A　组

1．利用格林公式计算下列曲线积分．

(1) $\oint_L (2x\sin y-4y)\mathrm{d}x+(x^2\cos y+x)\mathrm{d}y$，其中 L 是圆周 $x^2+y^2=3$ 所围区域的正向边界；

(2) $\oint_L xy^2\mathrm{d}y-x^2y\mathrm{d}x$，其中 L 是圆周 $x^2+y^2=a^2$ 所围区域的正向边界；

(3) $\oint_L (x+y)^2\mathrm{d}x-(x^2+y^2)\mathrm{d}y$，其中 L 按正方向经过以 $A(1,\ 1)$，$B(3,\ 2)$，$C(2,\ 5)$ 为顶点的三角形 ABC 的围线；

(4) $\oint_L (x^2-xy^3)\mathrm{d}x+(y^2-2xy)\mathrm{d}y$，其中 L 是顶点为 $(0,\ 0)$，$(2,\ 0)$，$(2,\ 2)$ 和 $(0,\ 2)$ 的正方形区域的顺时针边界；

(5) $\oint_L \mathrm{e}^{y^2}\mathrm{d}x+x\mathrm{d}y$，其中 L 是沿逆时针方向的椭圆 $4x^2+y^2=8x$．

2．利用曲线积分，求下列曲线所围成图形的面积．

(1) 椭圆 $9x^2+16y^2=144$；

(2) 圆 $x^2+y^2=2ax$；

3．利用格林公式计算下列曲线积分．

(1) $\int_L 3x^2y\mathrm{d}x+(x^3+x-2y)\mathrm{d}y$，其中 L 是第一象限中从点 $(0,\ 0)$ 沿圆周 $x^2+y^2=2x$ 到点 $(2,\ 0)$，再沿圆周 $x^2+y^2=4$ 到点 $(0,\ 2)$ 的曲线段；

(2) $\int_L [e^x \sin y - b(x+y)]dx + (e^x \cos y - ax)dy$，其中 a，b 为正常数，L 为从点 $A(2a, 0)$沿曲线 $y=\sqrt{2ax-x^2}$ 到点 $O(0, 0)$的弧；

(3) $\int_L (x^2-y)dx-(x+\sin^2 y)dy$，其中 L 是在圆周 $y=\sqrt{2x-x^2}$ 上由$(0, 0)$到$(1, 1)$的一段弧；

(4) 计算曲线积分 $\int_L (x^2+2xy)dx+(x^2+y^4)dy$，其中 L 为由点 $O(0, 0)$到点 $B(1, 1)$的曲线弧 $y=\sin\frac{\pi}{2}x$.

4. 证明下列曲线积分在整个 xOy 面内与路径无关，并计算积分值.

(1) $\int_{(1, 2)}^{(3, 4)} (6xy^2-y^3)dx+(6x^2y-3xy^2)dy$；

(2) $\int_{(1, 0)}^{(2, 1)} (2xy-y^4+3)dx+(x^2-4xy^3)dy$.

5. 若曲线积分 $\int_L \frac{xdx-aydy}{x^2+y^2-1}$ 在区域 $D=\{(x, y)\mid x^2+y^2<1\}$ 内与路径无关，试确定 a 的值.

6. 验证：在整个 xOy 面内，xy^2dx+x^2ydy 是某个函数的全微分，并求出一个这样的函数.

7. 判断方程$(x^2-y)dx-xdy=0$ 是否为全微分方程，如果是，求出该方程的通解.

8. 设曲线积分 $\int_L xy^2dx+y\varphi(x)dy$ 与路径无关，其中 $\varphi(x)$具有连续导数，且 $\varphi(0)=0$，计算 $\int_{(0,0)}^{(1,1)} xy^2dx+y\varphi(x)dy$ 的值.

B　组

1. 设 L_1：$x^2+y^2=1$，L_2：$x^2+y^2=2$，L_3：$x^2+2y^2=2$ 和 L_4：$2x^2+y^2=2$ 为四条逆时针方向的平面曲线，记 $I_i=\oint_{L_i}\left(y+\frac{y^3}{6}\right)dx+\left(2x-\frac{x^3}{3}\right)dy\ (i=1, 2, 3, 4)$，试找出 I_1，I_2，I_3，I_4 中的最大值.

2. 计算曲线积分 $I=\int_L \frac{4x-y}{4x^2+y^2}dx+\frac{x+y}{4x^2+y^2}dy$，其中 L 是 $x^2+y^2=2$，方向为逆时针方向.

3. 已知平面区域 $D=\{(x, y)\mid 0\leqslant x\leqslant\pi, 0\leqslant y\leqslant\pi\}$，$L$ 为 D 的正向边界，试证：

(1) $\oint_L xe^{\sin y}dy-ye^{-\sin x}dx=\oint_L xe^{-\sin y}dy-ye^{\sin x}dx$；

(2) $\oint_L xe^{\sin y}dy-ye^{-\sin x}dx\geqslant 2\pi^2$.

4. 设函数 $f(x, y)$满足 $\frac{\partial f(x, y)}{\partial x}=(2x+1)e^{2x-y}$，且 $f(0, y)=y+1$，L_t 是从点$(0, 0)$到点$(1, t)$的光滑曲线，计算曲线积分 $I(t)=\int_{L_t}\frac{\partial f(x, y)}{\partial x}dx+\frac{\partial f(x, y)}{\partial y}dy$，并求 $I(t)$的最小值.

5. 设函数 $Q(x, y)$ 在 xOy 平面上具有一阶连续偏导数，曲线积分 $\int_L 2xy\mathrm{d}x+Q(x, y)\mathrm{d}y$ 与路径无关，并对任意 t 恒有 $\int_{(0, 0)}^{(t, 1)} 2xy\mathrm{d}x+Q(x, y)\mathrm{d}y=\int_{(0, 0)}^{(1, t)} 2xy\mathrm{d}x+Q(x, y)\mathrm{d}y$，求 $Q(x, y)$.

第四节　对面积的曲面积分

一、对面积的曲面积分的概念与性质

金属曲面的质量　设一有界的金属曲面 Σ，其面密度是不均匀的，在 Σ 上点 (x, y, z) 处的密度为 $\rho(x, y, z)$，求这金属曲面的质量 M.

类似于非均匀曲线形构件质量的求法．把 Σ 任意分成 n 个小曲面块，第 i 个小曲面的面积记为 ΔS_i. 在每个小曲面上任取一点 $(\xi_i, \eta_i, \zeta_i)(i=1, 2, \cdots, n)$，当 ΔS_i 很小时，第 i 个小曲面的质量近似于 $\rho(\xi_i, \eta_i, \zeta_i)\Delta S_i$，从而整个金属曲面的质量

$$M\approx\sum_{i=1}^{n}\rho(\xi_i, \eta_i, \zeta_i)\Delta S_i.$$

令 λ 为 n 个小曲面块的直径(即曲面上两点距离的最大值)的最大值，则

$$M=\lim_{\lambda\to 0}\sum_{i=1}^{n}\rho(\xi_i, \eta_i, \zeta_i)\Delta S_i.$$

这种和的极限在解决其他类似问题时也会遇到，故抽象出对面积的曲面积分的概念．

定义 10.4.1　设曲面 Σ 是光滑的，函数 $f(x, y, z)$ 在 Σ 上有界．把 Σ 任意分成 n 个小块 ΔS_i(ΔS_i 同时也代表第 i 个小块的面积)，又 (ξ_i, η_i, ζ_i) 为 ΔS_i 上任意取定的一点，作乘积 $f(\xi_i, \eta_i, \zeta_i)\Delta S_i(i=1, 2, \cdots, n)$，并作和 $\sum\limits_{i=1}^{n}f(\xi_i, \eta_i, \zeta_i)\Delta S_i$，如果当各小块曲面的直径的最大值 $\lambda\to 0$ 时，这和的极限总存在，则称此极限为函数 $f(x, y, z)$ 在曲面 Σ 上对面积的曲面积分或第一类曲面积分，记作 $\iint\limits_{\Sigma}f(x, y, z)\mathrm{d}S$，即

$$\iint\limits_{\Sigma}f(x, y, z)\mathrm{d}S=\lim_{\lambda\to 0}\sum_{i-1}^{n}f(\xi_i, \eta_i, \zeta_i)\Delta S_i,$$

其中 $f(x, y, z)$ 叫作**被积函数**，Σ 叫作**积分曲面**．

当 $f(x, y, z)$ 在光滑曲面 Σ 上连续时，对面积的曲面积分 $\iint\limits_{\Sigma}f(x, y, z)\mathrm{d}S$ 是存在的．

根据这个定义，前面金属曲面的质量 M，当面密度 $\rho(x, y, z)$ 在 Σ 上连续时，就等于 $\rho(x, y, z)$ 在 Σ 上对面积的曲面积分，即

$$M=\iint\limits_{\Sigma}\rho(x, y, z)\mathrm{d}S.$$

如果 Σ 是分片光滑的，则规定函数在 Σ 上的曲面积分等于函数在光滑的各片曲面上对面积的曲面积分之和．例如，设 Σ 可分成两片光滑的曲面 Σ_1 和 Σ_2(记作 $\Sigma=\Sigma_1+\Sigma_2$)，则规定

$$\iint\limits_{\Sigma}f(x, y, z)\mathrm{d}S=\iint\limits_{\Sigma_1}f(x, y, z)\mathrm{d}S+\iint\limits_{\Sigma_2}f(x, y, z)\mathrm{d}S.$$

如果 Σ 是闭曲面，那么函数 $f(x, y, z)$ 在闭曲面 Σ 上对面积的曲面积分记为 $\oiint\limits_{\Sigma} f(x, y, z)\mathrm{d}S$.

由对面积的曲面积分的定义不难推出以下性质：

(1) $\iint\limits_{\Sigma}[f(x, y, z) \pm g(x, y, z)]\mathrm{d}S = \iint\limits_{\Sigma} f(x, y, z)\mathrm{d}S \pm \iint\limits_{\Sigma} g(x, y, z)\mathrm{d}S$.

(2) $\iint\limits_{\Sigma} kf(x, y, z)\mathrm{d}S = k\iint\limits_{\Sigma} f(x, y, z)\mathrm{d}S$（$k$ 为常数）.

(3) $\iint\limits_{\Sigma} f(x, y, z)\mathrm{d}S = \iint\limits_{\Sigma_1} f(x, y, z)\mathrm{d}S + \iint\limits_{\Sigma_2} f(x, y, z)\mathrm{d}S$（$\Sigma = \Sigma_1 + \Sigma_2$）.

二、对面积的曲面积分的计算

定理 10.4.1　设 $f(x, y, z)$ 在曲面 Σ 上连续，Σ 由方程 $z=z(x, y)$ 给出，Σ 在 xOy 面上的投影区域为 D_{xy}，函数 $z=z(x, y)$ 在 D_{xy} 上具有连续偏导数，则曲面积分 $\iint\limits_{\Sigma} f(x, y, z)\mathrm{d}S$ 存在，且

$$\iint\limits_{\Sigma} f(x, y, z)\mathrm{d}S = \iint\limits_{D_{xy}} f[x, y, z(x, y)]\sqrt{1+z_x^2(x, y)+z_y^2(x, y)}\,\mathrm{d}x\mathrm{d}y. \tag{1}$$

证明类似于定理 10.1.1，故从略 .

类似地，如果积分曲面 Σ 由方程 $x=x(y, z)$ 给出，则有

$$\iint\limits_{\Sigma} f(x, y, z)\mathrm{d}S = \iint\limits_{D_{yz}} f[x(y, z), y, z]\sqrt{1+x_y^2(y, z)+x_z^2(y, z)}\,\mathrm{d}y\mathrm{d}z, \tag{2}$$

其中 D_{yz} 为 Σ 在 yOz 面上的投影区域 .

如果积分曲面 Σ 由方程 $y=y(x, z)$ 给出，则有

$$\iint\limits_{\Sigma} f(x, y, z)\mathrm{d}S = \iint\limits_{D_{xz}} f[x, y(x, z), z]\sqrt{1+y_x^2(x, z)+y_z^2(x, z)}\,\mathrm{d}x\mathrm{d}z, \tag{3}$$

其中 D_{xz} 为 Σ 在 zOx 面上的投影区域 .

例 1　计算 $\iint\limits_{\Sigma}(z+4x+2y)\mathrm{d}S$，其中 Σ 为平面 $x+\frac{y}{2}+\frac{z}{4}=1$ 在第Ⅰ卦限内的部分(图 10-13).

解　Σ 的方程为 $z=4-4x-2y$，Σ 在 xOy 面上的投影区域为 D：$x=0$，$y=0$ 及直线 $x+\frac{y}{2}=1$ 所围成 . 因为

$$\sqrt{1+\left(\frac{\partial z}{\partial x}\right)^2+\left(\frac{\partial z}{\partial y}\right)^2}=\sqrt{1+(-4)^2+(-2)^2}=\sqrt{21},$$

所以

$$\begin{aligned}\iint\limits_{\Sigma}(z+4x+2y)\mathrm{d}S &= \iint\limits_{D}(4-4x-2y+4x+2y)\sqrt{21}\,\mathrm{d}x\mathrm{d}y \\ &= \iint\limits_{D} 4\sqrt{21}\,\mathrm{d}x\mathrm{d}y = 4\sqrt{21}.\end{aligned}$$

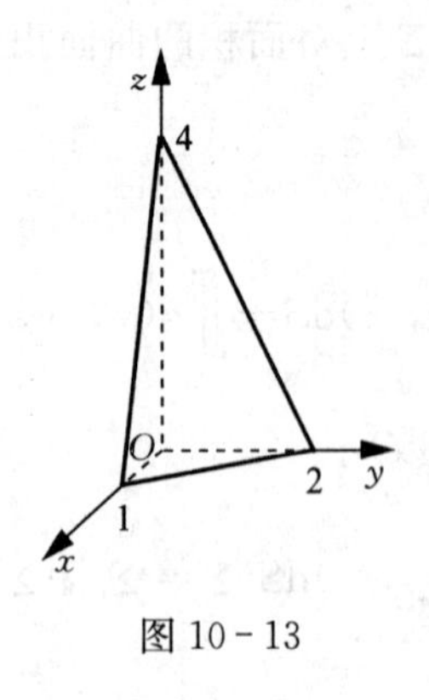

图 10-13

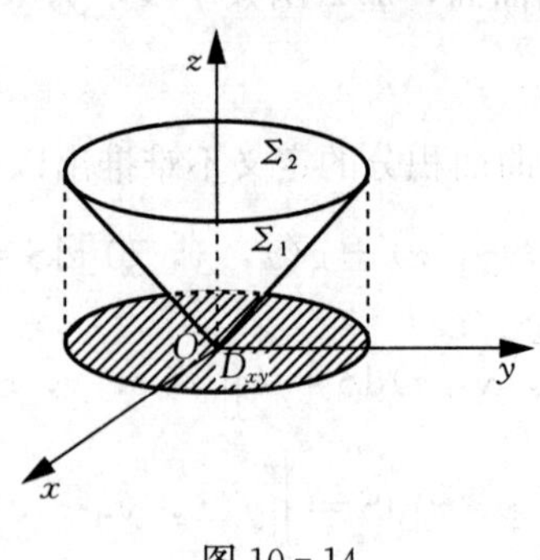

图 10-14

例 2　计算 $\oiint\limits_{\Sigma}(x^2+y^2)\mathrm{d}S$，其中 Σ 为立体区域 $\sqrt{x^2+y^2}\leqslant z\leqslant 1$ 的边界(图 10-14).

解　Σ 由两部分光滑曲面组成，一部分为 Σ_1：$z=\sqrt{x^2+y^2}$，它在 xOy 面上的投影区域为 D_{xy}：$x^2+y^2\leqslant 1$；另一部分为 Σ_2：$z=1$，它在 xOy 面上的投影区域也是 D_{xy}：$x^2+y^2\leqslant 1$. 由性质 3 和公式(1)有

$$\oiint\limits_{\Sigma}(x^2+y^2)\mathrm{d}S=\iint\limits_{\Sigma_1}(x^2+y^2)\mathrm{d}S+\iint\limits_{\Sigma_2}(x^2+y^2)\mathrm{d}S.$$

对于 Σ_1 和 Σ_2 分别有

$$\sqrt{1+\left(\frac{\partial z}{\partial x}\right)^2+\left(\frac{\partial z}{\partial y}\right)^2}=\sqrt{2}，\sqrt{1+\left(\frac{\partial z}{\partial x}\right)^2+\left(\frac{\partial z}{\partial y}\right)^2}=1,$$

于是

$$\oiint\limits_{\Sigma}(x^2+y^2)\mathrm{d}S=\iint\limits_{D_{xy}}(x^2+y^2)\sqrt{2}\,\mathrm{d}x\mathrm{d}y+\iint\limits_{D_{xy}}(x^2+y^2)\mathrm{d}x\mathrm{d}y$$

$$=\sqrt{2}\int_0^{2\pi}\mathrm{d}\theta\int_0^1 r^3\,\mathrm{d}r+\int_0^{2\pi}\mathrm{d}\theta\int_0^1 r^3\,\mathrm{d}r=\frac{\pi}{2}(1+\sqrt{2}).$$

延伸阅读 10.6　下面我们给出在用参数方程表示的曲面上对面积的曲面积分的计算公式.

设曲面 Σ 由参数方程

$$\begin{cases}x=x(u,\ v),\\ y=y(u,\ v),(u,\ v)\in D\\ z=z(u,\ v),\end{cases}$$

确定，其中 D 为由有限条光滑曲线围成的有界闭区域，函数 $f(x,\ y,\ z)$ 在 Σ 上连续，则 $f(x,\ y,\ z)$ 在 Σ 上对面积的曲面积分存在，并且有

$$\iint\limits_{\Sigma}f(x,\ y,\ z)\mathrm{d}S=\iint\limits_{D}f(x(u,\ v),\ y(u,\ v),\ z(u,\ v))\sqrt{EG-F^2}\,\mathrm{d}u\mathrm{d}v,$$

其中 $E=x_u^2+y_u^2+z_u^2$，$F=x_ux_v+y_uy_v+z_uz_v$，$G=x_v^2+y_v^2+z_v^2$. 这是因为用参数方程表示的曲面 Σ 的面积为 $A=\iint\limits_{D}\sqrt{EG-F^2}\,\mathrm{d}u\mathrm{d}v$.

三、对面积的曲面积分的应用举例

例 3　求抛物面壳 $z=\frac{1}{2}(x^2+y^2)(0\leqslant z\leqslant 1)$ 的质量，此壳的面密度为 $\rho=z$.

解　质量为

$$M=\iint\limits_{\Sigma}\rho\mathrm{d}S=\iint\limits_{x^2+y^2\leqslant 2}z\sqrt{1+x^2+y^2}\,\mathrm{d}x\mathrm{d}y$$
$$=\frac{1}{2}\iint\limits_{x^2+y^2\leqslant 2}(x^2+y^2)\sqrt{1+x^2+y^2}\,\mathrm{d}x\mathrm{d}y$$
$$=\frac{1}{2}\int_0^{2\pi}\mathrm{d}\theta\int_0^{\sqrt{2}}r^3\sqrt{1+r^2}\,\mathrm{d}r=\pi\int_0^{\sqrt{2}}r^3\sqrt{1+r^2}\,\mathrm{d}r$$
$$=\frac{\pi}{2}\int_0^{\sqrt{2}}r^2\sqrt{1+r^2}\,\mathrm{d}(r^2)=\frac{\pi}{2}\left[\frac{2}{5}(1+r^2)^{\frac{5}{2}}\Big|_0^{\sqrt{2}}-\frac{2}{3}(1+r^2)^{\frac{3}{2}}\Big|_0^{\sqrt{2}}\right]$$
$$=\frac{2\pi(1+6\sqrt{3})}{15}.$$

例 4　求密度为 ρ_0 的均匀球壳 $x^2+y^2+z^2=a^2(z\geqslant 0)$ 对于 z 轴的转动惯量.

解　转动惯量为

$$I_z=\iint\limits_{\Sigma}(x^2+y^2)\rho_0\mathrm{d}S=\rho_0\iint\limits_{x^2+y^2\leqslant a^2}(x^2+y^2)\frac{a}{\sqrt{a^2-x^2-y^2}}\mathrm{d}x\mathrm{d}y$$
$$=a\rho_0\int_0^{2\pi}\mathrm{d}\theta\int_0^a\frac{r^3}{\sqrt{a^2-r^2}}\mathrm{d}r=\frac{4}{3}\pi a^4\rho_0.$$

例 5　设曲面 Σ 在点 (x, y, z) 的面密度为 $\rho(x, y, z)$，用对面积的曲面积分表达这曲面的重心坐标.

解　类似于平面薄片及空间立体的重心，只要将公式中的二重积分和三重积分改变成曲面积分即可，于是，这曲面的重心坐标为

$$\bar{x}=\frac{\iint\limits_{\Sigma}x\rho(x, y, z)\mathrm{d}S}{\iint\limits_{\Sigma}\rho(x, y, z)\mathrm{d}S},\ \bar{y}=\frac{\iint\limits_{\Sigma}y\rho(x, y, z)\mathrm{d}S}{\iint\limits_{\Sigma}\rho(x, y, z)\mathrm{d}S},\ \bar{z}=\frac{\iint\limits_{\Sigma}z\rho(x, y, z)\mathrm{d}S}{\iint\limits_{\Sigma}\rho(x, y, z)\mathrm{d}S}.$$

延伸阅读 10.7　在对面积的曲面积分中也有对称性和轮换对称性.

设光滑曲面 Σ 关于坐标面 xOy 对称，$f(x, y, z)$ 在 Σ 上连续，

当函数 $f(x, y, z)$ 是关于 z 的奇函数，即 $f(x, y, -z)=-f(x, y, z)$，则 $\iint\limits_{\Sigma}f(x, y, z)\mathrm{d}S=0$；

当函数 $f(x, y, z)$ 是关于 z 的偶函数，即 $f(x, y, -z)=f(x, y, z)$，则

$$\iint\limits_{\Sigma}f(x, y, z)\mathrm{d}S=2\iint\limits_{\Sigma_1}f(x, y, z)\mathrm{d}S\text{(其中 }\Sigma_1\text{ 是 }\Sigma\text{ 位于 }xOy\text{ 坐标面上侧的部分)}.$$

与此类似，可得曲面 Σ 关于 yOz 坐标面或 zOx 坐标面对称时的结论.

设光滑曲面 Σ 的解析式对坐标 x，y 和 z 具有轮换对称性，即依次替换 x，y 和 z 后解析式保持不变，且函数 $f(x, y, z)$ 在 Σ 上连续，则可认为积分中变量 x，y 和 z 的“地位平等”，即

$$\iint\limits_{\Sigma}f(x, y, z)\mathrm{d}S=\iint\limits_{\Sigma}f(y, z, x)\mathrm{d}S=\iint\limits_{\Sigma}f(z, x, y)\mathrm{d}S.$$

由此不难进一步得到

$$\iint\limits_{\Sigma}f(x, y, z)\mathrm{d}S=\frac{1}{3}\iint\limits_{\Sigma}[f(x, y, z)+f(y, z, x)+f(z, x, y)]\mathrm{d}S.$$

习 题 10-4

A 组

1. 求下列对面积的曲面积分.

(1) $\iint\limits_{\Sigma} y^2 \mathrm{d}S$，其中 $\Sigma=\{(x, y, z) \mid x+y+z=1, x\geqslant 0, y\geqslant 0, z\geqslant 0\}$；

(2) $\iint\limits_{\Sigma}(2xy-2x^2-x+z)\mathrm{d}S$，其中 Σ 是平面 $2x+2y+z=6$ 在第Ⅰ卦限的部分；

(3) $\iint\limits_{\Sigma}(x^2+y^2)\mathrm{d}S$，其中 Σ 是锥面 $z^2=3(x^2+y^2)$ 被平面 $z=0$ 和 $z=3$ 所截得的部分.

2. 利用对面积的曲面积分计算平面 $\dfrac{x}{a}+\dfrac{y}{b}+\dfrac{z}{c}=1$ 被三个坐标面所截的有限部分的面积.

3. 求曲面积分 $\oiint\limits_{\Sigma}\dfrac{\mathrm{d}S}{(1+x+y)^2}$，其中 Σ 是四面体 $x+y+z\leqslant 1$，$x\geqslant 0$，$y\geqslant 0$，$z\geqslant 0$ 的边界.

4. 当 Σ 是 xOy 面内的一个闭区域时，曲面积分 $\iint\limits_{\Sigma} f(x, y, z)\mathrm{d}S$ 与二重积分有什么关系?

5. 设均匀薄壳的形状为抛物面 $z=\dfrac{3}{4}-(x^2+y^2)$，$x^2+y^2\leqslant\dfrac{3}{4}$，试求这薄壳的重心.

B 组

1. 计算 $\iint\limits_{S}(xy+yz+zx)\mathrm{d}S$，其中 S 为锥面 $z=\sqrt{x^2+y^2}$ 被曲面 $x^2+y^2=2ax$ 所截得的部分.

2. 设曲面 Σ: $|x|+|y|+|z|=1$，求 $\oiint\limits_{\Sigma}(x+|y|)\mathrm{d}S$.

3. 设薄片物体 S 是圆锥面 $z=\sqrt{x^2+y^2}$ 被柱面 $z^2=2x$ 割下的有限部分，其上任一点的密度为 $\mu(x, y, z)=9\sqrt{x^2+y^2+z^2}$，记圆锥面与柱面的交线为 C.

(1) 求 C 在 xOy 平面上的投影曲线的方程；(2) 求 S 的质量 M.

第五节 对坐标的曲面积分

一、对坐标的曲面积分的概念与性质

对面积的曲面积分(第一类曲面积分)是无方向的. 但在很多实际问题中，常常需要考虑曲面的方向. 如流体流向曲面的一侧，显然流动是有方向的. 在解决这类问题时，往往需要求一种特殊形式的和式的极限，这种和式与二重积分和第一类曲面积分中的和式都有所不同，因而引出了一类新的曲面积分，即对坐标的曲面积分(也称第二类曲面积分).

在讨论对坐标的曲面积分时，需要指定曲面的侧．通常遇到的曲面都是双侧的，如上侧与下侧，封闭曲面的内侧与外侧．曲面的侧可以通过曲面上法向量的指向来确定．设Σ是一光滑的双侧曲面，如果在Σ上任一点M_0的法线选定了一个确定的方向，则Σ上其他任何点处的法线也就有了确定的方向，从而，曲面Σ的侧就选定了．所以，对双侧曲面要确定它的侧，只要在它上面任一点选定法线方向就可以了．例如，对于曲面$z=z(x, y)$，如果取它的法向量$\boldsymbol{n}$指向上方，则认为取定曲面的上侧；又如，对于闭曲面，如果取它的法向量$\boldsymbol{n}$的指向朝外，则认为取定曲面的外侧．这种选定了侧的曲面称为有向曲面．

设Σ是有向曲面，在Σ上取一小块曲面ΔS，将ΔS投影到xOy面上，其投影区域的面积记为$(\Delta\sigma)_{xy}$．如果ΔS上各点处的法向量与z轴的夹角γ的余弦$\cos\gamma$有相同的符号，则规定ΔS在xOy面上的投影$(\Delta S)_{xy}$为

$$(\Delta S)_{xy}=\begin{cases}(\Delta\sigma)_{xy}, & \cos\gamma>0,\\ -(\Delta\sigma)_{xy}, & \cos\gamma<0,\\ 0, & \cos\gamma\equiv 0,\end{cases}$$

其中$\cos\gamma\equiv 0$也就是$(\Delta\sigma)_{xy}=0$的情形．同理可以定义ΔS在yOz及zOx面上的投影$(\Delta S)_{yz}$和$(\Delta S)_{zx}$．

为了引进对坐标的曲面积分的概念，先分析一个例子．

流向曲面一侧的流量　设稳定流动(流速与时间t无关)的不可压缩流体(假定密度为 1)的速度场为

$$\boldsymbol{v}(x, y, z)=P(x, y, z)\boldsymbol{i}+Q(x, y, z)\boldsymbol{j}+R(x, y, z)\boldsymbol{k},$$

Σ是速度场中一片有向曲面，函数$P(x, y, z)$，$Q(x, y, z)$，$R(x, y, z)$在Σ上连续，求在单位时间内流向Σ指定侧的流体的流量Φ.

如果流体的流速是常向量$\boldsymbol{v}$，则流体在单位时间内流过平面上面积为A的闭区域，流向向量$\boldsymbol{n}$所指一侧的流量为

$$A|\boldsymbol{v}|\cos\theta=A\boldsymbol{v}\cdot\boldsymbol{n},$$

其中$\boldsymbol{n}$为该平面的指定方向的单位法向量，$\theta=(\widehat{\boldsymbol{v},\boldsymbol{n}})$.

当$(\widehat{\boldsymbol{v},\boldsymbol{n}})<\frac{\pi}{2}$时，$A\boldsymbol{v}\cdot\boldsymbol{n}>0$，这时$\Phi=A\boldsymbol{v}\cdot\boldsymbol{n}$表示流体通过闭区域$A$流向$\boldsymbol{n}$所指一侧的流量，数值为正；

当$(\widehat{\boldsymbol{v},\boldsymbol{n}})=\frac{\pi}{2}$时，$A\boldsymbol{v}\cdot\boldsymbol{n}=0$，这时$\Phi=A\boldsymbol{v}\cdot\boldsymbol{n}=0$，显然流体的流量为零；

当$(\widehat{\boldsymbol{v},\boldsymbol{n}})>\frac{\pi}{2}$时，$A\boldsymbol{v}\cdot\boldsymbol{n}<0$，这时$\Phi=A\boldsymbol{v}\cdot\boldsymbol{n}$表示流体通过闭区域$A$流向$-\boldsymbol{n}$所指一侧的流量，数值为负．

因此不论$(\widehat{\boldsymbol{v},\boldsymbol{n}})$为何值，流体通过闭区域$A$流向$\boldsymbol{n}$所指一侧的流量均为$A\boldsymbol{v}\cdot\boldsymbol{n}$. 现在问题的关键是流速$\boldsymbol{v}$不是常向量，流过的区域也不是平面区域，而是一片曲面Σ. 为此，把曲面Σ任意分成n个小块ΔS_i(ΔS_i同时也代表第i小块曲面的面积)．当分割很细密，即ΔS_i的直径很小时，可以用ΔS_i上任意一点(ξ_i, η_i, ζ_i)处的流速

$$\boldsymbol{v}_i=P(\xi_i, \eta_i, \zeta_i)\boldsymbol{i}+Q(\xi_i, \eta_i, \zeta_i)\boldsymbol{j}+R(\xi_i, \eta_i, \zeta_i)\boldsymbol{k}$$

近似代替ΔS_i上各点处的流速，以点(ξ_i, η_i, ζ_i)处曲面Σ的单位法向量

$$\boldsymbol{n}_i=\cos\alpha_i\boldsymbol{i}+\cos\beta_i\boldsymbol{j}+\cos\gamma_i\boldsymbol{k}$$

近似代替 ΔS_i 上各点处的单位法向量．这样，通过 ΔS_i 流向指定侧的流量近似于$\boldsymbol{v}_i\cdot\boldsymbol{n}_i\Delta S_i$，即

$$\Delta\Phi_i\approx\boldsymbol{v}_i\cdot\boldsymbol{n}_i\Delta S_i(i=1,\ 2,\ \cdots,\ n),$$

于是，通过 Σ 流向指定侧的流量为

$$\begin{aligned}\Phi&=\sum_{i=1}^{n}\Delta\Phi_i\approx\sum_{i=1}^{n}\boldsymbol{v}_i\cdot\boldsymbol{n}_i\Delta S_i\\&=\sum_{i=1}^{n}[P(\xi_i,\ \eta_i,\ \zeta_i)\cos\alpha_i+Q(\xi_i,\ \eta_i,\ \zeta_i)\cos\beta_i+R(\xi_i,\ \eta_i,\ \zeta_i)\cos\gamma_i]\Delta S_i.\end{aligned}$$

因为

$$\cos\alpha_i\cdot\Delta S_i\approx(\Delta S_i)_{yz},\ \cos\beta_i\cdot\Delta S_i\approx(\Delta S_i)_{zx},\ \cos\gamma_i\cdot\Delta S_i\approx(\Delta S_i)_{xy},$$

所以，上式可以写成

$$\Phi\approx\sum_{i=1}^{n}[P(\xi_i,\ \eta_i,\ \zeta_i)(\Delta S_i)_{yz}+Q(\xi_i,\ \eta_i,\ \zeta_i)(\Delta S_i)_{zx}+R(\xi_i,\ \eta_i,\ \zeta_i)(\Delta S_i)_{xy}].$$

用 λ 表示 n 个小块曲面直径的最大长度，则

$$\Phi=\lim_{\lambda\to0}\sum_{i=1}^{n}[P(\xi_i,\ \eta_i,\ \zeta_i)(\Delta S_i)_{yz}+Q(\xi_i,\ \eta_i,\ \zeta_i)(\Delta S_i)_{zx}+R(\xi_i,\ \eta_i,\ \zeta_i)(\Delta S_i)_{xy}].$$

在解决很多其他实际问题时，也会遇到这种和式的极限．由此引进下面的定义．

定义 10.5.1　设 Σ 为光滑的有向曲面，函数 $R(x,\ y,\ z)$ 在 Σ 上有界，把 Σ 任意分成 n 个小曲面 ΔS_i，$i=1,\ 2,\ \cdots,\ n$（ΔS_i 同时也代表第 i 小块曲面的面积），ΔS_i 在 xOy 面上的投影为$(\Delta S_i)_{xy}$，点$(\xi_i,\ \eta_i,\ \zeta_i)$为第 i 个小块曲面上任意取定的点．如果当各小块曲面的直径的最大值 $\lambda\to0$ 时，极限

$$\lim_{\lambda\to0}\sum_{i=1}^{n}R(\xi_i,\ \eta_i,\ \zeta_i)(\Delta S_i)_{xy}$$

总存在，则称此极限为函数 $R(x,\ y,\ z)$ 在有向曲面 Σ 上对坐标 x、y 的**曲面积分**，记作

$$\iint_{\Sigma}R(x,\ y,\ z)\mathrm{d}x\mathrm{d}y,$$

即

$$\iint_{\Sigma}R(x,\ y,\ z)\mathrm{d}x\mathrm{d}y=\lim_{\lambda\to0}\sum_{i=1}^{n}R(\xi_i,\ \eta_i,\ \zeta_i)(\Delta S_i)_{xy},$$

其中 $R(x,\ y,\ z)$ 叫作**被积函数**，Σ 叫作**积分曲面**．

类似地，可以定义函数 $P(x,\ y,\ z)$ 在有向曲面 Σ 上对坐标 y、z 的曲面积分，及函数 $Q(x,\ y,\ z)$ 在有向曲面 Σ 上对坐标 z、x 的曲面积分分别为

$$\iint_{\Sigma}P(x,\ y,\ z)\mathrm{d}y\mathrm{d}z=\lim_{\lambda\to0}\sum_{i=1}^{n}P(\xi_i,\ \eta_i,\ \zeta_i)(\Delta S_i)_{yz},$$

$$\iint_{\Sigma}Q(x,\ y,\ z)\mathrm{d}z\mathrm{d}x=\lim_{\lambda\to0}\sum_{i=1}^{n}Q(\xi_i,\ \eta_i,\ \zeta_i)(\Delta S_i)_{zx}.$$

以上三个曲面积分都称为**第二类曲面积分**．

可以证明，当 $P(x,\ y,\ z)$，$Q(x,\ y,\ z)$，$R(x,\ y,\ z)$ 在有向光滑曲面 Σ 上连续时，对坐标的曲面积分存在．

为了简便起见，常把对坐标的曲面积分

$$\iint_{\Sigma} P(x, y, z)\mathrm{d}y\mathrm{d}z + \iint_{\Sigma} Q(x, y, z)\mathrm{d}z\mathrm{d}x + \iint_{\Sigma} R(x, y, z)\mathrm{d}x\mathrm{d}y$$

写成
$$\iint_{\Sigma} P(x, y, z)\mathrm{d}y\mathrm{d}z + Q(x, y, z)\mathrm{d}z\mathrm{d}x + R(x, y, z)\mathrm{d}x\mathrm{d}y.$$

根据这个定义，前面流向曲面Σ指定侧的流量就可以表示为

$$\Phi = \iint_{\Sigma} P(x, y, z)\mathrm{d}y\mathrm{d}z + Q(x, y, z)\mathrm{d}z\mathrm{d}x + R(x, y, z)\mathrm{d}x\mathrm{d}y.$$

如果Σ是分片光滑的有向曲面，则规定函数在Σ上对坐标的曲面积分等于函数在各片光滑曲面上对坐标的曲面积分之和.

如果Σ是闭曲面，那么对坐标的曲面积分记为

$$\oiint_{\Sigma} P(x, y, z)\mathrm{d}y\mathrm{d}z + Q(x, y, z)\mathrm{d}z\mathrm{d}x + R(x, y, z)\mathrm{d}x\mathrm{d}y.$$

由对坐标的曲面积分的定义不难推出以下性质：

(1) $\iint_{\Sigma} P(x, y, z)\mathrm{d}y\mathrm{d}z + Q(x, y, z)\mathrm{d}z\mathrm{d}x + R(x, y, z)\mathrm{d}x\mathrm{d}y$

$$= \iint_{\Sigma_1} P(x, y, z)\mathrm{d}y\mathrm{d}z + Q(x, y, z)\mathrm{d}z\mathrm{d}x + R(x, y, z)\mathrm{d}x\mathrm{d}y +$$

$$\iint_{\Sigma_2} P(x, y, z)\mathrm{d}y\mathrm{d}z + Q(x, y, z)\mathrm{d}z\mathrm{d}x + R(x, y, z)\mathrm{d}x\mathrm{d}y (\Sigma = \Sigma_1 + \Sigma_2).$$

(2) 设Σ是有向曲面，$-\Sigma$是与Σ取相反侧的有向曲面，则

$$\iint_{-\Sigma} P(x, y, z)\mathrm{d}y\mathrm{d}z = -\iint_{\Sigma} P(x, y, z)\mathrm{d}y\mathrm{d}z,$$

$$\iint_{-\Sigma} Q(x, y, z)\mathrm{d}z\mathrm{d}x = -\iint_{\Sigma} Q(x, y, z)\mathrm{d}z\mathrm{d}x,$$

$$\iint_{-\Sigma} R(x, y, z)\mathrm{d}x\mathrm{d}y = -\iint_{\Sigma} R(x, y, z)\mathrm{d}x\mathrm{d}y.$$

延伸阅读 10.8 我们知道对坐标的曲面积分只能定义在双侧曲面上，但并不是所有的光滑曲面都是双侧曲面. 设想有一张矩形纸带$ABCD$，先扭转一次再首尾相粘，即A与C相粘，B与D相粘，就做成了著名的莫比乌斯带（图 10 - 15）.

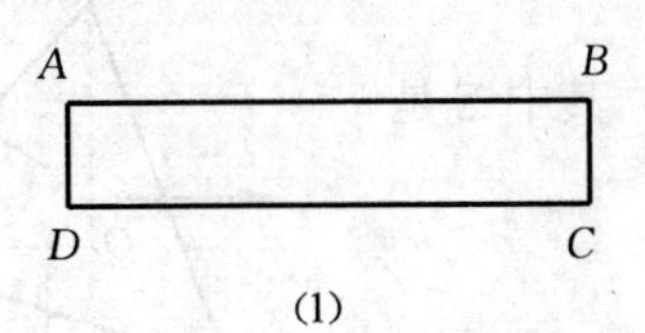

(1)

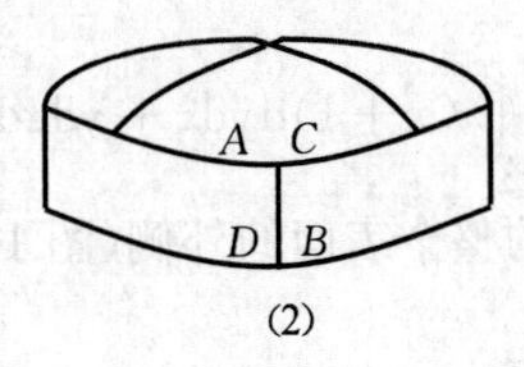

(2)

图 10 - 15

如果从某一点开始，用刷子在莫比乌斯带上连续的涂色(即指定法向量)，最后就会涂满整条带子，但回到起始点时，涂的是反面(即法向量与已选择的反向)，这样的曲面叫作单侧曲面. 今后我们只讨论双侧曲面，但需注意的是，数片双侧曲面拼在一起不一定仍是双侧曲面，如莫比乌斯带可以看成是由两片双侧曲面拼成的.

二、对坐标的曲面积分的计算

设 $R(x, y, z)$ 在有向曲面 Σ 上连续，曲面 Σ 由方程 $z=z(x, y)$ 给出，Σ 在 xOy 面上的投影区域为 D_{xy}，函数 $z=z(x, y)$ 在 D_{xy} 上具有一阶连续的偏导数．由对坐标的曲面积分的定义，有

$$\iint_{\Sigma} R(x, y, z)\mathrm{d}x\mathrm{d}y=\lim_{\lambda\to 0}\sum_{i=1}^{n}R(\xi_i, \eta_i, \zeta_i)(\Delta S_i)_{xy}.$$

如果 Σ 取上侧，$\cos\gamma>0$，则 $(\Delta S_i)_{xy}=(\Delta\sigma_i)_{xy}$．又因为 (ξ_i, η_i, ζ_i) 是 Σ 上的点，故 $\zeta_i=z(\xi_i, \eta_i)$，从而有

$$\iint_{\Sigma} R(x, y, z)\mathrm{d}x\mathrm{d}y=\lim_{\lambda\to 0}\sum_{i=1}^{n}R(\xi_i, \eta_i, \zeta_i)(\Delta S_i)_{xy}=\lim_{\lambda\to 0}\sum_{i=1}^{n}R[\xi_i, \eta_i, z(\xi_i, \eta_i)](\Delta\sigma_i)_{xy}$$

$$=\iint_{D_{xy}} R[x, y, z(x, y)]\mathrm{d}x\mathrm{d}y.$$

如果 Σ 取下侧，$\cos\gamma<0$，则 $(\Delta S_i)_{xy}=-(\Delta\sigma_i)_{xy}$，从而有

$$\iint_{\Sigma} R(x, y, z)\mathrm{d}x\mathrm{d}y=-\iint_{D_{xy}} R[x, y, z(x, y)]\mathrm{d}x\mathrm{d}y.$$

总之

$$\iint_{\Sigma} R(x, y, z)\mathrm{d}x\mathrm{d}y=\pm\iint_{D_{xy}} R[x, y, z(x, y)]\mathrm{d}x\mathrm{d}y, \tag{1}$$

其中(1)式右端的正负号由有向曲面 Σ 的侧决定．Σ 取上侧为正，Σ 取下侧为负．

同理，若曲面 Σ 由方程 $x=x(y, z)$ 给出，则有

$$\iint_{\Sigma} P(x, y, z)\mathrm{d}y\mathrm{d}z=\pm\iint_{D_{yz}} P[x(y, z), y, z]\mathrm{d}y\mathrm{d}z, \tag{2}$$

其中(2)式右端的正负号由有向曲面 Σ 的侧决定．若 Σ 取前侧，$\cos\alpha>0$，应取正号；若 Σ 取后侧，$\cos\alpha<0$，应取负号．

若曲面 Σ 由方程 $y=y(z, x)$ 给出，则有

$$\iint_{\Sigma} Q(x, y, z)\mathrm{d}z\mathrm{d}x=\pm\iint_{D_{zx}} Q[x, y(z, x), z]\mathrm{d}z\mathrm{d}x. \tag{3}$$

其中(3)式右端的正负号由有向曲面 Σ 的侧决定．若 Σ 取右侧，$\cos\beta>0$，应取正号；若 Σ 取左侧，$\cos\beta<0$，应取负号.

例 1　计算 $\oiint_{\Sigma}(x+1)\mathrm{d}y\mathrm{d}z+y\mathrm{d}z\mathrm{d}x+\mathrm{d}x\mathrm{d}y$，其中 Σ 是四面体 $OABC$ 的整个表面的外侧(图 10－16).

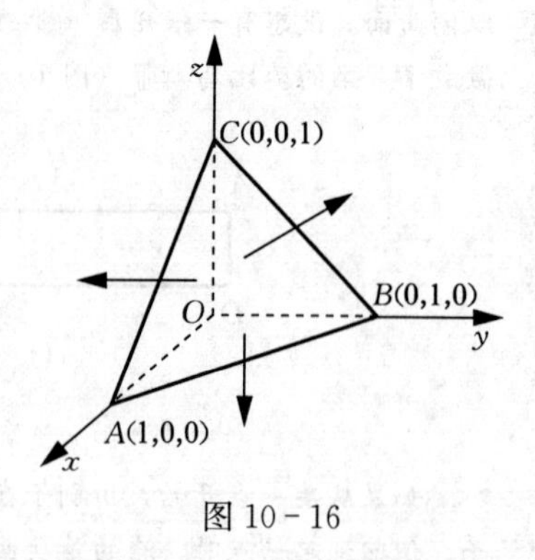

图 10－16

解　显然有

$$\oiint_{\Sigma}(x+1)\mathrm{d}y\mathrm{d}z+y\mathrm{d}z\mathrm{d}x+\mathrm{d}x\mathrm{d}y$$

$$=\iint_{(OAB)}(x+1)\mathrm{d}y\mathrm{d}z+y\mathrm{d}z\mathrm{d}x+\mathrm{d}x\mathrm{d}y+$$

$$\iint_{(OBC)}(x+1)\mathrm{d}y\mathrm{d}z+y\mathrm{d}z\mathrm{d}x+\mathrm{d}x\mathrm{d}y+$$

$$\iint_{(OCA)}(x+1)\mathrm{d}y\mathrm{d}z+y\mathrm{d}z\mathrm{d}x+\mathrm{d}x\mathrm{d}y+$$
$$\iint_{(ABC)}(x+1)\mathrm{d}y\mathrm{d}z+y\mathrm{d}z\mathrm{d}x+\mathrm{d}x\mathrm{d}y.$$

而
$$\iint_{(OAB)}(x+1)\mathrm{d}y\mathrm{d}z+y\mathrm{d}z\mathrm{d}x+\mathrm{d}x\mathrm{d}y=\iint_{(OAB)}\mathrm{d}x\mathrm{d}y=-\iint_{\sigma_{xy}}\mathrm{d}x\mathrm{d}y=-\frac{1}{2},$$
$$\iint_{(OBC)}(x+1)\mathrm{d}y\mathrm{d}z+y\mathrm{d}z\mathrm{d}x+\mathrm{d}x\mathrm{d}y=\iint_{(OBC)}(x+1)\mathrm{d}y\mathrm{d}z=-\iint_{\sigma_{yz}}\mathrm{d}y\mathrm{d}z=-\frac{1}{2},$$
$$\iint_{(OCA)}(x+1)\mathrm{d}y\mathrm{d}z+y\mathrm{d}z\mathrm{d}x+\mathrm{d}x\mathrm{d}y=\iint_{(OCA)}y\mathrm{d}z\mathrm{d}x=0,$$
$$\begin{aligned}&\iint_{(ABC)}(x+1)\mathrm{d}y\mathrm{d}z+y\mathrm{d}z\mathrm{d}x+\mathrm{d}x\mathrm{d}y\\&=\iint_{\sigma_{yz}}(2-y-z)\mathrm{d}y\mathrm{d}z+\iint_{\sigma_{zx}}(1-x-z)\mathrm{d}z\mathrm{d}x+\iint_{\sigma_{xy}}\mathrm{d}x\mathrm{d}y\\&=\int_0^1\mathrm{d}y\int_0^{1-y}(2-y-z)\mathrm{d}z+\int_0^1\mathrm{d}x\int_0^{1-x}(1-x-z)\mathrm{d}z+\int_0^1\mathrm{d}x\int_0^{1-x}\mathrm{d}y\\&=\frac{2}{3}+\frac{1}{6}+\frac{1}{2}=\frac{4}{3},\end{aligned}$$

故
$$\oiint_{\Sigma}(x+1)\mathrm{d}y\mathrm{d}z+y\mathrm{d}z\mathrm{d}x+\mathrm{d}x\mathrm{d}y=-\frac{1}{2}+\left(-\frac{1}{2}\right)+0+\frac{4}{3}=\frac{1}{3}.$$

例 2　计算 $\oiint_{\Sigma}x\mathrm{d}y\mathrm{d}z+y\mathrm{d}x\mathrm{d}z+z\mathrm{d}x\mathrm{d}y$，其中 Σ 为球体 $x^2+y^2+z^2=a^2$ 的整个表面的外侧.

解　由轮换对称性，显然只要计算 $\oiint_{\Sigma}z\mathrm{d}x\mathrm{d}y$ 就可以了．注意到上半球面应取上侧，下半球面应取下侧，则有

$$\begin{aligned}\oiint_{\Sigma}z\mathrm{d}x\mathrm{d}y&=\iint_{x^2+y^2\leqslant a^2}\sqrt{a^2-x^2-y^2}\,\mathrm{d}x\mathrm{d}y-\iint_{x^2+y^2\leqslant a^2}(-\sqrt{a^2-x^2-y^2})\mathrm{d}x\mathrm{d}y\\&=2\iint_{x^2+y^2\leqslant a^2}\sqrt{a^2-x^2-y^2}\,\mathrm{d}x\mathrm{d}y=2\int_0^{2\pi}\mathrm{d}\theta\int_0^a r\sqrt{a^2-r^2}\,\mathrm{d}r=\frac{4}{3}\pi a^3,\end{aligned}$$

于是
$$\oiint_{\Sigma}x\mathrm{d}y\mathrm{d}z+y\mathrm{d}x\mathrm{d}z+z\mathrm{d}x\mathrm{d}y=3\cdot\frac{4}{3}\pi a^3=4\pi a^3.$$

三、两类曲面积分之间的联系

从两类曲面积分的定义来看，它们显然是不同的．然而，由于它们都是在曲面上的积分，两者之间又有密切的关系．我们可以将第一类曲面积分化为第二类曲面积分，反之亦然.

设有向曲面 Σ 由方程 $z=z(x,y)$ 给出，Σ 在 xOy 面上的投影区域为 D_{xy}，函数 $z=z(x,y)$ 在 D_{xy} 上具有一阶连续偏导数，$R(x,y,z)$ 在 Σ 上连续．如果 Σ 取上侧，由对坐标的曲面积分计算公式(1)有

$$\iint_{\Sigma}R(x,y,z)\mathrm{d}x\mathrm{d}y=\iint_{D_{xy}}R[x,y,z(x,y)]\mathrm{d}x\mathrm{d}y.$$

而有向曲面Σ的法向量为$\boldsymbol{n}=\{-z_x, -z_y, 1\}$，它的方向余弦为

$$\cos\alpha=\frac{-z_x}{\sqrt{1+z_x^2+z_y^2}}，\cos\beta=\frac{-z_y}{\sqrt{1+z_x^2+z_y^2}}，\cos\gamma=\frac{1}{\sqrt{1+z_x^2+z_y^2}}，$$

其中α，β，γ为有向曲面Σ上点(x, y)处的法向量的方向角．由对面积的曲面积分计算公式得

$$\iint_{\Sigma} R(x, y, z)\cos\gamma \mathrm{d}S=\iint_{D_{xy}} R[x, y, z(x, y)]\mathrm{d}x\mathrm{d}y,$$

因此得出

$$\iint_{\Sigma} R(x, y, z)\mathrm{d}x\mathrm{d}y=\iint_{\Sigma} R(x, y, z)\cos\gamma \mathrm{d}S. \tag{4}$$

如果Σ取下侧，则有

$$\iint_{\Sigma} R(x, y, z)\mathrm{d}x\mathrm{d}y=-\iint_{D_{xy}} R[x, y, z(x, y)]\mathrm{d}x\mathrm{d}y.$$

而此时$\cos\gamma=\dfrac{-1}{\sqrt{1+z_x^2+z_y^2}}$，(4)式仍成立．

类似可推得

$$\iint_{\Sigma} P(x, y, z)\mathrm{d}y\mathrm{d}z=\iint_{\Sigma} P(x, y, z)\cos\alpha \mathrm{d}S. \tag{5}$$

$$\iint_{\Sigma} Q(x, y, z)\mathrm{d}z\mathrm{d}x=\iint_{\Sigma} Q(x, y, z)\cos\beta \mathrm{d}S. \tag{6}$$

合并(4)、(5)、(6)三式，得两类曲面积分之间的联系如下：

$$\iint_{\Sigma} P(x, y, z)\mathrm{d}y\mathrm{d}z+Q(x, y, z)\mathrm{d}z\mathrm{d}x+R(x, y, z)\mathrm{d}x\mathrm{d}y$$

$$=\iint_{\Sigma}[P(x, y, z)\cos\alpha+Q(x, y, z)\cos\beta+R(x, y, z)\cos\gamma]\mathrm{d}S. \tag{7}$$

延伸阅读 10.9　第一类曲面积分和第二类曲面积分来自于不同的物理原型，它们之间有着诸多差异．

第一类曲面积分$\iint_{\Sigma} f(x, y, z)\mathrm{d}S$是数量函数$f(x, y, z)$对曲面$\Sigma$的积分，而第二类曲面积分$\iint_{\Sigma} P(x, y, z)\mathrm{d}y\mathrm{d}z+Q(x, y, z)\mathrm{d}z\mathrm{d}x+R(x, y, z)\mathrm{d}x\mathrm{d}y$，则是向量函数

$$\boldsymbol{F}(x, y, z)=P(x, y, z)\boldsymbol{i}+Q(x, y, z)\boldsymbol{j}+R(x, y, z)\boldsymbol{k}$$

的各个分量对相应坐标的积分之和；第一类曲面积分与曲面的方向无关，而第二类曲面积分只能定义在双侧曲面上；第一类曲面积分化为二重积分时，可根据曲面方程和投影区域是否简单和便于计算而选择相应的坐标平面将曲面投影．而第二类曲面积分以$\iint_{\Sigma} R(x, y, z)\mathrm{d}x\mathrm{d}y$为例，在计算时已经规定将有向曲面$\Sigma$投影到$xOy$平面上．特别地，若曲面$\Sigma$是母线平行于$z$轴的柱面的一部分，则$\Sigma$在$xOy$平面上的投影面积为零，这时$\iint_{\Sigma} R(x, y, z)\mathrm{d}x\mathrm{d}y=0$．对其他坐标平面也有类似情况，总之，若有向曲面$\Sigma$对某一坐标平面的投影成为一条曲线(这时投影区域面积为零)，则相应的第二类曲面积分为零．

例 3　计算 $\iint\limits_{\Sigma}(x^2\cos\alpha+y^2\cos\beta+z^2\cos\gamma)\mathrm{d}S$，其中 Σ 为锥面 $x^2+y^2=z^2(0\leqslant z\leqslant h)$，而 $\cos\alpha$，$\cos\beta$，$\cos\gamma$ 是这个锥面外法线的方向余弦.

解　由两种类型曲面积分之间的关系，得

$$\iint\limits_{\Sigma}(x^2\cos\alpha+y^2\cos\beta+z^2\cos\gamma)\mathrm{d}S=\iint\limits_{\Sigma}x^2\mathrm{d}y\mathrm{d}z+y^2\mathrm{d}z\mathrm{d}x+z^2\mathrm{d}x\mathrm{d}y.$$

对于 $\iint\limits_{\Sigma}x^2\mathrm{d}y\mathrm{d}z$，$\Sigma$ 被 $x=0$ 分成两部分 Σ_1 和 Σ_2，其中

$$\Sigma_1：x=\sqrt{z^2-y^2}，\Sigma_2：x=-\sqrt{z^2-y^2}，$$

它们在 yOz 平面上的投影均为由 $z=h$，$z=\pm y$ 所围成，故有

$$\iint\limits_{\Sigma}x^2\mathrm{d}y\mathrm{d}z=\iint\limits_{\Sigma_1}x^2\mathrm{d}y\mathrm{d}z+\iint\limits_{\Sigma_2}x^2\mathrm{d}y\mathrm{d}z=\iint\limits_{D_{yz}}(z^2-y^2)\mathrm{d}y\mathrm{d}z-\iint\limits_{D_{yz}}(z^2-y^2)\mathrm{d}y\mathrm{d}z=0.$$

同理有 $\iint\limits_{\Sigma}y^2\mathrm{d}z\mathrm{d}x=0.$

对于 $\iint\limits_{\Sigma}z^2\mathrm{d}x\mathrm{d}y$，$\Sigma$ 在 xOy 平面上的投影为 D_{xy}：$x^2+y^2\leqslant h^2$，所以

$$\iint\limits_{\Sigma}z^2\mathrm{d}x\mathrm{d}y=-\iint\limits_{D_{xy}}(x^2+y^2)\mathrm{d}x\mathrm{d}y=-\int_0^{2\pi}\mathrm{d}\theta\int_0^h r^2\cdot r\mathrm{d}r=-\frac{\pi}{2}h^4，$$

因此

$$\iint\limits_{\Sigma}(x^2\cos\alpha+y^2\cos\beta+z^2\cos\gamma)\mathrm{d}S=-\frac{\pi}{2}h^4.$$

例 4　用两种类型曲面积分的关系计算曲面积分 $\iint\limits_{\Sigma}(z^2+x)\mathrm{d}y\mathrm{d}z-z\mathrm{d}x\mathrm{d}y$，其中 Σ 为旋转抛物面 $z=\frac{1}{2}(x^2+y^2)$ 介于平面 $z=0$ 及 $z=2$ 之间的部分的下侧(图 10－17).

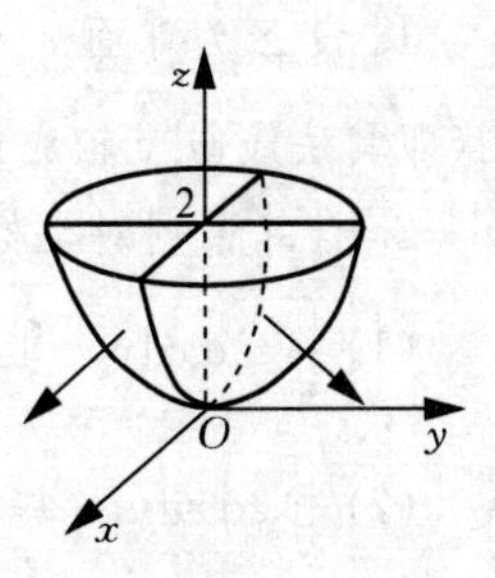

图 10－17

解　如果直接计算，Σ 要分两片分别投影在 yOz 面上，而且化为二重积分后，被积函数比较复杂，所以将其化为第一类曲面积分计算更简单.

因为

$$\cos\alpha=\frac{z_x}{\sqrt{1+z_x^2+z_y^2}}=\frac{x}{\sqrt{1+x^2+y^2}}，$$

$$\cos\gamma=\frac{-1}{\sqrt{1+z_x^2+z_y^2}}=\frac{-1}{\sqrt{1+x^2+y^2}}，$$

由两种类型曲面积分之间的关系，得

$$\begin{aligned}\iint\limits_{\Sigma}(z^2+x)\mathrm{d}y\mathrm{d}z-z\mathrm{d}x\mathrm{d}y&=\iint\limits_{\Sigma}[(z^2+x)\cos\alpha-z\cos\gamma]\mathrm{d}S\\&=\iint\limits_{\Sigma}\left[\frac{x(z^2+x)}{\sqrt{1+x^2+y^2}}+\frac{z}{\sqrt{1+x^2+y^2}}\right]\mathrm{d}S\\&=\iint\limits_{x^2+y^2\leqslant 2^2}\left\{\frac{x\left[\frac{1}{4}(x^2+y^2)^2+x\right]}{\sqrt{1+x^2+y^2}}+\frac{\frac{1}{2}(x^2+y^2)}{\sqrt{1+x^2+y^2}}\right\}\sqrt{1+x^2+y^2}\,\mathrm{d}x\mathrm{d}y\\&=\int_0^{2\pi}\mathrm{d}\theta\int_0^2\left(\frac{1}{4}r^6\cos\theta+r^3\cos^2\theta+\frac{1}{2}r^3\right)\mathrm{d}r=8\pi.\end{aligned}$$

延伸阅读 10.10　下面我们介绍第二类曲面积分中关于对称性的结论．

设光滑的有向曲面 Σ 关于 xOy 坐标面对称，$R(x, y, z)$ 在 Σ 上连续．

当函数 $R(x, y, z)$ 是关于 z 的偶函数，即 $R(x, y, -z)=R(x, y, z)$，则

$$\iint_{\Sigma} R(x, y, z)\mathrm{d}x\mathrm{d}y = 0;$$

当函数 $R(x, y, z)$ 是关于 z 的奇函数，即 $R(x, y, -z)=-R(x, y, z)$，则

$$\iint_{\Sigma} R(x, y, z)\mathrm{d}x\mathrm{d}y = 2\iint_{\Sigma_1} R(x, y, z)\mathrm{d}x\mathrm{d}y$$（其中 Σ_1 是 Σ 位于 xOy 坐标面上方的部分）．

与此类似，可得有向曲面 Σ 关于 yOz 坐标面或 zOx 坐标面对称时的结论．

下面我们介绍积分的另外一种对称性——轮换对称性．

设光滑的有向曲面 Σ 的解析式对坐标 x，y 和 z 具有轮换对称性，且函数 $f(x, y, z)$ 在 Σ 上连续，则

$$\iint_{\Sigma} f(x, y, z)\mathrm{d}y\mathrm{d}z = \iint_{\Sigma} f(y, z, x)\mathrm{d}x\mathrm{d}z = \iint_{\Sigma} f(z, x, y)\mathrm{d}x\mathrm{d}y.$$

习　题　10-5

A　组

1. 设 Σ 为球面 $x^2+y^2+z^2=1$，若以其球面的外侧为正侧，试问：$y=\sqrt{1-x^2-z^2}$ 的左侧(即其法线与 y 轴成钝角的一侧)是正侧吗？$y=-\sqrt{1-x^2-z^2}$ 的左侧是正侧吗？

2. 计算下列对坐标的曲面积分．

(1) $\iint_{\Sigma} z^2\mathrm{d}x\mathrm{d}y$，其中 Σ 是球面 $x^2+y^2+z^2=4$ 在第Ⅰ卦限部分曲面的上侧；

(2) $\oiint_{\Sigma} z\mathrm{d}x\mathrm{d}y$，其中 Σ 是球面 $x^2+y^2+z^2=a^2$ 的外侧；

(3) $\iint_{\Sigma} \sqrt{4-x^2-4z^2}\,\mathrm{d}x\mathrm{d}y$，其中 Σ 是曲面 $x^2+y^2+4z^2=4(z\geqslant 0)$ 的上侧；

(4) $\oiint_{\Sigma} xz\mathrm{d}x\mathrm{d}y+xy\mathrm{d}y\mathrm{d}z+yz\mathrm{d}z\mathrm{d}x$，其中 Σ 是平面 $x=0$，$y=0$，$z=0$ 和 $x+y+z=1$ 所围成的空间区域的整个边界曲面的外侧．

3. 当 Σ 是 xOy 面内的一个闭区域时，曲面积分 $\iint_{\Sigma} f(x, y, z)\mathrm{d}x\mathrm{d}y$ 与二重积分有什么关系？

4. 把对坐标的曲面积分 $\iint_{\Sigma} P(x, y, z)\mathrm{d}y\mathrm{d}z + Q(x, y, z)\mathrm{d}z\mathrm{d}x + R(x, y, z)\mathrm{d}x\mathrm{d}y$ 化成对面积的曲面积分，其中 Σ 为平面 $3x+2y+2\sqrt{3}z=6$ 在第Ⅰ卦限部分的上侧．

5. 计算 $\oiint_{\Sigma} \dfrac{x\mathrm{d}y\mathrm{d}z + y\mathrm{d}z\mathrm{d}x + z\mathrm{d}x\mathrm{d}y}{(x^2+y^2+z^2)^{\frac{3}{2}}}$，其中 Σ 为球面 $x^2+y^2+z^2=a^2$ 的外侧．

B　组

1. 设 Σ 为球面 $x^2+y^2+z^2=1$ 的上半部分的上侧，试计算 $\iint\limits_{\Sigma} x^2\mathrm{d}y\mathrm{d}z$.

2. 设 Σ 为曲面 $z=\sqrt{x^2+y^2}\,(1\leqslant x^2+y^2\leqslant 4)$ 的下侧，$f(x)$ 是连续函数，计算

$$I=\iint\limits_{\Sigma}[xf(xy)+2x-y]\mathrm{d}y\mathrm{d}z+[yf(xy)+2y+x]\mathrm{d}z\mathrm{d}x+[zf(xy)+z]\mathrm{d}x\mathrm{d}y.$$

3. 计算 $\iint\limits_{\Sigma}\dfrac{ax\mathrm{d}y\mathrm{d}z+(z+a)^2\mathrm{d}x\mathrm{d}y}{\sqrt{x^2+y^2+z^2}}$，其中 Σ 为下半球面 $z=-\sqrt{a^2-x^2-y^2}$ 的上侧，a 为正常数.

4. 计算 $\iint\limits_{S}[f(x,\ y,\ z)+x]\mathrm{d}y\mathrm{d}z+[2f(x,\ y,\ z)+y]\mathrm{d}z\mathrm{d}x+[f(x,\ y,\ z)+z]\mathrm{d}x\mathrm{d}y$，其中 $f(x,\ y,\ z)$ 为连续函数，S 为平面 $x-y+z=1$ 在第Ⅳ卦限部分的上侧.

第六节　高斯公式　通量与散度

一、高斯(Gauss)公式

格林公式建立了平面区域上的二重积分与沿这个区域边界的曲线积分的联系. 类似地，高斯公式建立了空间区域上三重积分和沿这个区域边界的曲面积分的联系.

定理 10.6.1　设空间闭区域 Ω 由分片光滑的闭曲面 Σ 围成，函数 $P(x,\ y,\ z)$，$Q(x,\ y,\ z)$，$R(x,\ y,\ z)$ 在 Ω 上具有一阶连续偏导数，则有

$$\begin{aligned}\iiint\limits_{\Omega}\left(\frac{\partial P}{\partial x}+\frac{\partial Q}{\partial y}+\frac{\partial R}{\partial z}\right)\mathrm{d}V&=\oiint\limits_{\Sigma}P\mathrm{d}y\mathrm{d}z+Q\mathrm{d}z\mathrm{d}x+R\mathrm{d}x\mathrm{d}y\\&=\oiint\limits_{\Sigma}(P\cos\alpha+Q\cos\beta+R\cos\gamma)\mathrm{d}S,\qquad(1)\end{aligned}$$

其中 Σ 是 Ω 的整个边界曲面的外侧，$\cos\alpha$，$\cos\beta$，$\cos\gamma$ 是 Σ 上点 $(x,\ y,\ z)$ 处的法向量的方向余弦.

公式(1)叫作**高斯公式**，其证明类似于格林公式，不再详述.

高斯公式说明了空间区域上三重积分和沿这个区域边界的曲面积分的关系，即在区域 Ω 上的三重积分 $\iiint\limits_{\Omega}\left(\dfrac{\partial P}{\partial x}+\dfrac{\partial Q}{\partial y}+\dfrac{\partial R}{\partial z}\right)\mathrm{d}V$ 可以通过沿其积分区域 Ω 的边界曲面 Σ 上的曲面积分 $\oiint\limits_{\Sigma}P\mathrm{d}y\mathrm{d}z+Q\mathrm{d}z\mathrm{d}x+R\mathrm{d}x\mathrm{d}y$ 或 $\oiint\limits_{\Sigma}(P\cos\alpha+Q\cos\beta+R\cos\gamma)\mathrm{d}S$ 表示. 可见，高斯公式可以看作是格林公式的推广.

例 1　计算 $\oiint\limits_{\Sigma}x^2\mathrm{d}y\mathrm{d}z+y^2\mathrm{d}z\mathrm{d}x+z^2\mathrm{d}x\mathrm{d}y$，其中 Σ 是立方体 $0<x<a$，$0<y<a$，$0<z<a$ 的边界曲面外侧.

解　由于　$P(x,\ y,\ z)=x^2$，$Q(x,\ y,\ z)=y^2$，$R(x,\ y,\ z)=z^2$，

$$\frac{\partial P}{\partial x}+\frac{\partial Q}{\partial y}+\frac{\partial R}{\partial z}=2x+2y+2z,$$

则由高斯公式

$$\oiint_{\Sigma} x^2 \mathrm{d}y\mathrm{d}z + y^2 \mathrm{d}z\mathrm{d}x + z^2 \mathrm{d}x\mathrm{d}y = 2\iiint_{\Omega} (x+y+z)\mathrm{d}x\mathrm{d}y\mathrm{d}z$$

$$= 2\int_0^a \mathrm{d}x\int_0^a \mathrm{d}y\int_0^a (x+y+z)\mathrm{d}z = 3a^4.$$

例 2　计算 $\iint_{\Sigma} (x^2\cos\alpha + y^2\cos\beta + z^2\cos\gamma)\mathrm{d}S$，其中 Σ 为锥面 $x^2+y^2=z^2$ 介于平面 $z=0$ 及 $z=h(h>0)$ 之间部分的下侧，$\cos\alpha$，$\cos\beta$，$\cos\gamma$ 是 Σ 上点 (x, y, z) 处的法向量的方向余弦．

解　曲面 Σ 不是封闭曲面，不能直接利用高斯公式．为此设 Σ_1 为 $z=h(x^2+y^2\leqslant h^2)$ 的上侧，则 Σ 与 Σ_1 一起构成一个封闭曲面，记它们围成的空间闭区域为 Ω，则由高斯公式

$$\oiint_{\Sigma+\Sigma_1} (x^2\cos\alpha + y^2\cos\beta + z^2\cos\gamma)\mathrm{d}S$$

$$= 2\iiint_{\Omega}(x+y+z)\mathrm{d}V = \iiint_{\Omega} 2x\mathrm{d}V + \iiint_{\Omega} 2y\mathrm{d}V + \iiint_{\Omega} 2z\mathrm{d}V$$

$$= 0+0+2\iiint_{\Omega} z\mathrm{d}V = 2\int_0^{2\pi}\mathrm{d}\theta\int_0^h \mathrm{d}r\int_r^h zr\,\mathrm{d}z$$

$$= 4\pi\int_0^h \frac{1}{2}r(h^2-r^2)\mathrm{d}r = \frac{\pi h^4}{2}.$$

又因为

$$\iint_{\Sigma_1}(x^2\cos\alpha + y^2\cos\beta + z^2\cos\gamma)\mathrm{d}S = \iint_{\Sigma_1} x^2\mathrm{d}y\mathrm{d}z + y^2\mathrm{d}z\mathrm{d}x + z^2\mathrm{d}x\mathrm{d}y$$

$$= 0+0+\iint_{\Sigma_1} z^2\mathrm{d}x\mathrm{d}y = \iint_{D_{xy}} h^2\mathrm{d}x\mathrm{d}y = \pi h^4,$$

从而

$$\iint_{\Sigma}(x^2\cos\alpha + y^2\cos\beta + z^2\cos\gamma)\mathrm{d}S = \frac{\pi h^4}{2} - \pi h^4 = -\frac{\pi}{2}h^4.$$

例 3　计算 $\iint_{\Sigma} y\mathrm{d}z\mathrm{d}x + 2\mathrm{d}x\mathrm{d}y$，其中 Σ 为 $z=\sqrt{1-x^2-y^2}$ 的上侧．

解　曲面 Σ 不是封闭曲面，不能直接利用高斯公式．为此设 Σ_1 为 $z=0(x^2+y^2\leqslant 1)$ 的下侧，则 Σ 与 Σ_1 一起构成一个封闭曲面，记它们围成的空间闭区域为 Ω，则由高斯公式

$$\oiint_{\Sigma+\Sigma_1} y\mathrm{d}z\mathrm{d}x + 2\mathrm{d}x\mathrm{d}y = \iiint_{\Omega} 1\mathrm{d}V = \frac{2\pi}{3}.$$

又因为

$$\iint_{\Sigma_1} y\mathrm{d}z\mathrm{d}x + 2\mathrm{d}x\mathrm{d}y = 0 + \iint_{\Sigma_1} 2\mathrm{d}x\mathrm{d}y = -\iint_{D_{xy}} 2\mathrm{d}x\mathrm{d}y = -2\pi,$$

从而

$$\iint_{\Sigma} y\mathrm{d}z\mathrm{d}x + 2\mathrm{d}x\mathrm{d}y = \frac{2}{3}\pi - (-2\pi) = \frac{8\pi}{3}.$$

二、通量与散度

设稳定流动的不可压缩流体(假定密度为 1)的速度场为

$$\boldsymbol{v}(x, y, z) = P(x, y, z)\boldsymbol{i} + Q(x, y, z)\boldsymbol{j} + R(x, y, z)\boldsymbol{k},$$

Σ是速度场中一片有向曲面，函数$P(x, y, z)$、$Q(x, y, z)$、$R(x, y, z)$在Σ上连续，又

$$\boldsymbol{n}=\cos\alpha\boldsymbol{i}+\cos\beta\boldsymbol{j}+\cos\gamma\boldsymbol{k}$$

是Σ在点(x, y, z)处的单位法向量，则

$$\iint_{\Sigma} P\mathrm{d}y\mathrm{d}z+Q\mathrm{d}z\mathrm{d}x+R\mathrm{d}x\mathrm{d}y=\iint_{\Sigma}(P\cos\alpha+Q\cos\beta+R\cos\gamma)\mathrm{d}S=\iint_{\Sigma}\boldsymbol{v}\cdot\boldsymbol{n}\mathrm{d}S$$

的物理意义可以解释为单位时间内流向Σ指定侧的流体的流量.

在高斯公式

$$\iiint_{\Omega}\left(\frac{\partial P}{\partial x}+\frac{\partial Q}{\partial y}+\frac{\partial R}{\partial z}\right)\mathrm{d}V=\oiint_{\Sigma}P\mathrm{d}y\mathrm{d}z+Q\mathrm{d}z\mathrm{d}x+R\mathrm{d}x\mathrm{d}y$$

中，如果Σ是闭区域Ω的边界曲面的外侧，则公式的右端可以解释为单位时间内离开闭区域Ω的流体的流量. 因为所考虑的流体是稳定流动的不可压缩流体，所以，在流体离开Ω的同时，Ω内部必须有产生流体的“源头”产生出同样多的流体来进行补充. 因此，上式的左端可以解释为分布在Ω内的源头在单位时间内所产生的流体的总质量.

设$M(x, y, z)$是Ω内的任意一点，则

$$\lim_{\Delta\Omega\to 0}\frac{1}{\Delta V}\iiint_{\Delta\Omega}\left(\frac{\partial P}{\partial x}+\frac{\partial Q}{\partial y}+\frac{\partial R}{\partial z}\right)\mathrm{d}V=\lim_{\Delta\Omega\to 0}\frac{1}{\Delta V}\oiint_{\Delta\Sigma}\boldsymbol{v}\cdot\boldsymbol{n}\mathrm{d}S$$

为$M(x, y, z)$处的源头强度，这里$\Delta\Omega$表示Ω内逐渐向点$M(x, y, z)$收缩的小区域，ΔV是它的体积，$\Delta\Sigma$是闭区域$\Delta\Omega$的边界曲面的外侧. 由积分中值定理

$$\frac{1}{\Delta V}\iiint_{\Delta\Omega}\left(\frac{\partial P}{\partial x}+\frac{\partial Q}{\partial y}+\frac{\partial R}{\partial z}\right)\mathrm{d}V=\left(\frac{\partial P}{\partial x}+\frac{\partial Q}{\partial y}+\frac{\partial R}{\partial z}\right)\Bigg|_{(\xi, \eta, \zeta)}=\frac{1}{\Delta V}\oiint_{\Delta\Sigma}\boldsymbol{v}\cdot\boldsymbol{n}\mathrm{d}S,$$

其中$(\xi, \eta, \zeta)\in\Delta\Omega$，从而有

$$\frac{\partial P}{\partial x}+\frac{\partial Q}{\partial y}+\frac{\partial R}{\partial z}=\lim_{\Delta\Omega\to 0}\frac{1}{\Delta V}\oiint_{\Delta\Sigma}\boldsymbol{v}\cdot\boldsymbol{n}\mathrm{d}S.$$

我们定义上式左端为$\boldsymbol{v}$在点$M(x, y, z)$的**散度**，记作$\mathrm{div}\boldsymbol{v}$，即

$$\mathrm{div}\boldsymbol{v}=\frac{\partial P}{\partial x}+\frac{\partial Q}{\partial y}+\frac{\partial R}{\partial z}.$$

则$\mathrm{div}\boldsymbol{v}$为在单位时间单位体积内所产生的流体的质量. 如果$\mathrm{div}\boldsymbol{v}$为负，表示点$M(x, y, z)$处流体在消失.

一般地，设某向量场由

$$\mathbf{A}(x, y, z)=P(x, y, z)\boldsymbol{i}+Q(x, y, z)\boldsymbol{j}+R(x, y, z)\boldsymbol{k}$$

给出，Σ是向量场中一片有向曲面，函数$P(x, y, z)$、$Q(x, y, z)$、$R(x, y, z)$在Σ上连续，$\boldsymbol{n}$是Σ上点(x, y, z)处的单位法向量，则$\iint\limits_{\Sigma}\mathbf{A}\cdot\boldsymbol{n}\mathrm{d}S$叫作向量场$\mathbf{A}$通过曲面$\Sigma$向着指定侧的**通量**(或**流量**)，而$\frac{\partial P}{\partial x}+\frac{\partial Q}{\partial y}+\frac{\partial R}{\partial z}$叫作向量场$\mathbf{A}$的**散度**，记作$\mathrm{div}\mathbf{A}$，即

$$\mathrm{div}\mathbf{A}=\frac{\partial P}{\partial x}+\frac{\partial Q}{\partial y}+\frac{\partial R}{\partial z}.$$

例 4 求向量$\mathbf{A}=yz\boldsymbol{i}+xz\boldsymbol{j}+xy\boldsymbol{k}$穿过曲面$\Sigma$流向指定侧的通量，其中$\Sigma$为圆柱$x^2+y^2\leqslant a^2(0\leqslant z\leqslant h)$的全表面，流向外侧.

解 $\mathbf{A}$穿过曲面Σ流向外侧的通量为

$$\oiint_{\Sigma}\boldsymbol{A}\cdot\boldsymbol{n}\mathrm{d}s=\oiint_{\Sigma}yz\mathrm{d}y\mathrm{d}z+xz\mathrm{d}z\mathrm{d}x+xy\mathrm{d}x\mathrm{d}y=\iiint_{\Omega}\mathrm{div}\boldsymbol{A}\mathrm{d}V$$
$$=\iiint_{\Omega}(0+0+0)\mathrm{d}V=0,$$

其中，Ω 是由曲面 Σ 围成的空间闭区域．

延伸阅读 10.11　在 10.3 节中，我们应用格林公式给出了平面区域内沿任意闭曲线的曲线积分为零的充要条件．现在提出类似的问题，这就是：在怎样的条件下，曲面积分

$$\iint_{\Sigma}P(x,\ y,\ z)\mathrm{d}y\mathrm{d}z+Q(x,\ y,\ z)\mathrm{d}z\mathrm{d}x+R(x,\ y,\ z)\mathrm{d}x\mathrm{d}y$$

与曲面 Σ 无关而只取决于 Σ 的边界曲线？这问题相当于是在怎样的条件下，沿任意闭曲面的曲面积分为零？我们可以用高斯公式来解决．高斯公式也被称为奥—高公式，这个公式是俄罗斯数学家奥斯特罗格拉茨基与德国数学家高斯相互独立发现的，于 1831 年发表．

先介绍空间二维单连通区域及一维单连通区域的概念．对空间区域 G，如果 G 内任一闭曲面所围成的区域全属于 G，则称 G 是空间二维单连通区域；如果 G 内任一闭曲线总可以张成一片完全属于 G 的曲面，则称 G 为空间一维单连通区域．例如，球面所围成的区域既是空间二维单连通的，又是空间一维单连通的；环面所围成的区域是空间二维单连通的，但不是空间一维单连通的；两个同心球面之间的区域是空间一维单连通的，但不是空间二维单连通的．

对于沿任意闭曲面的曲面积分为零的条件，我们有以下的结论：

设 G 是空间二维单连通区域，$P(x,\ y,\ z)$，$Q(x,\ y,\ z)$，$R(x,\ y,\ z)$ 在 G 内具有一阶连续偏导数，则曲面积分 $\iint_{\Sigma}P(x,\ y,\ z)\mathrm{d}y\mathrm{d}z+Q(x,\ y,\ z)\mathrm{d}z\mathrm{d}x+R(x,\ y,\ z)\mathrm{d}x\mathrm{d}y$ 在 G 内与所取曲面 Σ 无关而只取决于 Σ 的边界曲线(或沿 G 内任一闭曲面的曲面积分为零)的充分必要条件是 $\frac{\partial P}{\partial x}+\frac{\partial Q}{\partial y}+\frac{\partial R}{\partial z}=0$ 在 G 内恒成立．

习　题　10－6

A　组

1. 利用高斯公式计算下列曲面积分．

(1) $\oiint_{\Sigma}x\mathrm{d}y\mathrm{d}z+y\mathrm{d}z\mathrm{d}x+z\mathrm{d}x\mathrm{d}y$，其中 Σ 是圆柱体 $x^2+y^2\leqslant 9$ 介于 $z=0$ 和 $z=3$ 之间的整个表面的外侧；

(2) $\oiint_{\Sigma}x^3\mathrm{d}y\mathrm{d}z+y^3\mathrm{d}x\mathrm{d}z+z^3\mathrm{d}x\mathrm{d}y$，其中 Σ 是球面 $x^2+y^2+z^2=a^2$ 的外侧；

(3) $\oiint_{\Sigma}x\mathrm{d}y\mathrm{d}z+y\mathrm{d}z\mathrm{d}x+z\mathrm{d}x\mathrm{d}y$，其中 Σ 是由曲面 $z=\sqrt{x^2+y^2}$ 与 $z=\sqrt{R^2-x^2-y^2}$ 所围成的空间区域的整个边界曲面的外侧；

(4) $\oiint_{\Sigma}(x^2+1)\mathrm{d}y\mathrm{d}z-2y\mathrm{d}z\mathrm{d}x+3z\mathrm{d}x\mathrm{d}y$，其中 Σ 为平面 $x=0$，$y=0$，$z=0$ 和 $2x+y+2z=2$ 所围成的空间区域的整个边界曲面的外侧．

2. 利用高斯公式变换下列曲面积分．

(1) $\oiint\limits_{\Sigma} xy\mathrm{d}x\mathrm{d}y+xz\mathrm{d}z\mathrm{d}x+yz\mathrm{d}y\mathrm{d}z$；

(2) $\oiint\limits_{\Sigma}\left(\frac{\partial u}{\partial x}\cos\alpha+\frac{\partial u}{\partial y}\cos\beta+\frac{\partial u}{\partial z}\cos\gamma\right)\mathrm{d}S$，其中 Σ 是空间闭区域 Ω 的边界曲面，$\cos\alpha$，$\cos\beta$，$\cos\gamma$ 为曲面 Σ 外侧法线的方向余弦．

3. 利用高斯公式计算下列曲面积分．

(1) $\iint\limits_{\Sigma} x\mathrm{d}y\mathrm{d}z+2y\mathrm{d}z\mathrm{d}x+3(z-1)\mathrm{d}x\mathrm{d}y$，其中 Σ 是曲面 $z=\sqrt{x^2+y^2}\,(0\leqslant z\leqslant 1)$ 的下侧；

(2) $\iint\limits_{\Sigma}(z+2x)\mathrm{d}y\mathrm{d}z+z\mathrm{d}x\mathrm{d}y$，其中 Σ 是曲面 $z=x^2+y^2\,(0\leqslant z\leqslant 1)$ 的外侧；

(3) $\iint\limits_{\Sigma} xy\mathrm{d}y\mathrm{d}z+x\mathrm{d}z\mathrm{d}x+x^2\mathrm{d}x\mathrm{d}y$，其中 Σ 是曲面 $z=\sqrt{4-x^2-y^2}$ 的上侧；

(4) $\iint\limits_{\Sigma} z\mathrm{d}x\mathrm{d}y+x\mathrm{d}y\mathrm{d}z+y\mathrm{d}z\mathrm{d}x$，其中 Σ 是柱面 $x^2+y^2=1$ 介于 $z=-1$ 和 $z=3$ 之间那部分的外侧．

4. 设 Σ 为一个封闭区域的边界曲面，证明：由 Σ 围成的立体的体积为

$$V=\frac{1}{3}\oiint\limits_{\Sigma}(x\cos\alpha+y\cos\beta+z\cos\gamma)\mathrm{d}S,$$

其中 $\cos\alpha$，$\cos\beta$，$\cos\gamma$ 为曲面 Σ 外侧法线的方向余弦．

5. 求下列向量 $\boldsymbol{A}$ 穿过曲面 Σ 流向指定侧的通量．

(1) $\boldsymbol{A}=3yz\boldsymbol{i}+2xz\boldsymbol{j}+5xy\boldsymbol{k}$，$\Sigma$ 为圆柱 $x^2+y^2\leqslant a^2\,(0\leqslant z\leqslant h)$ 的全表面，流向外侧；

(2) $\boldsymbol{A}=(2x+5z)\boldsymbol{i}-(3xz+y)\boldsymbol{j}+(7y^2+2z)\boldsymbol{k}$，$\Sigma$ 是以点 $(3,-1,2)$ 为球心，半径 $R=3$ 的球面，流向外侧．

6. 求下列向量场 $\boldsymbol{A}$ 的散度．

(1) $\boldsymbol{A}=(x^2+yz)\boldsymbol{i}+(y^2+xz)\boldsymbol{j}+(z^2+xy)\boldsymbol{k}$；(2) $\boldsymbol{A}=y^2\boldsymbol{i}+xy\boldsymbol{j}+xz\boldsymbol{k}$.

B　组

1. 计算积分 $\iint\limits_{\Sigma}(x-1)^3\mathrm{d}y\mathrm{d}z+(y-1)^3\mathrm{d}z\mathrm{d}x+(z-1)\mathrm{d}x\mathrm{d}y$，其中 Σ 是曲面 $z=x^2+y^2$ $(z\leqslant 1)$ 的上侧．

2. 计算积分 $I=\iint\limits_{S} x(8y+1)\mathrm{d}y\mathrm{d}z+2(1-y^2)\mathrm{d}z\mathrm{d}x-4yz\mathrm{d}x\mathrm{d}y$，其中 S 是曲线 $\begin{cases}z=\sqrt{y-1},\\ x=0\end{cases}$ $(1\leqslant y\leqslant 3)$ 绕 y 轴旋转一周所形成的曲面，它的法向量与 y 轴正向的夹角恒大于 $\frac{\pi}{2}$.

3. 设 $f(u)$ 有连续的导数，计算 $I=\oiint\limits_{S}\frac{1}{y}f\left(\frac{x}{y}\right)\mathrm{d}y\mathrm{d}z+\frac{1}{x}f\left(\frac{x}{y}\right)\mathrm{d}z\mathrm{d}x+z\mathrm{d}x\mathrm{d}y$，其中 S 是 $y=x^2+z^2$，$y=8-x^2-z^2$ 所围立体的外侧．

4. 计算曲面积分 $I=\oiint\limits_{S}\frac{x\mathrm{d}y\mathrm{d}z+y\mathrm{d}z\mathrm{d}x+z\mathrm{d}x\mathrm{d}y}{(x^2+y^2+z^2)^{\frac{3}{2}}}$，其中 S 是曲面 $2x^2+2y^2+z^2=4$ 的外侧.

第七节　斯托克斯公式　环流量与旋度

一、斯托克斯(Stokes)公式

斯托克斯公式建立了第二类曲面积分与沿该曲面的有向边界曲线的第二类曲线积分之间的联系，它是格林公式的推广．

设Σ是以曲线Γ为边界的有向曲面，Γ的正向与Σ的侧符合右手规则：即当右手除拇指外的四指按Γ的正向弯曲时，竖起的拇指所指的方向与Σ上法向量的指向相同，称这样定义的正向边界曲线Γ为有向曲面Σ的正向边界曲线．例如，若Σ是抛物面$z=1-x^2-y^2$ $(0\leqslant z\leqslant 1)$的上侧，则$\Sigma$的正向边界曲线$\Gamma$为$xOy$面上逆时针方向的单位圆．

定理 10.7.1　设Σ是光滑或分片光滑的有向曲面，Σ的正向边界Γ为光滑或分段光滑的空间闭曲线．如果函数$P(x,y,z)$，$Q(x,y,z)$，$R(x,y,z)$在包含曲面Σ在内的一个空间区域内具有一阶连续偏导数，则

$$\iint_{\Sigma}\left(\frac{\partial R}{\partial y}-\frac{\partial Q}{\partial z}\right)\mathrm{d}y\mathrm{d}z+\left(\frac{\partial P}{\partial z}-\frac{\partial R}{\partial x}\right)\mathrm{d}z\mathrm{d}x+\left(\frac{\partial Q}{\partial x}-\frac{\partial P}{\partial y}\right)\mathrm{d}x\mathrm{d}y=\oint_{\Gamma}P\mathrm{d}x+Q\mathrm{d}y+R\mathrm{d}z, \tag{1}$$

或

$$\iint_{\Sigma}\left[\left(\frac{\partial R}{\partial y}-\frac{\partial Q}{\partial z}\right)\cos\alpha+\left(\frac{\partial P}{\partial z}-\frac{\partial R}{\partial x}\right)\cos\beta+\left(\frac{\partial Q}{\partial x}-\frac{\partial P}{\partial y}\right)\cos\gamma\right]\mathrm{d}S=\oint_{\Gamma}P\mathrm{d}x+Q\mathrm{d}y+R\mathrm{d}z. \tag{2}$$

公式(1)、(2)称为斯托克斯公式．

证　设Σ为曲面$z=f(x,y)$的上侧，且平行于z轴的直线与曲面Σ的交点不多于一点，Σ在xOy面上的投影域为D_{xy}，Σ的正向边界曲线Γ在xOy面上的投影是区域D_{xy}的正向边界曲线L.

先证明下面的式子成立：

$$\iint_{\Sigma}\frac{\partial P}{\partial z}\mathrm{d}z\mathrm{d}x-\frac{\partial P}{\partial y}\mathrm{d}x\mathrm{d}y=\oint_{\Gamma}P(x,y,z)\mathrm{d}x. \tag{3}$$

首先，(3)式右端可以化为沿平面曲线L的第二类曲线积分，即

$$\oint_{\Gamma}P(x,y,z)\mathrm{d}x=\oint_{L}P[x,y,z(x,y)]\mathrm{d}x.$$

由格林公式

$$\oint_{L}P[x,y,z(x,y)]\mathrm{d}x=\iint_{D_{xy}}-\frac{\partial}{\partial y}P[x,y,z(x,y)]\mathrm{d}x\mathrm{d}y=-\iint_{D_{xy}}\left(\frac{\partial P}{\partial y}+\frac{\partial P}{\partial z}\frac{\partial z}{\partial y}\right)\mathrm{d}x\mathrm{d}y. \tag{4}$$

因为曲面Σ上法向量的方向余弦为

$$\cos\alpha=-\frac{z_x}{\sqrt{1+z_x^2+z_y^2}},\ \cos\beta=-\frac{z_y}{\sqrt{1+z_x^2+z_y^2}},\ \cos\gamma=\frac{1}{\sqrt{1+z_x^2+z_y^2}}.$$

由两类曲面积分之间的关系，有

$$\iint_{\Sigma}\frac{\partial P}{\partial z}\mathrm{d}z\mathrm{d}x=\iint_{\Sigma}\frac{\partial P}{\partial z}\cos\beta\mathrm{d}S=\iint_{\Sigma}\frac{\partial P}{\partial z}\frac{\cos\beta}{\cos\gamma}\cos\gamma\mathrm{d}S=\iint_{\Sigma}\frac{\partial P}{\partial z}\left(-\frac{\partial z}{\partial y}\right)\mathrm{d}x\mathrm{d}y,$$

于是

$$\iint_{\Sigma}\frac{\partial P}{\partial z}\mathrm{d}z\mathrm{d}x-\frac{\partial P}{\partial y}\mathrm{d}x\mathrm{d}y=-\iint_{\Sigma}\left(\frac{\partial P}{\partial z}\frac{\partial z}{\partial y}+\frac{\partial P}{\partial y}\right)\mathrm{d}x\mathrm{d}y$$

$$=-\iint_{D_{xy}}\left(\frac{\partial P}{\partial y}+\frac{\partial P}{\partial z}\frac{\partial z}{\partial y}\right)\mathrm{d}x\mathrm{d}y, \tag{5}$$

比较(4)式和(5)式，可得

$$\iint_{\Sigma}\frac{\partial P}{\partial z}\mathrm{d}z\mathrm{d}x-\frac{\partial P}{\partial y}\mathrm{d}x\mathrm{d}y=\oint_{\Gamma}P(x,\ y,\ z)\mathrm{d}x.$$

如果Σ取下侧，由于等式两边同时变号，故此式仍然成立.

同理可证

$$\iint_{\Sigma}\frac{\partial Q}{\partial x}\mathrm{d}x\mathrm{d}y-\frac{\partial Q}{\partial z}\mathrm{d}y\mathrm{d}z=\oint_{\Gamma}Q(x,\ y,\ z)\mathrm{d}y,$$

$$\iint_{\Sigma}\frac{\partial R}{\partial y}\mathrm{d}y\mathrm{d}z-\frac{\partial R}{\partial x}\mathrm{d}z\mathrm{d}x=\oint_{\Gamma}R(x,\ y,\ z)\mathrm{d}z.$$

将以上三式相加即得斯托克斯公式(1). 证毕.

当曲面Σ与平行于z轴的直线的交点多于一个时，可作辅助曲线将曲面分成几部分，然后在每部分曲面上应用公式(1)并相加，注意到沿辅助曲线而方向相反的两个曲线积分相加后正好抵消，所以对于这类曲面Σ，公式(1)仍成立.

易知，当$R(x,\ y,\ z)\equiv 0$，且Σ位于xOy面并取上侧时，公式(1)就是格林公式.

为便于记忆，借助于行列式，斯托克斯公式又可写为

$$\iint_{\Sigma}\begin{vmatrix}\mathrm{d}y\mathrm{d}z & \mathrm{d}z\mathrm{d}x & \mathrm{d}x\mathrm{d}y\\ \dfrac{\partial}{\partial x} & \dfrac{\partial}{\partial y} & \dfrac{\partial}{\partial z}\\ P & Q & R\end{vmatrix}=\oint_{\Gamma}P\mathrm{d}x+Q\mathrm{d}y+R\mathrm{d}z, \tag{6}$$

或

$$\iint_{\Sigma}\begin{vmatrix}\cos\alpha & \cos\beta & \cos\gamma\\ \dfrac{\partial}{\partial x} & \dfrac{\partial}{\partial y} & \dfrac{\partial}{\partial z}\\ P & Q & R\end{vmatrix}\mathrm{d}S=\oint_{\Gamma}P\mathrm{d}x+Q\mathrm{d}y+R\mathrm{d}z. \tag{7}$$

将公式(6)和公式(7)里的$\dfrac{\partial}{\partial x}$与$R$的积理解为$\dfrac{\partial R}{\partial x}$等，就可得到公式(1)、(2).

例 1　计算$\oint_{\Gamma}z\mathrm{d}x+x\mathrm{d}y+y\mathrm{d}z$，其中$\Gamma$是平面$\Sigma$：$x+y+z=1$被三个坐标平面所截而成的三角形的整个边界，正方向如图 10-18 所示.

解　由斯托克斯公式，有

$$\oint_{\Gamma}z\mathrm{d}x+x\mathrm{d}y+y\mathrm{d}z=\iint_{\Sigma}\mathrm{d}y\mathrm{d}z+\mathrm{d}z\mathrm{d}x+\mathrm{d}x\mathrm{d}y,$$

而

$$\iint_{\Sigma}\mathrm{d}y\mathrm{d}z=\iint_{D_{yz}}\mathrm{d}\sigma=\frac{1}{2},$$

$$\iint_{\Sigma}\mathrm{d}z\mathrm{d}x=\iint_{D_{zx}}\mathrm{d}\sigma=\frac{1}{2},$$

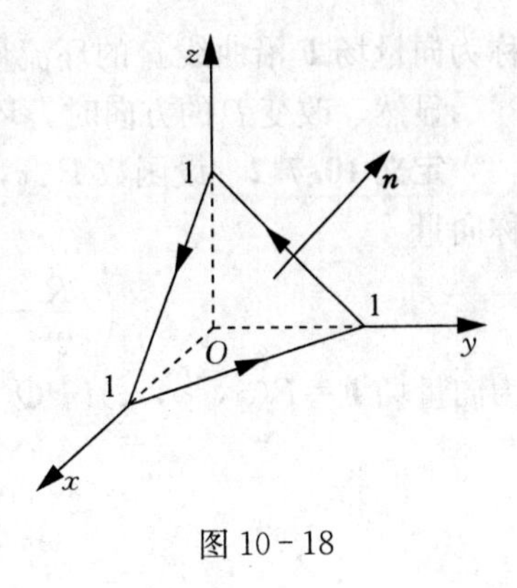

图 10-18

$$\iint_{\Sigma} \mathrm{d}x\mathrm{d}y = \iint_{D_{xy}} \mathrm{d}\sigma = \frac{1}{2},$$

其中 D_{yz}，D_{zx}，D_{xy} 分别为 Σ 在 yOz、zOx、xOy 面上的投影区域，因此

$$\oint_{\Gamma} z\mathrm{d}x + x\mathrm{d}y + y\mathrm{d}z = \frac{3}{2}.$$

例 2　计算曲线积分 $I=\oint_{\Gamma}(y-z)\mathrm{d}x+(z-x)\mathrm{d}y+(x-y)\mathrm{d}z$，其中 Γ 为柱面 $x^2+y^2=a^2$ 和平面 $\frac{x}{a}+\frac{z}{h}=1(a>0,\ h>0)$ 的椭圆交线，若从 x 轴的正方向看去椭圆 Γ 是逆时针方向.

解　取 Σ 为平面 $\frac{x}{a}+\frac{z}{h}=1$ 的上侧被 Γ 所围成的椭圆平面，由斯托克斯公式得

$$I = \iint_{\Sigma} \begin{vmatrix} \cos\alpha & \cos\beta & \cos\gamma \\ \frac{\partial}{\partial x} & \frac{\partial}{\partial y} & \frac{\partial}{\partial z} \\ y-z & z-x & x-y \end{vmatrix} \mathrm{d}S,$$

其中 $\cos\alpha$，$\cos\beta$，$\cos\gamma$ 是平面 Σ 的法向量的三个方向余弦，它们分别为 $\frac{h}{\sqrt{a^2+h^2}}$，0，$\frac{a}{\sqrt{a^2+h^2}}$，于是

$$\begin{aligned} I &= -2\iint_{\Sigma}(\cos\alpha+\cos\beta+\cos\gamma)\mathrm{d}S = -2\iint_{\Sigma}\frac{a+h}{\sqrt{a^2+h^2}}\mathrm{d}S \\ &= -2\iint_{D_{xy}}\frac{a+h}{\sqrt{a^2+h^2}}\sqrt{1+\left(\frac{h}{a}\right)^2}\mathrm{d}x\mathrm{d}y = -2\cdot\frac{a+h}{a}\iint_{\Sigma}\mathrm{d}x\mathrm{d}y \\ &= -2\cdot\frac{a+h}{a}\pi a^2 = -2\pi a(a+h). \end{aligned}$$

二、环流量与旋度

定义 10.7.1　向量场 $\boldsymbol{F}(x,\ y,\ z)=P(x,\ y,\ z)\boldsymbol{i}+Q(x,\ y,\ z)\boldsymbol{j}+R(x,\ y,\ z)\boldsymbol{k}$ 沿有向闭曲线 Γ 的曲线积分

$$\oint_{\Gamma} P\mathrm{d}x + Q\mathrm{d}y + R\mathrm{d}z$$

称为向量场 $\boldsymbol{F}$ 沿曲线 Γ 的环流量(或环量).

显然，改变 Γ 的方向时，环量要改变符号.

定义 10.7.2　设函数 $P(x,\ y,\ z)$，$Q(x,\ y,\ z)$，$R(x,\ y,\ z)$ 具有一阶连续偏导数，称向量

$$\left(\frac{\partial R}{\partial y}-\frac{\partial Q}{\partial z}\right)\boldsymbol{i}+\left(\frac{\partial P}{\partial z}-\frac{\partial R}{\partial x}\right)\boldsymbol{j}+\left(\frac{\partial Q}{\partial x}-\frac{\partial P}{\partial y}\right)\boldsymbol{k}$$

为向量场 $\boldsymbol{F}=P(x,\ y,\ z)\boldsymbol{i}+Q(x,\ y,\ z)\boldsymbol{j}+R(x,\ y,\ z)\boldsymbol{k}$ 的**旋度**，记为 $\mathbf{rot}\boldsymbol{F}$，即

$$\mathbf{rot}\boldsymbol{F} = \begin{vmatrix} \boldsymbol{i} & \boldsymbol{j} & \boldsymbol{k} \\ \frac{\partial}{\partial x} & \frac{\partial}{\partial y} & \frac{\partial}{\partial z} \\ P & Q & R \end{vmatrix}.$$

对于向量场 $\boldsymbol{F}$ 总伴随着另一个向量场 $\mathbf{rot}\boldsymbol{F}$，当 $\mathbf{rot}\boldsymbol{F}=\mathbf{0}$ 时，称向量场 $\boldsymbol{F}$ 为**无旋场**．

旋度具有下面的性质：

（1）$\mathbf{rot}(k\boldsymbol{F})=k\mathbf{rot}\boldsymbol{F}$（$k$ 为常数）；

（2）$\mathbf{rot}(\boldsymbol{F}\pm\boldsymbol{G})=\mathbf{rot}\boldsymbol{F}\pm\mathbf{rot}\boldsymbol{G}$；

（3）$\mathbf{rot}(\mu\boldsymbol{F})=\mu\mathbf{rot}\boldsymbol{F}+\mathbf{grad}\mu\times\boldsymbol{F}$（$\mu$ 为数量函数）；

（4）$\mathbf{rot}(\mathbf{grad}\mu)=\mathbf{0}$（$\mathbf{0}$ 为零向量）．

由环流量和旋度的定义，斯托克斯公式(1)可以表述为：**向量场 $\boldsymbol{F}$ 沿有向闭曲线 Γ 的环流量等于向量场 $\boldsymbol{F}$ 的旋度场通过 Γ 所张的曲面 Σ 的通量**．这里 Γ 的正向与 Σ 的侧符合右手规则．

例 3　求向量场 $\boldsymbol{A}=yz^2\boldsymbol{i}+zx^2\boldsymbol{j}+xy^2\boldsymbol{k}$ 的旋度．

解　$$\mathbf{rot}\boldsymbol{A}=\begin{vmatrix}\boldsymbol{i} & \boldsymbol{j} & \boldsymbol{k}\\ \dfrac{\partial}{\partial x} & \dfrac{\partial}{\partial y} & \dfrac{\partial}{\partial z}\\ yz^2 & zx^2 & xy^2\end{vmatrix}$$

$$=\left(\frac{\partial}{\partial y}(xy^2)-\frac{\partial}{\partial z}(zx^2)\right)\boldsymbol{i}+\left(\frac{\partial}{\partial z}(yz^2)-\frac{\partial}{\partial x}(xy^2)\right)\boldsymbol{j}+\left(\frac{\partial}{\partial x}(zx^2)-\frac{\partial}{\partial y}(yz^2)\right)\boldsymbol{k}$$

$$=(2xy-x^2)\boldsymbol{i}+(2yz-y^2)\boldsymbol{j}+(2xz-z^2)\boldsymbol{k}.$$

延伸阅读 10.12　在 10.3 节中，利用格林公式推得了平面曲线积分与路径无关的条件．完全类似地，利用斯托克斯公式，可推得空间曲线积分与路径无关的条件．

设空间区域 G 是空间一维单连通区域，函数 $P(x, y, z)$，$Q(x, y, z)$，$R(x, y, z)$ 在 G 内具有一阶连续偏导数，则以下四个条件是等价的：

（1）对于 G 内任一段光滑的曲线 L，曲线积分 $\int_L P\mathrm{d}x+Q\mathrm{d}y+R\mathrm{d}z$ 与路径无关；

（2）对于 G 内任一按段光滑的封闭曲线 L，有 $\oint_L P\mathrm{d}x+Q\mathrm{d}y+R\mathrm{d}z=0$；

（3）$P\mathrm{d}x+Q\mathrm{d}y+R\mathrm{d}z$ 是 G 内某一函数 u 的全微分，即 $\mathrm{d}u=P\mathrm{d}x+Q\mathrm{d}y+R\mathrm{d}z$；

（4）$\dfrac{\partial P}{\partial y}=\dfrac{\partial Q}{\partial x}$，$\dfrac{\partial Q}{\partial z}=\dfrac{\partial R}{\partial y}$，$\dfrac{\partial R}{\partial x}=\dfrac{\partial P}{\partial z}$ 在 G 内处处成立．

习　题　10－7

A　组

1. 利用斯托克斯公式计算下列曲线积分．

(1) $\oint_\Gamma 2y\mathrm{d}x+6x\mathrm{d}y-z^2\mathrm{d}z$，其中 Γ 是 $x^2+y^2+z^2=R^2$ 与 $z=0$ 的交线，$R>0$. 若对着 z 轴正方向看去，则 Γ 的方向为逆时针方向；

(2) $\oint_L xz\mathrm{d}x+x\mathrm{d}y+\dfrac{y^2}{2}\mathrm{d}z$，其中 L 是柱面 $x^2+y^2=1$ 与平面 $z=x+y$ 的交线，从 z 轴正方向往 z 轴负方向看去为逆时针方向；

(3) $\oint_L (y^2-z^2)\mathrm{d}x+(2z^2-x^2)\mathrm{d}y+(3x^2-y^2)\mathrm{d}z$，其中 L 是平面 $x+y+z=2$ 与柱面

$|x|+|y|=1$ 的交线，从 z 轴正方向看去，L 为逆时针方向．

2. 求下列向量场 $\boldsymbol{A}$ 沿闭曲线 Γ 的环流量．

(1) $\boldsymbol{A}=(x-z)\boldsymbol{i}+(x^3+yz)\boldsymbol{j}-3xy^2\boldsymbol{k}$，$\Gamma$ 为圆周 $z=2-\sqrt{x^2+y^2}$，$z=0$，从 z 轴的正方向看去 Γ 取逆时针方向；

(2) $\boldsymbol{A}=-y\boldsymbol{i}+x\boldsymbol{j}+c\boldsymbol{k}$（$c$ 为常数），Γ 为圆周 $x^2+y^2=R^2$，$z=0$，从 z 轴的正方向看去 Γ 取逆时针方向．

3. 求下列向量场的旋度．

(1) $\boldsymbol{A}=x^2\boldsymbol{i}-2xy\boldsymbol{j}+z^2\boldsymbol{k}$；

(2) $\boldsymbol{A}=(z+\sin y)\boldsymbol{i}-(z-x\cos y)\boldsymbol{j}$．

4. 已知 $\boldsymbol{a}=3y\boldsymbol{i}+2z^2\boldsymbol{j}+xy\boldsymbol{k}$，$\boldsymbol{b}=x^2\boldsymbol{i}-4\boldsymbol{k}$，求 $\mathbf{rot}(\boldsymbol{a}\times\boldsymbol{b})$．

5. 设数量场 $u(x, y, z)$ 有二阶连续偏导数，试证明：$\mathbf{rot}(\mathbf{grad}u)=\mathbf{0}$．

6. 已知数量场 $a=xy^2+z^2+xyz$，点 M_0（1，1，2），M（3，3，3），试求：

(1) a 在点 M_0 处最大的方向导数和它的方向；

(2) a 在点 M_0 处沿 M_0M 方向的方向导数；

(3) $\mathbf{rot}(\mathbf{grad}a)$．

B　组

1. 计算 $\oint_L y^2\mathrm{d}x+x^2\mathrm{d}z$，其中 L 为曲线 $\begin{cases} z=x^2+y^2, \\ x^2+y^2=2ay, \end{cases}$ 方向取从 z 轴正向看去为顺时针方向．

2. 计算 $\oint_\Gamma xyz\mathrm{d}z$，其中 Γ 是平面 $y=z$ 截球面 $x^2+y^2+z^2=1$ 所得的截痕，从 z 轴的正向看去，沿逆时针方向．

第十一章

CHAPTER 11

无 穷 级 数

无穷级数是高等数学的重要组成部分，是与定积分密切相关的离散形式．它在函数表示、数值计算、求解微分方程等方面都有广泛的应用．本章我们先介绍常数项级数的基本内容，然后讨论幂级数的敛散性以及如何将函数展开成幂级数的问题，最后讨论傅里叶级数的问题．

第一节　常数项级数及其基本性质

一、常数项级数的概念

定义 11.1.1　设有数列 u_1，u_2，u_3，…，u_n，…，则表达式

$$u_1+u_2+u_3+\cdots+u_n+\cdots \tag{1}$$

称为常数项级数，简称数项级数或级数，记作 $\sum\limits_{n=1}^{\infty}u_n$，其中第 n 项 u_n 称为该级数的一般项或通项．

在这里我们如何理解表达式 $u_1+u_2+u_3+\cdots+u_n+\cdots$，即如何理解无穷多个数相加呢？考虑下面的数列：

记

$$\begin{gathered}s_1=u_1,\\ s_2=u_1+u_2,\\ s_3=u_1+u_2+u_3,\\ \cdots\cdots\\ s_n=u_1+u_2+u_3+\cdots+u_n,\\ \cdots\cdots\end{gathered}$$

我们称数列 $\{s_n\}$ 为级数 $\sum\limits_{n=1}^{\infty}u_n$ 的部分和数列，s_n 称为级数 $\sum\limits_{n=1}^{\infty}u_n$ 的前 n 项和．显然级数 $\sum\limits_{n=1}^{\infty}u_n$ 与它的部分和数列 $\{s_n\}$ 有密切联系，下面通过部分和数列 $\{s_n\}$ 的收敛性来给出级数 $\sum\limits_{n=1}^{\infty}u_n$ 的收敛与发散的定义．

定义 11.1.2　当 $n\to\infty$ 时，若级数 $\sum\limits_{n=1}^{\infty}u_n$ 的部分和数列 $\{s_n\}$ 有极限 s，即 $\lim\limits_{n\to\infty}s_n=s$，则称级数 $\sum\limits_{n=1}^{\infty}u_n$ 收敛，并称 s 为级数之和，记作

$$s = \sum_{n=1}^{\infty} u_n = u_1 + u_2 + \cdots + u_n + \cdots.$$

若极限$\lim\limits_{n\to\infty} s_n$不存在，则称级数(1)发散．

当级数收敛时，其部分和s_n为级数和s的近似值，它们之差用r_n表示：

$$r_n = s - s_n = \sum_{k=1}^{\infty} u_k - \sum_{k=1}^{n} u_k = \sum_{k=n+1}^{\infty} u_k = u_{n+1} + u_{n+2} + \cdots$$

称为级数的余项，用s_n近似代替s所产生的误差就是此余项的绝对值$|r_n|$.

当级数发散时，$\sum\limits_{n=1}^{\infty} u_n$无意义，仅是一个记号而已．

例 1　判定级数$\sum\limits_{n=1}^{\infty} \dfrac{2n+1}{n^2(n+1)^2}$的敛散性．

解　因为$u_n = \dfrac{1}{n^2} - \dfrac{1}{(n+1)^2}$，其部分和

$$\begin{aligned} s_n &= u_1 + u_2 + \cdots + u_n \\ &= \left(\frac{1}{1^2} - \frac{1}{2^2}\right) + \left(\frac{1}{2^2} - \frac{1}{3^2}\right) + \cdots + \left(\frac{1}{n^2} - \frac{1}{(n+1)^2}\right) \\ &= 1 - \frac{1}{(n+1)^2}, \end{aligned}$$

$$\lim_{n\to\infty} s_n = \lim_{n\to\infty}\left(1 - \frac{1}{(n+1)^2}\right) = 1,$$

所以原级数收敛，其和为 1.

例 2　试证等比级数(几何级数)

$$\sum_{n=1}^{\infty} aq^{n-1} = a + aq + aq^2 + \cdots + aq^{n-1} + \cdots (a \neq 0),$$

当$|q|<1$时，级数收敛，当$|q|\geqslant 1$时，级数发散．

证　当公比$q\neq 1$时，部分和

$$s_n = a + aq + aq^2 + \cdots + aq^{n-1} = \frac{a - aq^n}{1-q} = \frac{a(1-q^n)}{1-q},$$

所以，若$|q|<1$，由于$\lim\limits_{n\to\infty}(1-q^n)=1$，所以

$$\lim_{n\to\infty} s_n = \lim_{n\to\infty} \frac{a(1-q^n)}{1-q} = \frac{a}{1-q},$$

即当公比$|q|<1$时，等比级数收敛，其和为$\dfrac{a}{1-q}$.

若$|q|>1$，由于$\lim\limits_{n\to\infty}(1-q^n)=\infty$，所以$s_n$发散，此时等比级数发散．

若公比$q=1$时，$s_n = na$，显然发散．若公比$q=-1$时，s_n的值与项数的奇偶性有关，容易证明在$n\to\infty$时，s_n也无极限．所以当$|q|=1$时，等比级数也发散．

例 3　讨论级数$\sum\limits_{n=1}^{\infty}(2n-1)$的敛散性．

解　因为部分和

$$s_n = 1 + 3 + 5 + \cdots + (2n-1) = n^2,$$

而

$$\lim_{n\to\infty} s_n = \lim_{n\to\infty} n^2 = \infty,$$

所以原级数发散．

延伸阅读 11.1　早在大约公元前 450 年，古希腊有一位名叫 Zeno 的学者，曾提出若干个在数学发展史上产生过重大影响的悖论．"人追赶乌龟"就是其中较为著名的一个．

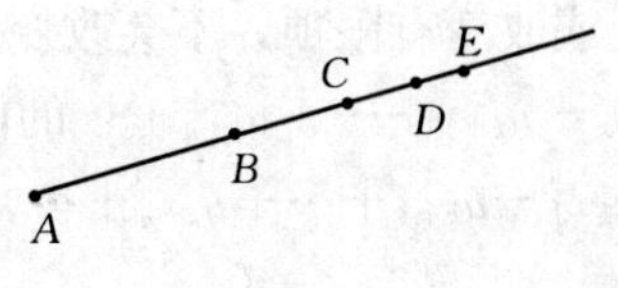

图 11-1

如果说人和乌龟赛跑，人追不上乌龟，你相信吗？图 11-1 中，假设一人位于 A 处，沿着射线的方向追赶位于 B 处的乌龟，当人跑到 B 处时，乌龟在 C 处，当人跑到 C 处时，乌龟在 D 处，而当人跑到 D 处的时候，乌龟又来到了 E 处……这样一来，人不管怎么跑，总是在乌龟的后面！这简直是荒谬，可是人怎么样才能追上乌龟呢？下面我们用无穷级数来解决这个问题．

设人的速度为 5m/s，乌龟的速度为 1m/s，再假设 AB 的长度为 20m，当人到达 B 处时，所需时间为 $\frac{20}{5}$s，这时乌龟在 C 处，BC 的长度为 $\frac{20}{5}\times 1$m，人到达 C 处需要花费时间 $\frac{\frac{20}{5}\times 1}{5}$s，……，依此类推，人追上乌龟需要的时间为

$$T=\frac{20}{5}+\frac{\frac{20}{5}\times 1}{5}+\frac{\frac{\frac{20}{5}\times 1}{5}}{5}+\cdots=20\times\left(\frac{1}{5}+\frac{1}{5^2}+\frac{1}{5^3}+\cdots\right),$$

由等比级数的性质，容易知道

$$T=20\times\frac{\frac{1}{5}}{1-\frac{1}{5}}=5.$$

实际上，造成人们感到困惑的原因在于，常识上人们总认为一个量只要不断地增加，哪怕是增加得很小很小，那么它就会变为无穷大，这是错误的．

二、数项级数的基本性质

性质 1　若级数 $\sum_{n=1}^{\infty}u_n$ 收敛于 s，则级数 $\sum_{n=1}^{\infty}ku_n$ 收敛于 ks，其中 k 为常数．

证　设级数 $\sum_{n=1}^{\infty}u_n$ 与级数 $\sum_{n=1}^{\infty}ku_n$ 的部分和分别为 s_n 与 σ_n，则

$$\sigma_n=ku_1+ku_2+\cdots+ku_n=ks_n,$$

于是

$$\lim_{n\to\infty}\sigma_n=\lim_{n\to\infty}ks_n=k\lim_{n\to\infty}s_n=ks,$$

因此 $\sum_{n=1}^{\infty}ku_n$ 收敛于 ks.

从证明中可以看出，若 s_n 无极限且 $k\neq 0$，那么 σ_n 也不可能有极限．由此可知，级数每一项同乘一个非零常数，其敛散性不改变．

性质 2　若级数 $\sum_{n=1}^{\infty}u_n$ 与 $\sum_{n=1}^{\infty}v_n$ 分别收敛于 s 与 σ，则级数 $\sum_{n=1}^{\infty}(u_n\pm v_n)$ 收敛于 $s\pm\sigma$.

证 由于和级数的部分和是 $\sum_{n=1}^{\infty} u_n$ 与 $\sum_{n=1}^{\infty} v_n$ 的部分和之和，当 $\sum_{n=1}^{\infty} u_n$ 与 $\sum_{n=1}^{\infty} v_n$ 的部分和收敛时，和级数的部分和显然收敛，由极限的四则运算法则，结论显然.

性质 2 说明两个收敛级数可逐项相加(或相减).

性质 3 在级数中去掉、加上或改变有限项，不会改变级数的收敛性.

证 设将级数 $u_1+u_2+\cdots+u_k+u_{k+1}+\cdots+u_{k+n}+\cdots$ 的前 k 项去掉，则得级数

$$u_{k+1}+u_{k+2}+\cdots+u_{k+n}+\cdots,$$

于是新级数的部分和为

$$R_n=u_{k+1}+\cdots+u_{k+n}=s_{k+n}-s_k,$$

其中 s_{k+n} 是原级数的前 $k+n$ 项的和，因为 s_k 为常数，所以当 $n\to\infty$ 时，R_n 与 s_{k+n} 有相同的收敛性. 因此在级数的前面去掉有限项不改变级数的收敛性.

类似地，可以证明在级数中加上或改变有限项的情形.

性质 4 收敛级数加括号后所成的级数仍收敛于原级数的和.

证 容易看到，对于收敛级数加括号后的级数，其部分和数列是原级数部分和数列的子数列，由于子数列与原数列有相同的收敛性和极限值，故命题成立.

注意：加括号后收敛的级数原级数不一定收敛. 例如，级数

$$1-1+1-1+\cdots+1-1+\cdots$$

的部分和数列发散，因而级数发散. 但级数 $(1-1)+(1-1)+\cdots+(1-1)+\cdots$ 却收敛.

推论 如果加括号所成的级数发散，则原来的级数一定发散.

性质 5(级数收敛的必要条件) 若级数 $\sum_{n=1}^{\infty} u_n$ 收敛，则必有 $\lim\limits_{n\to\infty} u_n=0$.

证 记 $s_n=u_1+u_2+\cdots+u_n$，$s_{n-1}=u_1+u_2+\cdots+u_{n-1}$，因此

$$u_n=s_n-s_{n-1}.$$

假设级数 $\sum_{n=1}^{\infty} u_n$ 收敛于 s，则有

$$\lim_{n\to\infty} s_n=\lim_{n\to\infty} s_{n-1}=s,$$

从而

$$\lim_{n\to\infty} u_n=\lim_{n\to\infty}(s_n-s_{n-1})=\lim_{n\to\infty} s_n-\lim_{n\to\infty} s_{n-1}=s-s=0.$$

性质 5 说明收敛级数的通项必趋于 0，但其逆命题不对.

例 4 证明调和级数 $\sum_{n=1}^{\infty} \frac{1}{n}$ 是发散级数.

证 记 $s_n=\sum_{k=1}^{n} u_k$，$s_{2n}=\sum_{k=1}^{2n} u_k$. 假设级数 $\sum_{n=1}^{\infty} \frac{1}{n}$ 收敛，其和为 s，则

$$\lim_{n\to\infty} s_n=\lim_{n\to\infty} s_{2n}=s,$$

而

$$s_{2n}-s_n=\frac{1}{n+1}+\frac{1}{n+2}+\cdots+\frac{1}{n+n}>\frac{n}{n+n}=\frac{1}{2},$$

这显然与上式矛盾，故调和级数 $\sum_{n=1}^{\infty} \frac{1}{n}$ 是发散级数.

此例中的级数一般项趋于零，但仍然发散. 因此一般项趋于零是级数收敛的必要条件而不是充分条件. 不过，性质 5 虽然不能判定级数收敛，但是可以用来判定某些级数发散，也

就是说，若级数的通项 u_n 不趋于零，则此级数必发散．

例 5　判定级数 $\sum\limits_{n=1}^{\infty}\frac{1}{\sqrt[n]{n}}$ 的敛散性．

解　因为 $\lim\limits_{n\to\infty}\frac{1}{\sqrt[n]{n}}=1\neq0$，所以原级数发散．

延伸阅读 11.2　由于级数 $\sum\limits_{n=1}^{\infty}u_n$ 的收敛与它的部分和数列 $\{s_n\}$ 的收敛是等价的，故由数列收敛的柯西准则，不难得到下面级数的柯西收敛准则．

级数 $\sum\limits_{n=1}^{\infty}u_n$ 收敛 $\Leftrightarrow\forall\varepsilon>0$，$\exists N>0$，使得当 $n>N$ 时，有 $|s_{n+p}-s_n|<\varepsilon$，$\forall p\in\mathbf{N}$（$\mathbf{N}$ 为自然数集），即 $|u_{n+1}+u_{n+2}+\cdots+u_{n+p}|<\varepsilon$.

柯西收敛准则告诉我们，收敛级数抽取后面的任意一段，其各项和的绝对值可以任意小．

根据柯西收敛准则的必要性，若级数 $\sum\limits_{n=1}^{\infty}u_n$ 收敛，则 $\forall\varepsilon>0$，$\exists N>0$，使得当 $n>N$ 时，取 $p=1$，有 $|u_{n+1}|<\varepsilon$. 于是，有若级数 $\sum\limits_{n=1}^{\infty}u_n$ 收敛，则 $\lim\limits_{n\to\infty}u_n=0$.

利用柯西收敛准则，我们也可以证明调和级数 $\sum\limits_{n=1}^{\infty}\frac{1}{n}$ 发散．取 $p=n$，考虑

$$|s_{2n}-s_n|=\frac{1}{n+1}+\frac{1}{n+2}+\cdots+\frac{1}{2n}>\frac{1}{2n}+\frac{1}{2n}+\cdots+\frac{1}{2n}=\frac{1}{2}.$$

这表明，不管 n 取多么大，$|s_{2n}-s_n|$ 都不可能任意小，所以调和级数发散．

习　题　11－1

A　组

1. 判别下列说法是否正确？

(1) 若 $\sum\limits_{n=1}^{\infty}u_n$ 收敛，则 $\sum\limits_{n=1}^{\infty}u_{n+1000}$ 也收敛；

(2) 若 $\sum\limits_{n=1}^{\infty}(u_n+v_n)$ 收敛，则 $\sum\limits_{n=1}^{\infty}u_n$ 和 $\sum\limits_{n=1}^{\infty}v_n$ 都收敛．

2. 求下列级数的和．

(1) $\sum\limits_{n=1}^{\infty}\frac{(-1)^{n-1}}{2^{n-1}}$；　(2) $\sum\limits_{n=1}^{\infty}\frac{1}{(5n-4)(5n+1)}$；

(3) $\sum\limits_{n=1}^{\infty}\frac{1}{4n^2-1}$；　(4) $\sum\limits_{n=1}^{\infty}(\sqrt{n+2}-2\sqrt{n+1}+\sqrt{n})$.

3. 讨论下列级数的敛散性．

(1) $\sum\limits_{n=1}^{\infty}\frac{n}{2n-1}$；　(2) $\sum\limits_{n=1}^{\infty}(-1)^n\frac{8^n}{9^n}$；

(3) $\sum\limits_{n=1}^{\infty}\cos\frac{\pi}{2n+1}$；　(4) $\sum\limits_{n=1}^{\infty}(\sqrt{n+1}-\sqrt{n})$；

(5) $\sum\limits_{n=1}^{\infty}\frac{1}{4n}$； (6) $\sum\limits_{n=1}^{\infty}\frac{3n^n}{(1+n)^n}$；

(7) $\sum\limits_{n=1}^{\infty}n^2\left(1-\cos\frac{1}{n}\right)$； (8) $\sum\limits_{n=1}^{\infty}\left(\frac{\ln^n 2}{2^n}+\frac{1}{3^n}\right)$；

(9) $\sum\limits_{n=1}^{\infty}\frac{1}{\sqrt{n(n+1)}(\sqrt{n}+\sqrt{n+1})}$； (10) $\sum\limits_{n=1}^{\infty}(\sqrt[2n+1]{a}-\sqrt[2n-1]{a})(a>0)$.

4. 若级数 $\sum\limits_{n=1}^{\infty}a_n$ 收敛，试判别级数 $\sum\limits_{n=1}^{\infty}\frac{a_n+a_{n+1}}{2}$ 的敛散性．

5. 设$\{u_n\}$是单调增加的有界数列，证明：级数 $\sum\limits_{n=1}^{\infty}(u_{n+1}^2-u_n^2)$ 收敛．

6. 设 $a_n=\int_0^{\frac{\pi}{4}}\tan^n x\,\mathrm{d}x(n=1,2,3,\cdots)$，求 $\sum\limits_{n=1}^{\infty}\frac{a_n+a_{n+2}}{n}$ 的值．

B 组

求常数项级数 $\sum\limits_{n=1}^{\infty}\frac{n}{3^n}$ 之和．

第二节 数项级数的审敛法

一、正项级数及其审敛法

若 $u_n\geqslant 0(n=1,2,\cdots)$，则称数项级数

$$u_1+u_2+\cdots+u_n+\cdots \tag{1}$$

为正项级数，此时，其部分和数列满足

$$s_n=s_{n-1}+u_n\geqslant s_{n-1}(n=2,3,\cdots).$$

上式说明部分和数列$\{s_n\}$是单调增加的．若数列$\{s_n\}$有界，即存在正数 M，使 $s_n\leqslant M$，由单调有界数列必有极限的准则可知，数列$\{s_n\}$必收敛，从而正项级数(1)收敛．反之，若正项级数(1)收敛，那么部分和数列$\{s_n\}$收敛，从而数列$\{s_n\}$必有界．于是，我们得到如下定理．

定理 11.2.1 正项级数 $\sum\limits_{n=1}^{\infty}u_n$ 收敛的充要条件是它的部分和数列有界．

利用定理 11.2.1，可以推出正项级数的一个基本而重要的审敛法：

定理 11.2.2(比较审敛法) 设有正项级数 $\sum\limits_{n=1}^{\infty}u_n$ 和 $\sum\limits_{n=1}^{\infty}v_n$，

(1) 若 $\sum\limits_{n=1}^{\infty}v_n$ 收敛，且 $u_n\leqslant v_n(n=1,2,\cdots)$，则 $\sum\limits_{n=1}^{\infty}u_n$ 收敛；

(2) 若 $\sum\limits_{n=1}^{\infty}v_n$ 发散，且 $v_n\leqslant u_n(n=1,2,\cdots)$，则 $\sum\limits_{n=1}^{\infty}u_n$ 发散．

证 (1) 因为正项级数 $\sum\limits_{n=1}^{\infty}v_n$ 收敛，所以其部分和 σ_n 有界，即存在正数 M，使得

$$\sigma_n=v_1+v_2+\cdots+v_n\leqslant M,$$

于是正项级数 $\sum\limits_{n=1}^{\infty}u_n$ 的部分和

$$s_n=u_1+u_2+\cdots+u_n\leqslant v_1+v_2+\cdots+v_n\leqslant M,$$

即数列$\{s_n\}$有界，由定理 11.2.1 知，级数 $\sum\limits_{n=1}^{\infty}u_n$ 收敛．

(2) 若 $\sum\limits_{n=1}^{\infty}u_n$ 收敛，由于 $v_n\leqslant u_n(n=1,2,\cdots)$，根据(1)知，级数 $\sum\limits_{n=1}^{\infty}v_n$ 收敛，矛盾，所以 $\sum\limits_{n=1}^{\infty}u_n$ 发散．

由于级数的每一项同乘以不为零的常数 k，以及增加、去掉或改变级数前面的有限项不会影响级数的敛散性，从而可得如下推论．

推论 1　设 $\sum\limits_{n=1}^{\infty}u_n$ 和 $\sum\limits_{n=1}^{\infty}v_n$ 都是正项级数，

(1) 如果级数 $\sum\limits_{n=1}^{\infty}v_n$ 收敛，且存在自然数 N，使当 $n\geqslant N$ 时，有 $u_n\leqslant kv_n(k>0)$成立，则级数 $\sum\limits_{n=1}^{\infty}u_n$ 收敛；

(2) 如果级数 $\sum\limits_{n=1}^{\infty}v_n$ 发散，且存在自然数 N，使当 $n\geqslant N$ 时，有 $u_n\geqslant kv_n(k>0)$成立，则级数 $\sum\limits_{n=1}^{\infty}u_n$ 发散．

另外，由定理 11.2.1 还可以得出一个正项级数的审敛法——积分判别法：

推论 2　设函数 $f(x)$在区间$(0,+\infty)$上非负且递减，则级数 $\sum\limits_{n=1}^{\infty}f(n)$ 与广义积分 $\int_1^{+\infty}f(x)\mathrm{d}x$ 的敛散性相同．

证　记 $s_n=\sum\limits_{k=1}^{n}f(k)$，$a_n=\int_1^n f(x)\mathrm{d}x$，由已知条件可知

$$f(k)\leqslant\int_{k-1}^{k}f(x)\mathrm{d}x\leqslant f(k-1),$$

对 k 从 2 到 n 求和，得到

$$\sum_{k=2}^{n}f(k)\leqslant\int_1^n f(x)\mathrm{d}x\leqslant\sum_{k=2}^{n}f(k-1),$$

由上式可得

$$s_n-f(1)\leqslant a_n\leqslant s_{n-1},$$

因此$\{s_n\}$和$\{a_n\}$的敛散性相同，从而级数 $\sum\limits_{n=1}^{\infty}f(n)$ 与广义积分 $\int_1^{+\infty}f(x)\mathrm{d}x$ 的敛散性相同．

延伸阅读 11.3　借助于面积大小的比较，可以给出推论 2 的一个明晰的几何解释．在图 11-2 中，画阴影的那些矩形条的面积之和等于 $\sum\limits_{k=2}^{n}f(k)$，较大的那些矩形条的面积之和等于 $\sum\limits_{k=2}^{n}f(k-1)$．将上述两个和数所表示的面积与积分 $\int_1^n f(x)\mathrm{d}x$ 所表示的面积作比较，我们得到 $\sum\limits_{k=2}^{n}f(k)\leqslant\int_1^n f(x)\mathrm{d}x\leqslant\sum\limits_{k=2}^{n}f(k-1)$．由此可知，级数 $\sum\limits_{n=1}^{\infty}f(n)$ 与积分 $\int_1^{+\infty}f(x)\mathrm{d}x$ 有相同的敛散性．

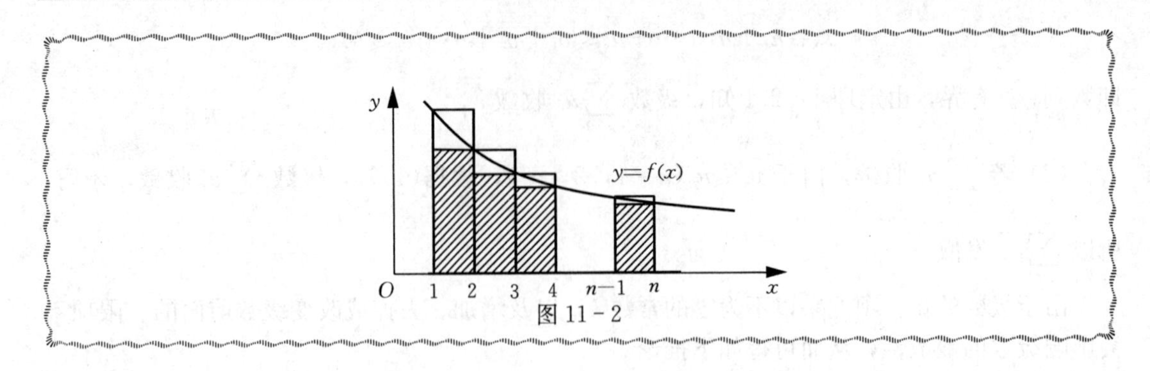

图 11-2

例 1 讨论 p-级数

$$1+\frac{1}{2^p}+\frac{1}{3^p}+\cdots+\frac{1}{n^p}+\cdots$$

的敛散性，其中 p 为常数．

解 当 $p\leqslant 0$ 时，一般项 $u=\frac{1}{n^p}$ 不趋于 0，故 p-级数发散．

当 $0<p\leqslant 1$ 时，有

$$\frac{1}{n^p}\geqslant\frac{1}{n}\,(n=1,\ 2,\ \cdots),$$

而 $\sum\limits_{n=1}^{\infty}\frac{1}{n}$ 发散，由比较审敛法知，p-级数发散．

当 $p>1$ 时，$\int_1^{+\infty}\frac{1}{x^p}\mathrm{d}x=\frac{1}{1-p}x^{1-p}\Big|_1^{+\infty}=\frac{1}{p-1}$，

则由积分判别法可得，p-级数收敛．

综上所述，当 $p>1$ 时，p-级数收敛；当 $p\leqslant 1$ 时，p-级数发散．

例 2 判定级数(1) $\sum\limits_{n=1}^{\infty}\frac{1}{(n+1)(n+4)}$；(2) $\sum\limits_{n=2}^{\infty}\frac{1}{n\ln n}$ 的敛散性．

解 (1) 因为 $\frac{1}{(n+1)(n+4)}=\frac{1}{n^2+5n+4}<\frac{1}{n^2}$，而 $\sum\limits_{n=1}^{\infty}\frac{1}{n^2}$ 为 $p=2$ 的 p-级数，故收敛，所以由比较审敛法知，原级数收敛．

(2) 由于 $\int_2^{+\infty}\frac{1}{x\ln x}\mathrm{d}x=\ln\ln x\Big|_2^{+\infty}=+\infty$，则由积分判别法知，级数 $\sum\limits_{n=2}^{\infty}\frac{1}{n\ln n}$ 发散．

下面给出应用上更方便的一个判别法——比较审敛法的极限形式．

定理 11.2.3(比较审敛法的极限形式) 设 $\sum\limits_{n=1}^{\infty}u_n$ 及 $\sum\limits_{n=1}^{\infty}v_n$ 为两个正项级数，若 $\lim\limits_{n\to\infty}\frac{u_n}{v_n}=l$，则

(1) 当 $0<l<+\infty$ 时，$\sum\limits_{n=1}^{\infty}u_n$ 与 $\sum\limits_{n=1}^{\infty}v_n$ 同时收敛或同时发散；

(2) 当 $l=0$ 时，由 $\sum\limits_{n=1}^{\infty}v_n$ 收敛，可得 $\sum\limits_{n=1}^{\infty}u_n$ 收敛；

(3) 当 $l=+\infty$ 时，由 $\sum\limits_{n=1}^{\infty}v_n$ 发散，可得 $\sum\limits_{n=1}^{\infty}u_n$ 发散．

证　(1) 由极限定义可知，对 $\varepsilon=\frac{l}{2}$，存在自然数 N，当 $n>N$ 时，有不等式

$$\left|\frac{u_n}{v_n}-l\right|<\frac{l}{2},$$

即

$$\frac{l}{2}v_n<u_n<\frac{3}{2}lv_n,$$

根据定理 11.2.2 的推论 1 可知，$\sum\limits_{n=1}^{\infty}u_n$ 与 $\sum\limits_{n=1}^{\infty}v_n$ 同时收敛或同时发散．

类似地，可证(2)、(3)．

例 3　判定级数 $\sum\limits_{n=1}^{\infty}\tan\frac{n}{n^2+n+1}$ 的敛散性．

解　记 $u_n=\tan\frac{n}{n^2+n+1}$，再取 $v_n=\frac{1}{n}$，因为

$$\lim_{n\to\infty}\frac{u_n}{v_n}=\lim_{n\to\infty}\left[\left(\tan\frac{n}{n^2+n+1}\right)\cdot\frac{n}{1}\right]=\lim_{n\to\infty}\left(\frac{n}{n^2+n+1}\cdot\frac{n}{1}\right)=1,$$

而 $\sum\limits_{n=1}^{\infty}\frac{1}{n}$ 发散，所以由比较审敛法极限形式知，原级数也发散．

例 4　判定级数 $\sum\limits_{n=1}^{\infty}\left(1-\cos\frac{1}{n}\right)$ 的敛散性．

解　记 $u_n=1-\cos\frac{1}{n}$，再取 $v_n=\frac{1}{n^2}$，因为

$$\lim_{n\to\infty}\frac{u_n}{v_n}=\lim_{n\to\infty}\left[\left(1-\cos\frac{1}{n}\right)\cdot\frac{n^2}{1}\right]=\frac{1}{2},$$

而 $\sum\limits_{n=1}^{\infty}\frac{1}{n^2}$ 收敛，所以由比较审敛法极限形式知，原级数也收敛．

在应用比较审敛法时，等比级数 $\sum\limits_{n=1}^{\infty}aq^{n-1}$ 及 p-级数 $\sum\limits_{n=1}^{\infty}\frac{1}{n^p}$ 是最常用的作为比较的对象. 如果将所给正项级数与等比级数比较，我们就可得到使用更方便的比值审敛法和根值审敛法.

定理 11.2.4（比值审敛法）　设有正项级数 $\sum\limits_{n=1}^{\infty}u_n$，若

$$\lim_{n\to\infty}\frac{u_{n+1}}{u_n}=\rho,$$

则　(1) 当 $\rho<1$ 时，级数收敛；

(2) 当 $\rho>1$（含 $\rho=+\infty$）时，级数发散；

(3) 当 $\rho=1$ 时，级数可能收敛也可能发散．

证　(1) 根据数列极限的定义，对 $\varepsilon=\frac{1-\rho}{2}>0$，存在自然数 m，当 $n\geqslant m$ 时，有不等式

$$\frac{u_{n+1}}{u_n}<\varepsilon+\rho=\frac{1+\rho}{2}=q<1,$$

因此有

$$u_{m+1}<qu_m，u_{m+2}<qu_{m+1}<q^2u_m，u_{m+3}<qu_{m+2}<q^3u_m，\cdots.$$

这样级数

$$u_{m+1}+u_{m+2}+u_{m+3}+\cdots$$

的各项就小于收敛的等比级数(因为公比 $q<1$)

$$qu_m+q^2u_m+q^3u_m+\cdots$$

的对应项，所以级数 $u_{m+1}+u_{m+2}+u_{m+3}+\cdots$收敛，从而级数 $\sum\limits_{n=1}^{\infty}u_n$ 也收敛.

(2) 根据数列极限的定义，对$\varepsilon=\frac{\rho-1}{2}>0$，存在自然数 m，当 $n\geqslant m$ 时，有不等式$\frac{u_{n+1}}{u_n}>\rho-\varepsilon=\frac{1+\rho}{2}>1$，即 $u_{n+1}>u_n$，所以$\lim\limits_{n\to\infty}u_n\neq 0$，根据级数收敛的必要条件可知，级数 $\sum\limits_{n=1}^{\infty}u_n$ 发散.

(3) 可通过级数 $\sum\limits_{n=1}^{\infty}\frac{1}{n}$ 和$\sum\limits_{n=1}^{\infty}\frac{1}{n^2}$ 举例说明，结论显然.

例 5　判定级数 $\sum\limits_{n=1}^{\infty}\frac{n+2}{2^n}$ 的敛散性.

解　因为

$$\lim_{n\to\infty}\frac{u_{n+1}}{u_n}=\lim_{n\to\infty}\left(\frac{n+3}{2^{n+1}}\cdot\frac{2^n}{n+2}\right)=\frac{1}{2}<1,$$

所以原级数收敛.

例 6　判定级数 $\sum\limits_{n=1}^{\infty}\frac{n!}{10^n}$ 的敛散性.

解　因为

$$\lim_{n\to\infty}\frac{u_{n+1}}{u_n}=\lim_{n\to\infty}\left(\frac{(n+1)!}{10^{n+1}}\cdot\frac{10^n}{n!}\right)=\infty,$$

所以原级数发散.

例 7　判定级数 $\sum\limits_{n=1}^{\infty}\frac{2^n\cdot n!}{n^n}$ 的敛散性.

解　因为

$$\lim_{n\to\infty}\frac{u_{n+1}}{u_n}=\lim_{n\to\infty}\frac{2^{n+1}(n+1)!\cdot n^n}{2^n n!\cdot(n+1)^{n+1}}=\lim_{n\to\infty}\frac{2}{\left(1+\frac{1}{n}\right)^n}=\frac{2}{\mathrm{e}}<1,$$

所以原级数收敛.

定理 11.2.5(根值审敛法)　设正项级数 $\sum\limits_{n=1}^{\infty}u_n$，有$\lim\limits_{n\to\infty}\sqrt[n]{u_n}=\rho$，则

(1) 当 $\rho<1$ 时，级数收敛;

(2) 当 $\rho>1$(或$\lim\limits_{n\to\infty}\sqrt[n]{u_n}=+\infty$)时，级数发散;

(3) 当 $\rho=1$ 时，级数可能收敛也可能发散.

证明从略.

例 8　判别级数 $\sum\limits_{n=1}^{\infty}\left(\frac{n}{2n+1}\right)^n$ 的敛散性.

解　因为$\lim\limits_{n\to\infty}\sqrt[n]{u_n}=\lim\limits_{n\to\infty}\sqrt[n]{\left(\frac{n}{2n+1}\right)^n}=\frac{1}{2}<1$，所以由根值审敛法可知，该级数收敛.

延伸阅读 11.4　当用比值审敛法或根值审敛法对正项级数的敛散性进行判别时，如果所计算的比值或根值式子的极限不存在，则可使用上、下极限的形式来判别．

在有界数列 $\{x_n\}$ 中，若它的一个子列的极限为 ξ，称 ξ 为数列 $\{x_n\}$ 的一个极限点．$\{x_n\}$ 的所有极限点的最大值 M，称为数列 $\{x_n\}$ 的上极限，记为 $M=\overline{\lim\limits_{n\to\infty}}x_n$；$\{x_n\}$ 的所有极限点的最小值 m，称为数列 $\{x_n\}$ 的下极限，记为 $m=\underline{\lim\limits_{n\to\infty}}x_n$．例如，$\overline{\lim\limits_{n\to\infty}}(-1)^n=1$，$\underline{\lim\limits_{n\to\infty}}(-1)^n=-1$．

比值审敛法：设 $\sum\limits_{n=1}^{\infty}u_n$ 为正项级数，若 $\overline{\lim\limits_{n\to\infty}}\dfrac{u_{n+1}}{u_n}=\overline{q}<1$，则级数收敛；若 $\underline{\lim\limits_{n\to\infty}}\dfrac{u_{n+1}}{u_n}=\underline{q}>1$，则级数发散，其他情况无法判定．

根值审敛法：设 $\sum\limits_{n=1}^{\infty}u_n$ 为正项级数，若 $\overline{\lim\limits_{n\to\infty}}\sqrt[n]{u_n}=q<1$，则级数收敛；若 $\overline{\lim\limits_{n\to\infty}}\sqrt[n]{u_n}=q>1$，则级数发散；若 $\overline{\lim\limits_{n\to\infty}}\sqrt[n]{u_n}=q=1$，无法判定．

一般来讲，根值审敛法较比值审敛法更有效．例如，级数 $\sum\limits_{n=1}^{\infty}\dfrac{2+(-1)^n}{2^n}$，由于 $\overline{\lim\limits_{n\to\infty}}\dfrac{u_{n+1}}{u_n}=\lim\limits_{m\to\infty}\dfrac{u_{2m}}{u_{2m-1}}=\dfrac{3}{2}>1$，$\underline{\lim\limits_{n\to\infty}}\dfrac{u_{n+1}}{u_n}=\lim\limits_{m\to\infty}\dfrac{u_{2m+1}}{u_{2m}}=\dfrac{1}{6}<1$，故由比值审敛法无法判断此级数的敛散性，但应用根值审敛法可以判断出此级数是收敛的．

由于这两个判别法都是与等比级数 $\sum\limits_{n=1}^{\infty}q^n$ 比较得到的，因此它们只能判别比等比级数收敛快或发散快的正项级数．为了扩大判别法的使用范围，可以寻找比等比级数收敛更慢或发散更慢的正项级数作为比较的尺度，例如我们可以选择 p-级数 $\sum\limits_{n=1}^{\infty}\dfrac{1}{n^p}$ 作为比较的尺度．然而人们发现，任何一个收敛或发散的正项级数，总能构造出比它收敛更慢或发散更慢的正项级数．因此，建立能判别一切正项级数敛散性的“万能”判别法是不可能的．

二、交错级数及其审敛法

所谓交错级数，指级数各项正负交错出现

$$u_1-u_2+u_3-u_4+\cdots+(-1)^{n-1}u_n+\cdots,$$

或

$$-u_1+u_2-u_3+u_4-\cdots+(-1)^nu_n+\cdots,$$

其中 $u_n\geqslant0(n=1,2,\cdots)$．

例如，$\sum\limits_{n=1}^{\infty}(-1)^{n-1}\dfrac{1}{n}=1-\dfrac{1}{2}+\dfrac{1}{3}+\cdots+(-1)^{n-1}\dfrac{1}{n}+\cdots$ 就是一个交错级数．

对于交错级数，有一个很简单的收敛判别法：

定理 11.2.6（莱布尼茨判别法）　若交错级数 $\sum\limits_{n=1}^{\infty}(-1)^{n-1}u_n$ 满足：

（1）$u_n\geqslant u_{n+1}(n=1,2,\cdots)$；

（2）$\lim\limits_{n\to\infty}u_n=0$，

则级数 $\sum\limits_{n=1}^{\infty}(-1)^{n-1}u_n$ 收敛，且其和 $s\leqslant u_1$．

证　首先把级数 $\sum\limits_{n=1}^{\infty}(-1)^{n-1}u_n$ 前 $2k$ 项的和 s_{2k} 写成下列两种形式：

$$s_{2k}=(u_1-u_2)+(u_3-u_4)+\cdots+(u_{2k-1}-u_{2k})$$

及
$$s_{2k}=u_1-(u_2-u_3)-(u_4-u_5)-\cdots-(u_{2k-2}-u_{2k-1})-u_{2k},$$

由条件(1)知道括号中的差均非负．由第一种形式可见 s_{2k} 随 k 增大而增大；由第二种形式可见 $s_{2k}<u_1$．于是，由单调有界数列必有极限的准则可知，数列 $\{s_{2k}\}$ 存在极限 s，并且 s 不大于 u_1，即

$$\lim_{k\to\infty}s_{2k}=s\leqslant u_1.$$

又因为
$$s_{2k+1}=s_{2k}+u_{2k+1},$$

所以
$$\lim_{k\to\infty}s_{2k+1}=\lim_{k\to\infty}s_{2k}+\lim_{k\to\infty}u_{2k+1}=s+0=s,$$

因此 $\lim\limits_{n\to\infty}s_n=s$，即级数 $\sum\limits_{n=1}^{\infty}(-1)^{n-1}u_n$ 收敛于和 s，且 $s\leqslant u_1$．

例 9　判断交错级数 $\sum\limits_{n=1}^{\infty}(-1)^{n-1}\dfrac{1}{\ln(n+1)}$ 的敛散性．

解　因为
$$u_n=\frac{1}{\ln(n+1)}>\frac{1}{\ln(n+2)}=u_{n+1}(n=1,\ 2,\ \cdots),$$

又
$$\lim_{n\to\infty}u_n=\lim_{n\to\infty}\frac{1}{\ln(n+1)}=0,$$

所以由定理 11.2.6 知，该级数收敛．

三、任意项级数及其审敛法

设有级数

$$u_1+u_2+\cdots+u_n+\cdots,\tag{2}$$

其中 $u_n(n=1,\ 2,\ \cdots)$ 是任意实数，称级数(2)为任意项级数．

对于任意项级数 $\sum\limits_{n=1}^{\infty}u_n$，如果正项级数 $\sum\limits_{n=1}^{\infty}|u_n|$ 收敛，则称级数 $\sum\limits_{n=1}^{\infty}u_n$ 绝对收敛；如果级数 $\sum\limits_{n=1}^{\infty}u_n$ 收敛，但级数 $\sum\limits_{n=1}^{\infty}|u_n|$ 发散，则称级数 $\sum\limits_{n=1}^{\infty}u_n$ 条件收敛．易知级数 $\sum\limits_{n=1}^{\infty}(-1)^n\dfrac{1}{n^2}$ 为绝对收敛，而根据莱布尼茨判别法，级数 $\sum\limits_{n=1}^{\infty}(-1)^{n-1}\dfrac{1}{n}$ 为条件收敛．

定理 11.2.7　若任意项级数 $\sum\limits_{n=1}^{\infty}u_n$ 绝对收敛，则此级数 $\sum\limits_{n=1}^{\infty}u_n$ 收敛．

证　设 $v_n=\dfrac{1}{2}(u_n+|u_n|)(n=1,\ 2,\ \cdots)$，显然，$0\leqslant v_n\leqslant|u_n|$，而级数 $\sum\limits_{n=1}^{\infty}|u_n|$ 收敛，根据比较审敛法可知，正项级数 $\sum\limits_{n=1}^{\infty}v_n$ 收敛．而 $u_n=2v_n-|u_n|$，故级数 $\sum\limits_{n=1}^{\infty}u_n$ 收敛．

例 10　判别级数 $\sum\limits_{n=1}^{\infty}\dfrac{\sin n}{n^2}$ 的敛散性．

解　因为 $\left|\dfrac{\sin n}{n^2}\right|\leqslant\dfrac{1}{n^2}$，而级数 $\sum\limits_{n=1}^{\infty}\dfrac{1}{n^2}$ 收敛，所以级数 $\sum\limits_{n=1}^{\infty}\left|\dfrac{\sin n}{n^2}\right|$ 收敛，即 $\sum\limits_{n=1}^{\infty}\dfrac{\sin n}{n^2}$ 绝对

收敛．

一般来说，对于任意项级数 $\sum_{n=1}^{\infty} u_n$，我们可先利用正项级数判别法考察 $\sum_{n=1}^{\infty} |u_n|$ 的敛散性．当 $\sum_{n=1}^{\infty} |u_n|$ 收敛时，级数 $\sum_{n=1}^{\infty} u_n$ 为绝对收敛；当 $\sum_{n=1}^{\infty} |u_n|$ 发散时，再判别 $\sum_{n=1}^{\infty} u_n$ 是否收敛．如果级数 $\sum_{n=1}^{\infty} |u_n|$ 发散，一般不能断定级数 $\sum_{n=1}^{\infty} u_n$ 也发散．但是，如果用比值判别法或根值判别法判定级数 $\sum_{n=1}^{\infty} |u_n|$ 为发散，则必有 $\lim_{n\to\infty} |u_n| \neq 0$，从而有 $\lim_{n\to\infty} u_n \neq 0$，这时可直接判定 $\sum_{n=1}^{\infty} u_n$ 发散．总之，判定任意项级数 $\sum_{n=1}^{\infty} u_n$ 的敛散性，就是要明确指出 $\sum_{n=1}^{\infty} u_n$ 是绝对收敛、条件收敛和发散三种情况中的哪一种．

延伸阅读 11.5　下面介绍两个重要的任意项级数收敛的判别方法，即狄利克雷判别法和阿贝尔判别法，它们都适用于判别形如 $\sum_{n=1}^{\infty} u_n v_n = u_1 v_1 + u_2 v_2 + \cdots + u_n v_n + \cdots$ 的任意项级数的敛散性．

狄利克雷判别法　若级数 $\sum_{n=1}^{\infty} u_n v_n$ 满足：(1) $\{v_n\}$ 单调趋于零；(2) $s_n = \sum_{k=1}^{n} u_k$ 有界，即 $\exists M > 0$，使 $|s_n| \leqslant M (n=1, 2, \cdots)$，则该级数收敛．

显然，莱布尼茨判别法是狄利克雷判别法的特殊情况．

阿贝尔判别法　若级数 $\sum_{n=1}^{\infty} u_n v_n$ 满足：(1) $\{v_n\}$ 单调有界；(2) 级数 $\sum_{n=1}^{\infty} u_n$ 收敛，则该级数收敛．

以上两种判别法的条件互有强弱，在使用中用哪个判别法较好，要对具体问题进行具体分析．

例 11　判定级数 $\sum_{n=1}^{\infty} (-1)^{n-1} \frac{1}{n^p}$ 的敛散性，其中 p 为常数．

解　(1) 当 $p \leqslant 0$ 时，$u_n = (-1)^{n-1} \frac{1}{n^p}$ 不趋于 0，故 $\sum_{n=1}^{\infty} (-1)^{n-1} \frac{1}{n^p}$ 发散；

(2) 当 $0 < p \leqslant 1$ 时，$\sum_{n=1}^{\infty} \frac{1}{n^p}$ 发散，由莱布尼茨判别法知，$\sum_{n=1}^{\infty} (-1)^{n-1} \frac{1}{n^p}$ 收敛，故 $\sum_{n=1}^{\infty} (-1)^{n-1} \frac{1}{n^p}$ 条件收敛；

(3) 当 $p > 1$ 时，$\sum_{n=1}^{\infty} \left| (-1)^{n-1} \frac{1}{n^p} \right| = \sum_{n=1}^{\infty} \frac{1}{n^p}$ 收敛，故 $\sum_{n=1}^{\infty} (-1)^{n-1} \frac{1}{n^p}$ 绝对收敛．

延伸阅读 11.6　设有两个收敛的数项级数 $\sum_{n=1}^{\infty} u_n = s$，$\sum_{n=1}^{\infty} v_n = \sigma$，考虑它们的乘积级数，可以仿照有限和式的乘法，写出一切可能的乘积项 $u_i v_j (i, j=1, 2, \cdots)$ 再相加．其乘积项可排列成一个无穷矩阵

$$\begin{pmatrix} u_1v_1 & u_1v_2 & u_1v_3 & \cdots & u_1v_n & \cdots \\ u_2v_1 & u_2v_2 & u_2v_3 & \cdots & u_2v_n & \cdots \\ u_3v_1 & u_3v_2 & u_3v_3 & \cdots & u_3v_n & \cdots \\ \vdots & \vdots & \vdots & & \vdots & \\ u_nv_1 & u_nv_2 & u_nv_3 & \cdots & u_nv_n & \cdots \\ \vdots & \vdots & \vdots & & \vdots & \end{pmatrix},$$

这些项的相加方法通常有两种．一是按对角线相加，称为柯西乘积，即有

$$u_1v_1+(u_1v_2+u_2v_1)+(u_1v_3+u_2v_2+u_3v_1)+\cdots;$$

另一种是按方块相加，即有

$$u_1v_1+(u_1v_2+u_2v_2+u_2v_1)+(u_1v_3+u_2v_3+u_3v_3+u_3v_2+u_3v_1)+\cdots.$$

那么在什么条件下，按上述方法得到的两个级数仍收敛，且它们都等于 $s\cdot\sigma$ 呢？若级数 $\sum\limits_{n=1}^{\infty}u_n=s$，$\sum\limits_{n=1}^{\infty}v_n=\sigma$ 都绝对收敛，则它们的各项的乘积 $u_iv_j(i,\ j=1,\ 2,\ \cdots)$ 按任意种次序相加后得到的级数仍收敛，且其和等于 $s\cdot\sigma$.

这说明，绝对收敛的两个数项级数满足分配律．事实上，绝对收敛的数项级数还满足交换律．

若级数 $\sum\limits_{n=1}^{\infty}u_n=s$ 绝对收敛，则任意交换级数 $\sum\limits_{n=1}^{\infty}u_n$ 的项，得到的新级数 $\sum\limits_{k=1}^{\infty}u_{n_k}$ 也绝对收敛，其和也是 s. 条件收敛的级数虽然不满足交换律，但却有下面的结论成立．

若级数 $\sum\limits_{n=1}^{\infty}u_n$ 条件收敛，$\forall s\in\mathbf{R}$(包括 $s=\pm\infty$)，则适当交换级数 $\sum\limits_{n=1}^{\infty}u_n$ 的项，可使交换后的新级数收敛于 s(或发散到 $\pm\infty$).

习 题 11-2

A 组

1. 判别下列说法是否正确．

(1) 若 $\sum\limits_{n=1}^{\infty}a_n$ 收敛，则 $\sum\limits_{n=1}^{\infty}|a_n|$ 必收敛；

(2) 若 $\sum\limits_{n=1}^{\infty}a_n$ 收敛，则 $\sum\limits_{n=1}^{\infty}(-1)^n a_n$ 必收敛．

2. 用比较审敛法判定下列级数的敛散性．

(1) $\sum\limits_{n=1}^{\infty}\dfrac{1}{n^2+1}$；

(2) $\sum\limits_{n=1}^{\infty}\dfrac{1+n}{1+n^2}$；

(3) $\sum\limits_{n=1}^{\infty}(\sqrt{n^3+1}-\sqrt{n^3})$；

(4) $\sum\limits_{n=1}^{\infty}\dfrac{1}{\sqrt{n(n+1)}}$；

(5) $\sum\limits_{n=1}^{\infty}2^n\sin\dfrac{1}{3^n}$；

(6) $\sum\limits_{n=1}^{\infty}\sin\dfrac{\pi}{2^n}$；

(7) $\sum\limits_{n=1}^{\infty}\dfrac{a^n}{1+a^{2n}}(a>0)$.

3. 用比值审敛法判定下列级数的敛散性.

(1) $\sum_{n=1}^{\infty}\frac{n}{3^n}$;　(2) $\sum_{n=1}^{\infty}\frac{5^{n-1}}{n!}$;

(3) $\sum_{n=1}^{\infty}n\left(\frac{3}{5}\right)^n$;　(4) $\sum_{n=1}^{\infty}n\tan\frac{1}{2^n}$;

(5) $\sum_{n=1}^{\infty}\frac{4^n}{5^n-3^n}$.

4. 用根值审敛法判定下列级数的敛散性.

(1) $\sum_{n=1}^{\infty}\left(\frac{n+1}{2n-1}\right)^n$;　(2) $\sum_{n=1}^{\infty}\frac{n^2}{2^n}$;

(3) $\sum_{n=1}^{\infty}\frac{n^2}{\left(n+\frac{1}{n}\right)^n}$;　(4) $\sum_{n=1}^{\infty}\frac{3^n}{\left(\frac{n+1}{n}\right)^{n^2}}$.

5. 判定下列级数是否收敛？如收敛，是绝对收敛还是条件收敛？

(1) $\sum_{n=1}^{\infty}(-1)^{n-1}\frac{n}{n^2+1}$;　(2) $\sum_{n=1}^{\infty}(-1)^n\frac{n}{2^n}$;

(3) $\sum_{n=1}^{\infty}(-1)^{n-1}\ln\left(1+\frac{1}{n}\right)$;　(4) $\sum_{n=1}^{\infty}\tan(\pi\sqrt{n^2+1})$;

(5) $\sum_{n=1}^{\infty}(-1)^{n-1}\frac{1}{(2n-1)^2}$;　(6) $\sum_{n=1}^{\infty}\left(\frac{1}{\sqrt{n}}-\frac{1}{\sqrt{n+1}}\right)\sin(n+k)$（$k$ 为常数）;

(7) $\sum_{n=1}^{\infty}\frac{(-1)^n}{na^n}(a>0)$.

6. 证明 $\lim\limits_{n\to\infty}\frac{2^n n!}{n^n}=0$.

7. 若 $\sum_{n=1}^{\infty}a_n^2$ 及 $\sum_{n=1}^{\infty}b_n^2$ 收敛，证明下列级数也收敛.

(1) $\sum_{n=1}^{\infty}|a_nb_n|$;　(2) $\sum_{n=1}^{\infty}(a_n+b_n)^2$;

(3) $\sum_{n=1}^{\infty}\frac{|a_n|}{n}$.

8. 设 $u_n>0$，$v_n>0(n=1, 2, \cdots)$，且 $\frac{u_{n+1}}{u_n}\leqslant\frac{v_{n+1}}{v_n}$，证明：若 $\sum_{n=1}^{\infty}v_n$ 收敛，则 $\sum_{n=1}^{\infty}u_n$ 也收敛.

B　组

1. 利用积分判别法讨论 $\sum_{n=3}^{\infty}\frac{\ln n}{n^p}(p\geqslant 1)$ 的敛散性.

2. 设 $f(x)$ 在 $x=0$ 的某一邻域具有二阶连续导数，且 $\lim\limits_{x\to 0}\frac{f(x)}{x}=0$，证明：级数 $\sum_{n=1}^{\infty}\sqrt{n}f\left(\frac{1}{n}\right)$ 绝对收敛.

3. 设数列$\{a_n\}$，$\{b_n\}$满足$0<a_n<\frac{\pi}{2}$，$0<b_n<\frac{\pi}{2}$，$\cos a_n-a_n=\cos b_n$，且级数$\sum_{n=1}^{\infty}b_n$收敛，证明：(1) $\lim_{n\to\infty}a_n=0$；(2) 级数$\sum_{n=1}^{\infty}\frac{a_n}{b_n}$收敛.

4. 已知函数$f(x)$可导，且$f(0)=1$，$0<f'(x)<\frac{1}{2}$，设数列$\{x_n\}$满足$x_{n+1}=f(x_n)(n=1,2,\cdots)$，证明：

(1) 级数$\sum_{n=1}^{\infty}(x_{n+1}-x_n)$绝对收敛；

(2) $\lim_{n\to\infty}x_n$存在，且$0<\lim_{n\to\infty}x_n<2$.

第三节　幂级数

一、函数项级数的一般概念

设有定义在区间I上的函数列

$$u_1(x),\ u_2(x),\ \cdots,\ u_n(x),\ \cdots,$$

则表达式

$$u_1(x)+u_2(x)+\cdots+u_n(x)+\cdots \tag{1}$$

称为定义在区间I上的函数项级数，简记为$\sum_{n=1}^{\infty}u_n(x)$.

对于区间I上每一点x_0，级数(1)成为一个数项级数，若数项级数$\sum_{n=1}^{\infty}u_n(x_0)$收敛，则称$x_0$为级数(1)的收敛点；若数项级数$\sum_{n=1}^{\infty}u_n(x_0)$发散，则称$x_0$为级数(1)的发散点．级数(1)的所有收敛点组成的集合称为它的收敛域，所有发散点组成的集合称为它的发散域．

设级数(1)的收敛域为D，则对于任意$x\in D$，级数(1)收敛，因而都有相应的和s，显然其和与x有关，记作$s(x)$，称为级数(1)的和函数，即有

$$s(x)=\sum_{n=1}^{\infty}u_n(x)(x\in D).$$

例如，级数$\sum_{n=0}^{\infty}x^n$的收敛域为$(-1,1)$，其和函数为$\frac{1}{1-x}$，即

$$\frac{1}{1-x}=\sum_{n=0}^{\infty}x^n,\ x\in(-1,1).$$

二、幂级数及其收敛域

函数项级数中最简单且最常见的就是幂级数，它的一般形式是

$$\sum_{n=0}^{\infty}a_n(x-x_0)^n=a_0+a_1(x-x_0)+a_2(x-x_0)^2+\cdots+a_n(x-x_0)^n+\cdots, \tag{2}$$

其中常数a_0，a_1，$\cdots$，a_n，$\cdots$称为幂级数的系数．如果在(2)中令

$$a_{n+1}=a_{n+2}=\cdots=0,$$

那么(2)就退化为一个多项式，因此多项式可看作是一种特殊的幂级数；反过来，幂级数也可看作是一个“无穷次”的多项式，以后将看到幂级数确有许多与多项式类似的性质．

为了讨论简便起见，我们通常在(2)中取 $x_0=0$，只讨论形如

$$\sum_{n=0}^{\infty} a_n x^n = a_0 + a_1 x + a_2 x^2 + \cdots + a_n x^n + \cdots \tag{3}$$

的幂级数，对于一般情形只需作变换 $t=x-x_0$，即可在(2)和(3)之间互化．

对于一个给定的幂级数，怎样来确定它的收敛域和发散域呢？也就是说，x 取数轴上哪些点时，级数(3)收敛，取哪些点时，级数(3)发散呢？前面我们求得级数 $\sum_{n=0}^{\infty} x^n$ 的收敛域是一个区间，事实上，这个结论对一般的幂级数也是成立的．我们首先证明如下定理：

定理 11.3.1(阿贝尔定理)　(1) 若幂级数(3)在 $x=x_0(x_0\neq 0)$ 处收敛，则对于适合不等式 $|x|<|x_0|$ 的一切 x，幂级数(3)都绝对收敛；

(2) 若幂级数(3)在 $x=x_0$ 处发散，则对于适合不等式 $|x|>|x_0|$ 的一切 x，幂级数(3)都发散．

证　(1) 由于 $x_0\neq 0$ 是级数(3)的收敛点，那么级数

$$a_0 + a_1 x_0 + a_2 x_0^2 + \cdots + a_n x_0^n + \cdots$$

收敛，由级数收敛的必要条件，有

$$\lim_{n\to\infty} a_n x_0^n = 0.$$

因为收敛数列必有界，故存在正数 M，使得

$$|a_n x_0^n| \leqslant M (n=0,\ 1,\ 2,\ \cdots),$$

因此

$$|a_n x^n| = |a_n x_0^n| \cdot \left|\frac{x}{x_0}\right|^n \leqslant M\left|\frac{x}{x_0}\right|^n.$$

当 $|x|<|x_0|$ 时，等比级数 $\sum_{n=0}^{\infty} M\left|\frac{x}{x_0}\right|^n$ 收敛，从而级数 $\sum_{n=0}^{\infty}|a_n x^n|$ 收敛，即幂级数(3)绝对收敛．

(2) 用反证法：假设存在 x_1，满足 $|x_1|>|x_0|$，使幂级数(3)在 $x=x_1$ 处收敛，则由(1)知，幂级数(3)在 $x=x_0$ 处也收敛，这与假设矛盾．故结论(2)成立．

从阿贝尔定理可知，如果幂级数既有收敛点(不仅是原点，原点处显然收敛)，又有发散点，那么，必存在一个完全确定的正数 R，使得当 $|x|<R$ 时，幂级数绝对收敛；当 $|x|>R$ 时，幂级数发散．

正数 R 称为幂级数(3)的收敛半径．称 $(-R,\ R)$ 为该级数的收敛区间，根据幂级数在 $x=\pm R$ 处的敛散性情况，幂级数的收敛域为以下四种形式之一：

$$(-R,\ R);\ (-R,\ R];\ [-R,\ R);\ [-R,\ R].$$

如果幂级数(3)仅在 $x=0$ 处收敛，那么规定收敛半径 $R=0$，此时，收敛域退缩为一点；若对一切实数 x，幂级数(3)都收敛，那么规定收敛半径 $R=+\infty$，此时收敛域为整个数轴 $(-\infty,\ +\infty)$．

下面我们给出幂级数收敛半径的两种求法．

定理 11.3.2　设幂级数(3)的系数满足

$$\lim_{n\to\infty}\left|\frac{a_{n+1}}{a_n}\right| = \rho,$$

则幂级数(3)的收敛半径

$$R=\begin{cases}\dfrac{1}{\rho}, & \rho\neq 0,\\ +\infty, & \rho=0,\\ 0, & \rho=+\infty.\end{cases}$$

证　考虑级数

$$|a_0|+|a_1x|+|a_1x^2|+\cdots+|a_nx^n|+\cdots, \tag{4}$$

该级数后项与前项之比为

$$\left|\frac{a_{n+1}x^{n+1}}{a_nx^n}\right|=\left|\frac{a_{n+1}}{a_n}\right||x|.$$

(1) 若$\lim\limits_{n\to\infty}\left|\dfrac{a_{n+1}}{a_n}\right|=\rho\neq 0$，则由比值审敛法知：当$\rho|x|<1$，即$|x|<\dfrac{1}{\rho}$时，级数(4)收敛，从而级数(3)绝对收敛；当$\rho|x|>1$，即$|x|>\dfrac{1}{\rho}$时，级数(4)发散，从而级数(3)发散，这样级数的收敛半径为$R=\dfrac{1}{\rho}$.

(2) 若$\rho=0$，则对任何$x\neq 0$，有

$$\lim_{n\to\infty}\left|\frac{a_{n+1}}{a_n}\right||x|=\rho|x|=0<1,$$

即对任何x，级数(4)收敛，从而级数(3)绝对收敛，所以收敛半径$R=+\infty$.

(3) 若$\rho=+\infty$，则对任意$x\neq 0$，必从某一个n开始，有

$$\left|\frac{a_{n+1}x^{n+1}}{a_nx^n}\right|>1,$$

即$|a_{n+1}x^{n+1}|>|a_nx^n|$，这时$\lim\limits_{n\to\infty}a_nx^n\neq 0$，故级数(3)发散，这样级数(3)仅在点$x=0$处收敛，所以收敛半径$R=0$.

例 1　求幂级数$\sum\limits_{n=1}^{\infty}(-1)^n\dfrac{x^n}{\sqrt{n}}$的收敛半径和收敛域.

解　因为

$$\rho=\lim_{n\to\infty}\left|\frac{a_{n+1}}{a_n}\right|=\lim_{n\to\infty}\frac{1}{\sqrt{n+1}}\cdot\frac{\sqrt{n}}{1}=1,$$

所以收敛半径$R=1$.

当$x=1$时，级数为$\sum\limits_{n=1}^{\infty}(-1)^n\dfrac{1}{\sqrt{n}}$，由莱布尼茨判别法，该级数收敛；当$x=-1$时，级数为$\sum\limits_{n=1}^{\infty}\dfrac{1}{\sqrt{n}}$，这是$p=\dfrac{1}{2}$的$p$-级数，故发散，所以收敛域为$(-1,1]$.

例 2　求幂级数$\sum\limits_{n=1}^{\infty}(-1)^{n-1}\dfrac{(x+1)^n}{n}$的收敛域.

解　令$y=x+1$，则所给级数变为$\sum\limits_{n=1}^{\infty}(-1)^{n-1}\dfrac{y^n}{n}$，因为

$$\rho=\lim_{n\to\infty}\left|\frac{a_{n+1}}{a_n}\right|=\lim_{n\to\infty}\frac{1}{n+1}\cdot\frac{n}{1}=1,$$

所以级数 $\sum_{n=1}^{\infty}(-1)^{n-1}\frac{y^n}{n}$ 的收敛半径为$R=1$.

当 $y=1$ 时，级数 $\sum_{n=1}^{\infty}(-1)^{n-1}\frac{1}{n}$ 收敛；当 $y=-1$ 时，级数 $\sum_{n=1}^{\infty}(-1)^{2n-1}\frac{1}{n}=-\sum_{n=1}^{\infty}\frac{1}{n}$ 发散，因此 $\sum_{n=1}^{\infty}\frac{y^n}{n}$ 的收敛域为$(-1, 1]$，即$-1<y\leqslant 1$，从而$-1<x+1\leqslant 1$，也就是$-2<x\leqslant 0$，故原级数的收敛域为$(-2, 0]$.

定理 11.3.3　设幂级数(3)的系数满足

$$\lim_{n\to\infty}\sqrt[n]{|a_n|}=\rho,$$

则幂级数(3)的收敛半径

$$R=\begin{cases}\frac{1}{\rho}, & \rho\neq 0,\\ +\infty, & \rho=0,\\ 0, & \rho=+\infty.\end{cases}$$

证明从略.

例 3　求幂级数 $\sum_{n=1}^{\infty}\left(\frac{n}{n+1}\right)^{n^2}x^n$ 的收敛半径.

解　因为 $\rho=\lim_{n\to\infty}\sqrt[n]{|a_n|}=\lim_{n\to\infty}\left(\frac{n}{n+1}\right)^n=\frac{1}{\mathrm{e}}$，所以级数的收敛半径 $R=\mathrm{e}$.

三、幂级数的运算

我们不加证明的引入以下定理：

定理 11.3.4　设幂级数 $\sum_{n=0}^{\infty}a_nx^n$ 与 $\sum_{n=0}^{\infty}b_nx^n$ 的公共收敛区间为$(-R, R)$，则在该区间内有下面两等式成立：

(1) $\sum_{n=0}^{\infty}a_nx^n\pm\sum_{n=0}^{\infty}b_nx^n=\sum_{n=0}^{\infty}(a_n\pm b_n)x^n$；

(2) $\left(\sum_{n=0}^{\infty}a_nx^n\right)\cdot\left(\sum_{n=0}^{\infty}b_nx^n\right)=\sum_{n=0}^{\infty}c_nx^n$，

其中，$c_n=a_0b_n+a_1b_{n-1}+\cdots+a_{n-1}b_1+a_nb_0$.

定理 11.3.5　设幂级数 $\sum_{n=0}^{\infty}a_nx^n$ 的收敛半径为R，和函数为 $s(x)$，则有

(1) 和函数 $s(x)$在$(-R, R)$内连续；如果 $\sum_{n=0}^{\infty}a_nx^n$ 在 $x=-R$(或 $x=R$)收敛，则 $s(x)$ 也在 $x=-R$ 右连续(或在 $x=R$ 左连续)；

(2) 和函数 $s(x)$在$(-R, R)$内可导，且有逐项求导公式

$$s'(x)=\left(\sum_{n=0}^{\infty}a_nx^n\right)'=\sum_{n=0}^{\infty}(a_nx^n)'=\sum_{n=1}^{\infty}na_nx^{n-1},\ |x|<R;$$

(3) 和函数 $s(x)$在$(-R, R)$内可积，且有逐项积分公式

$$\int_0^x s(t)\mathrm{d}t=\int_0^x \sum_{n=0}^{\infty} a_n t^n \mathrm{d}t=\sum_{n=0}^{\infty}\int_0^x a_n t^n \mathrm{d}t=\sum_{n=0}^{\infty}\frac{a_n}{n+1}x^{n+1},\ |x|<R.$$

注意： 逐项求导与逐项积分后的幂级数与原级数有相同的收敛半径，但端点处的收敛性可能有变化．

例 4　求 $\sum_{n=1}^{\infty}(n+1)x^n$ 的和函数．

解　幂级数 $\sum_{n=1}^{\infty}(n+1)x^n$ 的收敛域为 $x\in(-1,\ 1)$．记 $s(x)=\sum_{n=1}^{\infty}(n+1)x^n$，在等式两端同时从 0 到 x 积分，得

$$\int_0^x s(x)\mathrm{d}x=\sum_{n=1}^{\infty}\int_0^x (n+1)x^n \mathrm{d}x=\sum_{n=1}^{\infty}x^{n+1}=\frac{x^2}{1-x},$$

上式两端对 x 求导，得

$$s(x)=\frac{2x-x^2}{(1-x)^2},\ x\in(-1,\ 1).$$

例 5　求幂级数 $\sum_{n=0}^{\infty}\frac{x^{4n}}{(4n)!}$ 的和函数．

解　幂级数 $\sum_{n=0}^{\infty}\frac{x^{4n}}{(4n)!}$ 的收敛域为 $x\in(-\infty,\ +\infty)$．

设 $s(x)=\sum_{n=0}^{\infty}\frac{x^{4n}}{(4n)!}$，$x\in(-\infty,\ +\infty)$，等式两端连续对 x 求四次导数，得

$$s^{(4)}(x)=\left(\sum_{n=0}^{\infty}\frac{x^{4n}}{(4n)!}\right)^{(4)}=\sum_{n=1}^{\infty}\frac{x^{4(n-1)}}{[4(n-1)]!}=s(x).$$

另外，由 $s(x)=\sum_{n=0}^{\infty}\frac{x^{4n}}{(4n)!}$，可得

$$s(0)=1,\ s'(0)=0,\ s''(0)=0,\ s'''(0)=0,$$

这样就得到一个微分方程的初值问题：

$$\begin{cases}s^{(4)}(x)=s(x),\\ s(0)=1,\ s'(0)=0,\ s''(0)=0,\ s'''(0)=0,\end{cases}$$

解此微分方程，得

$$s(x)=\frac{1}{4}(\mathrm{e}^x+\mathrm{e}^{-x})+\frac{1}{2}\cos x.$$

延伸阅读 11.7　函数列 $\{s_n(x)\}$ 在集合 D 上(点)收敛于 $s(x)$ 是指：对于任意 $x_0\in D$，函数列 $\{s_n(x_0)\}$ 收敛于 $s(x_0)$．也就是，对任意给定的 $\varepsilon>0$，可以找到正整数 N，当 $n>N$ 时，有 $|s_n(x_0)-s(x_0)|<\varepsilon$ 成立．一般说来，这里的 N 应理解为不仅与 ε 有关，而且随着 x_0 的变化而变化．这意味着在 D 的不同处，$\{s_n(x)\}$ 的收敛速度可能大相径庭．

函数列 $\{s_n(x)\}$ 在集合 D 上一致收敛于 $s(x)$ 是指：对于任意给定的 $\varepsilon>0$，可以找到仅与 ε 有关的正整数 N，当 $n>N$ 时，有 $|s_n(x_0)-s(x_0)|<\varepsilon$ 对一切 $x\in D$ 的成立．一致收敛的函数列在各点处的收敛速度相同，显然函数列的一致收敛性要强于点收敛性．例如，设 $s_n(x)=nx(1-x^2)^n$，则函数列 $\{s_n(x)\}$ 在 $[0,\ 1]$ 上收敛于 $s(x)=0$，但是不一致收敛．

若函数项级数 $\sum_{n=1}^{\infty} u_n(x)(x \in D)$ 的部分和数列 $\{s_n(x)\}$ 在 D 上一致收敛于 $s(x)$，则我们称 $\sum_{n=1}^{\infty} u_n(x)$ 在 D 上一致收敛于 $s(x)$.

在一定条件下，具有一致收敛性的函数项级数，其无限求和运算可以分别与极限运算、积分运算和求导运算交换次序．幂级数正是因为在其收敛域内具有一致收敛性，所以定理 11.3.5 成立．

四、函数展开成幂级数

1. 泰勒(Taylor)级数

前面我们讨论了幂级数所确定的和函数的性质，下面我们来讨论一个函数在什么条件下能展开成幂级数以及如何展开的问题．

如果函数 $f(x)$ 在 $(x_0-R,\ x_0+R)$ 中能展开成幂级数

$$f(x) = \sum_{n=0}^{\infty} a_n(x-x_0)^n,$$

那么根据幂级数的和函数逐项求导的性质，$f(x)$ 在 $(x_0-R,\ x_0+R)$ 有任意阶导数，这是 $f(x)$ 能展开成幂级数的必要条件．另外，由于

$$f^{(k)}(x) = \sum_{n=k}^{\infty} n(n-1)\cdots(n-k+1)a_n(x-x_0)^{n-k}(k=1,\ 2,\ 3,\ \cdots),$$

取 $x=x_0$，可得

$$a_k = \frac{f^{(k)}(x_0)}{k!}(k=1,\ 2,\ 3,\ \cdots).$$

显然 $a_0 = f(x_0)$，这就说明如果 $f(x)$ 能展开成 $(x-x_0)$ 的幂级数，那么这个幂级数就一定是以下形式：

$$f(x) = \sum_{n=0}^{\infty} \frac{f^{(n)}(x_0)}{n!}(x-x_0)^n.$$

现在设 $f(x)$ 在 $x=x_0$ 点有任意阶导数，那么由 $f(x)$ 就能作出幂级数

$$\sum_{n=0}^{\infty} \frac{f^{(n)}(x_0)}{n!}(x-x_0)^n. \tag{5}$$

我们称这个幂级数为 $f(x)$ 在 $x=x_0$ 点的**泰勒(Taylor)级数**．特别当 $x_0=0$ 时，级数

$$\sum_{n=0}^{\infty} \frac{f^{(n)}(0)}{n!}x^n \tag{6}$$

称为 $f(x)$ 的**麦克劳林(Maclaurin)级数**．

对于一个给定的函数 $f(x)$ 只要在 $x=x_0$ 处有任意阶导数，那么就能作出它的泰勒级数(5)．但是这个级数不一定是收敛的，即使收敛，它的和函数也未必就是 $f(x)$．于是就产生一个问题：$f(x)$ 需要满足什么条件，才能保证它的泰勒级数收敛于 $f(x)$ 呢？即在什么条件下，等式

$$f(x) = \sum_{n=0}^{\infty} \frac{f^{(n)}(x_0)}{n!}(x-x_0)^n$$

成立．

设 $f(x)$在$(x_0-R,\ x_0+R)$有任意阶导数，根据泰勒公式，对$(x_0-R,\ x_0+R)$中的任一个 x，都有

$$f(x)=\sum_{k=0}^{n}\frac{f^{(k)}(x_0)}{k!}(x-x_0)^k+R_n(x).$$

其中 $R_n(x)=\frac{f^{(n+1)}(\xi)}{(n+1)!}(x-x_0)^{n+1}$为余项，$\xi$是介于 x_0 和 x 之间的数．由此可见，$f(x)$在$(x_0-R,\ x_0+R)$中能展开为泰勒级数的充分必要条件是：对任意 $x\in(x_0-R,\ x_0+R)$有

$$\lim_{n\to\infty}R_n(x)=0.$$

定理 11.3.6　设函数 $f(x)$在点 x_0 的某邻域$U(x_0,\ \delta)$内具有任意阶导数，则函数 $f(x)$的泰勒级数(5)在该邻域内收敛于 $f(x)$的充分必要条件是：对任意的 $x\in U(x_0,\ \delta)$，都有

$$\lim_{n\to\infty}R_n(x)=0.$$

其中 $R_n(x)=\frac{f^{(n+1)}(\xi)}{(n+1)!}(x-x_0)^{n+1}$，$\xi$介于 x_0 和 x 之间．

2. 直接展开法

根据前面的讨论，把函数 $f(x)$展开成 x 的幂级数有以下步骤：

(1) 求出函数 $f(x)$的各阶导数 $f'(x)$，$f''(x)$，…，$f^{(n)}(x)$，…；

(2) 求函数 $f(x)$及各阶导数在 $x=0$ 处的值；

(3) 写出幂级数

$$f(0)+\frac{f'(0)}{1!}x+\frac{f''(0)}{2!}x^2+\cdots+\frac{f^{(n)}(0)}{n!}x^n+\cdots,$$

并求出其收敛半径 R；

(4) 考察极限$\lim\limits_{n\to\infty}R_n(x)=0$ 是否成立．如果成立，则函数 $f(x)$在区间$(-R,\ R)$内的幂级数展开式为

$$f(x)=\sum_{n=0}^{\infty}\frac{f^{(n)}(0)}{n!}x^n=f(0)+\frac{f'(0)}{1!}x+\frac{f''(0)}{2!}x^2+\cdots+\frac{f^{(n)}(0)}{n!}x^n+\cdots,\ x\in(-R,\ R).$$

此外，考察极限$\lim\limits_{n\to\infty}R_n(x)=0$ 也可替代为直接求出幂级数 $\sum\limits_{n=0}^{\infty}\frac{f^{(n)}(0)}{n!}x^n$ 的和函数，如果这个和函数正好等于 $f(x)$，那么就有上面的展开式成立．

例 6　将 $f(x)=e^x$ 展开成 x 的幂级数．

解　因为 $f^{(n)}(x)=e^x$，所以 $f(0)=1$，$f^{(n)}(0)=1(n=1,\ 2,\ \cdots)$，由此可得级数

$$\sum_{n=0}^{\infty}\frac{x^n}{n!}=1+x+\frac{x^2}{2!}+\cdots+\frac{x^n}{n!}+\cdots,$$

它的收敛半径 $R=+\infty$.

对于任何有限的数 x，ξ(ξ在 0 和 x 之间)，余项的绝对值为

$$|R_n(x)|=\left|\frac{e^{\xi}}{(n+1)!}x^{n+1}\right|<e^{|x|}\cdot\frac{|x|^{n+1}}{(n+1)!}.$$

对于给定的 x，级数 $\sum\limits_{n=0}^{\infty}e^{|x|}\cdot\frac{|x|^{n+1}}{(n+1)!}$ 收敛，所以有$\lim\limits_{n\to\infty}e^{|x|}\cdot\frac{|x|^{n+1}}{(n+1)!}=0$，从而

$$\lim_{n\to\infty}R_n(x)=0,$$

于是就有

$$e^x=1+x+\frac{1}{2!}x^2+\cdots+\frac{1}{n!}x^n+\cdots(-\infty<x<+\infty).$$

例 7　将函数 $f(x)=\sin x$ 展开为 x 的幂级数．

解　因为 $f^{(n)}(x)=\sin\left(x+\frac{n\pi}{2}\right)(n=1,\ 2,\ \cdots)$，所以

$$f(0)=0,\ f'(0)=1,\ f''(0)=0,\ f'''(0)=-1,\ \cdots,$$
$$f^{(2m)}(0)=0,\ f^{(2m+1)}(0)=(-1)^m,\ \cdots,$$

由此可得级数

$$x-\frac{1}{3!}x^3+\frac{1}{5!}x^5-\frac{1}{7!}x^7+\cdots+\frac{(-1)^m}{(2m+1)!}x^{2m+1}+\cdots,$$

其收敛域为$(-\infty,\ +\infty)$，对任意 $x\in(-\infty,\ +\infty)$，设其和函数为

$$F(x)=x-\frac{1}{3!}x^3+\frac{1}{5!}x^5-\frac{1}{7!}x^7+\cdots+\frac{(-1)^m}{(2m+1)!}x^{2m+1}+\cdots.\tag{7}$$

下面我们来证明 $F(x)=\sin x$.

对(7)式两端关于 x 求一阶和二阶导数，得

$$F'(x)=1-\frac{1}{2!}x^2+\frac{1}{4!}x^4-\frac{1}{6!}x^6+\cdots+\frac{(-1)^m}{2m!}x^{2m}+\cdots,$$

$$F''(x)=-x+\frac{1}{3!}x^3-\frac{1}{5!}x^5+\frac{1}{7!}x^7-\cdots+\frac{(-1)^m}{(2m-1)!}x^{2m-1}+\cdots=-F(x),$$

即

$$F''(x)+F(x)=0,$$

解此微分方程，可得

$$F(x)=C_1\cos x+C_2\sin x.\tag{8}$$

注意到条件 $F(0)=0$，$F'(0)=1$，解得 $C_1=0$，$C_2=1$，代入(8)式，得 $F(x)=\sin x$，于是得到 $\sin x$ 的麦克劳林级数为

$$\sin x=x-\frac{1}{3!}x^3+\frac{1}{5!}x^5-\frac{1}{7!}x^7+\cdots+(-1)^{n-1}\frac{x^{2n-1}}{(2n-1)!}+\cdots(-\infty<x<+\infty).$$

例 8　将函数 $f(x)=(1+x)^m$ 展开成 x 的幂级数(m 为任意常数).

解　$f(x)$的各阶导数为

$$f'(x)=m(1+x)^{m-1},\ f''(x)=m(m-1)(1+x)^{m-2},\ \cdots,$$
$$f^{(n)}(x)=m(m-1)\cdots(m-n+1)(1+x)^{m-n},\ \cdots,$$

所以

$$f(0)=1,\ f'(0)=m,\ f''(0)=m(m-1),\ \cdots,$$
$$f^{(n)}(0)=m(m-1)\cdots(m-n+1),\ \cdots,$$

于是得级数

$$1+mx+\frac{m(m-1)}{2!}x^2+\cdots+\frac{m(m-1)\cdots(m-n+1)}{n!}x^n+\cdots.$$

因为

$$\lim_{n\to\infty}\left|\frac{a_{n+1}}{a_n}\right|=\lim_{n\to\infty}\left|\frac{m-n}{n+1}\right|=1,$$

所以该级数收敛半径 $R=1$，设该级数在$(-1,\ 1)$内收敛到函数 $F(x)$：

$$F(x)=1+mx+\frac{m(m-1)}{2!}x^2+\cdots+\frac{m(m-1)\cdots(m-n+1)}{n!}x^n+\cdots.$$

下面证明 $F(x)=(1+x)^m$. 上式两端对 x 求导，得

$$F'(x)=m\left[1+\frac{m-1}{1!}x+\frac{(m-1)(m-2)}{2!}x^2+\cdots+\frac{(m-1)(m-2)\cdots(m-n+1)}{(n-1)!}x^{n-1}+\cdots\right],$$

上式两端同乘以$(1+x)$，并把含有 $x^n(n=1,2,\cdots)$的项合并得

$$(1+x)F'(x)=m\left[1+mx+\frac{m(m-1)}{2!}x^2+\cdots+\frac{m(m-1)\cdots(m-n+1)}{n!}x^n+\cdots\right]=mF(x),$$

从而得

$$(1+x)F'(x)=mF(x),$$

解此微分方程，得

$$F(x)=C(1+x)^m.$$

注意到条件 $F(0)=1$，故 $C=1$，则有 $F(x)=(1+x)^m$，从而得

$$(1+x)^m=1+mx+\frac{m(m-1)}{2!}x^2+\cdots+\frac{m(m-1)\cdots(m-n+1)}{n!}x^n+\cdots(-1<x<1).$$

延伸阅读 11.8　公式 $e^{i\pi}+1=0$ 简单地将数学中的 5 个基本常数联系起来，这个等式被许多数学家称为最美的数学公式．我们知道，这个等式其实是欧拉公式 $e^{ix}=\cos x+i\sin x$ 当 $x=\pi$ 时的特例．欧拉公式是历史上最伟大的数学家之一的欧拉发现的．欧拉拥有渊博的知识、无穷无尽的创作精力和空前丰富的著作．他从 19 岁开始发表论文，直到 76 岁，他共写下了 886 本书籍和论文，其中分析、代数和数论占 40%，几何占 18%，物理和力学占 28%，天文学占 11%，弹道学、航海学和建筑学等占 3%，彼得堡科学院为了整理他的著作，足足忙碌了 47 年！

在数学的各个领域，常常见到以欧拉命名的公式、定理和重要常数．课本上常见的如 π，i，e，sin 和 cos，tan，Δx，$\sum$ 和 $f(x)$等，都是他创立并推广的．此外，欧拉还是建立在微积分基础上的复变函数论的奠基人之一．正是当欧拉公式被发现后，复数才逐渐地被人们重视，复变函数这一数学分支才顺利地得到了建立和发展．

下面，我们对欧拉公式进行形式推导．

函数 e^x 的幂级数展开式为

$$e^x=1+x+\frac{1}{2!}x^2+\frac{1}{3!}x^3+\frac{1}{4!}x^4+\cdots(-\infty<x<+\infty),$$

以 ix 代替 x，有

$$\begin{aligned}e^{ix}&=1+ix+\frac{1}{2!}(ix)^2+\frac{1}{3!}(ix)^3+\frac{1}{4!}(ix)^4+\cdots\\&=1+ix-\frac{1}{2!}x^2-\frac{1}{3!}ix^3+\frac{1}{4!}x^4+\cdots\\&=\left(1-\frac{1}{2!}x^2+\frac{1}{4!}x^4-\cdots\right)+i\left(x-\frac{1}{3!}x^3+\frac{1}{5!}x^5-\cdots\right)\\&=\cos x+i\sin x,\end{aligned}$$

即

$$e^{ix}=\cos x+i\sin x.$$

3. 间接展开法

从一些已知函数展开式出发，利用变量代换或幂级数的运算性质(如四则运算、逐项求导、逐项积分)，将所给函数展开成幂级数．这种间接地求展开式的方法，不但计算简单，而且可避免讨论余项．

例 9　将函数 $f(x)=\cos x$ 展开成 x 的幂级数．

解　把 $\sin x$ 的展开式

$$\sin x=x-\frac{1}{3!}x^3+\frac{1}{5!}x^5-\frac{1}{7!}x^7+\cdots+(-1)^{n-1}\frac{x^{2n-1}}{(2n-1)!}+\cdots(-\infty<x<+\infty),$$

两边对 x 求导，得

$$\cos x=1-\frac{x^2}{2!}+\frac{x^4}{4!}-\cdots+(-1)^n\frac{x^{2n}}{(2n)!}+\cdots(-\infty<x<+\infty).$$

例 10　展开 $f(x)=\ln(1+x)$ 为 x 的幂级数.

解　利用展开式

$$\frac{1}{1+x}=1-x+x^2-x^3+\cdots+(-1)^n x^n+\cdots(-1<x<1),$$

两边积分，得

$$\ln(1+x)=x-\frac{x^2}{2}+\frac{x^3}{3}-\frac{x^4}{4}+\cdots+(-1)^n\frac{x^{n+1}}{n+1}+\cdots(-1<x\leqslant 1).$$

注意：积分后的级数由于在右端点也收敛，所以收敛域扩大了，这是在幂级数逐项求导或逐项积分后常见的，需注意讨论.

例 11　将函数 $f(x)=\dfrac{1}{x^2-3x+2}$ 展开成 $x+1$ 的幂级数.

解　因为 $f(x)=\dfrac{1}{(x-1)(x-2)}=\dfrac{1}{1-x}-\dfrac{1}{2-x}=\dfrac{1}{2\left(1-\dfrac{x+1}{2}\right)}-\dfrac{1}{3\left(1-\dfrac{x+1}{3}\right)}$，

而

$$\frac{1}{2\left(1-\dfrac{x+1}{2}\right)}=\frac{1}{2}\left[1+\frac{x+1}{2}+\left(\frac{x+1}{2}\right)^2+\cdots+\left(\frac{x+1}{2}\right)^n+\cdots\right](-3<x<1),$$

$$\frac{1}{3\left(1-\dfrac{x+1}{3}\right)}=\frac{1}{3}\left[1+\frac{x+1}{3}+\left(\frac{x+1}{3}\right)^2+\cdots+\left(\frac{x+1}{3}\right)^n+\cdots\right](-4<x<2),$$

所以

$$f(x)=\frac{1}{x^2-3x+2}=\sum_{n=0}^{\infty}\left(\frac{1}{2^{n+1}}-\frac{1}{3^{n+1}}\right)(x+1)^n(-3<x<1).$$

延伸阅读 11.9　设函数 $f(x)$ 在闭区间 $[a, b]$ 上有定义，如果存在多项式序列 $\{P_n(x)\}$ 在 $[a, b]$ 上一致收敛于 $f(x)$，则称 $f(x)$ 在闭区间 $[a, b]$ 上可以用多项式一致逼近.

也许读者会认为这个问题很简单，只要将 $f(x)$ 在 $[a, b]$ 上展成幂级数 $f(x)=\sum\limits_{n=0}^{\infty}a_n(x-x_0)^n$，$x\in[a, b]$，然后令其部分和函数 $s_n(x)=\sum\limits_{k=0}^{n}a_k(x-x_0)^k$，那么 $f(x)$ 在 $[a, b]$ 上不是就可以由多项式序列 $\{s_n(x)\}$ 一致逼近了吗？但是这么做需要函数具有很好的分析性质，因为一个函数能展成幂级数的必要条件之一是它任意阶可导，这个条件实在是过分强了．究其原因，对任意正整数 n，n 次多项式 $s_n(x)$ 只能是在 $n-1$ 次多项式 $s_{n-1}(x)$ 的基础上增加一项 $a_n(x-x_0)^n$，而不能更改 $s_{n-1}(x)$ 的任何一项，这样，留下的活动余地就极其有限，因此不得不对函数提出较高的要求.

如果不是用幂级数，而是用一般的多项式序列逼近，则对函数的要求就可以弱很多．事实上，维尔斯特拉斯首先证明了：闭区间 $[a, b]$ 上任意连续函数 $f(x)$ 都可以用它的 Bernstein 多项式序列 $\{B_n(f, x)\}$ 一致逼近，其中 $B_n(f, x)=\sum\limits_{k=0}^{n}f\left(\dfrac{k}{n}\right)C_n^k x^k(1-x)^{n-k}$.

习　题　11-3

A　组

1. 求下列幂级数的收敛域.

(1) $\sum_{n=1}^{\infty}(-1)^{n-1}\frac{x^n}{n}$；

(2) $\sum_{n=1}^{\infty}\frac{x^n}{n\cdot 3^n}$；

(3) $\sum_{n=1}^{\infty}\frac{x^n}{2\cdot 4\cdot\cdots\cdot(2n)}$；

(4) $\sum_{n=0}^{\infty}\frac{(n+2)}{(n+1)^2}x^n$；

(5) $\sum_{n=1}^{\infty}(-1)^n\frac{x^n}{5^n\sqrt{n+1}}$；

(6) $\sum_{n=1}^{\infty}\frac{(x-2)^n}{n^2}$；

(7) $\sum_{n=1}^{\infty}\frac{(x-5)^n}{\sqrt{n}}$；

(8) $\sum_{n=1}^{\infty}\frac{2^{n+1}}{\sqrt{n+1}}(x+1)^n$；

(9) $\sum_{n=1}^{\infty}\frac{1}{n\cdot 2^n}x^{2n-1}$；

(10) $\sum_{n=1}^{\infty}(-1)^n\frac{x^{2n+1}}{2n+1}$.

2. 已知幂级数 $\sum_{n=1}^{\infty}a_n(x-3)^n$ 在 $x=-1$ 处收敛，试判别此级数在 $x=6$ 处的敛散性.

3. 已知幂级数 $\sum_{n=0}^{\infty}a_n(x+2)^n$ 在 $x=0$ 处收敛，在 $x=-4$ 处发散，试求幂级数 $\sum_{n=0}^{\infty}a_n(x-3)^n$ 的收敛域.

4. 设幂级数 $\sum_{n=1}^{\infty}a_nx^n$ 与 $\sum_{n=1}^{\infty}b_nx^n$ 的收敛半径分别为$\frac{\sqrt{5}}{3}$与$\frac{1}{3}$，求幂级数 $\sum_{n=1}^{\infty}\frac{a_n^2}{b_n^2}x^n$ 的收敛半径.

5. 求下列幂级数在其收敛域内的和函数.

(1) $\sum_{n=0}^{\infty}\frac{(-1)^n}{(2n)!}x^n(x>0)$；

(2) $\sum_{n=1}^{\infty}nx^{n-1}$；

(3) $\sum_{n=1}^{\infty}\frac{x^{2n-1}}{2n-1}$；

(4) $\sum_{n=1}^{\infty}(-1)^{n-1}nx^{n-1}(-1<x<1)$；

(5) $\sum_{n=1}^{\infty}\frac{(-1)^{n-1}}{2n-1}x^{2n}$；

(6) $\sum_{n=0}^{\infty}(n+1)(n+3)x^n$.

6. 求幂级数 $\sum_{n=0}^{\infty}\frac{x^{2n+1}}{n!}$ 的和函数，并求数项级数 $\sum_{n=0}^{\infty}\frac{2n+1}{n!}$ 的和.

7. 求幂级数 $1+\sum_{n=1}^{\infty}(-1)^n\frac{x^{2n}}{2n}$ （$|x|<1$）的和函数及其极值.

8. 将下列函数展开成 x 的幂级数，并指出收敛域.

(1) $f(x)=\mathrm{e}^{-x^2}$；

(2) $f(x)=3^x$；

(3) $f(x)=\cos^2 x$；

(4) $f(x)=\frac{x}{x^2-2x-3}$；

(5) $f(x)=\arctan\frac{1+x}{1-x}$；

(6) $f(x)=\int_0^x\cos t^2\,\mathrm{d}t$.

9. 将函数 $f(x)=\frac{1}{1+x}$ 展开成 $(x-3)$ 的幂级数，并指出其收敛域．

10. 将函数 $f(x)=\frac{1}{x^2-3x-4}$ 展开成 $(x-1)$ 的幂级数，并指出其收敛域．

11. 利用幂级数求极限 $\lim\limits_{x\to 0}\left(\frac{1}{\sin x}-\frac{1}{x}\right)$．

12. 设数列 $\{a_n\}$ 满足条件：$a_0=3$，$a_1=1$，$a_{n-2}-n(n-1)a_n=0(n\geqslant 2)$，$s(x)$ 是幂级数 $\sum\limits_{n=0}^{\infty}a_nx^n$ 的和函数，(1) 证明：$s''(x)-s(x)=0$；(2) 求 $s(x)$ 的表达式．

B　组

1. 计算级数 $\sum\limits_{n=0}^{\infty}(-1)^n\frac{2n+3}{(2n+1)!}$ 的和．

2. 求幂级数 $\sum\limits_{n=0}^{\infty}\frac{4n^2+4n+3}{2n+1}x^{2n}$ 的收敛域及和函数．

3. 设数列 $\{a_n\}$ 满足 $a_1=1$，$(n+1)a_{n+1}=\left(n+\frac{1}{2}\right)a_n$，证明：当 $|x|<1$ 时，幂级数 $\sum\limits_{n=1}^{\infty}a_nx^n$ 收敛，并求其和函数．

4. 设 a_n 为曲线 $y=x^n$ 与 $y=x^{n+1}(n=1, 2, \cdots)$ 所围成区域的面积，记 $s_1=\sum\limits_{n=1}^{\infty}a_n$，$s_2=\sum\limits_{n=1}^{\infty}a_{2n-1}$，求 s_1 与 s_2 的值．

第四节　傅里叶级数

在函数项级数中，除了幂级数以外，还有一类很重要的级数——三角级数，它的应用非常广泛．本节着重研究如何把函数 $f(x)$ 展开成三角级数．

一、三角函数系及其正交性

1. 三角函数系

定义 11.4.1　函数系

$$1,\ \cos x,\ \sin x,\ \cos 2x,\ \sin 2x,\ \cdots,\ \cos nx,\ \sin nx,\ \cdots \tag{1}$$

叫作三角函数系．

2. 三角函数系的正交性

三角函数系中任意两个不同函数在区间 $[-\pi, \pi]$ 上的积分为零，即

$$\int_{-\pi}^{\pi}1\cdot\cos nx\,\mathrm{d}x=0(n=1,\ 2,\ 3,\ \cdots),$$

$$\int_{-\pi}^{\pi}1\cdot\sin nx\,\mathrm{d}x=0(n=1,\ 2,\ 3,\ \cdots),$$

$$\int_{-\pi}^{\pi}\cos nx\cdot\sin mx\,\mathrm{d}x=0(n,\ m=1,\ 2,\ 3,\ \cdots),$$

$$\int_{-\pi}^{\pi}\cos nx\cdot\cos mx\,\mathrm{d}x=0(n\neq m;\ n,\ m=1,\ 2,\ 3,\ \cdots),$$

$$\int_{-\pi}^{\pi}\sin nx\cdot\sin mx\,\mathrm{d}x=0(n\neq m;\ n,\ m=1,\ 2,\ 3,\ \cdots).$$

三角函数系中任意一个函数的平方在区间$[-\pi,\ \pi]$上的积分都不等于零，即

$$\int_{-\pi}^{\pi}1^2\,\mathrm{d}x=2\pi,$$

$$\int_{-\pi}^{\pi}\cos^2 nx\,\mathrm{d}x=\int_{-\pi}^{\pi}\sin^2 nx\,\mathrm{d}x=\pi(n=1,\ 2,\ 3,\ \cdots).$$

以上结论均可利用积化和差或者二倍角公式进行验证．

一般地，把函数$\varphi(x)$与$\psi(x)$称为在$[a,\ b]$上是正交的，如果$\varphi(x)$与$\psi(x)$在$[a,\ b]$上可积，且

$$\int_a^b\varphi(x)\psi(x)\,\mathrm{d}x=0,$$

因此，我们说三角函数系(1)在$[-\pi,\ \pi]$上具有正交性，或者说(1)是正交函数系．

二、函数展开为傅里叶级数

所谓三角级数是指形如

$$\frac{a_0}{2}+\sum_{n=1}^{\infty}(a_n\cos nx+b_n\sin nx)\tag{2}$$

的级数，其中常数a_0，a_n，$b_n(n=1,\ 2,\ 3,\ \cdots)$称为三角级数的系数．

一个周期函数$f(x)$能否展开为(2)那样的级数，需要解决两个问题：

(1) $f(x)$满足什么条件能够这样展开；

(2) 若$f(x)$满足条件，如何展开，即如何确定系数

$$a_0,\ a_n,\ b_n(n=1,\ 2,\ 3,\ \cdots).$$

现在我们先假设$f(x)$能展开成三角级数

$$f(x)=\frac{a_0}{2}+\sum_{k=1}^{\infty}(a_k\cos kx+b_k\sin kx).\tag{3}$$

由于(3)右端每项都是以2π为周期的周期函数，故$f(x)$也应是一个以2π为周期的周期函数. 现在考虑如何通过$f(x)$来确定系数a_0，a_k，$b_k(k=1,\ 2,\ 3,\ \cdots)$.

先求a_0，将(3)两端在区间$[-\pi,\ \pi]$上对x逐项积分，得

$$\int_{-\pi}^{\pi}f(x)\,\mathrm{d}x=\int_{-\pi}^{\pi}\frac{a_0}{2}\mathrm{d}x+\sum_{k=1}^{\infty}\left(a_k\int_{-\pi}^{\pi}\cos kx\,\mathrm{d}x+b_k\int_{-\pi}^{\pi}\sin kx\,\mathrm{d}x\right).$$

由三角函数系的正交性知，上式中括号内所有积分为零．所以

$$\int_{-\pi}^{\pi}f(x)\,\mathrm{d}x=\frac{a_0}{2}\cdot2\pi,$$

即
$$a_0=\frac{1}{\pi}\int_{-\pi}^{\pi}f(x)\,\mathrm{d}x.$$

再求a_n，用$\cos nx$同乘(3)两端，再在区间$[-\pi,\ \pi]$上对x逐项积分，得

$$\int_{-\pi}^{\pi}f(x)\cos nx\,\mathrm{d}x=\frac{a_0}{2}\int_{-\pi}^{\pi}\cos nx\,\mathrm{d}x+\sum_{k=1}^{\infty}\left(a_k\int_{-\pi}^{\pi}\cos kx\cos nx\,\mathrm{d}x+b_k\int_{-\pi}^{\pi}\sin kx\cos nx\,\mathrm{d}x\right),$$

由三角函数系正交性知，等式右端除了以a_n为系数的那一项外，其余各项积分均为零，

于是有

$$\int_{-\pi}^{\pi} f(x)\cos nx \mathrm{d}x = a_n \int_{-\pi}^{\pi} \cos^2 nx \mathrm{d}x = a_n \pi,$$

即

$$a_n = \frac{1}{\pi}\int_{-\pi}^{\pi} f(x)\cos nx \mathrm{d}x (n = 1,\ 2,\ 3,\ \cdots).$$

如果用 $\sin nx$ 同乘(3)两端，再在区间$[-\pi,\ \pi]$上对 x 逐项积分，即可得到

$$b_n = \frac{1}{\pi}\int_{-\pi}^{\pi} f(x)\sin nx \mathrm{d}x (n = 1,\ 2,\ 3,\ \cdots).$$

因此系数 a_0，a_n，b_n 的计算公式为

$$\begin{cases} a_n = \dfrac{1}{\pi}\displaystyle\int_{-\pi}^{\pi} f(x)\cos nx \mathrm{d}x (n = 0,\ 1,\ 2,\ 3,\ \cdots), \\ b_n = \dfrac{1}{\pi}\displaystyle\int_{-\pi}^{\pi} f(x)\sin nx \mathrm{d}x (n = 1,\ 2,\ 3,\ \cdots). \end{cases} \tag{4}$$

由以上讨论可知，若函数 $f(x)$是以 2π 为周期且在$[-\pi,\ \pi]$上可积的函数，则可按公式(4)计算出 a_n 和 b_n，它们称为函数 $f(x)$的傅里叶系数，以 $f(x)$的傅里叶系数为系数的三角级数(2)称为傅里叶级数．我们看到，对于一般的以 2π 为周期的周期函数 $f(x)$，只要公式(4)中的积分都存在，就可确定出系数 a_0，a_n，b_n($n=1$，2，3，…)，于是可以得到函数 $f(x)$的傅里叶级数．

最后的问题归结为：$f(x)$的傅里叶级数何时收敛？如果收敛，是否收敛于 $f(x)$？下面的定理回答了傅里叶级数的收敛问题．

定理 11.4.1(收敛定理)　设 $f(x)$是周期为 2π 的周期函数，若它在$[-\pi,\ \pi]$上连续或只有有限个第一类间断点，且至多只有有限个极值点，则 $f(x)$的傅里叶级数收敛，并且

(1) 当 x 是 $f(x)$的连续点时，级数收敛于 $f(x)$；

(2) 当 x 是 $f(x)$的间断点时，级数收敛于$\dfrac{f(x-0)+f(x+0)}{2}$.

证明从略．

收敛定理告诉我们：只要函数在$[-\pi,\ \pi]$上至多有有限个第一类间断点，并且不作无限次振动，函数的傅里叶级数在连续点处就收敛于该点的函数值，在间断点处收敛于该点左极限与右极限的算术平均值．显然，函数展开成傅里叶级数的条件比展开成幂级数的条件要弱得多．

例 1　设 $f(x)$是周期为 2π 的函数，它在$[-\pi,\ \pi)$上的表达式为

$$f(x)=\begin{cases} -1, & -\pi\leqslant x<0, \\ 1, & 0\leqslant x<\pi, \end{cases}$$

试将 $f(x)$展开成傅里叶级数．

解　该函数满足收敛定理的条件，它在点 $x=k\pi$($k=0$，±1，±2，…)处不连续，在其他点连续，从而由收敛定理可知，对应的傅里叶级数当 $x=k\pi$ 时，收敛于$\dfrac{-1+1}{2}=0$.

当 $x\neq k\pi$ 时傅里叶级数收敛于$f(x)$，和函数的图形如图 11－3 所示．

计算傅里叶系数如下：

$$a_n = \frac{1}{\pi}\int_{-\pi}^{\pi} f(x)\cos nx \mathrm{d}x$$

$$=\frac{1}{\pi}\int_{-\pi}^{0}(-1)\cos nx\mathrm{d}x+\frac{1}{\pi}\int_{0}^{\pi}1\cdot\cos nx\mathrm{d}x=0(n=0,1,2,3,\cdots);$$

$$b_n=\frac{1}{\pi}\int_{-\pi}^{\pi}f(x)\sin nx\mathrm{d}x=\frac{1}{\pi}\int_{-\pi}^{0}(-1)\sin nx\mathrm{d}x+\frac{1}{\pi}\int_{0}^{\pi}1\cdot\sin nx\mathrm{d}x$$

$$=\frac{1}{\pi}\left[\frac{\cos nx}{n}\right]_{-\pi}^{0}+\frac{1}{\pi}\left[-\frac{\cos nx}{n}\right]_{0}^{\pi}=\frac{1}{n\pi}(1-\cos n\pi-\cos n\pi+1)$$

$$=\frac{2}{n\pi}(1-\cos n\pi)=\frac{2}{n\pi}[1-(-1)^n]=\begin{cases}\dfrac{4}{n\pi}, & \text{当 } n=1,3,5,\cdots\text{时},\\ 0, & \text{当 } n=2,4,6,\cdots\text{时}.\end{cases}$$

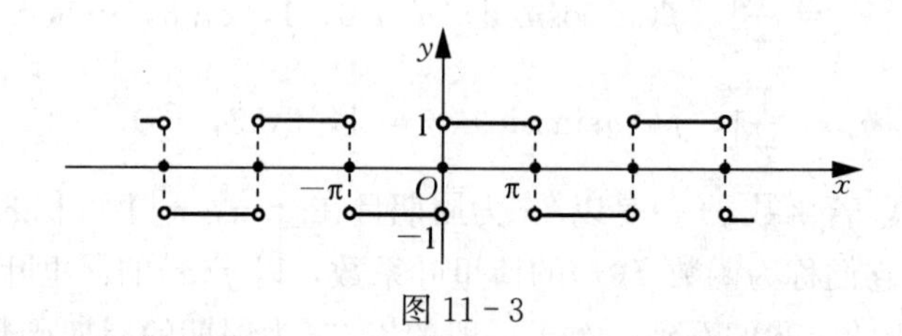

图 11-3

将求得的系数代入(3)，就得到 $f(x)$ 的傅里叶级数展开式

$$f(x)=\frac{4}{\pi}\left[\sin x+\frac{1}{3}\sin 3x+\cdots+\frac{1}{2k-1}\sin(2k-1)x+\cdots\right]$$
$$(-\infty<x<+\infty,\ x\neq 0,\ \pm\pi,\ \pm2\pi,\ \cdots).$$

例 2 设 $f(x)$ 是周期为 2π 的周期函数，它在 $[-\pi,\pi)$ 上的表达式为

$$f(x)=\begin{cases}0, & -\pi\leqslant x<0,\\ x, & 0\leqslant x<\pi,\end{cases}$$

试将 $f(x)$ 展开成傅里叶级数 .

解 显然函数 $f(x)$ 满足收敛定理条件，它在点 $x=(2k-1)\pi(k=0,\pm1,\pm2,\cdots)$ 处不连续，此时级数收敛于

$$\frac{1}{2}[f((2k-1)\pi-0)+f((2k-1)\pi+0)]=\frac{0+\pi}{2}=\frac{1}{2}\pi,$$

在连续点处收敛于 $f(x)$. 和函数的图形如图 11-4 所示 .

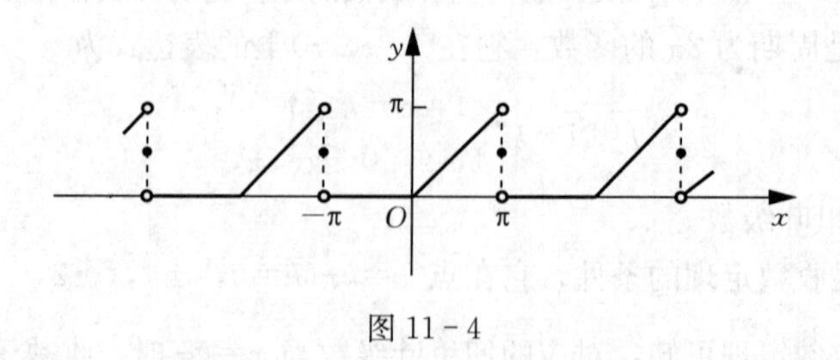

图 11-4

计算傅里叶系数如下：

$$a_0=\frac{1}{\pi}\int_{-\pi}^{\pi}f(x)\mathrm{d}x=\frac{1}{\pi}\int_{0}^{\pi}x\mathrm{d}x=\frac{\pi}{2},$$

$$a_n=\frac{1}{\pi}\int_{-\pi}^{\pi}f(x)\cos nx\mathrm{d}x=\frac{1}{\pi}\int_{0}^{\pi}x\cos nx\mathrm{d}x$$

$$=\frac{1}{n\pi}\left(x\sin nx\Big|_0^{\pi}+\frac{1}{n}\cos nx\Big|_0^{\pi}\right)=\frac{1}{n^2\pi}(\cos n\pi-1)$$

$$=\frac{-1}{n^2\pi}[1-(-1)^n]=\begin{cases}-\dfrac{2}{n^2\pi}, & \text{当 } n=1,\ 3,\ 5,\ \cdots\text{时},\\ 0, & \text{当 } n=2,\ 4,\ 6,\ \cdots\text{时},\end{cases}$$

$$b_n=\frac{1}{\pi}\int_0^{\pi}x\sin nx\,\mathrm{d}x=\frac{1}{n\pi}\left(-x\cos nx\Big|_0^{\pi}+\frac{1}{n}\sin nx\Big|_0^{\pi}\right)$$

$$=\frac{1}{n}(-\cos n\pi)=\frac{(-1)^{n+1}}{n},$$

于是 $f(x)$ 的傅里叶级数为

$$f(x)=\frac{\pi}{4}+\left(-\frac{2}{\pi}\cos x+\sin x\right)-\frac{1}{2}\sin 2x+\left(-\frac{2}{3^2\pi}\cos 3x+\frac{1}{3}\sin 3x\right)-\frac{1}{4}\sin 4x+$$
$$\left(-\frac{2}{5^2\pi}\cos 5x+\frac{1}{5}\sin 5x\right)-\cdots(-\infty<x<+\infty,\ x\neq\pm\pi,\ \pm 3\pi,\ \cdots).$$

利用例 2 的展开式，可求出几个特殊级数的和．在这个展开式中取 $x=0$，可得

$$0=f(0)=\frac{\pi}{4}-\frac{2}{\pi}\left(1+\frac{1}{3^2}+\frac{1}{5^2}+\frac{1}{7^2}+\cdots\right),$$

于是有

$$\frac{\pi^2}{8}=1+\frac{1}{3^2}+\frac{1}{5^2}+\cdots=\sum_{n=1}^{\infty}\frac{1}{(2n-1)^2}.$$

令 $s=\sum\limits_{n=1}^{\infty}\dfrac{1}{n^2}$，$s_1=\sum\limits_{n=1}^{\infty}\dfrac{1}{(2n-1)^2}$，$s_2=\sum\limits_{n=1}^{\infty}\dfrac{1}{(2n)^2}$，$s_3=\sum\limits_{n=1}^{\infty}\dfrac{(-1)^{n-1}}{n^2}$，

由于

$$s_2=\frac{1}{4}s=\frac{s_1+s_2}{4},$$

所以

$$s_2=\frac{s_1}{3}=\frac{\pi^2}{24};$$

$$s=s_1+s_2=\frac{\pi^2}{8}+\frac{\pi^2}{24}=\frac{\pi^2}{6};$$

$$s_3=2s_1-s=\frac{\pi^2}{4}-\frac{\pi^2}{6}=\frac{\pi^2}{12}.$$

延伸阅读 11.10　傅里叶级数堪称最完美的级数，它的发现者是著名的数学家和物理学家傅里叶．傅里叶早在 1807 年写成了关于热传导的论文《热的传播》，推导出著名的热传导方程，并在求解该方程时发现解函数可以由三角函数构成的级数形式表示，从而提出了函数 $f(x)$ 可以展成三角函数的无穷级数(即傅里叶级数)的问题．

古往今来，众多的大数学家，一直在孜孜不倦地寻找用简单函数较好地近似代替复杂函数的途径．这除了理论上的需要之外，它对实际应用领域的意义更是不可估量．人们最熟悉的简单函数无非两类：幂函数和三角函数．英国数学家泰勒在 18 世纪初找到了用幂函数的无限组合表示一般函数的方法，即泰勒级数．但是，泰勒级数在应用中也有很多的局限，最大的局限就是它所表示的函数必须是 n 阶可导的，而在实际生活中我们会遇到很多不可导或者连续性很差的函数，这些函数却可以用傅里叶级数来表示．事实上，傅里叶级数对函数的要求程度低到几乎所有的常见函数都可以用它来表示．

1822 年，傅里叶出版了专著《热的解析理论》，成为分析学在物理中应用的最早例证之一，对 19 世纪数学和物理学的发展产生了深远的影响．这部经典著作将欧拉和伯努利等人在一些特殊情形下应用的三角级数方法发展成内容丰富的一般性理论，三角级数后来就以傅里叶的名字命名．专著中对热传导方程解的研究更是极大地推动了偏微分方程边值问题的研究．然而傅里叶工作的意义远不止于此，它使得人们对函数的概念做修正、推广，特别是引起了人们对不连续函数的探讨，同时三角级数收敛性问题更刺激了集合论的诞生．因此，这本专著影响了整个 19 世纪分析严格化的进程．

三、函数展开成正弦级数或余弦级数

从上面两个例子可以看到，求周期为 2π 的函数 $f(x)$ 的傅里叶级数展开式时，主要就是计算傅里叶系数．当 $f(x)$ 为奇函数或偶函数时，傅里叶系数的计算可以得到简化．这是因为：

（1）当 $f(x)$ 是周期为 2π 的奇函数时，

$$a_n=\frac{1}{\pi}\int_{-\pi}^{\pi}f(x)\cos nx\,\mathrm{d}x=0(n=0,1,2,3,\cdots),$$

$$b_n=\frac{1}{\pi}\int_{-\pi}^{\pi}f(x)\sin nx\,\mathrm{d}x=\frac{2}{\pi}\int_{0}^{\pi}f(x)\sin nx\,\mathrm{d}x(n=1,2,3,\cdots),$$

此时 $f(x)$ 的傅里叶级数是只含正弦项的正弦级数

$$\sum_{n=1}^{\infty}b_n\sin nx. \tag{5}$$

（2）当 $f(x)$ 是周期为 2π 的偶函数时，

$$a_n=\frac{1}{\pi}\int_{-\pi}^{\pi}f(x)\cos nx\,\mathrm{d}x=\frac{2}{\pi}\int_{0}^{\pi}f(x)\cos nx\,\mathrm{d}x(n=0,1,2,3,\cdots),$$

$$b_n=\frac{1}{\pi}\int_{-\pi}^{\pi}f(x)\sin nx\,\mathrm{d}x=0(n=1,2,3,\cdots),$$

此时 $f(x)$ 的傅里叶级数是只含余弦项的余弦级数

$$\frac{a_0}{2}+\sum_{n=1}^{\infty}a_n\cos nx. \tag{6}$$

以上傅里叶系数计算公式只要利用奇、偶函数在 $[-\pi,\pi]$ 上积分的性质很容易推出．

由此可知，以 2π 为周期的奇函数只能展开成正弦级数，以 2π 为周期的偶函数只能展开成余弦级数．

例 3　将周期函数 $f(t)=|E\sin t|$ 展开成傅里叶级数，其中 E 是正常数．

解　$f(t)$ 满足收敛定理条件，且处处连续，因此对应的傅里叶级数处处收敛于 $f(t)$（图 11-5）．

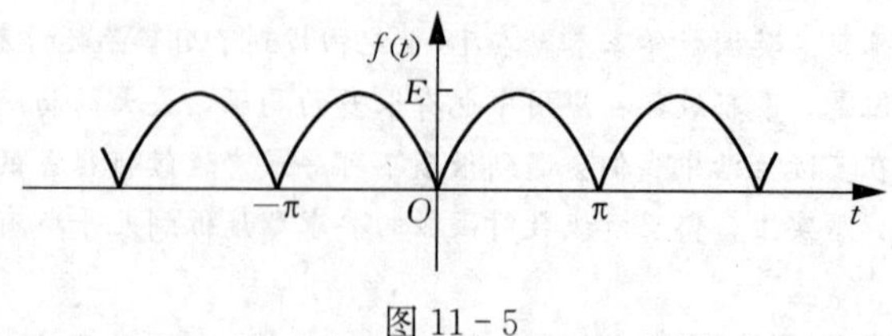

图 11-5

因为 $f(t)$ 为偶函数，所以它的傅里叶级数是余弦级数，故 $b_n=0$.

$$a_n=\frac{2}{\pi}\int_0^{\pi}f(t)\cos nt\,\mathrm{d}t=\frac{2}{\pi}\int_0^{\pi}E\sin t\cos nt\,\mathrm{d}t$$
$$=\frac{E}{\pi}\int_0^{\pi}[\sin(n+1)t-\sin(n-1)t]\mathrm{d}t$$
$$=\frac{E}{\pi}\left[\frac{1-\cos(n+1)\pi}{n+1}+\frac{\cos(n-1)\pi-1}{n-1}\right]$$
$$=\begin{cases}0, & n=3,5,7,\cdots,\\ \dfrac{-4E}{(n^2-1)\pi}, & n=0,2,4,6,\cdots,\end{cases}$$

在上面的计算中 $n\neq1$，所以 a_1 必须另行计算

$$a_1=\frac{2}{\pi}\int_0^{\pi}f(t)\cos t\,\mathrm{d}t=\frac{2}{\pi}\int_0^{\pi}E\sin t\cos t\,\mathrm{d}t=0.$$

于是
$$f(t)=\frac{2E}{\pi}-\frac{4E}{\pi}\sum_{n=1}^{\infty}\frac{1}{4n^2-1}\cos 2nt\,(-\infty<t<+\infty).$$

在许多实际问题中，有时需要把定义在区间$[0,\pi]$上的函数 $f(x)$ 展开成正弦级数或余弦级数．关于这类展开问题可以按如下方法来解决：设函数在区间$[0,\pi]$上有定义且满足收敛定理的条件，我们先在区间$(-\pi,0)$内补充函数 $f(x)$ 的定义，得到定义在$(-\pi,\pi]$上的函数 $F(x)$，使 $F(x)$ 在$(-\pi,\pi)$上成为奇函数或偶函数．按这种方式拓广函数定义域的过程叫作奇延拓或偶延拓；然后将奇延拓或偶延拓后的函数 $F(x)$ 作周期延拓，得到定义在$(-\infty,+\infty)$且以 2π 为周期的周期函数 $G(x)$，再把函数 $G(x)$ 展开成傅里叶级数，这个级数必定是正弦级数或余弦级数，最后限制自变量 x 在$(0,\pi]$内取值，此时 $G(x)\equiv f(x)$，这样就得到 $f(x)$ 的正弦级数或余弦级数的展开式．

例 4　将函数 $f(x)=x+1\,(0\leqslant x\leqslant\pi)$ 分别展开成正弦级数和余弦级数．

解　(1) 将 $f(x)$ 展开成正弦级数，为此对 $f(x)$ 作奇延拓(图 11-6).

$$b_n=\frac{2}{\pi}\int_0^{\pi}f(x)\sin nx\,\mathrm{d}x=\frac{2}{\pi}\int_0^{\pi}(x+1)\sin nx\,\mathrm{d}x=\frac{2}{\pi}\left(-\frac{x\cos nx}{n}+\frac{\sin nx}{n^2}-\frac{\cos nx}{n}\right)\Bigg|_0^{\pi}$$
$$=\frac{2}{n\pi}(1-\pi\cos nx-\cos nx)=\begin{cases}\dfrac{2}{\pi}\cdot\dfrac{\pi+2}{n}, & \text{当 } n=1,3,5,\cdots\text{时},\\ -\dfrac{2}{n}, & \text{当 } n=2,4,6,\cdots\text{时},\end{cases}$$

把 b_n 代入正弦级数(5)中，得

$$x+1=\frac{2}{\pi}\left[(\pi+2)\sin x-\frac{\pi}{2}\sin 2x+\frac{1}{3}(\pi+2)\sin 3x-\frac{\pi}{4}\sin 4x+\cdots\right](0<x<\pi).$$

在端点 $x=0$ 及 $x=\pi$ 处，级数的和显然为零，它不表示原来函数 $f(x)$ 的值．

(2) 将 $f(x)$ 展开成余弦级数，为此对 $f(x)$ 作偶延拓(图 11-7).

$$a_0=\frac{2}{\pi}\int_0^{\pi}(x+1)\mathrm{d}x=\frac{2}{\pi}\left[\frac{x^2}{2}+x\right]_0^{\pi}=\pi+2,$$
$$a_n=\frac{2}{\pi}\int_0^{\pi}(x+1)\cos nx\,\mathrm{d}x=\frac{2}{\pi}\left[\frac{x\sin nx}{n}+\frac{\cos nx}{n^2}+\frac{\sin nx}{n}\right]_0^{\pi}$$
$$=\frac{2}{n^2\pi}(\cos n\pi-1)=\frac{2}{n^2\pi}[(-1)^n-1]=\begin{cases}0, & \text{当 } n=2,4,6,\cdots\text{时},\\ -\dfrac{4}{n^2\pi}, & \text{当 } n=1,3,5,\cdots\text{时},\end{cases}$$

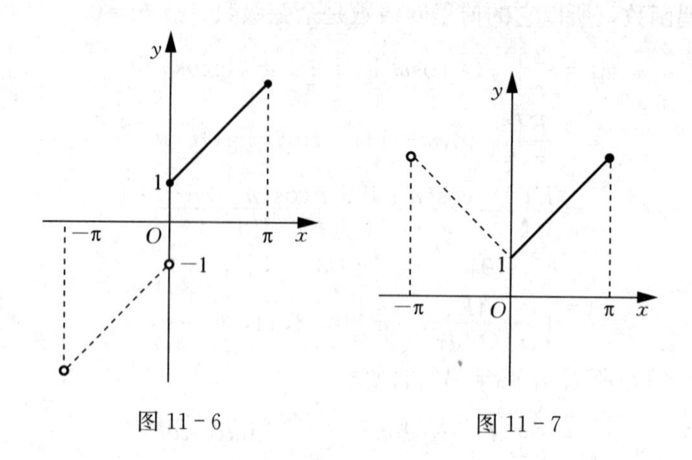

图 11－6　　　　图 11－7

将 a_n 代入余弦级数(6)中，得

$$x+1=\frac{\pi}{2}+1-\frac{4}{\pi}\left(\cos x+\frac{1}{3^2}\cos 3x+\frac{1}{5^2}\cos 5x+\cdots\right)(0\leqslant x\leqslant \pi).$$

从本例可以看出，对于定义在$[0,\pi]$上的函数 $f(x)$，通过奇、偶延拓，既可以展成正弦级数，也可以展开成余弦级数．至于周期延拓，由于最后还是限制在$[0,\pi]$，故可以不必特意标明．

四、周期为 2*l* 的周期函数的傅里叶级数

前面我们所讨论的都是把周期为 2π 的周期函数展开成傅里叶级数的问题，但在一些实际问题中，需要我们把周期不是 2π 的周期函数 $f(x)$也展开成傅里叶级数．对于这样的周期函数，通过变量代换，就可以转化成以 2π 为周期的函数．下面我们就来讨论周期为 $2l$ 的周期函数的傅里叶级数的展开问题．

定理 11.4.2　设周期为 $2l$ 的周期函数 $f(x)$满足收敛定理的条件，则它的傅里叶级数展开式为

$$f(x)=\frac{a_0}{2}+\sum_{n=1}^{\infty}\left(a_n\cos\frac{n\pi x}{l}+b_n\sin\frac{n\pi x}{l}\right),\tag{7}$$

其中傅里叶系数为

$$a_n=\frac{1}{l}\int_{-l}^{l}f(x)\cos\frac{n\pi x}{l}\mathrm{d}x\quad(n=0,1,2,3,\cdots),\tag{8}$$

$$b_n=\frac{1}{l}\int_{-l}^{l}f(x)\sin\frac{n\pi x}{l}\mathrm{d}x\quad(n=1,2,3,\cdots).\tag{9}$$

当 $f(x)$为奇函数时，

$$f(x)=\sum_{n=1}^{\infty}b_n\sin\frac{n\pi x}{l},\tag{10}$$

其中系数 b_n 为

$$b_n=\frac{2}{l}\int_{0}^{l}f(x)\sin\frac{n\pi x}{l}\mathrm{d}x\quad(n=1,2,3,\cdots);\tag{11}$$

当 $f(x)$为偶函数时，

$$f(x)=\frac{a_0}{2}+\sum_{n=1}^{\infty}a_n\cos\frac{n\pi x}{l}, \tag{12}$$

其中，系数 a_n 为

$$a_n=\frac{2}{l}\int_0^l f(x)\cos\frac{n\pi x}{l}\mathrm{d}x(n=0,1,2,3,\cdots). \tag{13}$$

证　令 $z=\frac{\pi x}{l}$，则 $x=\frac{lz}{\pi}$，$f(x)=f\left(\frac{lz}{\pi}\right)$.

设 $F(z)=f(\frac{lz}{\pi})$，则

$$F(z+2\pi)=f\left[\frac{l(z+2\pi)}{\pi}\right]=f\left(\frac{lz}{\pi}+2l\right)=f(x+2l)=f(x)=F(z),$$

因此 $F(z)$是以 2π 为周期的周期函数，其傅里叶级数为

$$\frac{a_0}{2}+\sum_{n=1}^{\infty}(a_n\cos nz+b_n\sin nz),$$

其中系数 a_n，b_n 为

$$a_n=\frac{1}{\pi}\int_{-\pi}^{\pi}F(z)\cos nz\mathrm{d}z\quad(n=0,1,2,3,\cdots),$$

$$b_n=\frac{1}{\pi}\int_{-\pi}^{\pi}F(z)\sin nz\mathrm{d}z\quad(n=1,2,3,\cdots).$$

将 $z=\frac{\pi x}{l}$代入上面的三个式子，并注意到 $F(z)=f(x)$，通过定积分换元积分就可得到 $f(x)$ 的傅里叶级数为

$$\frac{a_0}{2}+\sum_{n=1}^{\infty}\left(a_n\cos\frac{n\pi x}{l}+b_n\sin\frac{n\pi x}{l}\right),$$

其中傅里叶系数为

$$a_n=\frac{1}{l}\int_{-l}^{l}f(x)\cos\frac{n\pi x}{l}\mathrm{d}x(n=0,1,2,3,\cdots),$$

$$b_n=\frac{1}{l}\int_{-l}^{l}f(x)\sin\frac{n\pi x}{l}\mathrm{d}x(n=1,2,3,\cdots).$$

注意：对 $f(x)$的间断点 x，级数(7)不收敛于 $f(x)$，而收敛于间断点的左、右极限的算术平均值，即

$$\frac{1}{2}[f(x-0)+f(x+0)].$$

例 5　设周期函数 $f(x)$以 10 为周期，它在$[-5,5)$上的表达式为

$$f(x)=\begin{cases}0, & -5\leqslant x<0,\\ 3, & 0\leqslant x<5,\end{cases}$$

将 $f(x)$展开成傅里叶级数.

解　由于 $f(x)$满足收敛定理的条件，因此可以展开成傅里叶级数．根据系数计算公式，有

$$a_0=\frac{1}{5}\int_{-5}^{5}f(x)\mathrm{d}x=\frac{1}{5}\int_0^5 3\mathrm{d}x=3,$$

$$a_n=\frac{1}{5}\int_{-5}^{5}f(x)\cos\frac{n\pi x}{5}\mathrm{d}x=\frac{1}{5}\int_0^5 3\cos\frac{n\pi x}{5}\mathrm{d}x=0,\ n=1,2,\cdots,$$

$$b_n=\frac{1}{5}\int_{-5}^{5}f(x)\sin\frac{n\pi x}{5}\mathrm{d}x=\frac{1}{5}\int_{0}^{5}3\sin\frac{n\pi x}{5}\mathrm{d}x=\frac{3(1-\cos n\pi)}{n\pi}=\begin{cases}\dfrac{6}{n\pi}, & n=1,3,\cdots,\\ 0, & n=2,4,\cdots,\end{cases}$$

代入(7)式可得

$$f(x)=\frac{3}{2}+\sum_{k=1}^{\infty}\frac{6}{(2k-1)\pi}\sin\frac{(2k-1)\pi x}{5}.$$

其中 $x\neq 5n$，$n=\pm 1,\pm 2,\pm 3,\cdots$，当 $x=5n(n=\pm 1,\pm 2,\pm 3,\cdots)$时，上述级数收敛于$\frac{3}{2}$.

例 6 将函数

$$f(x)=\begin{cases}x, & 0\leqslant x<\dfrac{l}{2},\\ l-x, & \dfrac{l}{2}\leqslant x\leqslant l\end{cases}$$

分别展开成正弦级数和余弦级数.

解 (1) 为了把 $f(x)$展开成正弦级数，需要对 $f(x)$作奇延拓，则有

$$\begin{aligned}b_n&=\frac{2}{l}\int_0^l f(x)\sin\frac{n\pi x}{l}\mathrm{d}x\\&=\frac{2}{l}\left[\int_0^{\frac{l}{2}}x\sin\frac{n\pi x}{l}\mathrm{d}x+\int_{\frac{l}{2}}^{l}(l-x)\sin\frac{n\pi x}{l}\mathrm{d}x\right]\\&=\frac{4l}{\pi^2 n^2}\sin\frac{n\pi}{2}(n=1,2,\cdots).\end{aligned}$$

因为 $f(x)$在$[0,l]$上连续，所以函数 $f(x)$的正弦级数为

$$f(x)=\frac{4l}{\pi^2}\sum_{n=1}^{\infty}\frac{1}{n^2}\sin\frac{n\pi}{2}\sin\frac{n\pi x}{l}(0\leqslant x\leqslant l).$$

$f(x)$的正弦级数的和函数的图形如图 11-8 所示.

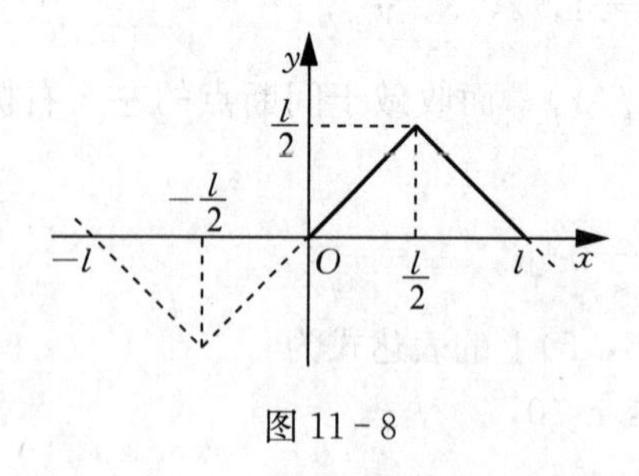

图 11-8

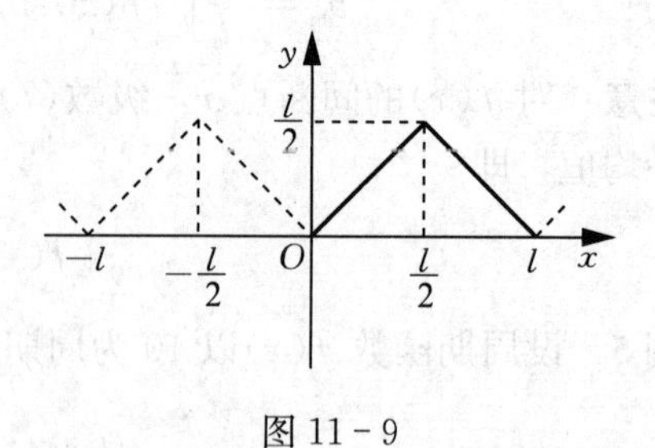

图 11-9

(2) 为了把 $f(x)$展开成余弦级数，需要对 $f(x)$作偶延拓，则有

$$a_0=\frac{2}{l}\int_0^l f(x)\mathrm{d}x=\frac{2}{l}\left[\int_0^{\frac{l}{2}}x\mathrm{d}x+\int_{\frac{l}{2}}^{l}(l-x)\mathrm{d}x\right]=\frac{l}{2};$$

$$\begin{aligned}a_n&=\frac{2}{l}\int_0^l f(x)\cos\frac{n\pi x}{l}\mathrm{d}x\\&=\frac{2}{l}\left[\int_0^{\frac{l}{2}}x\cos\frac{n\pi x}{l}\mathrm{d}x+\int_{\frac{l}{2}}^{l}(l-x)\cos\frac{n\pi x}{l}\mathrm{d}x\right]\end{aligned}$$

$$=\frac{2l}{\pi^2 n^2}\left[2\cos\frac{n\pi}{2}-1-(-1)^n\right](n=1, 2, \cdots).$$

因为 $f(x)$ 在区间 $[0, l]$ 上连续，所以 $f(x)$ 的余弦级数为

$$f(x)=\frac{l}{4}+\frac{2l}{\pi^2}\sum_{n=1}^{\infty}\frac{1}{n^2}\left[2\cos\frac{n\pi}{2}-1-(-1)^n\right]\cos\frac{n\pi x}{l}(0\leqslant x\leqslant l).$$

$f(x)$ 的余弦级数的和函数的图形如图 11-9 所示.

延伸阅读 11.11 设以 T 为周期的函数 $f(x)$，在一个周期区间 $\left[-\frac{T}{2}, \frac{T}{2}\right]$ 内满足收敛定理的条件，则 $f(x)$ 的傅里叶级数在区间内处处收敛，且在其连续点处有 $f(x)=\sum_{n=-\infty}^{\infty}C_n e^{in\omega x}$，其中 $\omega=\frac{2\pi}{T}$，$C_n=\frac{1}{T}\int_{-\frac{T}{2}}^{\frac{T}{2}}f(x)e^{-in\omega x}dx\,(n=0, \pm1, \pm2, \cdots)$，上式称为 $f(x)$ 的复数形式的傅里叶级数.

在物理上，C_0 表示直流分量，$C_n e^{in\omega x}(n=0, \pm1, \pm2, \cdots)$ 也被称为 n 次简谐波，其实际意义是 $C_n e^{in\omega x}+C_{-n}e^{i(-n)\omega x}=a_n\cos n\omega x+b_n\sin n\omega x$，其中 $a_n\cos n\omega x+b_n\sin n\omega x$ 表示振幅为 $\sqrt{a_n^2+b_n^2}=2|C_n|$，谐频为 $n\omega$ 的简谐波. 因此，$f(x)$ 复数形式的傅里叶级数的物理意义是：一个周期信号 $f(x)$，可以分解为直流信号与一串不同振幅、不同频率的谐波的叠加.

事实上，实数形式与复数形式的傅里叶级数是等价的，可以互推.

我们把各次谐波的振幅与频率的关系用图像表示出来，这种图称为频谱图，它清楚地表明了一个非正弦周期函数 $f(x)$ 包含了哪些频率分量及各分量所占的比(如振幅的大小). 分析信号 $f(x)$ 的主要频率范围的方法，就是频谱分析.

在数学上对复数形式的傅里叶级数进行恒等变换，将其中的一部分 $F(f)=\int_{-\infty}^{+\infty}f(t)e^{-i\omega t}dt$ 定义为函数 $f(x)$ 的傅里叶变换. 傅里叶变换是一种重要的积分变换，如同对数能把乘法运算变为加法运算一样，傅里叶变换能把分析运算变为代数运算，从而使问题得以简化. 在频谱分析中，$F(f)$ 称为 $f(t)$ 的频谱函数，频谱函数 $F(f)$ 的模称为 $f(t)$ 的振幅频谱(简称频谱).

傅里叶变换和频谱分析有着非常密切的联系. 随着电子技术、计算机科学、声学、光学和生命学的蓬勃发展，频谱理论已成功地在电气工程、控制工程、通信工程、军事、医学和气象等很多领域都得到了成功的应用. 多数理工科专业的必修课《信号与系统分析》的核心之一就是频谱理论.

但是，傅里叶变换在实际应用中也有其局限性. 傅里叶变换取决于信号 $f(x)$ 在数轴上的整体性质，所以它不能反映出信号在局部时间范围内的特征，而在实际应用中这却是很重要的. 例如对地震信号，人们关心的是在什么位置出现什么样的反射波，而这正是傅里叶变换难以弄清的问题. 从 20 世纪 80 年代开始发展起来的小波变换，一方面继承了傅里叶变换的许多长处，同时又在一定程度上克服了傅里叶变换缺乏局部性的弱点，对解决实际问题更有利. 关于小波变换的具体内容，有兴趣的读者可参阅相关的专著.

习 题 11-4

A 组

1. 将下列以 2π 为周期的周期函数展开成傅里叶级数.

(1) $f(x)=\begin{cases}x, & -\pi\leqslant x<0,\\ 0, & 0\leqslant x<\pi;\end{cases}$　　(2) $f(x)=\pi^2-x^2$，$x\in(-\pi, \pi]$；

(3) $f(x)=e^{2x}$，$x\in[-\pi,\pi)$.

2. 将下列函数展开成傅里叶级数.

(1) $f(x)=\begin{cases}0, & -\pi<x<0,\\ 1, & 0\leqslant x\leqslant\pi;\end{cases}$　　(2) $f(x)=\begin{cases}x, & -\pi<x<0,\\ 1, & x=0,\\ 2x, & 0<x<\pi.\end{cases}$

3. 将函数 $f(x)=2x^2(0\leqslant x\leqslant\pi)$ 分别展开成正弦级数和余弦级数.

4. 设周期函数在一个周期内的表达式为 $f(x)=\begin{cases}2x+1, & -3\leqslant x<0,\\ 1, & 0\leqslant x<3,\end{cases}$ 试将其展开成傅里叶级数.

5. 将函数 $f(x)=x^2(0\leqslant x\leqslant 2)$ 分别展开成正弦级数和余弦级数.

B　组

1. 设 $f(x)$ 是周期为 2π 的周期函数，$f(x-\pi)=-f(x)$，证明：$f(x)$ 的傅里叶系数 $a_0=0$，$a_{2k}=0$，$b_{2k}=0(k=1,2,\cdots)$.

2. 把函数 $f(x)=\frac{\pi}{4}$ 在 $[0,\pi]$ 上展开成正弦级数，并证明：$1-\frac{1}{3}+\frac{1}{5}-\frac{1}{7}+\cdots=\frac{\pi}{4}$.

3. 利用函数 $f(x)=x^3$ 在 $[0,\pi]$ 上展开的余弦级数计算级数 $\sum_{n=1}^{\infty}\frac{1}{n^4}$ 的和.

4. 证明：当 $0\leqslant x\leqslant\pi$ 时，$\sum_{n=1}^{\infty}\frac{\cos nx}{n^2}=\frac{x^2}{4}-\frac{\pi x}{2}+\frac{\pi^2}{6}$.

附录 1　演示与实验

演示与实验七

一、空间曲面的绘制

二元显函数绘图基本命令格式为

Plot3D[f[x，y]，{x，xmin，xmax}，{y，ymin，ymax}，可选项]

例 1　画出函数 $z=x^2+y^2$ 的图形．

解　输入　　Plot3D[x^2+y^2，{x，－5，5}，{y，－5，5}]

输出图形如附图 1 所示．

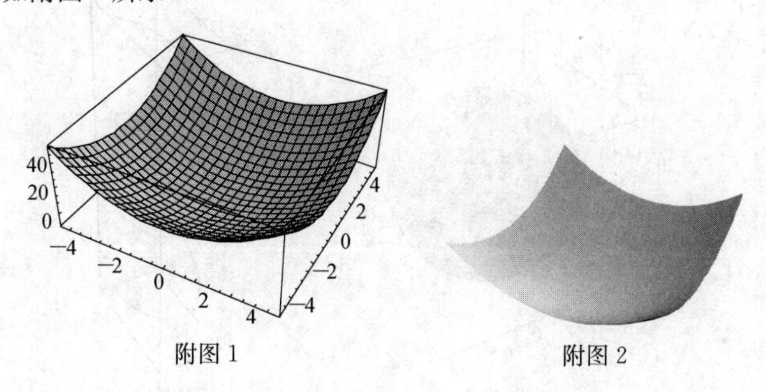

附图 1　　　　附图 2

与一元 Plot 函数绘图一样，Plot3D 也有很多可选项用来修饰三维图形的外观，使用方法与 Plot 中的可选项类似．附表 1 给出了 Plot3D 函数的一些常用可选项．

附表 1　Plot3D 的常用可选项

可选项	默认值	含义
Axes	True	是否画出坐标轴
AxesLabel	None	是否在坐标轴上加标注
AspectRatio	1	图形高和宽的比例
Boxed	True	是否为图形加上一个立体框
BoxRatios	1∶1∶0.4	图形立体框在三个方向上的长度比
HiddenSurface	True	图形被挡住的部分是否隐掉
Mesh	True	图形所表示的曲面上是否显示网格
PlotRange	Automatic	图形的显示范围
PlotPoint	15	采样函数的点数
Shading	True	曲面上是否显示阴影
ViewPoint	{1.3，－2.4，2}	图形的空间观察点(或称视点)

例 2　将例 1 的图形去掉坐标、网格和立体框．

解　输入 Plot3D[x^2+y^2，{x，－5，5}，{y，－5，5}，Axes－>False，Boxed－>False，Mesh－>False]

输出图形如附图 2 所示．

三维参数作图命令格式为

ParametricPlot3D[{x（u，v），y（u，v），z（u，v）}，{u，umin，umax}，{v，vmin，vmax}，可选项]

可选项与一般曲面作图 Plot3D 的可选项一样．

例 3　画出单位球面的图形．

解　输入 ParametricPlot3D[{Sin[u]*Cos[v]，Sin[u]*Sin[v]，Cos[u]}，{u，0，Pi}，{v，0，2Pi}]

输出图形如附图 3 所示．

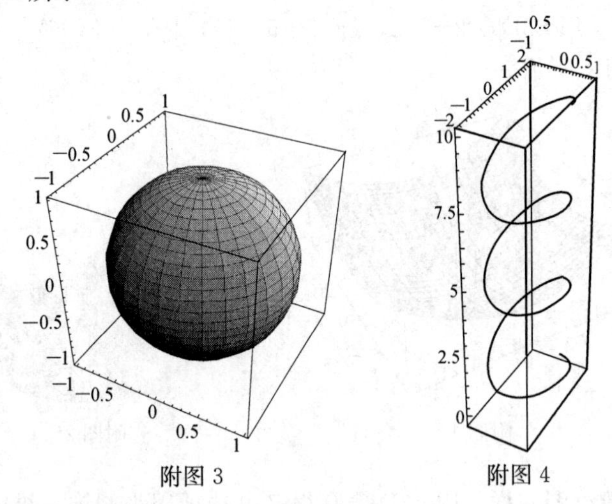

附图 3　　　　附图 4

二、空间曲线的绘制

空间曲线作图命令格式为

ParametricPlot3D[{x(t)，y(t)，z(t)}，{t，tmin，tmax}，可选项]

例 4　绘出曲线$\begin{cases}x=\sin t,\\ y=2\cos t,\\ z=t/2\end{cases}$的图形，

解　输入　ParametricPlot3D[{Sin[t]，2Cos[t]，t/2}，{t，0，20}]

输出图形如附图 4 所示．

演示与实验八

一、多元函数的偏导数

1. 多元函数求偏导数

多元函数求偏导数的基本命令格式如附表 2.

附表 2　多元函数求偏导数的基本命令

Mathematica 命令	含义
D[f[x1，x2，…，xn]，xi]	求函数 f 对 xi 的偏导数
D[f[x1，x2，…，xn]，{xi，n}]	求函数 f 对 xi 的 n 阶偏导数
D[f[x1，x2，…，xn]，{x1，n1}，{x2，n2}，…]	求函数 f 依次对 x1，x2，…的混合高阶偏导数

例 1　已知 $f(x, y)=\sqrt{2x^2+5y}$，求 $\frac{\partial f}{\partial x}$，$\left.\frac{\partial f}{\partial y}\right|_{\substack{x=1\\y=1}}$，$\frac{\partial^2 f}{\partial x^2}$ 和 $\frac{\partial^2 f}{\partial x\,\partial y}$.

解　输入　D[Sqrt[2x^2+5y]，x]

结果为 $\frac{2\mathrm{x}}{\sqrt{2\mathrm{x}^2+5\mathrm{y}}}$；

再输入　D[Sqrt[2x^2+5y]，y]/.{x->1，y->1}

结果为 $\frac{5}{2\sqrt{7}}$；

再输入　D[Sqrt[2x^2+5y]，{x，2}]

结果为 $-\frac{4\mathrm{x}^2}{(2\mathrm{x}^2+5\mathrm{y})^{\frac{3}{2}}}+\frac{2}{\sqrt{2\mathrm{x}^2+5\mathrm{y}}}$；

再输入　D[Sqrt[2x^2+5y]，x，y]

结果为 $-\frac{5\mathrm{x}}{(2\mathrm{x}^2+5\mathrm{y})^{\frac{3}{2}}}$.

例 2　若 $z=x\sin\sqrt{x^2+y^2}$，求 $\frac{\partial^3 z}{\partial x^2\,\partial y}$ 和 $\frac{\partial^4 z}{\partial x^2\,\partial y^2}$.

解　输入　z[x_，y_]:=x*Sin[Sqrt[x^2+y^2]];

D[z[x，y]，{x，2}，y]

结果为 $-\frac{2\mathrm{xyCos}[\sqrt{\mathrm{x}^2+\mathrm{y}^2}]}{(\mathrm{x}^2+\mathrm{y}^2)^{3/2}}-\frac{2\mathrm{xySin}[\sqrt{\mathrm{x}^2+\mathrm{y}^2}]}{\mathrm{x}^2+\mathrm{y}^2}+\mathrm{x}\left(\frac{3\mathrm{x}^2\mathrm{yCos}[\sqrt{\mathrm{x}^2+\mathrm{y}^2}]}{(\mathrm{x}^2+\mathrm{y}^2)^{5/2}}-\right.$

$\left.\frac{\mathrm{yCos}[\sqrt{\mathrm{x}^2+\mathrm{y}^2}]}{(\mathrm{x}^2+\mathrm{y}^2)^{3/2}}-\frac{\mathrm{x}^2\mathrm{yCos}[\sqrt{\mathrm{x}^2+\mathrm{y}^2}]}{(\mathrm{x}^2+\mathrm{y}^2)^{3/2}}+\frac{3\mathrm{x}^2\mathrm{ySin}[\sqrt{\mathrm{x}^2+\mathrm{y}^2}]}{(\mathrm{x}^2+\mathrm{y}^2)^2}-\frac{\mathrm{ySin}[\sqrt{\mathrm{x}^2+\mathrm{y}^2}]}{\mathrm{x}^2+\mathrm{y}^2}\right)$；

再输入　D[z[x，y]，{x，2}，{y，2}]

结果略.

2. 各类常见的多元函数求偏导数

(1) 多元复合函数

例 3　设 $z=\frac{e^{2x}(\sin u+v)}{u-v^2}$，而 $u=x+y$，$v=xy$，求 $\frac{\partial z}{\partial y}$ 和 $\frac{\partial^2 z}{\partial x^2}$.

解　输入　u[x_，y_]:=x+y;

v[x_，y_]:=x*y;

z[x_，u_，v_]:=Exp[2x]*(Sin[u[x，y]]+v[x，y])/(u[x，y]-v[x，y]^2);

D[z[x，u，v]，y]

结果为$\frac{e^{2x}(x+Cos[x+y])}{x+y-x^2y^2}-\frac{e^{2x}(1-2x^2y)(xy+Sin[x+y])}{(x+y-x^2y^2)^2}$；

再输入　D[z[x，u，v]，{x，2}]

结果略．

（2）多元隐函数

例 4　设 $e^z-xyz=4$，求$\frac{\partial z}{\partial x}$.

解　输入　f[x_，y_，z_]:=Exp[z]-x*y*z-4；

　　　-D[f[x，y，z]，x]/ D[f[x，y，z]，z]；

　　　Simplify[%]

结果为$\frac{yz}{e^z-xy}$.

（3）抽象函数

例 5　设 $z=f(2x-y)+g(x，xy)$，其中函数 $f(t)$二阶可导，$g(u，v)$具有二阶连续偏导数，求$\frac{\partial z}{\partial x}$和$\frac{\partial^2 z}{\partial x\,\partial y}$.

解　输入　D[f[2x-y]+g[x，x*y]，x]

结果为 $2f'[2x-y]+yg^{(0,1)}[x，xy]+g^{(1,0)}[x，xy]$；

再输入　D[f[2x-y]+g[x，x*y]，x，y]

结果为 $-2f''[2x-y]+g^{(0,1)}[x，xy]+xyg^{(0,2)}[x，xy]+xg^{(1,1)}[x，xy]$.

二、多元函数的全微分

多元函数求全微分的命令格式为

Dt[f[x1，x2，…]]：计算多元函数 f[x1，x2，…]的全微分 df，

Dt[f[x，y[x]，z[x]，…]，x]：计算多元函数 f[x，y[x]，z[x]，…]对 x 的全导数 df/dx.

例 6　求函数 $z=xy+\frac{x}{y}$的全微分．

解　输入　Dt[x*y+x/y]

结果为$\frac{Dt[x]}{y}+yDt[x]+xDt[y]-\frac{xDt[y]}{y^2}$.

注：结果中的 Dt[x]、Dt[y]表示微分 dx、dy.

例 7　设 $u=x^{yz}$，（1）求全微分 du；（2）若 y、z 都是 x 的函数，求全导数 du/dx.

解　（1）输入　u[x_，y_，z_]:=x^(y*z)；

　　　Dt[u[x，y，z]]

结果为 $x^{yz}\left(\frac{yzDt[x]}{x}+(zDt[y]+yDt[z])Log[x]\right)$；

（2）输入　Dt[u[x，y，z]，x]

结果为 $x^{yz}\left(\frac{yz}{x}+(zDt[y，x]+yDt[z，x])Log[x]\right)$.

注：Dt[y，x]表示$\frac{dy}{dx}$，Dt[z，x]表示$\frac{dz}{dx}$.

三、极值问题

1. 求函数的数值局部极小值

求函数的数值局部极小值的命令格式为

FindMinimum[f，{x，x0}，{y，y0}，…]

表示从$x=x_0$，$y=y_0$，…出发，求多元函数$f(x, y, \cdots)$的数值局部极小值.

例 8　求函数$f(x, y)=x^3+y^3-3(x^2+y^2)$的极值.

解　首先定义函数并绘出图形

输入　f[x_，y_]:=x^3+y^3-3*(x^2+y^2);

Plot3D[f[x，y]，{x，-10，10}，{y，-10，10}，AxesLabel->{"x"，" y"，"z"}]

结果如附图 5 所示.

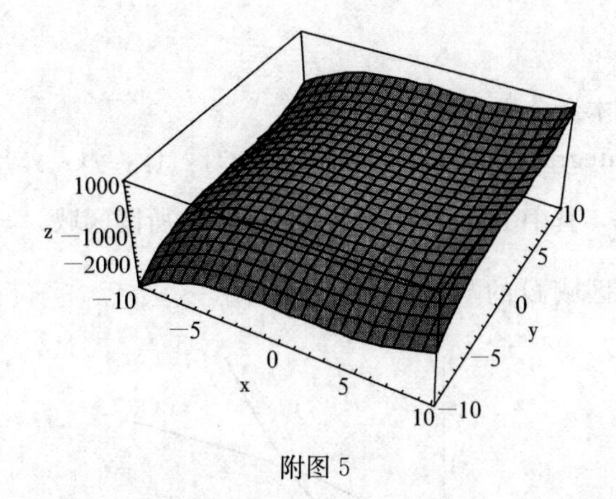

附图 5

观察图形，以(5，5)作为极小值的初始点，以(−2，−2)作为极大值的初始点.

输入　FindMinimum[f[x，y]，{x，5}，{y，5}]

结果为{−8.，{x->2.，y->2.}}；

再输入　FindMinimum[−f[x，y]，{x，−2}，{y，−2}]

结果为{1.44072×10^{-16}，{x->-4.9002×10^{-9}，y->-4.9002×10^{-9}}}.

所以，极小值$f(2, 2)=-8$，极大值$f(-4.9\times10^{-9}, -4.9\times10^{-9})=-1.44\times10^{-16}$.

2. 利用驻点法求多元函数的极值

例 9　求函数$f(x, y)=x^3-y^3+3x^2+3y^2-9x$的极值.

解　首先求函数的驻点，再利用极值的充分条件判断驻点是否为极值点.

(1) 计算驻点：

输入　f[x_，y_]:=x^3−y^3+3x^2+3y^2−9x;

fx=D[f[x，y]，x]；fy=D[f[x，y]，y]；

s=Solve[{fx==0，fy==0}，{x，y}]

结果为{{x->-3，y->0}，{x->-3，y->2}，{x->1，y->0}，{x->1，y->2}}.

(2) 计算判别式 B^2-AC，对驻点进行判定，依次输出驻点坐标、判别式、A 值和函数值.

输入　a=D[f[x, y], {x, 2}];

　　　b=D[f[x, y], x, y];

　　　c=D[f[x, y], {y, 2}];

　　　m=b^2-a*c;

　　　Do[Print[{{x, y}, m, a, f[x, y]}/. s[[k]]], {k, 4}]

结果为{{-3, 0}, 72, -12, 27}, {{-3, 2}, -72, -12, 31}, {{1, 0}, -72, 12, -5}, {{1, 2}, 72, 12, -1}.

从结果可以看出，函数有极大值 $f(-3, 2)=31$，极小值 $f(1, 0)=-5$.

演示与实验九

一、二重积分

计算二重积分的基本命令格式为

Integrate[f[x, y], {x, x1, x2}, {y, y1, y2}]

例 1　计算 $\iint\limits_D xy\,\mathrm{d}\sigma$，其中 D 为曲线 $y=x^2, x=y^2$ 所围区域.

解　首先画出积分区域 D 的图形，如附图 6 所示.

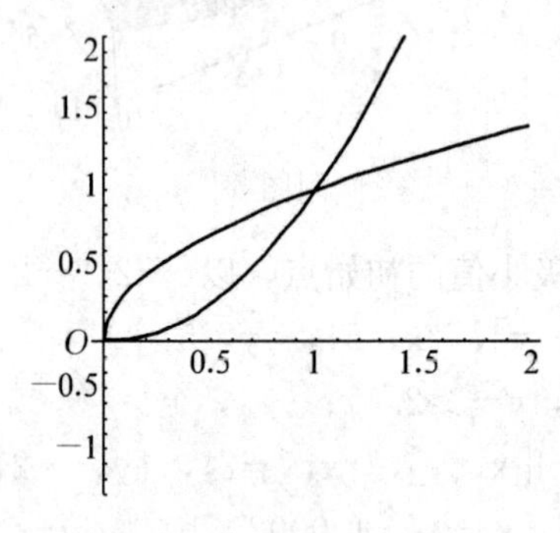

附图 6

输入　Plot[{x^2, Sqrt[x]}, {x, 0, 2}, PlotRange->{-1, 2}, AspectRatio->1]

观察积分区域图形，容易将二重积分化为二次积分，故计算如下：

再输入　Integrate[x*y, {x, 0, 1}, {y, x^2, Sqrt[x]}]

结果为 $\frac{1}{12}$.

二、三重积分

计算三重积分的命令格式为

```
Integrate[f[x, y, z], {x, x1, x2}{y, y1, y2}, {z, z1, z2}]
```

例 2 计算$\iiint\limits_{\Omega}(x+2y+3z)\mathrm{d}V$，其中$\Omega$由$z=-\frac{1}{2}y^2$，$2x+3y-12=0$，$x=0$和$z=0$围成.

解 画出立体Ω的图形.

输入
```
c1=Plot3D[-y^2/2, {x, -10, 10}, {y, -10, 10}, Shading->False];
c2=ParametricPlot3D[{x, 4-2x/3, z}, {x, -10, 10}, {z, -10, 0}, Shading->False];
c3=ParametricPlot3D[{0, y, z}, {y, -10, 10}, {z, -10, 0}, Shading->False];
Show[c1, c2, c3]
```

得到图形如附图 7(1)所示.

从图形中可以看出，空间立体在xOy面上的投影是由曲面$z=-\frac{1}{2}y^2$，$2x+3y-4=0$及$x=0$在xOy面上的投影曲线组成.它们在xOy面上的投影曲线分别为$y=0$，$y=4-\frac{2x}{3}$和$x=0$，下面画出图形.

输入
```
Clear[x, y, z];
Plot[4-2x/3, {x, -10, 10}]
Solve[4-2x/3==0, x]
```

结果为{{x->6}}. 输出图形如附图 7(2)所示.

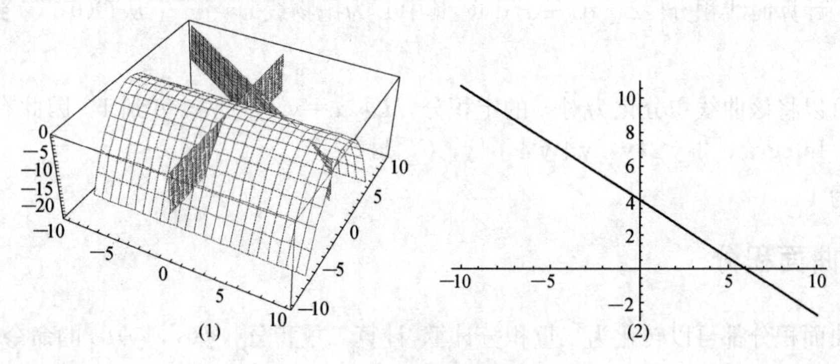

附图 7

由此确定积分限$0\leqslant x\leqslant 6$，$0\leqslant y\leqslant 4-\frac{2x}{3}$，$-\frac{y^2}{2}\leqslant z\leqslant 0$，计算三重积分如下：

输入
```
Integrate[x+2y+3z, {x, 0, 6}, {y, 0, 4-2x/3}, {z, -y^2/2, 0}]
```

结果为$\frac{96}{5}$.

演示与实验十

一、曲线积分

第一类曲线积分和第二类曲线积分都是转化为定积分计算，因此计算曲线积分的命令与

计算定积分命令相同，即

```
Integrate[f[x], {x, xmin, xmax}]
```

例 1　计算曲线积分$\int_L (x^2+y^2)\mathrm{d}s$，其中 L 是中心在(1，0)，半径为 1 的上半圆周．

解　曲线 L 的直角坐标方程为 $y=\sqrt{2x-x^2}\,(0\leqslant x\leqslant 2)$.

方法一：可将其看成以 x 为参数的参数方程$\begin{cases}x=x,\\ y=\sqrt{2x-x^2}\end{cases}(0\leqslant x\leqslant 2)$.

输入
```
y[x_]:=Sqrt[2x-x^2];
dy[x_]:=D[y[x], x];
Integrate[(x^2+y[x]^2)*Sqrt[1+dy[x]^2], {x, 0, 2}]
```

结果为 2π.

方法二：曲线 L 的参数方程为$\begin{cases}x=1+\cos t,\\ y=\sin t\end{cases}(0\leqslant t\leqslant \pi)$，故也可以计算如下：

输入
```
x[t_]:=1+Cos[t];
y[t_]:=Sin[t];
dx[t_]:=D[x[t], t];
dy[t_]:=D[y[t], t];
Integrate[(x[t]^2+y[t]^2)*Sqrt[dx[t]^2+dy[t]^2], {t, 0, Pi}]
```

结果为 2π.

例 2　计算曲线积分$\int_L 2xy\mathrm{d}x+x^2\mathrm{d}y$，其中 L 为抛物线 $x=y^2$ 上从 $O(0,0)$ 到 $A(1,1)$ 的一段弧．

解　可以将该曲线积分化为对 y 的定积分，L：$x=y^2$，y 从 0 变到 1，因此有

输入
```
Integrate[2*y^2*y*2y+y^4, {y, 0, 1}]
```

结果为 1.

二、曲面积分

两类曲面积分都可以转化为二重积分计算，计算二重积分$\iint\limits_D f(x,y)\mathrm{d}\sigma$ 的命令格式为

```
Integrate[f[x, y], {x, xmin, xmax}, {y, ymin, ymax}]
```

例 3　计算曲面积分$\iint\limits_\Sigma \frac{\mathrm{d}S}{z}$，其中 Σ 是球面 $x^2+y^2+z^2=4$ 被平面 $z=1$ 截成的顶部．

解　画出曲面 Σ 及其在 xOy 面上的投影，

输入
```
Clear[a, b, c]
a=ParametricPlot3D[{2Cos[u]*Sin[v], 2Cos[u]*Cos[v], 2Sin[u]}, {u, 0,
Pi/2}, {v, 0, 2Pi}];
b=ParametricPlot3D[{2Cos[u]*Sin[v], 2Cos[u]*Cos[v], 1}, {u, 0, Pi/2},
{v, 0, 2Pi}];
c=ParametricPlot3D[{2Cos[Pi/6]*Sin[v], 2Cos[Pi/6]*Cos[v], -2}, {v, 0,
```

```
2Pi}];
Show[a，b，c，PlotRange－>{－3，2}]
ParametricPlot[{2Cos[Pi/6]*Sin[t]，2Cos[Pi/6]*Cos[t]}，{t，0，2Pi}，
AspectRatio－>1]
```

得到图形如附图 8 所示．根据积分区域的形状，采用极坐标进行计算：

输入
```
z[x_，y_]:＝Sqrt[4－x^2－y^2];
dzx＝D[z[x，y]，x];
dzy＝D[z[x，y]，y];
sxy＝(1/z[x，y])*Sqrt[1＋dzx^2＋dzy^2]/.{x－>r*Cos[t]，y－>r*Sin[t]};
Integrate[sxy*r，{t，0，2Pi}，{r，0，Sqrt[3]}]
```

结果为 π Log[16].

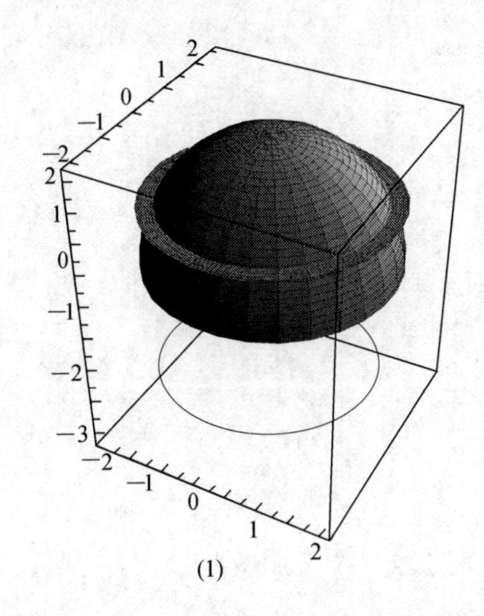

(1)

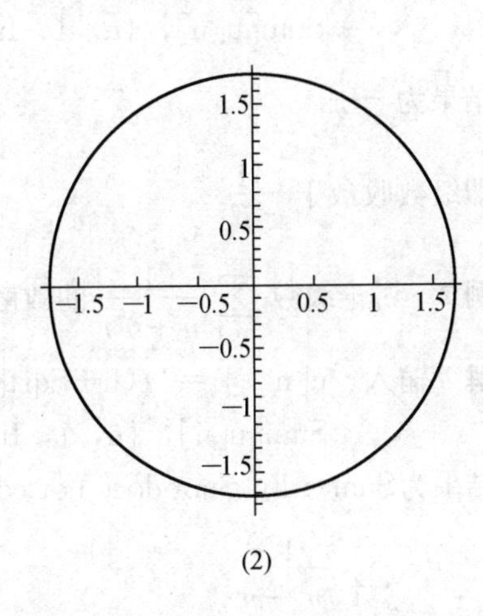

(2)

附图 8

例 4　利用高斯公式计算曲面积分 $\oint\!\!\oint_S xz^2\mathrm{d}y\mathrm{d}z+(x^2y-z^3)\mathrm{d}z\mathrm{d}x+(2xy+y^2z)\mathrm{d}x\mathrm{d}y$，其中 S 为上半球体 $x^2+y^2\leqslant 1$，$0\leqslant z\leqslant\sqrt{1-x^2-y^2}$ 的外侧．

解　因为所给曲面为封闭曲面，并且取曲面的外侧，故可直接利用高斯公式求解．由于曲面为球体表面，因此采用球坐标计算三重积分．

输入
```
p[x_，y_，z_]:＝x*z^2;
q[x_，y_，z_]:＝x^2*y－z^3;
r[x_，y_，z_]:＝2x*y＋y^2*z;
dpx＝D[p[x，y，z]，x];
dqy＝D[q[x，y，z]，y];
drz＝D[r[x，y，z]，z];
f＝dpx＋dqy＋drz/.{x－>r*Sin[u]*Cos[v]，y－>r*Sin[u]*Sin[v]，z－>r*
Cos[u]};
```

```
Integrate[f*r^2*Sin[u], {u, 0, Pi/2}, {v, 0, 2Pi}, {r, 0, 1}]
```

结果为$\frac{2\pi}{5}$.

演示与实验十一

一、常数项级数的敛散性

判断常数项级数是否收敛的命令格式为

```
Sum[u[n], {n, 1, Infinity}]
```

事实上，此命令即为求级数的和，如收敛，则输出数值，如发散，系统给出提示信息.

例 1　讨论级数$\sum_{n=1}^{\infty}(-1)^n\frac{1}{2^n}$的敛散性.

解　输入

```
u[n_]:=(-1)^n*(1/2^n);
Sum[u[n], {n, 1, Infinity}]
```

结果为$-\frac{1}{3}$.

即级数收敛于$-\frac{1}{3}$.

例 2　讨论级数$\sum_{n=1}^{\infty}\frac{1}{n+\sqrt{n}}$的敛散性.

解　输入

```
u[n_]:=1/(n+Sqrt[n]);
Sum[u[n], {n, 1, Infinity}]
```

结果为Sum::div:Sum does not converge.>>

$$\sum_{n=1}^{\infty}\frac{1}{\sqrt{n}+n}$$

输出信息提示级数发散.

二、函数的幂级数收敛域与和函数

首先利用达朗贝尔判别法求幂级数的收敛半径，再对区间端点讨论敛散性. 幂级数和函数的求法类似于常数项级数敛散性判别，依然使用 Sum 函数.

例 3　求幂级数$\sum_{n=1}^{\infty}\frac{x^n}{2^n\cdot n}$的收敛域与和函数.

解　先求收敛域

输入

```
u[n_]:=x^n/(2^n*n);
r=1/Limit[u[n+1]/u[n]/.x->1, n->Infinity]
```

结果为 2;

因此收敛半径为 2，下面分别讨论级数在$x=-2$，2 处是否收敛.

输入

```
Sum[u[n]/.x->-2, {n, 1, Infinity}]
```

结果为-Log[2];

输入 Sum[u[n]/. x－＞2，{n，1，Infinity}]

结果为Sum::div:Sum does not converge. >>

$$\sum_{n=1}^{\infty}\frac{1}{n}$$

故幂级数的收敛域为[－2，2). 再求幂级数的和函数.

输入 Sum[u[n]，{n，1，Infinity}]

结果为$-\text{Log}\left[1-\frac{x}{2}\right]$.

三、函数的幂级数展开

将函数在一点 x_0 处展开为幂级数有如下两种格式：

(1) Series[expr，{x，x0，n}]：函数在 x_0 处的 n 阶幂级数展开，结果带有 $n+1$ 阶的高阶无穷小.

(2) Normal[Series[expr，{x，x0，n}]]：函数在 x_0 处的 n 阶幂级数展开，结果不带有高阶无穷小.

例 4 将函数 $f(x)=(1+x)\ln(1+x)$展开为 x 的幂级数.

解 输入 Series[(1+x)*Log[1+x]，{x，0，6}]

结果为 $x+\frac{x^2}{2}-\frac{x^3}{6}+\frac{x^4}{12}-\frac{x^5}{20}+\frac{x^6}{30}+O[x]^7$.

例 5 将函数 $f(x)=\frac{1}{x(x-1)}$展开为$(x-2)$的 5 阶幂级数.

解 输入 Normal[Series[1/(x*(x－1))，{x，2，5}]]

结果为$\frac{1}{2}-\frac{3}{4}(-2+x)+\frac{7}{8}(-2+x)^2-\frac{15}{16}(-2+x)^3+\frac{31}{32}(-2+x)^4-\frac{63}{64}(-2+x)^5$.

四、函数的傅里叶级数展开

可以针对具体的题目直接求出傅里叶系数，代入公式即可.

例 6 设 $f(x)$是周期为 2π 的函数，它在$[-\pi，\pi)$上的表达式为 $f(x)=x$，将其展开为傅里叶级数.

解 输入
```
a0=1/Pi*Integrate[x，{x，－Pi，Pi}];
a[n_]:=1/Pi*Integrate[x*Cos[n*x]，{x，－Pi，Pi}];
b[n_]:=1/Pi*Integrate[x*Sin[n*x]，{x，－Pi，Pi}];
f[x_]:=a0/2+Sum[a[n]*Cos[n*x]+b[n]*Sin[n*x]，{n，1，5}];
f[x]
```

结果为$2\text{Sin}[x]-\text{Sin}[2x]+\frac{2}{3}\text{Sin}[3x]-\frac{1}{2}\text{Sin}[4x]+\frac{2}{5}\text{Sin}[5x]$.

附录 2　习题答案与提示

习 题 7－1

A　　组

1. 点 A 在第Ⅷ卦限；点 B 在 yOz 面上；点 C 在 y 轴上；点 D 在第Ⅴ卦限．

2. $(0, y, z)$在 yOz 面上，$(x, 0, z)$在 zOx 面上，$(x, y, 0)$在 xOy 面上；$(x, 0, 0)$在 x 轴上，$(0, y, 0)$在 y 轴上，$(0, 0, z)$在 z 轴上．

3. 第Ⅰ卦限$(+, +, +)$，第Ⅱ卦限$(-, +, +)$，第Ⅲ卦限$(-, -, +)$，第Ⅳ卦限$(+, -, +)$，第Ⅴ卦限$(+, +, -)$，第Ⅵ卦限$(-, +, -)$，第Ⅶ卦限$(-, -, -)$，第Ⅷ卦限$(+, -, -)$．

4. 关于 xOy 面$(x, y, -z)$，关于 yOz 面$(-x, y, z)$，关于 zOx 面$(x, -y, z)$；关于 x 轴$(x, -y, -z)$，关于 y 轴$(-x, y, -z)$，关于 z 轴$(-x, -y, z)$；关于原点$(-x, -y, -z)$．

5. 到 xOy 面的距离是 5，到 yOz 面的距离是 4，到 zOx 面的距离是 3.

6. $(-3, 7, 4)$.

7. (1) $\boldsymbol{a}$ 与 $\boldsymbol{b}$ 的夹角小于$\frac{\pi}{2}$；(2) $\boldsymbol{a}$ 与 $\boldsymbol{b}$ 的夹角等于$\frac{\pi}{2}$；(3) $\boldsymbol{a}$ 与 $\boldsymbol{b}$ 的夹角大于$\frac{\pi}{2}$.

8. $5\boldsymbol{a}-11\boldsymbol{b}+7\boldsymbol{c}$.

9. $\overrightarrow{OD}=\frac{1}{2}(\boldsymbol{a}+\boldsymbol{b})$，$\overrightarrow{AD}=\frac{1}{2}(\boldsymbol{b}-\boldsymbol{a})$.

10. $\overrightarrow{D_1A}=-\frac{\boldsymbol{a}}{5}-\boldsymbol{c}$，$\overrightarrow{D_3A}=-\frac{3}{5}\boldsymbol{a}-\boldsymbol{c}$.

11～12. 略．

B　　组

1. 提示：$\overrightarrow{AD}=\frac{1}{2}(\boldsymbol{c}-\boldsymbol{b})$，$\overrightarrow{BE}=\frac{1}{2}(\boldsymbol{a}-\boldsymbol{c})$，$\overrightarrow{CF}=\frac{1}{2}(\boldsymbol{b}-\boldsymbol{a})$.

2. 提示：$\overrightarrow{RQ}=\boldsymbol{r}_2-\boldsymbol{r}$，$\overrightarrow{PR}=\boldsymbol{r}-\boldsymbol{r}_1$，$\overrightarrow{PR}=\frac{m}{n}\overrightarrow{RQ}$，即 $\boldsymbol{r}-\boldsymbol{r}_1=\frac{m}{n}(\boldsymbol{r}_2-\boldsymbol{r})$，即 $\boldsymbol{r}=\frac{n\boldsymbol{r}_1+m\boldsymbol{r}_2}{m+n}$.

习 题 7－2

A　　组

1. $\overrightarrow{AB}=\{-5, 9, -5\}$，$|\overrightarrow{AB}|=\sqrt{131}$，$\overrightarrow{OA}+\overrightarrow{OB}=\{3, 7, 5\}$.

2. $(-2, 3, 0)$.

3. $\boldsymbol{a}=\frac{3}{2}\boldsymbol{i}+\frac{3\sqrt{2}}{2}\boldsymbol{j}+\frac{3}{2}\boldsymbol{k}$.

4. (1) $\boldsymbol{a}\perp x$ 轴；(2) $\boldsymbol{a}\perp xOz$ 面，并与 y 轴正向一致；(3) $\boldsymbol{a}$ 平行于 z 轴.

5. $\{24, -5, -14\}$，$\pm\left\{\frac{24}{\sqrt{797}}, -\frac{5}{\sqrt{797}}, -\frac{14}{\sqrt{797}}\right\}$.

6. $\left(4, \frac{10}{3}, \frac{2}{3}\right)$，$\left(1, \frac{8}{3}, \frac{7}{3}\right)$.

7. $\boldsymbol{b}=\{-48, 45, -36\}$.

8. $(18, 17, -17)$.

9. $\left(0, 0, \frac{14}{9}\right)$.

10. $(0, 1, -2)$.

11～12. 略.

B　组

1. $\frac{|\boldsymbol{b}|\boldsymbol{a}+|\boldsymbol{a}|\boldsymbol{b}}{||\boldsymbol{b}|\boldsymbol{a}+|\boldsymbol{a}|\boldsymbol{b}|}$.

2. $\alpha=\beta=\frac{\pi}{2}$，$\gamma=\pi$ 或 $\alpha=\beta=\frac{\pi}{4}$，$\gamma=\frac{\pi}{2}$.

3. $\sqrt{22}$.

习题 7-3

A　组

1. (1) 不正确；(2) 不正确；(3) 正确.
2. (1) 2；(2) $\{2, 1, 21\}$；(3) $\{0, 8, 24\}$；(4) $\{0, -8, -24\}$.
3. 10N·m.
4. $\boldsymbol{x}=\{-4, 2, -4\}$.
5. $\lambda=2\mu$.
6. $\arccos\frac{2}{\sqrt{7}}$.
7. 提示：利用数量积证明.
8. -13.
9. $\pm 36\sqrt{5}$.
10. $\left\{\frac{\pm 3}{\sqrt{17}}, \frac{\mp 2}{\sqrt{17}}, \frac{\mp 2}{\sqrt{17}}\right\}$.
11. -1 或 5.
12. $C\left(0, 0, \frac{1}{5}\right)$.

13. 略.

B　组

1. $\boldsymbol{c}=\frac{4}{3}\boldsymbol{i}-\frac{1}{3}\boldsymbol{j}+\frac{1}{3}\boldsymbol{k}$.

2. $\frac{ab}{2(a+b)}$.

习题 7-4

A　组

1. (1) $x=3$ 是在 x 轴上截距为 3，且平行于 yOz 面的平面；
(2) $2x+3y-5z=0$ 是过原点的平面；(3) $2x-3y-3=0$ 是平行于 z 轴的平面；
(4) $2x-3y=0$ 是过 z 轴的平面.
2. $2x+y-7z-21=0$.
3. $y-3z=0$.
4. $\frac{x}{2}-\frac{y}{3}+\frac{z}{5}=1$.
5. $x-3y-2z=0$.
6. $x+y-3z-4=0$.
7. $x+y-z=0$.
8. $x-3y-2=0$.
9. (1) 2；(2) 1；(3) $-\frac{7}{3}$；(4) $\pm\frac{1}{2}\sqrt{70}$；(5) ±2；(6) -3.
10. $\frac{\pi}{3}$.
11. $\sqrt{2}$.
12. 略.
13. $2x-y+2z-2=0$ 或 $2x-y+2z-14=0$.
14. $x+y+z\pm2\sqrt{3}=0$.

B　组

1. $-11x+2y-10z+27=0$ 或 $-11x+2y-10z-33=0$.
2. $2x+y+2z\pm2\sqrt[3]{3}=0$.
3. $3x+4y+2z+2=0$.

习题 7-5

A　组

1. $\frac{x}{3}=\frac{y}{8}=\frac{z}{-6}$.

2. $\frac{x}{-1}=\frac{y+3}{3}=\frac{z-2}{1}$.

3. -9.

4. $L\perp\pi$.

5. $\arccos\frac{\sqrt{6}}{14}$.

6. $\frac{x+9}{-10}=\frac{y-19}{17}=\frac{z}{-1}$，$\begin{cases}x=-9-10t,\\y=19+17t,\\z=-t.\end{cases}$

7. $(5, -1, 2)$.

8. $\left(-\frac{5}{3}, \frac{2}{3}, \frac{2}{3}\right)$.

9. $(3, 6, 5)$.

10. $3x-2y+3z-3=0$.

11. $x-3y+z+2=0$.

12. $\frac{x}{3}=\frac{y-1}{-1}=\frac{z-2}{-2}$.

13. $\frac{x+1}{16}=\frac{y}{19}=\frac{z-4}{28}$.

14. $3x+4y-z+1=0$，$x-2y-5z+3=0$.

15. $7x-2y-2z+1=0$.

B　组

1. $\begin{cases}x-y+3z+8=0,\\x-2y-z+7=0.\end{cases}$

2. $\frac{x-1}{7}=\frac{y-9}{15}=\frac{z-3}{4}$.

3. $\frac{x-2}{5}=\frac{y+1}{1}=\frac{z-2}{5}$.

4. $\begin{cases}4x+y-2z=0,\\x-z+1=0,\end{cases}$ $\frac{5}{\sqrt{6}}$.

习 题 7-6

A　组

1. 以$(1, -2, 2)$为球心，半径为 4 的球面.

2. $x^2+y^2+z^2-2x-6y+4z=0$.

3. (1) 旋转抛物面；(2) 旋转抛物面；(3) 圆锥面；(4) 圆柱面；(5) 椭圆柱面；(6) 双曲柱面；(7) 抛物柱面；(8) 两个相交平面；(9) 两个平行平面；(10) z 轴.

4. (1) $y^2+z^2=5x$，旋转抛物面；(2) $x^2+y^2+z^2=16$，球面；

(3) $\frac{x^2}{a^2}+\frac{y^2+z^2}{b^2}=1$，旋转椭球面；(4) $y^2=4(x^2+z^2)$，圆锥面.

5. (1) xOy 平面上的双曲线 $x^2-\frac{y^2}{4}=1$ 绕 y 轴旋转一周；

(2) xOz 平面上的抛物线 $x^2+z=1$ 绕 z 轴旋转一周；

(3) xOy 平面上的椭圆 $\frac{x^2}{4}+\frac{y^2}{9}=1$ 绕 x 轴旋转一周.

6. $|y|=|x|$.

7. $(x-3)^2+(y+2)^2=4(z-1)$.

8. $\left(x+\frac{2}{3}\right)^2+(y+1)^2+\left(z+\frac{4}{3}\right)^2=\frac{116}{9}$，球面.

9. $(x-1)^2+(y-2)^2+(z-3)^2=3$.

10. $x^2+y^2=z^2+4(z-1)^2$.

11. L_0：$\begin{cases}x=2y,\\ z=-\frac{1}{2}(y-1),\end{cases}$ $4x^2-17y^2+4z^2+2y-1=0$.

B　组

1. $6x^2-3y^2+8z^2=0$.

2. $x^2+y^2+z^2-xy-yz-zx=\frac{3}{2}$.

3. 旋转曲面方程：$x^2+y^2-a^2z^2=b^2$. 若 $a=0$，$b\neq0$，则 $x^2+y^2=b^2$ 是圆柱面；若 $a\neq0$，$b=0$，则 $x^2+y^2-a^2z^2=0$ 是锥面；若 $ab\neq0$，则 $x^2+y^2-a^2z^2=b^2$ 是单叶双曲面.

习题 7-7

A　组

1. (1) 圆；(2) 椭圆；(3) 双曲线；(4) 抛物线.

2. $5x^2-3y^2=1$.

3. $3y^2-z^2=16$，$3x^2+2z^2=16$.

4. $\begin{cases}x^2+20y^2-24x-116=0,\\ z=0.\end{cases}$

5. 在 xOy 面上的投影曲线：$\begin{cases}x^2+y=4,\\ z=0\end{cases}$ $(-2\leqslant x\leqslant2)$，在 xOz 面上的投影曲线：$\begin{cases}x^2+z^2=4,\\ y=0,\end{cases}$ 在 yOz 面上的投影曲线：$\begin{cases}y=z^2,\\ x=0\end{cases}$ $(-2\leqslant z\leqslant2)$.

6. 在 xOy 面上的投影：$\begin{cases}x^2+y^2\leqslant4,\\ z=0,\end{cases}$ 在 xOz 面上的投影：$\begin{cases}x^2\leqslant z\leqslant4,\\ y=0,\end{cases}$ 在 yOz 面上的投影：$\begin{cases}y^2\leqslant z\leqslant4,\\ x=0.\end{cases}$

7. 投影柱面：$x^2+y^2=1$，投影曲线：$\begin{cases}x^2+y^2=1,\\z=0.\end{cases}$

8. $\begin{cases}x=1+\sqrt{3}\cos t,\\y=\sqrt{3}\sin t,\\z=0\end{cases}$ $(0\leqslant t\leqslant 2\pi)$.

9. $\begin{cases}x=\dfrac{3}{\sqrt{2}}\cos t,\\y=\dfrac{3}{\sqrt{2}}\cos t,\\z=3\sin t\end{cases}$ $(0\leqslant t\leqslant 2\pi)$.

10. $\begin{cases}x^2+y^2=a^2,\\z=y,\end{cases}$ 表示 $z=y$ 上的椭圆．

11. $\begin{cases}3x+2y=7,\\z=0.\end{cases}$

B　组

在 xOy 面上的投影：$\begin{cases}x^2+y^2=a^2,\\z=0,\end{cases}$ 在 xOz 面上的投影：$\begin{cases}x=a\cos\left(\dfrac{z}{b}\right),\\y=0,\end{cases}$ 在 yOz 面上的投影：$\begin{cases}y=a\sin\left(\dfrac{z}{b}\right),\\x=0.\end{cases}$

习 题 8-1

A　组

1. (1) 开集，无界集；(2) 非开集，有界集；(3) 开集，无界集．

2. (1) e^5；(2) $\dfrac{2xy}{x^2+y^2}$；(3) $(x+y)^{xy}+(xy)^{2x}$.

3. (1) $\{(x,y)\mid xy>0\}$；(2) $\{(x,y)\mid 4x^2+y^2\geqslant 1\}$；
(3) $\{(x,y)\mid x\geqslant 0,\ x^2\geqslant y\geqslant 0\}$；
(4) $\{(x,y)\mid y^2\leqslant 4x,\ 0<x^2+y^2<1\}$；(5) $\{(x,y)\mid |x|+|y|<1\}$；
(6) $\{(x,y,z)\mid z^2\leqslant x^2+y^2$ 且 $(x,y)\neq(0,0)\}$.

4～5. 略．

6. (1) $\ln 2$；(2) 2；(3) 0；(4) 0；(5) 0.

7. 略．

8. 不存在．

9. (1) $\{(x,y)\mid y^2=2x\}$；(2) $\left\{(x,y)\mid x^2+y^2=\left(k+\dfrac{1}{2}\right)\pi,\ k\in\mathbf{Z}\right\}$；

(3) $\{(x, y)\mid x=n\pi, y\in\mathbf{R}, n\in\mathbf{Z}\}$或$\left\{(x, y)\mid x\in\mathbf{R}, y=n\pi+\dfrac{\pi}{2}, n\in\mathbf{Z}\right\}$.

B 组

1. (1) 0；(2) 0；(3) $\dfrac{1}{6}$.

2. 提示：取两种不同的趋近于点(0，0)的途径，证明极限不存在.

3. 不连续.

习题 8-2

A 组

1. (1) $\dfrac{\partial z}{\partial x}=2x-2y$，$\dfrac{\partial z}{\partial y}=-2x+3y^2$；

(2) $\dfrac{\partial z}{\partial x}=\sin y\cdot x^{\sin y-1}$，$\dfrac{\partial z}{\partial y}=x^{\sin y}\cdot\ln x\cdot\cos y$；

(3) $\dfrac{\partial z}{\partial x}=-\dfrac{y}{x^2+y^2}$，$\dfrac{\partial z}{\partial y}=\dfrac{x}{x^2+y^2}$；

(4) $\dfrac{\partial z}{\partial x}=\dfrac{1}{2x\sqrt{\ln(xy)}}$，$\dfrac{\partial z}{\partial y}=\dfrac{1}{2y\sqrt{\ln(xy)}}$；

(5) $\dfrac{\partial z}{\partial x}=\dfrac{1}{y\sin\dfrac{x}{y}\cos\dfrac{x}{y}}$，$\dfrac{\partial z}{\partial y}=-\dfrac{x}{y^2\sin\dfrac{x}{y}\cos\dfrac{x}{y}}$；

(6) $\dfrac{\partial s}{\partial u}=-\dfrac{2v}{(u-v)^2}$，$\dfrac{\partial s}{\partial v}=\dfrac{2u}{(u-v)^2}$；

(7) $\dfrac{\partial u}{\partial x}=\dfrac{y}{z}x^{\frac{y}{z}-1}$，$\dfrac{\partial u}{\partial y}=\dfrac{\ln x}{z}x^{\frac{y}{z}}$，$\dfrac{\partial u}{\partial z}=-\dfrac{y}{z^2}\ln x\cdot x^{\frac{y}{z}}$；

(8) $\dfrac{\partial u}{\partial x}=\dfrac{1}{y}\cos\dfrac{x}{y}\cdot\cos\dfrac{y}{x}+\dfrac{y}{x^2}\sin\dfrac{x}{y}\sin\dfrac{y}{x}$，$\dfrac{\partial u}{\partial y}=-\dfrac{x}{y^2}\cos\dfrac{x}{y}\cdot\cos\dfrac{y}{x}-\dfrac{1}{x}\sin\dfrac{x}{y}\sin\dfrac{y}{x}$，

$\dfrac{\partial u}{\partial z}=1$.

2. 不存在.

3. (1) $\dfrac{\partial^2 z}{\partial x^2}=12x^2-8y^2$，$\dfrac{\partial^2 z}{\partial x\partial y}=\dfrac{\partial^2 z}{\partial y\partial x}=-16xy$，$\dfrac{\partial^2 z}{\partial y^2}=12y^2-8x^2$；

(2) $\dfrac{\partial^2 z}{\partial x^2}=y^x\ln^2 y$，$\dfrac{\partial^2 z}{\partial x\partial y}=\dfrac{\partial^2 z}{\partial y\partial x}=y^{x-1}(1+x\ln y)$，$\dfrac{\partial^2 z}{\partial y^2}=xy^{x-2}(x-1)$；

(3) $\dfrac{\partial^2 z}{\partial x^2}=-y^2\sin(xy)$，$\dfrac{\partial^2 z}{\partial x\partial y}=\dfrac{\partial^2 z}{\partial y\partial x}=\cos(xy)-yx\sin(xy)$，$\dfrac{\partial^2 z}{\partial y^2}=-x^2\sin(xy)$；

(4) $\dfrac{\partial^2 z}{\partial x^2}=2y\mathrm{e}^y$，$\dfrac{\partial^2 z}{\partial x\partial y}=\dfrac{\partial^2 z}{\partial y\partial x}=2x(1+y)\mathrm{e}^y$，$\dfrac{\partial^2 z}{\partial y^2}=x^2(2+y)\mathrm{e}^y$；

(5) $\dfrac{\partial^2 z}{\partial x^2}=\dfrac{2xy}{(x^2+y^2)^2}$，$\dfrac{\partial^2 z}{\partial x\partial y}=\dfrac{\partial^2 z}{\partial y\partial x}=\dfrac{y^2-x^2}{(x^2+y^2)^2}$，$\dfrac{\partial^2 z}{\partial y^2}=-\dfrac{2xy}{(x^2+y^2)^2}$；

(6) $\frac{\partial^2 z}{\partial x^2}=e^x(\cos y+x\sin y+2\sin y)$，$\frac{\partial^2 z}{\partial x\partial y}=\frac{\partial^2 z}{\partial y\partial x}=e^x(-\sin y+x\cos y+\cos y)$，

$\frac{\partial^2 z}{\partial y^2}=e^x(-\cos y-x\sin y)$.

4. 2，0.

5. $\frac{\partial^3 z}{\partial x^2\partial y}=-\frac{1}{x^2}$，$\frac{\partial^3 z}{\partial x\partial y^2}=0$.

6. $\Delta z|_{(2,1)}\approx-0.119$，$dz|_{(2,1)}=-0.125$.

7. (1) $\left(6xy+\frac{1}{y}\right)dx+\left(3x^2-\frac{x}{y^2}\right)dy$；

(2) $\cos(x\cos y)\cos y dx-x\sin y\cos(x\cos y)dy$；

(3) $-\frac{y}{x^2}e^{\frac{y}{x}}dx+\frac{1}{x}e^{\frac{y}{x}}dy$；

(4) $-xy(x^2+y^2)^{-\frac{3}{2}}dx+[(x^2+y^2)^{-\frac{1}{2}}-y^2(x^2+y^2)^{-\frac{3}{2}}]dy$；

(5) $yzx^{yz-1}dx+x^{yz}z\ln x dy+x^{yz}y\ln x dz$.

8. $dx-dy$.

9. $f'_x(0,0)=0$，$f'_y(0,0)$不存在.

10～11. 略.

12. 4e.

13. 0.

B　组

1. 可微.

2. $a=2$，$b=3$.

3. $\frac{yf(xy)}{f(z)-1}dx+\frac{xf(xy)}{f(z)-1}dy$.

4. xye^y.

习 题 8-3

A　组

1. $e^{\sin t-2t^3}(\cos t-6t^2)$.

2. $-\frac{e^x}{x\ln^2 x}+\frac{e^x}{\ln x}$.

3. $(1+e^x)\sec^2(x+e^x)$.

4. $2^x(x\ln2+\sin x\ln2+\cos x+1)$.

5. (1) $\frac{\partial z}{\partial x}=4x$，$\frac{\partial z}{\partial y}=4y$；

(2) $\frac{\partial z}{\partial x}=\frac{2x\ln(3x-2y)}{y^2}+\frac{3x^2}{y^2(3x-2y)}$，$\frac{\partial z}{\partial y}=\frac{-2x^2\ln(3x-2y)}{y^3}-\frac{2x^2}{y^2(3x-2y)}$；

(3) $\dfrac{\partial z}{\partial x}=\mathrm{e}^{\frac{x^2+y^2}{xy}}\left[2x+\dfrac{2(x^2+y^2)}{y}-\dfrac{(x^2+y^2)^2}{x^2y}\right]$,

$\dfrac{\partial z}{\partial y}=\mathrm{e}^{\frac{x^2+y^2}{xy}}\left[2y+\dfrac{2(x^2+y^2)}{x}-\dfrac{(x^2+y^2)^2}{xy^2}\right]$;

(4) $\dfrac{\partial z}{\partial x}=(x^2+y^2)^{xy-1}y[2x^2+(x^2+y^2)\ln(x^2+y^2)]$,

$\dfrac{\partial z}{\partial y}=x(x^2+y^2)^{xy-1}[2y^2+(x^2+y^2)\ln(x^2+y^2)]$.

6. $\dfrac{\partial z}{\partial x}=3x^2y-y^3$, $\dfrac{\partial z}{\partial y}=x^3-3xy^2$.

7. $\dfrac{\partial u}{\partial x}=\mathrm{e}^{x^2+y^2+x^4\sin^2y}(2x+4x^3\sin^2y)$, $\dfrac{\partial u}{\partial y}=\mathrm{e}^{x^2+y^2+x^4\sin^2y}(2y+x^4\sin2y)$.

8. (1) $\dfrac{\partial u}{\partial x}=f_1'+yf_2'$, $\dfrac{\partial u}{\partial y}=f_1'+xf_2'$;

(2) $\dfrac{\partial u}{\partial x}=\dfrac{1}{y}f_1'$, $\dfrac{\partial u}{\partial y}=\dfrac{1}{z}f_2'-\dfrac{x}{y^2}f_1'$, $\dfrac{\partial u}{\partial z}=-\dfrac{y}{z^2}f_2'$;

(3) $\dfrac{\partial z}{\partial x}=f_1'\cdot yx^{y-1}+f_2'\cdot y^x\ln y$; (4) $\dfrac{\partial^2 z}{\partial x\,\partial y}=xf_{12}''+f_2'+xyf_{22}''$;

(5) $\dfrac{\partial^2 g}{\partial y^2}=\dfrac{1}{x^2}f''\left(\dfrac{y}{x}\right)+\dfrac{x^2}{y^3}f''\left(\dfrac{x}{y}\right)$.

9. $\left.\dfrac{\mathrm{d}y}{\mathrm{d}x}\right|_{x=0}=f_1'(1,1)$, $\left.\dfrac{\mathrm{d}^2y}{\mathrm{d}x^2}\right|_{x=0}=f_{11}''(1,1)+f_1'(1,1)-f_2'(1,1)$.

10～11. 略.

12. $\dfrac{\partial z}{\partial x}=\dfrac{1}{x+y}+\dfrac{1}{x-y}$, $\dfrac{\partial z}{\partial y}=\dfrac{1}{x+y}-\dfrac{1}{x-y}$.

13. $\mathrm{d}z=(f_1'+f_2'+yf_3')\mathrm{d}x+(f_1'-f_2'+xf_3')\mathrm{d}y$,

$\dfrac{\partial^2 z}{\partial x\,\partial y}=f_3'+f_{11}''-f_{22}''+xyf_{33}''+(x+y)f_{13}''+(x-y)f_{23}''$.

B　组

1. $f_1'+\cos x f_2'-\dfrac{f_3'}{\varphi_3}(2x\varphi_1+\mathrm{e}^y\cos x\varphi_2)$.

2. $f(u)=\dfrac{1}{16}(\mathrm{e}^{4u}-4u-1)$.

3. $a=0$, $b=\dfrac{3}{4}$.

4. 0.

习题 8-4

A　组

1. (1) $\dfrac{\mathrm{d}y}{\mathrm{d}x}=\dfrac{y^2}{1-xy}$; (2) $\dfrac{\mathrm{d}y}{\mathrm{d}x}=-\dfrac{2xy+12x^3y^3}{x^2+9x^4y^2}$; (3) $\dfrac{\mathrm{d}y}{\mathrm{d}x}=\dfrac{x+y}{x-y}$.

2. (1) $\frac{\partial z}{\partial x}=\frac{yz-\sqrt{xyz}}{\sqrt{xyz}-xy}$，$\frac{\partial z}{\partial y}=\frac{xz-2\sqrt{xyz}}{\sqrt{xyz}-xy}$；

(2) $\frac{\partial z}{\partial x}=\frac{z}{x+z}$，$\frac{\partial z}{\partial y}=\frac{z^2}{xy+yz}$；

(3) $\frac{\partial z}{\partial x}=\frac{y\cos(xy)-z\sin(xz)}{x\sin(xz)-y\sec^2(yz)}$，$\frac{\partial z}{\partial y}=\frac{x\cos(xy)+z\sec^2(yz)}{x\sin(xz)-y\sec^2(yz)}$.

3. (1) $\frac{\partial^2 z}{\partial x^2}=-\frac{16xz}{(3z^2-2x)^3}$，$\frac{\partial^2 z}{\partial y^2}=-\frac{6z}{(3z^2-2x)^3}$；

(2) $\frac{\partial^2 z}{\partial x^2}=-\frac{z^2}{(x+z)^3}$，$\frac{\partial^2 z}{\partial y^2}=-\frac{x^2z^2}{y^2(x+z)^3}$.

4. $\frac{\partial z}{\partial x}=-\frac{2x}{2z-f'\left(\frac{z}{y}\right)}$.

5. (1) $\frac{\mathrm{d}x}{\mathrm{d}z}=\frac{z-y}{y-x}$，$\frac{\mathrm{d}y}{\mathrm{d}z}=\frac{x-z}{y-x}$；(2) $\frac{\mathrm{d}z}{\mathrm{d}x}=\frac{2y-1}{1+3z^2-2y-4yz}$，$\frac{\mathrm{d}y}{\mathrm{d}x}=\frac{2z-3z^2}{1+3z^2-2y-4yz}$.

6. (1) $\frac{\partial u}{\partial x}=-\frac{xu+yv}{x^2+y^2}$，$\frac{\partial u}{\partial y}=\frac{xv-yu}{x^2+y^2}$，$\frac{\partial v}{\partial x}=\frac{yu-xv}{x^2+y^2}$，$\frac{\partial v}{\partial y}=-\frac{xu+yv}{x^2+y^2}$；

(2) $\frac{\partial u}{\partial x}=-1$，$\frac{\partial u}{\partial y}=\frac{2y-2v}{2v-1}$，$\frac{\partial v}{\partial x}=0$，$\frac{\partial v}{\partial y}=-\frac{2y-1}{2v-1}$.

7. $\frac{\partial u}{\partial x}=\frac{1+u}{1+u-v}$，$\frac{\partial v}{\partial x}=-\frac{v}{1+u-v}$，$\frac{\partial u}{\partial y}=\frac{u}{1+u-v}$，$\frac{\partial v}{\partial y}=\frac{1-v}{1+u-v}$.

8. 略.

9. $2-2\ln 2$.

10. 略.

B　组

1. z.

2. $\frac{\partial u}{\partial x}=f'_x-\frac{f'_y\cdot g'_x}{g'_y}+\frac{f'_y\cdot g'_z\cdot h'_x}{g'_y\cdot h'_z}$.

3. $a=3$.

习 题 8－5

A　组

1. 切线方程：$\frac{x-1}{1}=\frac{y-1}{2}=\frac{z-1}{3}$，法平面方程：$x+2y+3z=6$.

2. 切线方程：$\frac{x-\frac{\pi}{2}}{2}=\frac{y-3}{-2}=\frac{z-1}{3}$，法平面方程：$2x-2y+3z=\pi-3$.

3. 2条.

4. 切线方程：$\frac{x-1}{-\sqrt{2}}=\frac{y-1}{0}=\frac{z-\sqrt{2}}{1}$，法平面方程：$\sqrt{2}x-z=0$.

5. 切线方程：$\dfrac{x-2}{1}=\dfrac{y+1}{2}=\dfrac{z-1}{1}$，法平面方程：$x+2y+z=1$.

6. $\dfrac{12}{13}$.

7. $\dfrac{x-1}{1}=\dfrac{y+2}{-4}=\dfrac{z-2}{6}$.

8. $x-y+z=-2$.

9. $2x-y-z=1$.

10. $2x+4y-z=5$.

11. $z=0$ 和 $2x+2y-z=2$.

12. $\lambda=\pm 2$.

13. $x+y-\dfrac{1+\sqrt{2}}{2}=0$ 和 $x+y+\dfrac{\sqrt{2}-1}{2}=0$.

14. 略.

B　组

1. (1) $2x+2y+z-4=0$，$2x+2y+z+4=0$；(2) $\dfrac{1}{3}$.

2. $10x+4y-z=0$.

3. $\dfrac{x-x_0}{(f_z g_y)\big|_{(x_0,y_0,z_0)}}=\dfrac{y-y_0}{(-f_z g_x)\big|_{(x_0,y_0,z_0)}}=\dfrac{z-z_0}{(f_y g_x-f_x g_y)\big|_{(x_0,y_0,z_0)}}$.

习 题 8－6

A　组

1. $\dfrac{\sqrt{3}}{3}$.

2. 2.

3. 5.

4. $\dfrac{22}{\sqrt{14}}$.

5. $\dfrac{\sqrt{2}}{3}$.

6. $\dfrac{6}{7}\sqrt{14}$.

7. $\boldsymbol{i}$.

8. $\boldsymbol{i}+\boldsymbol{j}+\boldsymbol{k}$.

9. $\dfrac{\sqrt{2}}{6}$.

10. $a=b=-1$.

11. (1) $(-2, 1, 1)$；(2) 沿 x 轴正向变化率最大，最大变化率为 7；(3) 在 $z=1$ 平面上梯度垂直于 z 轴.

B　组

-1.

习 题 8-7

A　组

1. (1) 极小值 $z(1, 1)=-1$；(2) 极小值 $z(1, 0)=-1$，$z(-1, 0)=-1$；(3) 极大值 $z(1, 0)=e^{-\frac{1}{2}}$，极小值 $z(-1, 0)=-e^{-\frac{1}{2}}$；(4) 极小值 $z\left(0, \frac{1}{e}\right)=-\frac{1}{e}$.
2. 极小值 $f(1, -1)=-2$，极大值 $f(1, -1)=6$.
3. 极大值 $z(-1, -1)=1$.
4. 极大值 $z\left(\frac{5}{4}, \frac{5}{6}\right)=\frac{25}{24}$.
5. 最大值为 $5\sqrt{5}$，最小值为 $-5\sqrt{5}$.
6. 最大值为 72，最小值为 6.
7. $f'_x(x_0, y_0)\neq 0$.
8. 最大值 $z(\pm 2, 0)=4$，最小值 $z(0, \pm 1)=-1$.
9. 最大值 $z\left(\frac{4}{3}, \frac{4}{3}\right)=\frac{64}{27}$，最小值 $z(3, 3)=-18$.
10. 当两条直角边都为 $\frac{\sqrt{2}}{2}l$ 时，直角三角形有最大周长.
11. 存在最小值，最小值为 $\frac{1}{\pi+4+3\sqrt{3}}$.
12. 最远的点为 $(-5, -5, 5)$，最近的点为 $(1, 1, 1)$.

B　组

1. 最大值为 3，最小值为 -2.
2. $f''_{11}(2, 2)+f'_2(2, 2)f''_{12}(1, 1)$.
3. 最长距离为 $\sqrt{2}$，最短距离为 1.
4. 极小值 $f(0, -1)=-1$.

习 题 9-1

A　组

1. $Q=\iint\limits_D \mu(x, y)\mathrm{d}\sigma$.

2. $I=4I'$.

3. $\frac{16}{3}\pi$.

4. 小于 0.

5. (1) $I_1\geqslant I_2$；(2) $I_3\geqslant I_2\geqslant I_1$.

6. (1) $4\leqslant I\leqslant 10$；(2) $\pi\leqslant I\leqslant \pi e$.

B　组

1. $I_3<I_2<I_1$.

2. $J_3<J_1<J_2$.

3. 1.

习 题 9-2

A　组

1. (1) 1；(2) $\frac{20}{3}$；(3) $\frac{2}{9}$；(4) $\frac{9}{4}$；(5) $e-\frac{1}{e}$；(6) $\pi-2$；(7) $\frac{11}{15}$；(8) $\frac{1}{5}$.

2. $\frac{1}{3}$.

3. (1) $\int_0^1 dy\int_{e^y}^{e} f(x,y)dx$；(2) $\int_0^1 dx\int_{x^2}^{x} f(x,y)dy$；

(3) $\int_0^1 dx\int_{1-x}^{1} f(x,y)dy+\int_1^2 dx\int_{\sqrt{x-1}}^{1} f(x,y)dy$.

4. (1) $1-\sin 1$；(2) $-\ln(\cos 1)$；(3) $\frac{1}{2}\left(\frac{3}{4}e-e^{\frac{1}{2}}\right)$.

5. (1) $\int_0^{\frac{\pi}{2}} d\theta\int_{\frac{1}{\sin\theta+\cos\theta}}^{1} f(r)r dr$；

(2) $\int_{\frac{\pi}{4}}^{\frac{\pi}{3}} d\theta\int_0^{2\sec\theta} f(r\cos\theta, r\sin\theta)r dr$；

(3) $\int_0^1 dx\int_0^{\sqrt{x-x^2}} f(x,y)dy$；

(4) $\int_0^{\frac{\pi}{2}} d\theta\int_0^{\frac{1}{\sin\theta+\cos\theta}} f(r\cos\theta, r\sin\theta)r dr+\int_{\frac{\pi}{2}}^{\pi} d\theta\int_0^1 f(r\cos\theta, r\sin\theta)r dr$.

6. (1) $\pi(e^9-1)$；(2) $-6\pi^2$；(3) $\frac{10}{9}\sqrt{2}$；(4) $\frac{\pi}{4}-\frac{1}{3}$.

7. (1) 6π；(2) $\frac{7}{12}\pi$；(3) 8.

8. (1) $\frac{\pi}{4}-\frac{2}{5}$；(2) $\frac{\pi}{4}a^4+4\pi a^2$；(3) $\frac{\pi}{2}\ln 2$；(4) $\frac{7}{3}$.

9. $xy+\frac{1}{8}$.

10. $f(2)$.

11. $\frac{2}{3}$.

12. $0<s<1$.

B　组

1. $\frac{\pi}{2}(1+e^{\pi})$.

2. $\int_0^1 dx\int_0^1 \frac{1}{(1+x)(1+y^2)}dy$.

3. 略.

4. a.

习题 9-3

A　组

1. (1) $\int_{-1}^{1}dx\int_{-\sqrt{1-x^2}}^{\sqrt{1-x^2}}dy\int_{x^2+y^2}^{1}f(x,y,z)dz$；(2) $\int_0^1 dx\int_0^{1-x}dy\int_0^{xy}f(x,y,z)dz$.

2. $\frac{3}{2}$.

3. 略.

4. (1) $\frac{1}{48}$；(2) $\frac{1}{2}\ln 2-\frac{5}{16}$；(3) $\frac{1}{364}$；(4) $\frac{28}{45}$.

5. $4\sqrt{2}\pi$.

6. 略.

B　组

1. 2π.

2. 略.

习题 9-4

A　组

1. (1) 柱面坐标：$\int_0^{2\pi}d\theta\int_0^{R}dr\int_{R-\sqrt{R^2-r^2}}^{R+\sqrt{R^2-r^2}}f(r^2,z)r dz$，

球面坐标：$\int_0^{2\pi}d\theta\int_0^{\frac{\pi}{2}}d\varphi\int_0^{2R\cos\varphi}f(r^2\sin^2\varphi, r\cos\varphi)r^2\sin\varphi dr$；

(2) 柱面坐标：$\int_0^{2\pi}d\theta\int_0^{\frac{a}{\sqrt{2}}}dr\int_r^{\sqrt{a^2-r^2}}f(r\cos\theta, r\sin\theta, z)r dz$，

球面坐标：$\int_0^{2\pi}d\theta\int_0^{\frac{\pi}{4}}d\varphi\int_0^{a}f(r\sin\varphi\cos\theta, r\sin\varphi\sin\theta, r\cos\varphi)r^2\sin\varphi dr$.

2. (1) $\frac{16}{3}\pi$；(2) $\frac{7}{12}\pi$；(3) $\frac{4}{15}\pi$；(4) 8π；(5) $\frac{\pi}{3}$.

3. (1) $\frac{16}{15}\pi$；(2) $\frac{4}{5}\pi$；(3) $\frac{\pi}{20}$.

4. (1) $\frac{\pi}{8}$；(2) 4π；(3) $\frac{1}{8}$；(4) $\frac{\pi}{10}$.

5. (1) $\frac{1}{8}$；(2) $\frac{1}{4}\pi h^4$；(3) $\frac{\pi}{8}$；(4) $\frac{32}{15}\pi a^5$.

6. (1) $\frac{2}{3}\pi(5\sqrt{5}-4)$；(2) π.

B 组

1. 336π.
2. $f'(0)$.
3. (1) $F(t)$在区间$(0, +\infty)$内单调增加；(2) 略.

习题 9-5

A 组

1. $\frac{1}{2}\sqrt{a^2b^2+b^2c^2+c^2a^2}$.
2. $\sqrt{2}\pi$.
3. $\pi a^2\left(\sqrt{2}+\frac{5\sqrt{5}-1}{6}\right)$.
4. $\left(0, 0, \frac{3}{8}a\right)$.
5. $\left(0, 0, \frac{3}{4}\right)$.
6. $\frac{112}{45}\rho a^6$.
7. $2\pi(R-\sqrt{R^2+H^2}+H)K$，引力方向同 z 轴正向($R+H>\sqrt{R^2+H^2}$，$F_z>0$).

B 组

1. $\frac{4a}{3}$.
2. $\frac{11}{30}\pi a^5$.
3. $\{0, 0, \pi G(a-t)\}$，$\{0, 0, \pi Ga\}$.

习题 10-1

A 组

1. (1) π；(2) $2\pi a^2$；(3) $\frac{13}{6}$；(4) $\frac{1}{15}+\frac{5\sqrt{5}}{3}$；(5) $2(\pi+4)$；(6) 8；(7) $1+\sqrt{2}$.

2. $\frac{k}{6}\left[(1+b^4)^{\frac{3}{2}}-(1+a^4)^{\frac{3}{2}}\right]$.

3. (1) $\frac{10}{3}\pi(27+64\pi^2)$；(2) $\frac{7}{4}$.

4. (1) 5；(2) $\sqrt{3}$.

5. (1) $4\sqrt{2}\pi$；(2) $12a$.

6. $\bar{x}=\frac{2}{5}$，$\bar{y}=-\frac{1}{5}$，$\bar{z}=\frac{1}{2}$.

7. $2\pi a^2\sqrt{a^2+b^2}\mu$.

B 组

1. $\frac{2}{3}\pi R^3$.　　　　2. $-\frac{\pi}{3}$.

习 题 10-2

A 组

1. (1) 0；(2) $\frac{3\pi}{2}$；(3) -2π；(4) $-\frac{14}{15}$；(5) $-\frac{\pi^2}{2}$；(6) 0；(7) 2.

2. 小于0.

3. $\frac{1}{2}$.

4. $\int_L \frac{P(x,y)+Q(x,y)}{\sqrt{2}}\mathrm{d}s$.

5. $\int_\Gamma \frac{P+2xQ+3yR}{\sqrt{1+4x^2+9y^2}}\mathrm{d}s$.

6. $y=\frac{4}{\pi}\sin x(0\leqslant x\leqslant\pi)$.

B 组

$\frac{\sqrt{2}}{2}\pi$.

习 题 10-3

A 组

1. (1) 15π；(2) $\frac{\pi}{2}a^4$；(3) $-\frac{140}{3}$；(4) -8；(5) 2π.

2. (1) 12π；(2) πa^2.

3. (1) $\frac{\pi}{2}-4$；(2) $\frac{\pi}{2}a^2(b-a)+2a^2b$；(3) $\frac{1}{4}\sin2-\frac{7}{6}$；(4) $\frac{23}{15}$.

4. （1）236；（2）5.

5. -1.

6. $\dfrac{x^2y^2}{2}$.

7. 是，通解为 $xy=\dfrac{1}{3}x^3+C$.

8. $\dfrac{1}{2}$.

B　组

1. I_4.
2. π.
3. 略.
4. $I(t)=t+e^{2-t}$，最小值是 3.
5. x^2+2y-1.

习 题 10－4

A　组

1. （1）$\dfrac{\sqrt{3}}{12}$；（2）$-\dfrac{27}{4}$；（3）9π.

2. $\dfrac{1}{2}\sqrt{a^2b^2+b^2c^2+c^2a^2}$.

3. $\dfrac{3-\sqrt{3}}{2}+(\sqrt{3}-1)\ln 2$.

4. $\iint\limits_{\Sigma}f(x,\ y,\ z)\mathrm{d}S=\iint\limits_{D_{xy}}f(x,\ y,\ 0)\mathrm{d}x\mathrm{d}y$.

5. $\left(0,\ 0,\ \dfrac{47}{140}\right)$.

B　组

1. $\dfrac{64}{15}\sqrt{2}a^4$.

2. $\dfrac{4}{3}\sqrt{3}$.

3. （1）$\begin{cases}x^2+y^2=2x,\\ z=0;\end{cases}$ （2）64.

习 题 10－5

A　组

1. $y=\sqrt{1-x^2-z^2}$ 的左侧为负侧，$y=-\sqrt{1-x^2-z^2}$ 的左侧为正侧.

2. （1）2π；（2）$\frac{4}{3}\pi a^3$；（3）$\frac{32}{3}$；（4）$\frac{1}{8}$.

3. $\iint\limits_{\Sigma} f(x, y, z)\mathrm{d}x\mathrm{d}y = \pm\iint\limits_{D_{xy}} f(x, y, 0)\mathrm{d}x\mathrm{d}y$，当$\Sigma$为上侧时取正号，当$\Sigma$为下侧时取负号.

4. $\iint\limits_{\Sigma}\left(\frac{3}{5}P+\frac{2}{5}Q+\frac{2\sqrt{3}}{5}R\right)\mathrm{d}S$.

5. 4π.

B　组

1. 0.
2. 0.
3. $-\frac{\pi}{2}a^3$.
4. $\frac{1}{2}$.

习 题 10-6

A　组

1. （1）81π；（2）$\frac{12}{5}\pi a^5$；（3）$2\pi\left(1-\frac{\sqrt{2}}{2}\right)R^3$；（4）$\frac{1}{2}$.

2. （1）0；（2）$\iiint\limits_{\Omega}\left(\frac{\partial^2 u}{\partial x^2}+\frac{\partial^2 u}{\partial y^2}+\frac{\partial^2 u}{\partial z^2}\right)\mathrm{d}V$.

3. （1）2π；（2）$\frac{\pi}{2}$；（3）4π；（4）8π.

4. 略.

5. （1）0；（2）108π.

6. （1）$\mathrm{div}\boldsymbol{A}=2(x+y+z)$；（2）$\mathrm{div}\boldsymbol{A}=2x$.

B　组

1. -4π.
2. 34π.
3. 16π.
4. 4π.

习 题 10-7

A　组

1. （1）$4\pi R^2$；（2）π；（3）-24.

2. (1) 12π；(2) $2\pi R^2$.

3. (1) $-2y\boldsymbol{k}$；(2) $\boldsymbol{i}+\boldsymbol{j}$.

4. $\{0, -16z+4xz^2, 3x^2y\}$.

5. 略.

6. (1) $5\sqrt{2}$，$3\boldsymbol{i}+4\boldsymbol{j}+5\boldsymbol{k}$；(2) $\frac{19}{3}$；(3) $\boldsymbol{0}$.

B　组

1. $2\pi a^3$.

2. $\frac{\sqrt{2}}{16}\pi$.

习题 11-1

A　组

1. (1) 正确；(2) 错误.

2. (1) $\frac{2}{3}$；(2) $\frac{1}{5}$；(3) $\frac{1}{2}$；(4) $1-\sqrt{2}$.

3. (1) 发散；(2) 收敛；(3) 发散；(4) 发散；(5) 发散；(6) 发散；(7) 发散；(8) 收敛；(9) 收敛；(10) 收敛.

4. 收敛.

5. 略.

6. 1.

B　组

$\frac{3}{4}$.

习题 11-2

A　组

1. (1) 错误；(2) 错误.

2. (1) 收敛；(2) 发散；(3) 收敛；(4) 发散；(5) 收敛；(6) 收敛；(7) 当 $a\neq 1$ 时，收敛；当 $a=1$ 时，发散.

3. (1) 收敛；(2) 收敛；(3) 收敛；(4) 收敛；(5) 收敛.

4. (1) 收敛；(2) 收敛；(3) 收敛；(4) 发散.

5. (1) 条件收敛；(2) 绝对收敛；(3) 条件收敛；(4) 发散；(5) 绝对收敛；(6) 绝对收敛；(7) 当 $a>1$ 时，绝对收敛；当 $0<a<1$ 时，发散；当 $a=1$ 时，条件收敛.

6～8. 略.

B　组

1. 当 $p>1$ 时，收敛；当 $p=1$ 时，发散.

2～4. 略.

习题 11-3

A　组

1. (1) $(-1, 1]$；(2) $[-3, 3)$；(3) $(-\infty, +\infty)$；(4) $[-1, 1)$；(5) $(-5, 5]$；(6) $[1, 3]$；(7) $[4, 6)$；(8) $\left[-\frac{3}{2}, -\frac{1}{2}\right)$；(9) $(-\sqrt{2}, \sqrt{2})$；(10) $[-1, 1]$.

2. 绝对收敛.

3. $(1, 5]$.

4. 5.

5. (1) $\cos\sqrt{x}$；(2) $\frac{1}{(1-x)^2}(-1<x<1)$；(3) $\frac{1}{2}\ln\frac{1+x}{1-x}(|x|<1)$；

(4) $\frac{1}{(1+x)^2}$；(5) $x\arctan x$，$x\in[-1, 1]$；(6) $\frac{3-x}{(1-x)^3}$，$x\in(-1, 1)$.

6. 和函数为 xe^{x^2}，和为 $3e$.

7. 和函数为 $f(x)=1-\frac{1}{2}\ln(1+x^2)(|x|<1)$，极大值 $f(0)=1$.

8. (1) $\sum\limits_{n=0}^{\infty}(-1)^n\frac{x^{2n}}{n!}$，$x\in(-\infty, +\infty)$；(2) $\sum\limits_{n=0}^{\infty}\frac{\ln^n 3}{n!}x^n$，$x\in(-\infty, +\infty)$；

(3) $\frac{1}{2}+\sum\limits_{n=0}^{\infty}(-1)^n\frac{(2x)^{2n}}{2(2n)!}$，$x\in(-\infty, +\infty)$；

(4) $-\frac{1}{4}\sum\limits_{n=0}^{\infty}\left[\frac{1}{3^n}+(-1)^{n-1}\right]x^n$，$x\in(-1, 1)$；

(5) $\frac{\pi}{4}+\sum\limits_{n=0}^{\infty}\frac{(-1)^n}{2n+1}x^{2n+1}$，$x\in[-1, 1)$；

(6) $\sum\limits_{n=0}^{\infty}\frac{(-1)^n}{(2n)!}\cdot\frac{x^{4n+1}}{4n+1}$，$x\in(-\infty, +\infty)$.

9. $\sum\limits_{n=0}^{\infty}\frac{(-1)^n}{4^{n+1}}(x-3)^n$，$x\in(-1, 7)$.

10. $-\frac{1}{5}\sum\limits_{n=0}^{\infty}\left[\frac{1}{3^{n+1}}+\frac{(-1)^n}{2^{n+1}}\right](x-1)^n$，$x\in(-1, 3)$.

11. 0.

12. $s(x)=2e^x+e^{-x}$.

B　组

1. $2\sin 1+\cos 1$.

2. 收敛域为$(-1,1)$，$s(x)=\begin{cases}\dfrac{1+x^2}{(1-x^2)^2}+\dfrac{1}{x}\ln\dfrac{1+x}{1-x}, & x\in(-1,0)\cup(0,1),\\ 3, & x=0.\end{cases}$

3. $s(x)=\dfrac{2}{\sqrt{1-x}}-2$.

4. $s_1=\dfrac{1}{2}$，$s_2=1-\ln 2$.

习 题 11－4

A　组

1. (1) $f(x)=-\dfrac{\pi}{4}+\left(\dfrac{2}{\pi}\cos x+\sin x\right)-\dfrac{1}{2}\sin 2x+\left(\dfrac{2}{3^2\pi}\cos 3x+\dfrac{1}{3}\sin 3x\right)-\dfrac{1}{4}\sin 4x+$

$$\left(\frac{2}{5^2\pi}\cos 5x+\frac{1}{5}\sin 5x\right)-\cdots(-\infty<x<+\infty,\ x\neq(2k+1)\pi),$$

在$x=(2k+1)\pi(k=0,\pm1,\pm2,\cdots)$处，级数收敛于$-\dfrac{\pi}{2}$；

(2) $f(x)=\dfrac{2\pi^2}{3}+4\sum\limits_{n=1}^{\infty}\dfrac{(-1)^{n+1}}{n^2}\cos nx(x\in\mathbf{R})$；

(3) $f(x)=\dfrac{e^{2\pi}-e^{-2\pi}}{\pi}\left[\dfrac{1}{4}+\sum\limits_{n=1}^{\infty}\dfrac{(-1)^n}{n^2+4}(2\cos nx-n\sin nx)\right](-\infty<x<+\infty,\ x\neq$ $(2k+1)\pi)$，在$x=(2k+1)\pi(k=0,\pm1,\pm2,\cdots)$处，级数收敛于$\dfrac{e^{2\pi}+e^{-2\pi}}{2}$.

2. (1) $f(x)=\dfrac{1}{2}+\dfrac{2}{\pi}\sum\limits_{n=1}^{\infty}\dfrac{\sin(2n-1)x}{2n-1}$，$x\in(-\pi,0)\cup(0,\pi)$，在$x=0$和$x=\pi$处，级数收敛于$\dfrac{1}{2}$.

(2) $f(x)=\dfrac{\pi}{4}+\sum\limits_{n=1}^{\infty}\left[\dfrac{(-1)^n-1}{n^2\pi}\cos nx+\dfrac{(-1)^{n+1}}{n}3\sin nx\right]$，$x\in(-\pi,0)\cup(0,\pi)$，在$x=0$处，级数收敛于0.

3. 正弦级数：$2x^2=\dfrac{4}{\pi}\sum\limits_{n=1}^{\infty}\left[-\dfrac{2}{n^3}+(-1)^n\left(\dfrac{2}{n^3}-\dfrac{\pi^2}{n}\right)\right]\sin nx$，$x\in[0,\pi)$，在$x=\pi$处，级数收敛于0. 余弦级数：$2x^2=\dfrac{2}{3}\pi^2+8\sum\limits_{n=1}^{\infty}\dfrac{(-1)^n}{n^2}\cos nx$，$x\in[0,\pi]$.

4. $f(x)=-\dfrac{1}{2}+\sum\limits_{n=1}^{\infty}\left\{\dfrac{6}{n^2\pi^2}[1-(-1)^n]\cos\dfrac{n\pi x}{3}+(-1)^{n+1}\dfrac{6}{n\pi}\sin\dfrac{n\pi x}{3}\right\}$，$x\neq3(2k+1)$，$k=0,\pm1,\pm2,\cdots$，在$f(x)$的间断点处，级数收敛于$-2$.

5. 正弦级数：$x^2=\dfrac{8}{\pi}\sum\limits_{n=1}^{\infty}\left\{\dfrac{(-1)^{n+1}}{n}+\dfrac{2}{n^3\pi^2}[(-1)^n-1]\right\}\sin\dfrac{n\pi}{2}x$，$x\in[0,2)$，在$x=2$处，级数收敛于0. 余弦级数：$x^2=\dfrac{4}{3}+\dfrac{16}{\pi^2}\sum\limits_{n=1}^{\infty}\dfrac{(-1)^n}{n^2}\cos\dfrac{n\pi}{2}x$，$x\in[0,2]$.

B　组

1. 略.

2. $\frac{\pi}{4}=\sum_{k=1}^{\infty}\frac{1}{2k-1}\sin(2k-1)x$.

3. $\frac{\pi^4}{90}$.

4. 略.

参考文献

REFERENCES

蔡燧林，2003. 常微分方程[M]. 武汉：武汉大学出版社.
丁勇，邬丽丽，2018. 考研数学基础必做 660 题[M]. 北京：中国政法大学出版社.
郭大钧，陈玉妹，裘卓明，2004. 数学分析[M]. 济南：山东科技出版社.
哈尔滨工业大学数学分析教研室，2015. 工科数学分析[M]. 北京，高等教育出版社.
吉林大学数学系，1978. 数学分析[M]. 北京：人民教育出版社.
李成章，黄玉民，2002. 数学分析[M]. 北京：科学出版社.
李文荣，2001. 分析中的问题研究[M]. 北京：中国工人出版社.
李心灿，1997. 高等数学应用 205 例[M]. 北京：高等教育出版社.
李心灿，季文铎，余仁胜，等，2005. 大学生数学竞赛试题研究生入学考试难题[M]. 北京：机械工业出版社.
李忠，周建莹，2004. 高等数学[M]. 北京：北京大学出版社.
欧阳光中，姚允龙，周渊，2007. 数学分析[M]. 北京：高等教育出版社.
汤家凤，2015. 2017 考研数学接力题典 1800[M]. 北京：中国原子能出版社.
王绵森，马知恩，2006. 工科数学分析基础[M]. 北京：高等教育出版社.
徐兵，2007. 高等数学证明题 500 例解析[M]. 北京：高等教育出版社.
荀飞，2000. Mathematica 实例教程[M]. 北京：中国电力出版社.
尹逊波，靳水林，郭玉坤，2014. 全国大学生数学竞赛复习全书[M]. 哈尔滨：哈尔滨工业大学出版社.
张宇，2019. 高等数学 18 讲[M]. 北京：高等教育出版社.

图书在版编目（CIP）数据

高等数学．下册 / 尹海东主编．—3 版．—北京：中国农业出版社，2021.1（2023.12 重印）

普通高等教育农业农村部“十三五”规划教材　全国高等农林院校“十三五”规划教材

ISBN 978-7-109-27715-1

Ⅰ.①高…　Ⅱ.①尹…　Ⅲ.①高等数学－高等学校－教材　Ⅳ.①O13

中国版本图书馆 CIP 数据核字（2021）第 001535 号

中国农业出版社出版

地址：北京市朝阳区麦子店街 18 号楼

邮编：100125

责任编辑：魏明龙　　文字编辑：龙永志

版式设计：王　晨　　责任校对：赵　硕

印刷：中农印务有限公司

版次：2007 年 8 月第 1 版　　2021 年 1 月第 3 版

印次：2023 年 12 月第 3 版北京第 3 次印刷

发行：新华书店北京发行所

开本：787mm×1092mm　1/16

印张：16.25

字数：380 千字

定价：35.50 元
